Lineare Darstellungen endlicher Gruppen

Jean-Pierre Serre

Lineare Darstellungen endlicher Gruppen

In deutscher Sprache
herausgegeben von Prof. Dr. Günter Eisenreich

AKADEMIE-VERLAG · BERLIN
1972

Jean-Pierre Serre
Représentations linéaires des groupes finis

Erschienen im Verlag Hermann, Paris 1967
Deutsche Übersetzung: Prof. Dr. Günther Eisenreich, Leipzig

Erschienen im Akademie-Verlag GmbH, 108 Berlin, Leipziger Str. 3–4
Von Friedr. Vieweg+Sohn GmbH, Braunschweig, genehmigte Lizenzausgabe

Lizenznummer: 202 · 100/420/72
Gesamtherstellung: VEB Druckerei „Thomas Müntzer", 582 Bad Langensalza
Bestellnummer: 761 583 8 · ES 19 B 2
Printed in German Democratic Republic

Inhaltsverzeichnis

Teil II: Einführung in die BRAUERsche Theorie

Einführung

Dieses Buch besteht aus 16 Paragraphen, die in Niveau und Zielstellung ziemlich unterschiedlich sind:

Die Paragraphen 1—5 sind auf die Bedürfnisse der theoretischen Chemiker zugeschnitten. Sie legen den auf FROBENIUS zurückgehenden Zusammenhang dar, der zwischen linearen Darstellungen und Charakteren besteht. Es handelt sich hierbei um grundlegende Ergebnisse, die nicht nur in der Mathematik, sondern auch in der Quantenchemie oder in der Physik ständige Anwendung finden. Ich habe versucht, hiervon möglichst elementare Beweise zu geben, ohne mehr als die Gruppendefinition und die einfachsten Sachverhalte aus der linearen Algebra heranzuziehen. Als Beispiele (§ 5) sind solche gewählt, die für die Chemiker von Nutzen sind.

Die Paragraphen 6—12 geben den Inhalt eines Kurses wieder, den ich 1966 für die Studenten des zweiten Studienjahres der École Normale gehalten habe. Sie vervollständigen §§ 1 bis 5 in folgenden Punkten:

a) Grade der Darstellungen und Ganzheitseigenschaften der Charaktere (§ 6).

b) Induzierte Darstellungen, Sätze von ARTIN und von BRAUER sowie Anwendungen (§§ 7 bis 11).

c) Darstellungen über einen Körper der Charakteristik Null (§ 12).

Die verwendeten Hilfsmittel sind hierbei die der linearen Algebra (in einem weiteren Sinne als in §§ 1 bis 5); Gruppenalgebren, Moduln, nichtkommutative Tensorprodukte, halbeinfache Algebren.

Der zweite Teil ist der Text einer Seminarausarbeitung über die BRAUERsche Theorie: Übergang von der Charakteristik 0 zur Charakteristik p (und umgekehrt). Ich bediene mich hierbei ungezwungen der Sprache der ABELschen Kategorien (projektive Objekte, GROTHENDIECK-Gruppen), die dieser Fragestellung gut angepaßt ist.

Die Hauptergebnisse sind:

a) Die (auf BRAUER zurückgehende) Tatsache, daß der Zerlegungshomomorphismus surjektiv ist: jede irreduzible Darstellung der Charakteristik p läßt sich „virtuell“ (d. h. in einer geeignet gewählten GROTHENDIECK-Gruppe) in die Charakteristik 0 liften.

b) Der Satz von FONG-SWAN, dem zufolge man das Wort „virtuell“ in der vorstehenden Aussage weglassen kann, wenn die betrachtete Gruppe p-auflösbar ist.

Zugleich gebe ich einige Anwendungen auf die ARTINschen Darstellungen.

Mein aufrichtiger Dank gebührt:

GASTON BERTHIER und JOSIANE SERRE, die mich zur Reproduktion von Teil I (§§ 1 bis 5) ermächtigt haben, der als ein Anhang ihres Buches „Chimie quantique“ vorgesehen ist;

YVES BALASKO, der Teil I (§§ 6 bis 12) an Hand der Vorlesungsaufzeichnungen redigiert hat;

ALEXANDER GROTHENDIECK, der mich ermächtigt hat, Teil II aus seinem Séminaire de Géométrie Algébrique (I. H. E. S. 1965/66) abzudrucken.

TEIL I

Darstellungen und Charaktere

Die drei ersten Paragraphen sind den Haupteigenschaften linearer Darstellungen *endlicher* Gruppen, insbesondere der Theorie der Charaktere, gewidmet. Das Anliegen von § 4 ist es, diese Ergebnisse auf *kompakte* Gruppen auszudehnen. § 5 enthält verschiedene Beispiele.

§ 1. Allgemeines über lineare Darstellungen

1.1. Definitionen

Es sei V ein Vektorraum über dem Körper C der komplexen Zahlen und $GL(V)$ die Gruppe der *Isomorphismen* von V auf V. Definitionsgemäß stellt ein Element a von $GL(V)$ eine lineare Abbildung von V in V dar, die ein Inverses a^{-1} besitzt; dieses Inverse ist linear. Wenn V eine aus n Elementen bestehende endliche Basis (e_i) besitzt, wird jede lineare Abbildung $a \colon V \to V$ durch eine n-reihige quadratische Matrix (a_{ij}) definiert. Die Koeffizienten a_{ij} sind komplexe Zahlen; man erhält sie, indem man die Bilder $a(e_j)$ mittels der Basis (e_i) ausdrückt:

$$a(e_j) = \sum_i a_{ij} e_i .$$

Die Aussage, daß a ein Isomorphismus ist, ist gleichbedeutend damit, daß die Determinante $\det(a) = \det(a_{ij})$ von a nicht Null ist. Die Gruppe $GL(V)$ läßt sich auf diese Weise mit der Gruppe der *n-reihigen umkehrbaren quadratischen Matrizen* identifizieren.

Es sei jetzt G eine endliche Gruppe. Eine *lineare Darstellung* von G in V ist ein Homomorphismus ϱ der Gruppe G in die Gruppe $GL(V)$. Mit anderen Worten, jedem Element $s \in G$ wird ein Element $\varrho(s)$ aus $GL(V)$ zugeordnet, so daß die Gleichung

$$\varrho(s\,t) = \varrho(s) \cdot \varrho(t) \qquad \text{für alle} \quad s, t \in G$$

besteht.

(Statt $\varrho(s)$ werden wir häufig auch ϱ_s schreiben.) Man beachte, daß aus der obigen Formel insbesondere

$$\varrho(1) = 1\,, \qquad \varrho(s^{-1}) = \varrho(s)^{-1}$$

folgt.

Wenn ϱ gegeben ist, sagt man, V sei ein *Darstellungsraum* von G (oder sogar einfach, wenn auch ungenau, eine *Darstellung* von G). Im folgenden werden wir uns stets auf den Fall beschränken, daß V *endlichdimensional* ist. Das bedeutet keineswegs eine lästige Einschränkung. In den meisten Anwendungen interessiert man sich nämlich für das Verhalten *endlich vieler Elemente* x_i von V (beispielsweise gewisser Wellenfunktionen), und man kann dann immer eine endlichdimensionale *Teildarstellung* von V (im unten definierten Sinne, vgl. 1.3) finden, die die x_i enthält: man braucht hierzu nur den linearen Unterraum zu wählen, der von den Bildern $\varrho_s(x_i)$ der x_i erzeugt wird.

Wir wollen also annehmen, V sei endlichdimensional und n seine Dimension; man sagt dann auch, n sei der *Grad* der betrachteten Darstellung. Es sei (e_i) eine Basis von V und R_s die Matrix von ϱ_s bezüglich dieser Basis. Dann gilt

$$\det(R_s) \neq 0\,, \qquad R_{st} = R_s \cdot R_t \quad \text{für} \quad s, t \in G\,.$$

Bezeichnet man mit $r_{ij}(s)$ die Elemente der Matrix R_s, so lautet die zweite Formel

$$r_{ik}(s\,t) = \sum_j r_{ij}(s) \cdot r_{jk}(t)\,.$$

Umgekehrt wird durch die Vorgabe invertierbarer Matrizen $R_s = (r_{ij}(s))$, die den vorstehenden Identitäten genügen, eine lineare Darstellung ϱ von G in V definiert; man sagt dann, die Darstellung sei „in Matrizenform" gegeben.

Es seien ϱ und ϱ' zwei lineare Darstellungen derselben Gruppe G in Vektorräumen V und V'. Man sagt, die beiden Darstellungen seien *äquivalent* (auch *ähnlich* oder *isomorph*), wenn ein linearer Isomorphismus τ: $V \to V'$ existiert, der ϱ in ϱ' „transformiert", d. h., der die Identität

$$\tau \circ \varrho(s) = \varrho'(s) \circ \tau \qquad \text{für alle} \quad s \in G$$

befriedigt. Wenn ϱ und ϱ' in Matrizenform durch R_s bzw. R'_s gegeben sind, bedeutet das gerade, daß eine invertierbare Matrix T mit

$$T \cdot R_s = R'_s \cdot T \qquad \text{für alle} \quad s \in G$$

existiert, wofür man auch schreiben kann: $R'_s = T \cdot R_s \cdot T^{-1}$.

Zwei derartige Darstellungen kann man getrost miteinander *identifizieren* (indem man jedem $x \in V$ das Element $\tau(x) \in V'$ zuordnet); sie haben insbesondere *denselben Grad.*

1.2. Erste Beispiele

(a) Die Gruppe G möge als Permutationsgruppe einer Menge X gegeben sein; $x \mapsto s\,x$ bezeichne die Permutation von X, die dem Element $s \in G$ entspricht. Als V wollen wir den Vektorraum der komplexwertigen *Funktionen* auf X nehmen und im Falle $f \in V$ und $s \in G$ die Funktion $\varrho_s f$ durch die Formel

$$\varrho_s f(x) = f(s^{-1}\,x)$$

definieren ($\varrho_s f$ ist in einem unmittelbar verständlichen Sinne das „Bild" von f bei s). Es ist klar, daß $\varrho_s f$ von f linear abhängt, mit anderen Worten, daß ϱ_s ein Automorphismus von V ist, und daß $\varrho_{st} = \varrho_s \circ \varrho_t$ gilt; auf diese Weise wird eine lineare Darstellung von G in V definiert.

(b) Eine Darstellung einer Gruppe G *vom Grade* 1 ist nichts anderes als ein Homomorphismus $\varrho\colon G \to \boldsymbol{C}^*$, wo $\boldsymbol{C}^*$ die multiplikative Gruppe der von Null verschiedenen komplexen Zahlen bezeichnet. Da jedes Element von G endliche Ordnung hat, sind die Werte $\varrho(s)$ von ϱ *Einheitswurzeln*; insbesondere gilt $|\varrho(s)| = 1$.

Setzt man $\varrho(s) = 1$ für jedes $s \in G$, so erhält man eine Darstellung von G, die die *Einsdarstellung* heißt.

(c) Es sei g die Ordnung von G und V ein Vektorraum der Dimension g, der eine mit den Elementen t von G indizierte Basis $(e_t)_{t \in G}$ besitzt. Für $s \in G$ sei $\varrho(s)$ die lineare Abbildung von V in V, die e_t in e_{st} transformiert; man verifiziert sogleich, daß man auf diese Weise eine lineare Darstellung erhält, die die *reguläre Darstellung* von G heißt. Ihr Grad ist gleich der Ordnung von G. Man bemerkt, daß $e_s = \varrho_s(e_1)$ ist; die Bilder von e_1 bilden also eine Basis von V. Umgekehrt sei W eine Darstellung von G, die einen solchen Vektor w enthält, daß alle $\varrho_s(w)$ mit $s \in G$ eine Basis von W bilden; dann ist W *zur regulären Darstellung äquivalent* (man definiert einen Isomorphismus $\tau\colon V \to W$, indem man $\tau(e_s) = \varrho_s(w)$ setzt).

1.3. Teildarstellungen

Es sei $\varrho\colon G \to GL(V)$ eine lineare Darstellung und W ein linearer Unterraum von V. Angenommen, W sei gegenüber den Operationen von G *invariant,* mit anderen Worten, aus $x \in W$ folge $\varrho_s\,x \in W$ für alle

$s \in G$. Dann stellt die Einschränkung ϱ_s^W von ϱ_s auf W einen Isomorphismus von W auf sich dar, und es gilt offensichtlich $\varrho_{st}^W = \varrho_s^W \circ \varrho_t^W$. Somit ist $\varrho^W: G \to GL(W)$ eine lineare Darstellung von G in W; man sagt, W sei eine *Teildarstellung* von V.

Beispiel. Nehmen wir als V die reguläre Darstellung von G (vgl. 1.2 (c)), und sei W der von dem Element $x = \sum_{s \in G} e_s$ erzeugte eindimensionale Unterraum von V. Dann gilt $\varrho_s x = x$ für alle $s \in G$; hieraus folgt, daß W eine Teildarstellung von V ist, die übrigens zur Einsdarstellung äquivalent ist.

(In 2.4 werden wir sämtliche Teildarstellungen der regulären Darstellung ermitteln.)

Bevor wir weitergehen, wollen wir noch an einige Begriffe aus der Theorie der Vektorräume erinnern. Es seien V ein Vektorraum und W und W' zwei Unterräume von V. Dann heißt V *direkte Summe* von W und W', wenn sich jedes $x \in V$ eindeutig in der Form $x = w + w'$ mit $w \in W$ und $w' \in W'$ schreiben läßt; das ist gleichbedeutend damit, daß sich der Durchschnitt $W \cap W'$ von W und W' auf 0 reduziert und daß $\dim(V) = \dim(W) + \dim(W')$ ist. In diesem Falle schreibt man auch $V = W \oplus W'$ und sagt, W' sei *Supplementärraum* von W in V. Die Abbildung p, die jedem $x \in V$ seine Komponente w in W zuordnet, heißt (zu der Zerlegung $V = W \oplus W'$ gehöriger) *Projektor* von V auf W; das Bild von p ist W, und für $x \in W$ gilt $p(x) = x$. Ist umgekehrt p eine lineare Abbildung von V in sich, die diese beiden Eigenschaften besitzt, so verifiziert man sogleich, daß V direkte Summe von W und vom *Kern* W' von p (der Menge der x mit $p\,x = 0$) ist. Auf diese Weise erhält man eine eineindeutige Zuordnung zwischen den *Projektoren* von V *auf* W und den *Supplementärräumen* von W in V.

Wir kehren jetzt zu den Teildarstellungen zurück:

Satz 1: *Es sei $\varrho: G \to GL(V)$ eine lineare Darstellung von G in V und W ein gegenüber G invarianter linearer Unterraum von V. Dann gibt es einen Supplementärraum W^0 von W in V, der gegenüber G invariant ist.*

Es sei W' irgendein Supplementärraum von W in V und p der entsprechende Projektor von V auf W. Wir bilden das arithmetische Mittel p^0 der Transformierten von p durch die Elemente von G:

$$p^0 = \frac{1}{g} \sum_{t \in G} \varrho_t \cdot p \cdot \varrho_t^{-1} \qquad (g \text{ Ordnung von } G)\,.$$

Da V durch p in W abgebildet wird und ϱ_t W invariant läßt, sieht man, daß V durch p^0 in W abgebildet wird; andererseits gilt im Falle $x \in W$ $\varrho_t^{-1} x \in W$, woraus $p\,\varrho_t^{-1}x = \varrho_t^{-1} x$, $\varrho_t p\,\varrho_t^{-1} x = x$ und $p^0 x = x$ folgt. p^0 ist somit ein Projektor von V auf W, der einem gewissen Supplementärraum W^0 von W entspricht. Ferner gilt

$$\varrho_s \cdot p^0 = p^0 \cdot \varrho_s \qquad \text{für alle} \quad s \in G\,.$$

In der Tat erhält man, wenn man $\varrho_s \cdot p^0 \cdot \varrho_s^{-1}$ berechnet:

$$\begin{aligned}\varrho_s \cdot p^0 \cdot \varrho_s^{-1} &= \frac{1}{g} \sum_{t \in G} \varrho_s \cdot \varrho_t \cdot p \cdot \varrho_t^{-1} \cdot \varrho_s^{-1} \\ &= \frac{1}{g} \sum_{t \in G} \varrho_{st} \cdot p \cdot \varrho_{st}^{-1} = p^0\,.\end{aligned}$$

Gilt jetzt $x \in W^0$ und $s \in G$, so bekommt man $p^0 x = 0$, woraus $p^0 \varrho_s x = \varrho_s p^0 x = 0$, d. h. $\varrho_s x \in W^0$, folgt; W^0 ist also tatsächlich gegenüber G invariant, womit der Beweis erbracht ist.

Bemerkung. Angenommen, in V sei ein *Skalarprodukt* $\langle x, y\rangle$ erklärt, das den üblichen Bedingungen genügt: Antilinearität in x, Linearität in y und $\langle x,x\rangle > 0$ für $x \neq 0$. Dieses Skalarprodukt möge gegenüber G *invariant* sein, es sei mit anderen Worten $\langle \varrho_s x, \varrho_s y\rangle = \langle x, y\rangle$; auf diesen Fall kann man stets alles zurückführen, indem man $(x|y)$ durch $\sum_{t\in G} \langle \varrho_t\, x, \varrho_t\, y\rangle$ ersetzt. Unter diesen Voraussetzungen ist das *orthogonale Komplement* W^0 von W in V ein *gegenüber G invarianter Supplementärraum* von W; damit erhält man einen anderen Beweis von Satz 1. Man bemerkt, daß die Invarianz des Skalarprodukts $\langle x, y\rangle$ bedeutet, daß die Matrix von ϱ_s bezüglich einer Orthonormalbasis (e_i) von V eine *unitäre Matrix* darstellt.

Wir wollen die Voraussetzungen und die Bezeichnungen von Satz 1 beibehalten. Es sei $x \in V$, und w und w^0 seien die Projektionen von x auf W und W^0. Dann gilt $x = w + w^0$, woraus $\varrho_s x = \varrho_s w + \varrho_s w^0$ folgt, und da W und W^0 gegenüber G invariant sind, bekommt man $\varrho_s w \in W$ und $\varrho_s w^0 \in W^0$. $\varrho_s w$ und $\varrho_s w^0$ sind somit die Projektionen von $\varrho_s x$. Hieraus ergibt sich, daß mit den Darstellungen W und W^0 auch die von V bekannt ist. Man sagt, die Darstellung V sei *direkte Summe* der Darstellungen W und W^0, und schreibt $V = W \oplus W^0$. Ein Element von V läßt sich mit einem Paar (w, w^0) mit $w \in W$ und $w^0 \in W^0$ identifizieren. Werden W und W^0 in Matrizenform durch R_s und R_s^0 gegeben, so wird

$W \oplus W^0$ in Matrizenform durch

$$\begin{pmatrix} R_s & 0 \\ 0 & R_s^0 \end{pmatrix}.$$

gegeben. Ebenso wird die direkte Summe beliebig endlich vieler Darstellungen definiert.

1.4. Irreduzible Darstellungen

Es sei $\varrho\colon G \to GL(V)$ eine lineare Darstellung von G. Sie heißt *irreduzibel,* wenn sich weder V auf 0 reduziert noch wenn es einen gegenüber G invarianten linearen Unterraum von V gibt, von 0 und V natürlich abgesehen. Im Hinblick auf Satz 1 ist diese zweite Bedingung gleichbedeutend damit, daß *V nicht direkte Summe zweier Darstellungen* ist (von der trivialen Zerlegung $V = 0 \oplus V$ abgesehen).

Jede Darstellung vom Grade 1 ist offensichtlich irreduzibel. Wir werden demnächst sehen, daß jede nichtkommutative Gruppe wenigstens eine irreduzible Darstellung vom Grade $\geqq 2$ besitzt.

Die irreduziblen Darstellungen dienen dazu, die übrigen durch direkte Summenbildung zu gewinnen. Mit anderen Worten:

Satz 2. *Jede Darstellung ist direkte Summe irreduzibler Darstellungen.*

Es sei V eine lineare Darstellung von G. Wir führen Induktion nach $\dim(V)$ durch. Im Falle $\dim(V) = 0$ ist der Satz evident (0 ist direkte Summe der *leeren Familie* irreduzibler Darstellungen). Nehmen wir also $\dim(V) \geqq 1$ an. Wenn V irreduzibel ist, so ist nichts zu beweisen. Anderenfalls kann man V nach Satz 1 in eine direkte Summe $V' \oplus V''$ mit $\dim(V') < \dim(V)$ und $\dim(V'') < \dim(V)$ zerlegen. Nach Induktionsvoraussetzung sind V' und V'' direkte Summen irreduzibler Darstellungen, es verhält sich also mit V ebenso, q. e. d.

Bemerkung. Es sei V eine Darstellung und $V = W_1 \oplus \cdots \oplus W_k$ eine Zerlegung von V als direkte Summe irreduzibler Darstellungen. Man kann sich fragen, ob diese Zerlegung *eindeutig* ist. Der Fall, daß alle ϱ_s gleich 1 sind, zeigt, daß dem im allgemeinen nicht so ist (in diesem Falle sind die W_i Geraden, und man kann einen Vektorraum auf viele Weisen in eine direkte Summe von Geraden zerlegen). Nichtsdestoweniger werden wir in 2.3 sehen, daß die *Anzahl* der W_i, die zu einer gegebenen irreduziblen Darstellung äquivalent sind, nicht von der gewählten Zerlegung abhängt.

1.5. Tensorprodukt zweier Darstellungen

Neben der Operation der direkten Summenbildung (die die formalen Eigenschaften einer Addition aufweist) gibt es noch eine „Multiplikation": das *Tensorprodukt* oder KRONECKER-*Produkt* (auch direktes Produkt genannt). Es wird folgendermaßen definiert:

Es seien zunächst V_1 und V_2 zwei Vektorräume. Tensorprodukt von V_1 und V_2 nennt man einen Vektorraum W zusammen mit einer Abbildung $(x_1, x_2) \mapsto x_1 \cdot x_2$ von $V_1 \times V_2$ in W, die folgenden beiden Bedingungen genügt:

(1) $x_1 \cdot x_2$ hängt von jeder der Variablen x_1 und x_2 linear ab.

(2) Wenn (e_{i_1}) eine Basis von V_1 und (e_{i_2}) eine Basis von V_2 ist, so bildet das System der Produkte $e_{i_1} \cdot e_{i_2}$ eine Basis von W.

Man zeigt leicht, daß ein solcher Raum W existiert und daß er (bis auf Isomorphie) eindeutig bestimmt ist; man bezeichnet ihn mit $V_1 \otimes V_2$. Die Bedingung (2) zeigt, daß

$$\dim (V_1 \otimes V_2) = \dim (V_1) \cdot \dim (V_2)$$

ist.

Es seien jetzt $\varrho^1\colon G \to GL(V_1)$ und $\varrho^2\colon G \to GL(V_2)$ zwei lineare Darstellungen einer Gruppe G. Zu $s \in G$ definiert man ein Element ϱ_s aus $GL(V_1 \otimes V_2)$ durch die Bedingung:

$$\varrho_s (x_1 \cdot x_2) = \varrho_s^1(x_1) \cdot \varrho_s^2(x_2) \qquad \text{für} \qquad x_1 \in V_1\,, \quad x_2 \in V_2\,.$$

(Die Existenz und Eindeutigkeit von ϱ_s ergibt sich leicht aus den Bedingungen (1) und (2).) Man schreibt

$$\varrho_s = \varrho_s^1 \otimes \varrho_s^2\,.$$

Die ϱ_s definieren eine lineare Darstellung von G in $V_1 \otimes V_2$, die das *Tensorprodukt* der gegebenen Darstellungen heißt.

Die Übersetzung dieser Definition in die Matrizenschreibweise liegt auf der Hand: Es sei (e_{i_1}) eine Basis von V_1, $r_{i_1 j_1}(s)$ die Matrix von ϱ_s^1 bezüglich dieser Basis, und ebenso seien (e_{i_2}) und $r_{i_2 j_2}(s)$ definiert. Die Formeln

$$\varrho_s^1(e_{j_1}) = \sum_{i_1} r_{i_1 j_1}(s) \cdot e_{i_1}\,, \qquad \varrho_s^2(e_{i_2}) = \sum_{i_2} r_{i_2 j_2}(s) \cdot e_{i_2}$$

ziehen

$$\varrho_s(e_{j_1} \cdot e_{j_2}) = \sum_{i_1, i_2} r_{i_1 j_1}(s) \cdot r_{i_2 j_2}(s) \cdot e_{i_1} \cdot e_{i_2}$$

nach sich. Die Matrix von ϱ_s wird also aus den $\left(r_{i_1 j_1}(s) \cdot r_{i_2 j_2}(s)\right)$ gebildet; in ihr erkennt man das *Tensorprodukt der Matrizen* ϱ_s^1 und ϱ_s^2.

Das Tensorprodukt zweier irreduzibler Darstellungen ist im allgemeinen nicht irreduzibel; es zerfällt in eine direkte Summe irreduzibler Darstellungen, die sich mittels der Theorie der Charaktere bestimmen lassen (vgl. 2.3).

Bemerkung. In praxi tritt das Tensorprodukt oft in folgender Weise auf: V_1 und V_2 sind zwei gegenüber G invariante Funktionenräume mit den Basen (φ_{i_1}) und (ψ_{i_2}), und $V_1 \otimes V_2$ ist der von den *Produkten* $\varphi_{i_1} \cdot \psi_{i_2}$ erzeugte Vektorraum; diese Produkte seien dabei als *linear unabhängig* angenommen. Diese letzte Bedingung ist wesentlich. In folgenden beiden Fällen ist sie automatisch erfüllt:

(1) Die φ hängen nur von gewissen Variablen $(x, x', \ldots)$ und die ψ von Variablen $(y, y', \ldots)$ ab, die von den ersten unabhängig sind.

(2) Der Raum V_1 (oder V_2) besitzt eine Basis, die aus einer einzigen Funktion φ besteht, und diese Funktion verschwindet in keinem Gebiet des Raumes identisch; der Raum V_1 ist dann eindimensional.

§ 2. Theorie der Charaktere

2.1. Der Charakter einer Darstellung

Es sei V ein Vektorraum, der eine aus n Elementen bestehende Basis (e_i) besitzt, und a eine lineare Abbildung von V in sich, zu der die Matrix (a_{ij}) gehört. *Spur* von a heißt der Skalar

$$Tr(a) = \sum_i a_{ii} .$$

Dies ist bekanntlich die *Summe der Eigenwerte* von a (mit ihrer Vielfachheit genommen); sie hängt nicht von der gewählten Basis (e_i) ab.

Es sei jetzt $\varrho\colon G \to GL(V)$ eine lineare Darstellung einer endlichen Gruppe G in dem Vektorraum V. Für jedes $s \in G$ setzen wir

$$\chi_\varrho(s) = Tr(\varrho_s) .$$

Auf diese Weise erhält man eine komplexwertige Funktion χ_ϱ auf G, die der *Charakter* der Darstellung ϱ heißt; die Bedeutung dieser Funktion rührt hauptsächlich davon her, daß sie die betrachtete Darstellung *charakterisiert* (vgl. 2.3).

Aussage 1. *Wenn χ der Charakter einer Darstellung ϱ vom Grade n ist, so gilt:*

$$\chi(1) = n, \tag{1}$$
$$\chi(s^{-1}) = \chi(s)^* \text{ für alle } s \in G, \tag{2}$$
$$\chi(tst^{-1}) = \chi(s) \text{ für alle } s, t \in G. \tag{3}$$

(Wenn x eine komplexe Zahl ist, bezeichnen wir mit x^* die zu x konjugiert-komplexe Zahl.)

Es gilt $\varrho(1) = 1$ und $Tr(1) = n$, da V n-dimensional ist; hieraus folgt (1). Hinsichtlich (2) bemerkt man, daß ϱ_s von endlicher Ordnung ist; ebenso verhält es sich also mit seinen Eigenwerten $\lambda_1, \ldots, \lambda_n$, und letztere haben demnach den Absolutbetrag 1 (das folgt auch aus der Tatsache, daß sich ϱ_s mittels einer unitären Matrix definieren läßt, vgl. 1.3). Daher bekommt man

$$\chi(s)^* = Tr(\varrho_s)^* = \sum \lambda_i^* = \sum \lambda_i^{-1} = Tr(\varrho_s^{-1}) =$$
$$= Tr(\varrho_{s^{-1}}) = \chi(s^{-1}).$$

Die Formel (3) läßt sich, indem man $u = t\,s$, $v = t^{-1}$ setzt, auch in der Form $\chi(v\,u) = \chi(u\,v)$ schreiben; sie folgt also aus der bekannten, für zwei beliebige lineare Abbildungen a und b von V in sich gültigen Formel

$$Tr(a\,b) = Tr(b\,a).$$

Bemerkung. Eine Funktion f auf G, die die Identität (3) oder, was auf dasselbe hinausläuft, die Identität $f(u\,v) = f(v\,u)$ befriedigt, heißt *zentrale Funktion*. Wir werden in 2.5 sehen, daß jede zentrale Funktion Linearkombination von Charakteren ist.

Aussage 2. *Es seien $\varrho^1\colon G \to GL(V_1)$ und $\varrho^2\colon G \to GL(V_2)$ zwei lineare Darstellungen von G und χ_1 und χ_2 ihre Charaktere. Dann gilt:*

(1) *Der Charakter χ der direkten Summendarstellung $V_1 \oplus V_2$ ist gleich $\chi_1 + \chi_2$.*

(2) *Der Charakter ψ der Tensorproduktdarstellung $V_1 \otimes V_2$ ist gleich $\chi_1 \cdot \chi_2$.*

Geben wir uns ϱ^1 und ϱ^2 in Matrizenform vor: R_s^1, R_s^2! Dann wird die Darstellung $V_1 \oplus V_2$ durch

$$R_s = \begin{pmatrix} R_s^1 & 0 \\ 0 & R_s^2 \end{pmatrix}$$

gegeben, woraus $Tr(R_s) = Tr(R_s^1) + Tr(R_s^2)$, d. h. $\chi(s) = \chi_1(s) + \chi_2(s)$, folgt.

Ebenso geht man vor, um (2) zu beweisen. Mit den Bezeichnungen von 1.5 haben wir

$$\chi_1(s) = \sum_{i_1} r_{i_1 i_1}(s)\,, \qquad \chi_2(s) = \sum_{i_2} r_{i_2 i_2}(s)\,,$$

$$\psi(s) = \sum_{i_1, i_2} r_{i_1 i_1}(s) \cdot r_{i_2 i_2}(s) = \chi_1(s) \cdot \chi_2(s)\,, \qquad \text{q.e.d.}$$

2.2. Das SCHUR*sche Lemma — erste Anwendungen*

Aussage 3 („SCHURsches Lemma"). *Es seien $\varrho^1 \colon G \to GL(V_1)$ und $\varrho^2 \colon G \to GL(V_2)$ zwei irreduzible Darstellungen von G und f eine lineare Abbildung von V_1 in V_2, so daß $\varrho_s^2 \circ f = f \circ \varrho_s^1$ für alle $s \in G$ ist. Dann gilt:*

(1) *Wenn ϱ^1 und ϱ^2 nicht äquivalent sind, so ist $f = 0$.*

(2) *Wenn $V_1 = V_2$ und $\varrho^1 = \varrho^2$ ist, so stellt f eine „Multiplikation" (Homothetie) dar* (d. h. ein skalares Vielfaches von 1).

Der Fall $f = 0$ ist trivial. Nehmen wir also $f \neq 0$ an, und sei W_1 *sein Kern* (mit anderen Worten die Menge der $x \in V_1$ mit $fx = 0$). Wenn $x \in W_1$ ist, gilt $f\varrho_s^1 x = \varrho_s^2 f x = 0$, woraus folgt, daß $\varrho_s^1 x \in W_1$ und W_1 gegenüber G invariant ist. Da V_1 irreduzibel ist, ist W_1 gleich V_1 oder 0; der erste Fall ist ausgeschlossen (denn er würde $f = 0$ nach sich ziehen), also ist $W_1 = 0$. Ebenso beweist man, daß das *Bild* W_2 von f (die Menge der fx mit $x \in V_1$) gleich V_2 ist. Die beiden Eigenschaften $W_1 = 0$ und $W_2 = V_2$ zeigen, daß f ein *Isomorphismus von V_1 auf V_2* ist, womit bereits die Behauptung (1) bewiesen ist.

Es möge jetzt $V_1 = V_2$, $\varrho^1 = \varrho^2$ gelten, und λ sei ein *Eigenwert* von f: es gibt wenigstens einen Eigenwert, da der Körper der Skalare der Körper der komplexen Zahlen ist. Wir setzen $f' = f - \lambda$. Da λ ein Eigenwert von f ist, ist der Kern von $f' \neq 0$; andererseits gilt aber noch $\varrho_s^2 \circ f' = f' \circ \varrho_s^1$. Der erste Teil des Beweises zeigt, daß diese Eigenschaften nur im Falle $f' = 0$ möglich sind, d. h. wenn $f = \lambda$ ist, q. e. d.

Wir wollen die Annahme, daß V_1 und V_2 irreduzibel sind, beibehalten und mit g die *Ordnung* der Gruppe G bezeichnen.

Korollar 1. *h sei eine lineare Abbildung von V_1 in V_2, und es sei*

$$h^0 = \frac{1}{g} \sum_{t \in G} (\varrho_t^2)^{-1}\, h\, \varrho_t^{-1}$$

gesetzt. Dann gilt:

(1) *Wenn* ϱ^1 *und* ϱ^2 *nicht äquivalent sind, ist* $h^0 = 0$.

(2) *Wenn* $V_1 = V_2$ *und* $\varrho^1 = \varrho^2$ *ist, stellt* h^0 *eine Multiplikation mit dem Faktor* $\frac{1}{n} \cdot Tr(h)$ *mit* $n = \dim(V_1)$ *dar.*

Wir haben $\varrho_s^2 h^0 = h^0 \varrho_s^{-1}$. In der Tat ist:

$$(\varrho_s^2)^{-1} h^0 \varrho_s^1 = \frac{1}{g} \sum_{t \in G} (\varrho_s^2)^{-1} (\varrho_t^2)^{-1} h \varrho_t^1 \varrho_s^1$$

$$= \frac{1}{g} \sum_{t \in G} (\varrho_{ts}^2)^{-1} h \varrho_{ts}^1 = h^0 .$$

Wendet man die Aussage 3 auf $f = h^0$ an, so erkennt man im Falle (1), daß $h^0 = 0$, und im Falle (2), daß h^0 gleich einem Skalar λ ist. Ferner bekommt man in diesem Falle

$$Tr(h^0) = \frac{1}{g} \sum_{t \in G} Tr\left((\varrho_t^1)^{-1} h \varrho_t^1\right) = Tr(h) ,$$

und da $Tr(\lambda) = n \cdot \lambda$ ist, schließt man hieraus gerade, daß $\lambda = \frac{1}{n} Tr(h)$ ist.

Wir wollen jetzt das Korollar 1 explizit *anwenden*, indem wir annehmen, ϱ^1 und ϱ^2 seien *in Matrizenform gegeben:*

$$\varrho_t^1 = \left(r_{i_1 j_1}(t)\right) , \qquad \varrho_t^2 = \left(r_{i_2 j_2}(t)\right) .$$

Die lineare Abbildung h wird durch eine Matrix $(x_{i_2 i_1})$ definiert; ebenso wird h^0 durch $(x^0_{i_2 i_1})$ definiert. Nach Definition von h^0 gilt:

$$x^0_{i_2 i_1} = \frac{1}{g} \sum_{t, j_1, j_2} r_{i_2 j_2}(t^{-1}) \, x_{j_2 j_1} \, r_{j_1 i_1}(t) .$$

Das Glied auf der rechten Seite stellt eine Linearform in den $x_{j_2 j_1}$ dar; im Falle (1) verschwindet diese Form für jedes Wertesystem der $x_{j_2 j_1}$; ihre Koeffizienten sind also Null. Hieraus folgt:

Korollar 2. *Im Falle* (1) *gilt*

$$\frac{1}{g} \sum_{t \in G} r_{i_2 j_2}(t^{-1}) \, r_{j_1 i_1}(t) = 0 ,$$

wie auch i_1, i_2, j_1, j_2 *gewählt seien.*

Ebenso hat man im Falle (2) $h^0 = \lambda$, d. h. $x^0_{i_2 i_1} = \lambda\, \delta_{i_2 i_1}$ ($\delta_{i_2 i_1}$ bezeichnet das KRONECKER-Symbol) mit $\lambda = \frac{1}{n}\, Tr(h)$, d. h.

$$\lambda = \frac{1}{n} \sum \delta_{j_2 j_1}\, x_{j_2 j_1}\,.$$

Hieraus folgt die Gleichheit:

$$\frac{1}{g} \sum_{t,\, j_1,\, j_2} r_{i_2 j_2}(t^{-1})\, x_{j_2 j_1}\, r_{j_1 i_1}(t) = \frac{1}{n} \sum_{j_1,\, j_2} \delta_{i_2 i_1}\, \delta_{j_2 j_1}\, x_{j_2 j_1}\,.$$

Setzt man die Koeffizienten der $x_{j_2 j_1}$ gleich, so erhält man wie oben:

Korollar 3. *Im Falle* (2) *gilt:*

$$\frac{1}{g} \sum_{t \in G} r_{i_2 j_2}(t^{-1})\, r_{j_1 i_1}(t) = \frac{1}{n}\, \delta_{i_2 i_1}\, \delta_{j_2 j_1}$$

$$= \begin{cases} \frac{1}{n}, & \textit{wenn } i_1 = i_2 \textit{ und } j_1 = j_2\,, \\ 0 & \textit{sonst}\,. \end{cases}$$

Bemerkung. Wir wollen annehmen, die Matrizen $(r_{i_2 j_2}(t))$ seien *unitär* (was man durch geeignete Wahl der Basis (e_{i_1}) erreichen kann, vgl. 1.3). Dann ist $r_{i_2 j_2}(t^{-1}) = r_{j_2 i_2}(t)^*$, und die Korollare 2 und 3 bringen die *Orthogonalitätsrelationen* (bezüglich des in der folgenden Nr. definierten Skalarprodukts) zum Ausdruck.

2.3. Die Orthogonalitätsrelationen der Charaktere

Wir beginnen mit der Einführung einer Bezeichnung: Wenn φ und ψ zwei auf der Gruppe G definierte komplexwertige Funktionen sind, setzt man

$$\langle \varphi, \psi \rangle = \frac{1}{g} \sum_{t \in G} \varphi(t)^*\, \psi(t)\,, \qquad g \text{ Ordnung von } G.$$

Das ist in der Tat ein *Skalarprodukt*: es ist antilinear in φ, linear in ψ, und man hat $\langle \varphi, \varphi \rangle > 0$ für alle $\varphi \neq 0$.

Satz 3. (1) *Wenn χ der Charakter einer irreduziblen Darstellung ist, gilt* $\langle \chi, \chi \rangle = 1$ (mit anderen Worten, χ hat „die Länge 1").

(2) *Wenn χ und χ' die Charaktere zweier inäquivalenter irreduzibler Darstellungen sind, so gilt* $(\chi, \chi') = 0$ (mit anderen Worten, χ und χ sind orthogonal).

Es sei $\varrho\colon G \to GL(V)$ die irreduzible Darstellung, die den Charakter χ hat, und n ihr Grad. Dann gilt

$$\langle \chi, \chi \rangle = \frac{1}{g} \sum_{t \in G} \chi(t)^* \chi(t) = \frac{1}{g} \sum_{t \in G} \chi(t^{-1}) \chi(t),$$

vgl. Auss. 1.

Nun gilt, wenn ϱ in Matrizenform durch $\varrho_t = (r_{ij}(t))$ gegeben ist, $\chi(t) = \sum_i r_{ii}(t)$, woraus

$$\langle \chi, \chi \rangle = \frac{1}{g} \sum_{t, i, j} r_{ii}(t^{-1}) r_{jj}(t)$$

folgt. Wendet man das Korollar 3 zur Aussage 3 an, so sieht man, daß

$$\frac{1}{g} \sum_{t \in G} r_{ii}(t^{-1}) r_{jj}(t)$$

gleich 0, wenn $i \neq j$, und gleich $\frac{1}{n}$ ist, wenn $i = j$. Da der Index i n Werte annimmt, schließt man hieraus gerade, daß $\langle \chi, \chi \rangle = 1$ gilt.

(2) läßt sich ebenso beweisen, indem man an Stelle von Korollar 3 Korollar 2 anwendet.

Satz 4. *Es sei V eine lineare Darstellung von G mit dem Charakter φ, die in die direkte Summe irreduzibler Darstellungen zerfalle:*

$$V = W_1 \oplus \cdots \oplus W_k .$$

Wenn dann W eine irreduzible Darstellung mit dem Charakter χ ist, so ist die Anzahl der zu W äquivalenten W_i gleich dem Skalarprodukt $(\varphi|\chi)$.

χ_i sei der Charakter von W_i. Nach Aussage 2 gilt dann

$$\varphi = \chi_1 + \cdots + \chi_k .$$

Hieraus folgt $\langle \varphi, \chi \rangle = \langle \chi_1, \chi \rangle + \cdots + \langle \chi_k, \chi \rangle$. Dem vorstehenden Satz zufolge ist aber $\langle \chi_i, \chi \rangle$ gleich 1 oder gleich 0, je nachdem, ob W_i zu W äquivalent ist oder nicht. Hieraus ergibt sich die Behauptung.

Korollar 1. *Die Anzahl der zu W äquivalenten W_i hängt nicht von der gewählten Zerlegung ab.*

(Diese Anzahl heißt die „Vielfachheit, mit der W in V eingeht", oder auch die „Vielfachheit", mit der W in V enthalten ist".)

In der Tat hängt $\langle \varphi, \chi \rangle$ nicht von der gewählten Zerlegung ab.

Bemerkung. In diesem Sinne kann man von der „Eindeutigkeit“ der Zerlegung einer Darstellung in irreduzible Darstellungen sprechen. Wir werden hierauf in 2.6 zurückkommen.

Korollar 2. *Zwei Darstellungen mit demselben Charakter sind äquivalent.*

In der Tat geht aus Korollar 1 hervor, daß sie jede vorgegebene irreduzible Darstellung gleichoft enthalten müssen.

Durch die obigen Resultate wird die Untersuchung der Darstellungen auf die Untersuchung ihrer Charaktere zurückgeführt. Wenn $\chi_1, \ldots, \chi_h$ die verschiedenen Charaktere der irreduziblen Darstellungen von G sind und wenn $W_1, \ldots, W_h$ die entsprechenden Darstellungen bezeichnen, ist jede Darstellung V einer direkten Summe

$$V = m_1 W_1 \oplus \cdots \oplus m_h W_h\,, \qquad m_i \text{ ganze Zahlen} \geqq 0\,,$$

äquivalent. Der Charakter φ von V ist gleich $m_1 \chi_1 + \cdots + m_h \chi_h$, und es gilt $m_i = \langle \varphi, \chi_i \rangle$. (Dies läßt sich insbesondere auf das Tensorprodukt $W_i \otimes W_j$ zweier irreduzibler Darstellungen anwenden, woraus sich ergibt, daß sich das Produkt $\chi_i \cdot \chi_j$ in $\chi_i \cdot \chi_j = \sum m_{ij}^k \chi_k$ zerlegt, wobei die m_{ij}^k ganze Zahlen $\geqq 0$ sind.) Die Orthogonalitätsrelationen zwischen den χ_i ziehen ferner nach sich

$$\langle \varphi, \varphi \rangle = \sum_{i=1} m_i^2\,,$$

woraus folgt:

Satz 5. *Wenn φ der Charakter einer Darstellung V ist, so ist $(\varphi|\varphi)$ eine ganze Zahl, und es gilt dann und nur dann $\langle \varphi, \varphi \rangle = 1$, wenn V irreduzibel ist.*

In der Tat ist $\sum m_i^2$ nur dann gleich 1, wenn eines der m_i gleich 1 ist und die anderen 0 sind, d. h., wenn V zu einem der W_i äquivalent ist. Man erhält damit ein sehr bequemes *Irreduzibilitätskriterium.*

2.4. Zerlegung der regulären Darstellung

Bezeichnungen. Bis zum Schluß von § 2 bezeichnen wir mit $\chi_1, \ldots, \chi_h$ die verschiedenen Charaktere der irreduziblen Darstellungen von G und mit $n_1, \ldots, n_h$ ihre Grade; dann gilt $n_i = \chi_i(1)$, vgl. Auss. 1.

R sei die *reguläre Darstellung* von G. Wir erinnern daran (vgl. 1.2), daß sie eine Basis $(e_t)_{t \in G}$ mit $\varrho_s e_t = e_{st}$ besitzt. Ist $s \neq 1$, so gilt auch $s\,t \neq t$

für alle t, woraus hervorgeht, daß die Diagonalglieder der Matrix von ϱ_s Null sind; insbesondere ist $Tr(\varrho_s) = 0$. Für $s = 1$ andererseits gilt $Tr(\varrho_s) = Tr(1) = \dim(R) = g$. Hieraus folgt:

Aussage 4. *Der Charakter φ der regulären Darstellung wird durch die Formeln*

$$\varphi(1) = g = \textit{Ordnung von } G\,,$$

$$\varphi(s) = 0\,, \qquad \textit{wenn } s \neq 1\,,$$

gegeben.

Korollar 1. *Jede irreduzible Darstellung W_i ist in der regulären Darstellung so oft enthalten, wie ihr Grad n_i angibt.*

Nach Satz 4 ist die Anzahl nämlich gleich $\langle\varphi, \chi_i\rangle$. Es gilt aber

$$\langle\varphi, \chi_i\rangle = \frac{1}{g} \sum_{s \in G} \varphi(s)^* \, \chi_i(s) = \frac{1}{g} \cdot g\, \chi_i(1) = \chi_i(1) = n_i\,.$$

Korollar 2. *Die Grade n_i genügen der Beziehung $\sum_{i=1}^{h} n_i^2 = g$.*

In der Tat ist nach Korollar 1 $\varphi = \sum n_i\, \chi_i$, und indem man auf beiden Seiten zu den Graden übergeht, erhält man $g = \sum n_i^2$.

Bemerkungen. 1. Das obige Ergebnis läßt sich verwenden, wenn man irreduzible Darstellungen einer gegebenen Gruppe G sucht: angenommen, man habe bereits paarweise inäquivalente irreduzible Darstellungen der Grade $n_1, \ldots, n_k$ konstruiert, dann ist notwendig und hinreichend dafür, daß dies (bis auf Äquivalenz) *alle* irreduziblen Darstellungen von G sind, daß $n_1^2 + \cdots + n_k^2 = g$ gilt.

2. Wir werden später (Teil I, 6.4) eine andere Eigenschaft der Grade n_i kennenlernen: sie sind *Teiler* der Gruppenordnung g von G.

2.5. Anzahl der irreduziblen Darstellungen

Wir erinnern daran (vgl. 2.5), daß eine Funktion f auf G *zentral* heißt, wenn $f(t\, s\, t^{-1}) = f(s)$ für alle $s, t \in G$ ist.

Aussage 5. *Es sei f eine zentrale Funktion auf G und ϱ: $G \to GL(V)$ eine lineare Darstellung von G. ϱ_f sei die durch die Formel*

$$\varrho_f = \sum_{t \in G} f(t)\, \varrho_t$$

definierte lineare Abbildung von V in sich. Wenn V irreduzibel vom Grad n ist und zum Charakter χ gehört, so ist ϱ_f eine Multiplikation mit dem durch

$$\lambda = \frac{1}{n} \sum_{t \in G} f(t)\, \chi(t) = \frac{g}{n} \langle f^*, \chi \rangle$$

gegebenen Faktor λ.

Berechnen wir $\varrho_s^{-1}\, \varrho_f\, \varrho_s$! Es gilt

$$\varrho_s^{-1}\, \varrho_f\, \varrho_s = \sum_{t \in G} f(t)\, \varrho_s^{-1}\, \varrho_t\, \varrho_s = \sum_{t \in G} f(t)\, \varrho_{s^{-1} t s}\,.$$

Mit $u = s^{-1}\, t\, s$ läßt sich das in der Form

$$\varrho_s^{-1}\, \varrho_f\, \varrho_s = \sum_{u \in G} f(s\, u\, s^{-1})\, \varrho_u = \sum_{u \in G} f(u)\, \varrho_u = \varrho_f$$

schreiben. Wir bekommen also $\varrho_f\, \varrho_s = \varrho_s\, \varrho_f$. Nach dem zweiten Teil der Aussage 3 zieht dies nach sich, daß ϱ_f eine Homothetie λ ist. Die Spur von λ ist $n\,\lambda$; diejenige von ϱ_f ist

$$\sum_{t \in G} f(t)\, Tr(\varrho_t) = \sum_{t \in G} f(t)\, \chi(t)\,.$$

Hieraus folgt

$$\lambda = \frac{1}{n} \sum_{t \in G} f(t)\, \chi(t) = \frac{g}{n} \langle f^*, \chi \rangle\,, \quad \text{q. e. d.}$$

Wir führen jetzt den Vektorraum H der *zentralen Funktionen* auf G ein; die verschiedenen Charaktere $\chi_1, \ldots, \chi_h$ der irreduziblen Darstellungen von G sind Elemente von H.

Satz 6. *Die Charaktere $\chi_1, \ldots, \chi_h$ bilden eine Orthonormalbasis von H.*

Satz 3 zeigt, daß die Elemente $\chi_1, \ldots, \chi_h$ ein Orthonormalsystem in H bilden. Es bleibt noch zu zeigen, daß dieses System vollständig ist, d. h., daß jedes zu den χ_i orthogonale Element von H verschwindet. Nun sei etwa f ein solches Element. Für jede Darstellung $\varrho\colon G \to GL(V)$ von G setzen wir $\varrho_{f^*} = \sum_{t \in G} f(t)^*\, \varrho_t$. Da f zu den χ_i orthogonal ist, zeigt die Aussage 5 oben, daß ϱ_{f^*} Null ist, wenn V irreduzibel ist; durch Zerlegung in eine direkte Summe schließt man hieraus, daß ϱ_{f^*} stets Null ist. Wenden wir dies auf die reguläre Darstellung R an, und berechnen wir die Transformierte des Basisvektors e_1 durch ϱ_{f^*}! Es ergibt sich

$$\varrho_{f^*}\, e_1 = \sum_{t \in G} f(t)^*\, \varrho_t\, e_1 = \sum_{t \in G} f(t)^*\, e_t\,.$$

Da ϱ_{f^*} Null ist, zieht das $f(t)^* = 0$ für alle t nach sich, woraus $f = 0$ folgt. Damit ist der Beweis erbracht.

Wir erinnern andererseits daran, daß zwei Elemente t und t' von G *konjugiert* heißen, wenn ein $s \in G$ mit $t' = s\,t\,s^{-1}$ existiert; das stellt eine Äquivalenzrelation dar, die eine *Klasseneinteilung* von G bewirkt.

Satz 7. *Die Anzahl der irreduziblen Darstellungen von G (bis auf Äquivalenz) ist gleich der Anzahl der Klassen konjugierter Elemente von G.*

$C_1, \ldots, C_k$ seien die verschiedenen Klassen konjugierter Elemente von G. Die Aussage, daß eine Funktion f auf G *zentral* sei, ist gleichbedeutend damit, daß sie auf jeder der Klassen $C_1, \ldots, C_k$ *konstant* ist; sie wird also durch ihre Werte $\lambda_1, \ldots, \lambda_k$ auf diesen Klassen festgelegt, die willkürlich gewählt werden können. Hieraus folgt, daß die Dimension des Raumes H der zentralen Funktionen gleich k ist. Andererseits ist diese Dimension nach Satz 6 gleich der Anzahl der irreduziblen Darstellungen von G (bis auf Äquivalenz). Daraus folgt die Behauptung.

Wir wollen schnell noch auf eine andere Folgerung aus Satz 6 hinweisen:

Es sei $s \in G$, c_s die Elementezahl der Klasse konjugierter Elemente, der s angehört, und f_s diejenige Funktion, die auf der Klasse von s gleich 1 und sonst 0 ist.

Da dies eine zentrale Funktion darstellt, ergibt sich aus Satz 6, daß sie sich in der Form

$$f_s = \sum_{i=1}^{h} x_i\,\chi_i \qquad \text{mit} \quad x_i = \langle \chi_i, f_s \rangle = \frac{c_s}{g}\,\chi_i(s)^*$$

schreiben läßt. Für jedes $t \in G$ gilt also

$$f_s(t) = \frac{c_s}{g} \sum_{i=1}^{h} \chi_i(s)^*\,\chi_i(t)\,.$$

Ausführlich geschrieben, liefert das die Formeln

$$(\text{für } t = s){:} \quad \sum_{i=1}^{h} \chi_i(s)^*\,\chi_i(s) = \frac{g}{c_s}\,,$$

$$(\text{für } t \text{ nicht konjugiert zu } s){:} \quad \sum_{i=1}^{h} \chi_i(s)^*\,\chi_i(t) = 0.$$

2.6. Die kanonische Zerlegung einer Darstellung

Es sei $\varrho\colon G \to GL(V)$ eine lineare Darstellung von G. Wir wollen eine direkte Summenzerlegung von V definieren, die weniger „fein“ als die

Zerlegung in irreduzible Darstellungen ist, die aber den Vorzug genießt, *eindeutig* zu sein. Sie läßt sich folgendermaßen gewinnen:

Zunächst seien $\chi_1, \ldots, \chi_h$ die verschiedenen Charaktere der irreduziblen Darstellungen $W_1, \ldots, W_h$ von G und $n_1, \ldots, n_h$ ihre Grade. Andererseits sei $V = U_1 \oplus \cdots \oplus U_m$ eine Zerlegung von V als direkte Summe irreduzibler Darstellungen. Für $i = 1, \ldots, h$ wollen wir mit V_i die direkte Summe derjenigen der $U_1, \ldots, U_m$ bezeichnen, die zu W_i äquivalent sind. Es ist klar, daß dann

$$V = V_1 \oplus \cdots \oplus V_h$$

gilt. (Mit anderen Worten, V wird zunächst in eine direkte Summe irreduzibler Darstellungen zerlegt, und dann werden äquivalente Darstellungen *zusammengefaßt*.)

Das ist die *kanonische Zerlegung*, die wir im Auge haben. Sie besitzt die folgenden Eigenschaften:

Satz 8. (1) *Die Zerlegung $V = V_1 \oplus \cdots \oplus V_h$ hängt nicht von der ursprünglich gewählten Zerlegung in irreduzible Darstellungen ab.*

(2) *Der zu dieser Zerlegung gehörige Projektor p_i von V auf V_i wird durch die Formel*

$$p_i = \frac{n_i}{g} \sum_{t \in G} \chi_i(t)^* \varrho_t$$

gegeben.

Wir wollen (2) beweisen. Die Behauptung (1) ergibt sich hieraus, denn die Projektoren p_i bestimmen die V_i. Wir setzen

$$q_i = \frac{n_i}{g} \sum_{t \in G} \chi_i(t)^* \varrho_t .$$

Die Aussage 5 zeigt, daß die Einschränkung von q_i auf eine irreduzible Darstellung W mit dem Charakter χ und dem Grad n eine Multiplikation mit dem Faktor $\frac{n_i}{n} \langle \chi_i, \chi \rangle$ ist; sie ist also 0, wenn $\chi \neq \chi_i$ ist, und 1, wenn $\chi = \chi_i$ ist.

q_i stellt mit anderen Worten auf einer zu W_i äquivalenten irreduziblen Darstellung die Identität dar und verschwindet auf den anderen. Im Hinblick auf die Definition der V_i folgt hieraus, daß q_i auf V_i die Identität und auf den V_j mit $j \neq i$ Null ist. Zerlegt man ein Element $x \in V$ in seine Komponenten $x_i \in V_i$:

$$x = x_1 + \cdots + x_h ,$$

so bekommt man also $q_i(x) = q_i(x_1) + \cdots + q_i(x_h) = x_i$. Das bedeutet, daß q_i gleich dem Projektor p_i von V auf V_i ist, q.e.d.

Die Zerlegung einer Darstellung B läßt sich demnach in zwei Schritten durchführen. Man ermittelt zunächst die kanonische Zerlegung $V = V_1 \oplus \cdots \oplus V_h$, was mittels der Formeln für die Projektoren p_i ohne Schwierigkeiten geschehen kann. Hernach wählt man erforderlichenfalls eine Zerlegung von V_i in eine direkte Summe irreduzibler Darstellungen, die sämtlich zu W_i äquivalent sind:

$$V_i = W_i \oplus \cdots \oplus W_i\,.$$

Diese letztere Zerlegung läßt sich im allgemeinen auf unendlich viele Weisen durchführen (sie ist ebenso willkürlich wie die Wahl einer Basis in einem Vektorraum, vgl. Bemerkung 2, unten).

Am folgenden Beispiel läßt sich dieser Sachverhalt gut veranschaulichen. Als G nehmen wir die aus zwei Elementen bestehende Gruppe $\{1, s\}$ mit $s^2 = 1$. Diese Gruppe besitzt zwei irreduzible Darstellungen, W^+ und W^-, die $\varrho_s = +1$ und $\varrho_s = -1$ entsprechen. Die kanonische Zerlegung einer Darstellung V lautet also $V = V^+ \oplus V^-$; die Komponente V^+ wird von den $x \in V$ gebildet, die symmetrisch sind ($\varrho_s x = x$), die Komponente V^- dagegen von denen, die antisymmetrisch sind ($\varrho_s x = -x$). Die entsprechenden Projektoren sind:

$$p^+ x = \frac{x + \varrho_s x}{2}\,, \qquad p^- x = \frac{x - \varrho_s x}{2}\,.$$

V^+ und V^- in irreduzible Komponenten zu zerlegen, bedeutet einfach, diese Räume als direkte Summe von *Geraden* zu zerlegen.

Bemerkungen. 1. Es sei $x \in V_i$ und $V(x)$ der von den $\varrho_s x$ mit $s \in G$ erzeugte lineare Unterraum; das ist eine Teildarstellung von V_i. Zerlegt man sie in irreduzible Darstellungen, so findet man eine gewisse Anzahl von Malen (etwa m-mal) die Darstellung W_i. Die ganze Zahl m (die von x abhängt) ist *nicht notwendig gleich* 1 (mit anderen Worten, man kann nicht immer sagen, x „transformiere sich wie W_i"); alles, was sich beweisen läßt, ist, daß m kleiner oder gleich der Dimension n_i von W_i ist.

2. H_i sei der Vektorraum der linearen Abbildungen h von W_i in V_i (oder in V, was auf dasselbe hinausläuft), die der Beziehung $\varrho_s h = h \varrho_s$ genügen. $h_1, \ldots, h_k$ sei eine Basis von H_i. Wir bilden die direkte Summe $W_i \oplus \cdots \oplus W_i$ von k Exemplaren W_i. Das System $(h_1, \ldots, h_k)$ definiert in offensichtlicher Weise eine lineare Abbildung h von $W_i \oplus \cdots \oplus W_i$

in V_i; man kann zeigen, daß es sich hierbei um einen *Isomorphismus* (von Darstellungen) handelt und daß sich jeder Isomorphismus auf diese Weise gewinnen läßt. Mit anderen Worten, *die Zerlegungen von V_i in eine direkte Summe irreduzibler Darstellungen* (die der Festlegung eines Isomorphismus von $W_i \oplus \cdots \oplus W_i$ auf V_i äquivalent sind) entsprechen den *Basen des Vektorraums H_i*.

§ 3. Ergänzungen

3.1. Kommutative Gruppen

Eine Gruppe G heißt *kommutativ,* wenn $s\,t = t\,s$ für alle $s, t \in G$ gilt. Die linearen Darstellungen dieser Gruppen sind besonders einfach:

Satz 9. *Wenn G kommutativ ist, so haben alle irreduziblen Darstellungen von G den Grad* 1.

Es sei $\varrho\colon G \to GL(V)$ eine irreduzible Darstellung von G und $t \in G$. Da $s\,t = t\,s$ für alle $s \in G$ ist, bekommt man außerdem

$$\varrho_s\,\varrho_t = \varrho_t\,\varrho_s\,.$$

Nach Aussage 3 (Schursches Lemma) folgt hieraus, daß ϱ_t eine Homothetie ist. Da dies für jedes $t \in G$ gilt, erkennt man, daß jeder lineare Unterraum von V gegenüber G invariant ist; im Hinblick auf die Irreduzibilität von V zieht dies $\dim(V) = 1$ nach sich, q. e. d.

Bemerkung. Es gilt auch die Umkehrung des vorstehenden Satzes: Wenn alle irreduziblen Darstellungen von G die Dimension 1 haben, so ist G kommutativ. Sei in der Tat g die Ordnung von G. Dann gilt $g = \sum n_i^2$, wo die n_i die Grade der irreduziblen Darstellungen bezeichnen (vgl. 2.4). Da hier die n_i gleich 1 sind, sieht man, daß die Anzahl der irreduziblen Darstellungen gleich g ist. Andererseits ist diese Zahl aber bekanntlich (vgl. 2.5) gleich der Anzahl h der Klassen konjugierter Elemente von G. Es gilt also $h = g$, was nur möglich ist, wenn sich jede Klasse auf ein Element reduziert, d. h., wenn G kommutativ ist.

3.2. Produkt zweier Gruppen

Es seien G_1 und G_2 zwei Gruppen und $G_1 \times G_2$ ihr *Mengenprodukt,* d. h. die Menge der Paare (s_1, s_2) mit $s_1 \in G_1$, $s_2 \in G_2$. Indem man

$$(s_1, s_2) \cdot (t_1, t_2) = (s_1\,t_1, s_2\,t_2)$$

setzt, definiert man auf $G_1 \times G_2$ eine Gruppenstruktur; mit dieser Struktur versehen, heißt $G_1 \times G_2$ das *direkte Produkt* von G_1 und G_2. Wenn G_1 die Ordnung g_1 und G_2 die Ordnung g_2 hat, so besitzt $G_1 \times G_2$ die Ordnung $g = g_1 g_2$. Die Gruppe G_1 kann mit der aus den Elementen $(s_1, 1)$, wo s_1 G_1 durchläuft, gebildeten Untergruppe identifiziert werden; ebenso kann G_2 mit einer Untergruppe von $G_1 \times G_2$ identifiziert werden; nimmt man diese Identifikationen vor, so *kommutiert* jedes Element von G_1 mit jedem Element von G_2.

Umgekehrt sei G eine Gruppe, die G_1 und G_2 als Untergruppen enthält, und es seien die beiden folgenden Bedingungen erfüllt.

(1) *Jedes $s \in G$ läßt sich in eindeutiger Weise in der Form $s = s_1 s_2$ mit $s_1 \in G_1$ und $s_2 \in G_2$ schreiben.*

(2) *Wenn $s_1 \in G_1$ und $s_2 \in G_2$ ist, so gilt $s_1 s_2 = s_2 s_1$.*

Das Produkt zweier Elemente $s = s_1 s_2$ und $t = t_1 t_2$ läßt sich dann in der Form $s\,t = s_1 s_2 t_1 t_2 = (s_1 t_1)(s_2 t_2)$ schreiben. Hieraus folgt, daß man, wenn man $(s_1, s_2) \in G_1 \times G_2$ das Element $s_1 s_2$ von G zuordnet, einen *Isomorphismus* von $G_1 \times G_2$ auf G erhält. In diesem Falle sagt man auch, G sei das *Produtk* (*oder das direkte* (*interne*) *Produkt*) seiner Untergruppen G_1 und G_2.

Es seien jetzt $\varrho^1\colon G_1 \to GL(V_1)$ und $\varrho^2\colon G_2 \to GL(V_2)$ lineare Darstellungen von G_1 bzw. G_2. Man definiert dann eine lineare Darstellung $\varrho^1 \otimes \varrho^2$ von $G_1 \times G_2$ in $V_1 \otimes V_2$ durch ein zu 1.5 analoges Verfahren; man setzt

$$\varrho^1 \otimes \varrho^2(s_1, s_2) = \varrho^1(s_1) \otimes \varrho^2(s_2)\,.$$

Diese Darstellung heißt gleichfalls das *Tensorprodukt* der Darstellungen ϱ^1 und ϱ^2. Wenn χ_i der Charakter von ϱ^i $(i = 1, 2)$ ist, so wird der Charakter χ von $\varrho^1 \otimes \varrho^2$ durch

$$\chi(s_1, s_2) = \chi_1(s_1)\,\chi_2(s_2)$$

gegeben.

Satz 10. (1) *Wenn ϱ^1 und ϱ^2 irreduzibel sind, so ist $\varrho^1 \otimes \varrho^2$ eine irreduzible Darstellung von $G_1 \times G_2$.*

(2) *Jede irreduzible Darstellung von $G_1 \times G_2$ ist zu einer Darstellung $\varrho^1 \otimes \varrho^2$ äquivalent, wo ϱ^i eine irreduzible Darstellung von G_i ist $(i = 1, 2)$.*

Wenn ϱ^1 und ϱ^2 irreduzibel sind, so gilt (vgl. 2.3):

$$\frac{1}{g_1} \sum_{s_1} |\chi_1(s_1)|^2 = 1\,, \qquad \frac{1}{g_2} \sum_{s_2} |\chi_2(s_2)|^2 = 1\,.$$

Durch Ausmultiplikation ergibt sich hieraus

$$\frac{1}{g} \sum_{s_1, s_2} |\chi(s_1, s_2)|^2 = 1\,,$$

was gerade zeigt, daß $\varrho^1 \otimes \varrho^2$ irreduzibel ist (Satz 5). Um (2) zu beweisen, braucht man nur zu zeigen, daß jede zentrale Funktion f auf $G_1 \times G_2$, die zu den Charakteren der Form $\chi_1(s_1)\,\chi_2(s_2)$ orthogonal ist, verschwindet. Angenommen also, es gelte

$$\sum_{s_1, s_2} f(s_1, s_2)^* \,\chi_1(s_1)\,\chi_2(s_2) = 0\,.$$

Indem man $g(s_1) = \sum_{s_2} f(s_1, s_2)^* \,\chi_2(s_2)$ setzt, kann man hierfür auch schreiben:

$$\sum_{s_1} g(s_1)\,\chi_1(s_1) = 0 \qquad \text{für alle } \chi_1\,.$$

Da g eine zentrale Funktion ist, zieht dies $g = 0$ nach sich, und da das für jedes χ_2 gilt, schließt man hieraus auf dieselbe Weise, daß $f(s_1, s_2) = 0$ ist, q. e. d.

(Man kann (2) auch dadurch beweisen, daß man die Quadratsumme der Grade der Darstellungen $\varrho^1 \otimes \varrho^2$ berechnet und darauf 2.4 anwendet.)

Durch den vorstehenden Satz wird die Untersuchung der Darstellungen von $G_1 \times G_2$ völlig auf die der Darstellungen von G_1 und der Darstellungen von G_2 zurückgeführt.

§ 4. Erweiterung auf kompakte Gruppen

4.1. Kompakte Gruppen

Eine *topologische Gruppe G* ist eine Gruppe, die mit einer *Topologie* versehen ist, in der das Produkt $s \cdot t$ und das Inverse s^{-1} stetig sind. Eine solche Gruppe heißt *kompakt*, wenn ihre Topologie die eines kompakten Raumes ist, d. h., wenn für sie der Borel-Lebesguesche Überdeckungssatz gilt. Beispielsweise besitzt die Gruppe der *Drehungen* um einen Punkt im euklidischen Raum der Dimension 2 (oder 3, . . .) eine natürliche Topologie, durch die aus ihr eine kompakte Gruppe wird; ihre *abgeschlossenen Untergruppen* sind gleichfalls kompakte Gruppen.

(Als Beispiele für *nichtkompakte* Gruppen wollen wir die Gruppe der *Translationen* $x \mapsto x + a$ und die Gruppe der linearen Abbildungen nennen, die die quadratische Form $x^2 + y^2 + z^2 - t^2$ invariant lassen („Lorentz-Gruppe"); die linearen Darstellungen dieser Gruppen besitzen Eigenschaften, die von denen im kompakten Falle ganz und gar verschieden sind.)

4.2. *Invariantes Maß auf einer kompakten Gruppe*

Bei der Untersuchung der linearen Darstellungen einer endlichen Gruppe G der Ordnung g haben wir in ausgedehntem Maße von der Operation der *Mittelbildung* auf G Gebrauch gemacht, durch die einer Funktion f auf G das Element $f^0 = \frac{1}{g} \sum_{t \in G} f(t)$ zugeordnet wird (die Werte von f können komplexe Zahlen oder allgemeiner Elemente eines gewissen Vektorraumes sein). Eine analoge Operation gibt es für die kompakten Gruppen; dabei tritt freilich an die Stelle einer endlichen Summe ein Integral $\int_G f(t)\, dt$ bezüglich eines Maßes dt auf G. Genauer: man beweist die *Existenz und Eindeutigkeit* eines Maßes dt, das die folgenden Eigenschaften besitzt:

(1) $\int_G f(t)\, dt = \int_G f(t\, s)\, dt$ für jede Funktion f und jedes $s \in G$ (*Rechtsinvarianz von* dt).

(2) $\int_G dt = 1$ (*die Gesamtmasse von* dt *ist gleich* 1).

Man beweist ferner, daß dt *linksinvariant* ist, mit anderen Worten, daß es die Eigenschaft

(1′) $\int_G f(t)\, dt = \int_G f(s\, t)\, dt$

besitzt.

Das Maß dt heißt *invariantes Maß* (oder Haarsches *Maß*) der Gruppe G. Wir wollen zwei Beispiele geben (weitere werden wir in § 5 kennenlernen):

(1) Wenn G endlich von der Ordnung g ist, so besteht das Maß dt darin, jedem Element $t \in G$ eine Masse gleich $\frac{1}{g}$ zuzuordnen.

(2) Wenn G die Gruppe C_∞ der Drehungen der Ebene ist und wenn man die Elemente $t \in G$ in der Form $t = e^{i\alpha}$ (α modulo 2π genommen) darstellt, ist das invariante Maß das Maß $\frac{1}{2\pi}\, d\alpha$; der Faktor $\frac{1}{2\pi}$ dient dazu, die Bedingung (2) sicherzustellen.

4.3. *Lineare Darstellungen kompakter Gruppen*

Es sei G eine kompakte Gruppe und V ein Vektorraum endlicher Dimension über dem Körper der komplexen Zahlen. Eine lineare Darstellung von G in V ist ein Homomorphismus $\varrho\colon G \to GL(V)$, der *stetig* ist; diese

Bedingung ist äquivalent zu der Aussage, daß $\varrho_s x$ eine stetige Funktion der beiden Variablen $s \in G$ und $x \in V$ ist. Ebenso definiert man allgemeiner die linearen Darstellungen von G in einem HILBERT-Raum; man beweist übrigens, daß eine solche Darstellung *direkte Summe endlichdimensionaler Darstellungen* ist, weshalb wir uns auf die letzteren beschränken können.

(In praxi ist es stets trivial, die Stetigkeitsbedingung an ϱ zu verifizieren; schwierig ist es gerade, unstetige ϱ' s zu konstruieren.)

Die meisten Eigenschaften der Darstellungen endlicher Gruppen lassen sich auf kompakte Gruppen ausdehnen; man braucht nur die Ausdrücke „$\frac{1}{g} \sum_{t \in G} \ldots$" durch „$\int_G \ldots dt$" zu ersetzen. Das *Skalarprodukt* $\langle \varphi, \psi \rangle$ zweier Funktionen φ und ψ beispielsweise lautet:

$$\langle \varphi, \psi \rangle = \int_G \psi(t)^* \varphi(t) \, dt \, .$$

Genauer:

(a) Die Sätze 1, 2, 3, 4, 5 bleiben samt ihren Beweisen ungeändert gültig. Ebenso verhält es sich mit den Aussagen 1, 2, 3.

(b) In 2.4 muß man die reguläre Darstellung R als den HILBERT-Raum der quadratisch über G summierbaren Funktionen definieren, auf dem die Gruppe gemäß $(\varrho_s f)(t) = f(s^{-1} t)$ operiert; wenn G nicht endlich ist, ist diese Darstellung unendlichdimensional, und man kann nicht mehr von ihrem Charakter sprechen: die Aussage 4 hat also keinen Sinn mehr. Indessen bleibt bestehen, daß jede irreduzible Darstellung W_i in R so oft enthalten ist, wie ihr Grad angibt.

(c) Die Aussage 5 und der Satz 6 bleiben ungeändert in kraft (in Satz 6 nimmt man für H den HILBERT-Raum der auf G quadratisch integrablen zentralen Funktionen).

(d) Satz 7 ist richtig (aber ohne Interesse), wenn G nicht endlich ist: es gibt dann unendlich viele Klassen konjugierter Elemente und unendlich viele irreduzible Darstellungen.

(e) Satz 8 ist samt seinem Beweis ungeändert gültig. Insbesondere zerlegt sich jedes $x \in V$ in $x = \sum p_i x$, wobei die Komponenten $p_i x$ durch die Formeln

$$p_i x = n_i \int_G \chi_i(t)^* \varrho_t x \, dt$$

gegeben werden.

(f) Die Sätze 9 und 10 sind samt ihren Beweisen ungeändert gültig. Man bemerkt bei dieser Gelegenheit, daß das invariante Maß des direkten Produkts $G_1 \times G_2$ das Produkt $ds_1 \cdot ds_2$ der invarianten Maße der Gruppen G_1 und G_2 ist.

§ 5. Beispiele

5.1. Die zyklische Gruppe C_n

Das ist die aus den Potenzen $1, r, \ldots, r^{n-1}$ eines Elements r mit $r^n = 1$ gebildete Gruppe der Ordnung n. Man kann sie als die Gruppe der Drehungen um eine Achse um $2\,k\,\pi/n$ realisieren. Es handelt sich hierbei um eine kommutative Gruppe.

Nach Satz 9 sind die irreduziblen Darstellungen von C_n vom Grad 1. Eine solche Darstellung ordnet r eine komplexe Zahl $\chi(r) = w$ und r^k die Zahl $\chi(r^k) = w^k$ zu; da $r^n = 1$ ist, muß $w^n = 1$ gelten, d. h. $w = e^{2\pi i h/n}$ mit $h = 0, 1, \ldots, n-1$ sein. Man findet auf diese Weise n *irreduzible Darstellungen vom Grad* 1, deren Charaktere $\chi_0, \chi_1, \ldots, \chi_{n-1}$ durch die Formeln

$$\chi_h(r^k) = e^{2\pi i h k/n}$$

gegeben werden.

Für $n = 3$ beispielsweise sieht die Tabelle der irreduziblen Charaktere folgendermaßen aus:

	1	r	r^2
χ_0	1	1	1
χ_1	1	w	w^2
χ_2	1	w^2	w

mit $w = e^{2\pi i/3}$.

5.2. *Die Gruppe C_∞*

Das ist die Gruppe der *Drehungen* der Ebene. Wenn man mit r_α die Drehung um einen (modulo 2π bestimmten) Winkel α bezeichnet, ist das invariante Maß auf C_∞ $\frac{1}{2\pi}\,d\alpha$ (vgl. 4.2). Die irreduziblen Darstellungen von C_∞ haben den Grad 1. Man sieht leicht, daß sie durch

$$\chi_n(r_\alpha) = e^{i n \alpha} \qquad (n \text{ ganze Zahl von beliebigem Vorzeichen})$$

gegeben werden. Die Orthogonalitätsrelationen der Charaktere liefern hier die wohlbekannten Formeln

$$\frac{1}{2\pi}\int_0^{2\pi} e^{-i n \alpha} \cdot e^{i m \alpha}\, d\alpha = \delta_{n m}$$

wieder, und Satz 6 gibt die Entwicklung einer periodischen Funktion in eine FOURIER-Reihe.

5.3. *Die Diedergruppe D_n*

Das ist die Gruppe der Drehungen und Spiegelungen der Ebene, die ein reguläres n-Eck invariant lassen. Sie enthält n Drehungen, die eine zu C_n isomorphe Untergruppe bilden, und n Spiegelungen; ihre Ordnung ist gleich $2n$. Wenn man mit r die Drehung um $2\pi/n$ und mit s irgendeine der Spiegelungen bezeichnet, erhält man die Relationen

$$r^n = 1\,, \quad s^2 = 1\,, \quad s\,r\,s = r^{-1}\,.$$

Jedes Element von D_n läßt sich in eindeutiger Weise entweder in der Form r^k mit $0 \leqq k \leqq n-1$ (wenn es C_n angehört) oder in der Form $s\,r^k$ mit $0 \leqq k \leqq n-1$ (wenn es nicht zu C_n gehört) schreiben. Man beachte, daß die Relation $s\,r\,s = r^{-1}$ zur Folge hat $s\,r^k\,s = r^{-k}$, woraus $(s\,r^k)^2 = 1$ folgt.

Realisierungen von D_n als Gruppe von Bewegungen des dreidimensionalen Raumes.

Deren gibt es mehrere:

a) Die übliche Realisierung (die traditionell mit D_n bezeichnet wird, vgl. z. B. EYRING [5]). Man nimmt als Drehungen die Drehungen um die

z-Achse und als Spiegelungen die Spiegelungen an n Geraden der xy-Ebene, die untereinander Winkel π/n bilden.

b) Die Realisierung mittels der Gruppe C_{nv} (Bezeichnungen nach EYRING [5]). An Stelle von Spiegelungen an *Geraden* der xy-Ebene nimmt man Spiegelungen an *Ebenen* durch die z-Achse.

c) Die Gruppe D_{2n} läßt sich außerdem als die Gruppe D_{nd} realisieren (Bezeichnungen nach EYRING [5]).

Irreduzible Darstellungen der Gruppe D_n (n gerade $\geqq 2$).

Zunächst gibt es vier Darstellungen ersten Grades, die man erhält, indem man r und s auf alle möglichen Arten ± 1 zuordnet. Ihre Charaktere $\psi_1, \psi_2, \psi_3, \psi_4$ werden durch die folgende Tabelle gegeben:

	r^k	$s\,r^k$
ψ_1	1	1
ψ_2	1	-1
ψ_3	$(-1)^k$	$(-1)^k$
ψ_4	$(-1)^k$	$(-1)^{k+1}$

Gehen wir jetzt zu den Darstellungen vom Grade 2 über! Wir setzen $w = e^{2\pi i/n}$; h sei irgendeine ganze Zahl. Dann wird durch

$$\varrho^h(r^k) = \begin{pmatrix} w^{hk} & 0 \\ 0 & w^{-hk} \end{pmatrix}, \qquad \varrho^h(s\,r^k) = \begin{pmatrix} 0 & w^{-hk} \\ w^{hk} & 0 \end{pmatrix}$$

eine Darstellung ϱ^h von D_n definiert.

Man verifiziert durch unmittelbares Nachrechnen, daß es sich hierbei wirklich um eine *Darstellung* handelt. Diese Darstellung hängt nur von der Restklasse von h modulo n ab; ferner sind ϱ^h und ϱ^{n-h} äquivalent. Man kann also $0 \leqq h \leqq n/2$ annehmen. Die extremen Fälle $h = 0$ und $h = n/2$ sind uninteressant: die entsprechenden Darstellungen sind reduzibel. Dagegen ist ϱ^h für $0 < h < n/2$ *irreduzibel*: wegen $w^h \neq w^{-h}$

sind die einzigen gegenüber $\varrho^h(r)$ invarianten Geraden die Koordinatenachsen, diese sind aber gegenüber $\varrho^h(s)$ nicht invariant. Ebenso läßt sich begründen, daß diese Darstellungen paarweise inäquivalent sind.

Die entsprechenden Charaktere χ_h werden durch die Formeln

$$\chi_h(r^k) = w^{hk} + w^{-hk} = 2\cos\frac{2\pi h k}{n},$$

$$\chi_h(s\,r)^k = 0$$

gegeben.

Die oben konstruierten irreduziblen Darstellungen vom Grade 1 und 2 sind die *einzigen irreduziblen Darstellungen* von D_n (bis auf Äquivalenz). In der Tat ist die Quadratsumme ihrer Grade gleich $4\times 1 + \left(\frac{n}{2} - 1\right)\times 4 = 2\,n$, was gerade die Ordnung von D_n ist.

Beispiel. Die Gruppe D_n besitzt 4 Darstellungen ersten Grades mit den Charakteren $\psi_1, \psi_2, \psi_3, \psi_4$ und 2 irreduzible Darstellungen vom Grade 2 mit den Charakteren χ_1 und χ_2.

Irreduzible Darstellungen der Gruppe D_n (n ungerade).

Es gibt nur 2 Darstellungen ersten Grades mit den durch die Tabelle gegebenen Charakteren ψ_1 und ψ_2:

	r^k	$s\,r^k$
ψ_1	1	1
ψ_2	1	−1

Die Darstellungen ϱ^h andererseits werden durch dieselben Formeln wie im Falle eines geraden n definiert. Diejenigen mit $0 < h < n/2$ sind irreduzibel und paarweise inäquivalent (man beachte, daß die Bedingung $h < n/2$, da n ungerade ist, auch $h \leqq \frac{n-1}{2}$ lautet). Die Formeln für die Charaktere sind dieselben.

Diese Darstellungen sind die *einzigen*. In der Tat ist die Quadratsumme ihrer Grade gleich $2\times 1 + \frac{n-1}{2}\times 4 = 2\,n$, was gerade die Ordnung von D_n ist.

5.4. *Die Gruppe D_{nh}*

Das ist das Produkt $D_n \times I$, wo I eine Gruppe der Ordnung 2 ist, die aus den Elementen $\{1, i\}$ mit $i^2 = 1$ gebildet wird. Es handelt sich hierbei um eine Gruppe der Ordnung $4n$. Realisiert man D_n auf übliche Weise als Gruppe von Drehungen und Spiegelungen des dreidimensionalen Raumes (vgl. 5.3, a), so kann man D_{nh} als die Gruppe realisieren, die von D_n und der Spiegelung i am Ursprung erzeugt wird; bei dieser Realisierung ist D_{nh} als *Gruppe der Bewegungen zu interpretieren, die ein reguläres n-Eck der xy-Ebene invariant lassen.*

Nach Satz 10 sind die irreduziblen Darstellungen von D_{nh} die Tensorprodukte derjenigen von D_n und derjenigen von I. Nun besitzt die Gruppe I zwei irreduzible Darstellungen, alle beide vom Grade 1. Ihre Charaktere g und u werden durch die Tabelle gegeben:

	1	i
g	1	1
u	1	-1

Hieraus folgt, daß D_{nh} *zweimal so viel irreduzible Darstellungen* besitzt wie D_n. Genauer: Jeder irreduzible Charakter χ von D_n definiert zwei irreduzible Charaktere χ_g und χ_u von D_{nh}, die in der folgenden Tabelle angegeben sind:

	x	ix
χ_g	$\chi(x)$	$\chi(x)$
χ_u	$\chi(x)$	$-\chi(x)$

(x Element von D_n).

So gibt beispielsweise der Charakter χ_1 von D_n zu den Charakteren χ_{1g} und χ_{1u} Anlaß:

	r^k	$s\,r^k$	$i\,r^k$	$i\,s\,r^k$
χ_{1g}	$2\cos\frac{2\pi k}{n}$	0	$2\cos\frac{2\pi k}{n}$	0
χ_{1u}	$2\cos\frac{2\pi k}{n}$	0	$-2\cos\frac{2\pi k}{n}$	0

Ebenso verfährt man mit den anderen Charakteren von D_n.

5.5. *Die Gruppe* D_∞

Das ist die Gruppe der Drehungen und Spiegelungen der Ebene, die den Ursprung invariant lassen. Sie enthält die Gruppe C_∞ der Drehungen r_α; wenn s irgendeine Spiegelung ist, so gelten die Beziehungen

$$s^2 = 1\,, \qquad s\,r_\alpha\,s = r_{-\alpha}\,.$$

Jedes Element von D_∞ läßt sich eindeutig entweder in der Form r_α (wenn es C_∞ angehört) oder in der Form $s\,r_\alpha$ schreiben (wenn es nicht zu C_∞ gehört); als topologischer Raum betrachtet, wird D_∞ von zwei disjunkten Kreisen gebildet. Das *invariante Maß* von D_∞ ist das Maß $\frac{1}{4\pi}\,d\alpha$.

Das bedeutet, daß der *Mittelwert* $\int\limits_G f(t)\,dt$ einer Funktion f durch die Formel

$$\int\limits_G f(t)\,dt = \frac{1}{4\pi}\int\limits_0^{2\pi} f(r_\alpha)\,d\alpha + \frac{1}{4\pi}\int\limits_0^{2\pi} f(s\,r_\alpha)\,d\alpha$$

gegeben wird. Insbesondere lauten die Projektoren p_i von 2.6 folgendermaßen:

$$p_i\,x = \frac{n_i}{4\pi}\int\limits_0^{2\pi} \chi_i(r_\alpha)^*\,\varrho_{r_\alpha}(x)\,d\alpha + \frac{n_i}{4\pi}\int\limits_0^{2\pi} \chi_i(s\,r_\alpha)^*\,\varrho_{s r_\alpha}(x)\,d\alpha\,.$$

Realisierungen von D_∞ als Gruppe von Bewegungen des dreidimensionalen Raumes.

Deren gibt es zwei:

a) Die übliche Realisierung (in EYRING [5] mit D_∞ bezeichnet). Man nimmt die Drehungen um die z-Achse und die Spiegelungen an den durch 0 gehenden Geraden der xy-Ebene.

b) Die Realisierung mittels der Gruppe $C_{\infty v}$ (Bezeichnungen von EYRING [5]): An Stelle der Spiegelungen an Geraden der xy-Ebene nimmt man die Spiegelungen an den durch die z-Achse gehenden *Ebenen.*

Irreduzible Darstellungen der Gruppe D_∞.

Sie lassen sich wie die von D_n konstruieren. Zunächst gibt es zwei Darstellungen ersten Grades mit den durch die folgende Tabelle gegebenen Charakteren ψ_1 und ψ_2:

	r_α	$s\,r_\alpha$
ψ_1	1	1
ψ_2	1	-1

Es gibt eine Folge irreduzibler Darstellungen ϱ^h vom Grade 2 ($h = 1, 2, \ldots$), die durch die Formeln

$$\varrho^h(r_\alpha) = \begin{pmatrix} e^{i h \alpha} & 0 \\ 0 & e^{-i h \alpha} \end{pmatrix}, \qquad \varrho^h(s\,r_\alpha) = \begin{pmatrix} 0 & e^{-i h \alpha} \\ e^{i h \alpha} & 0 \end{pmatrix}$$

definiert werden. Ihre Charaktere $\chi_1, \chi_2, \ldots$ haben die folgenden Werte:

$$\chi_h(r_\alpha) = 2\cos(h\alpha)\,, \qquad \chi_h(s\,r_\alpha) = 0\,.$$

Man kann beweisen, daß das bis auf Äquivalenz gerade *alle irreduziblen Darstellungen* der Gruppe D_∞ sind.

5.6. *Die Gruppe $D_{\infty h}$*

Das ist das Produkt $D_\infty \times I$; man kann sie als die von D_∞ und der Spiegelung i am Ursprung erzeugte Gruppe realisieren. Ihre Elemente lassen sich eindeutig in einer der folgenden vier Formen schreiben:

$$r_\alpha\,, \quad s\,r_\alpha\,, \quad i\,r_\alpha\,, \quad i\,s\,r_\alpha\,.$$

Als topologischer Raum betrachtet, handelt es sich hierbei um die Vereinigung von vier disjunkten Kreisen. Das *invariante Maß* von $D_{\infty h}$ ist $\frac{1}{8\pi}\,d\alpha$; das bedeutet wie oben, daß der Mittelwert $\int_G f(t)\,dt$ einer Funktion f auf $D_{\infty h}$ durch die Formel gegeben wird:

$$\int_G f(t)\,dt = \frac{1}{8\pi}\int_0^{2\pi} f(r_\alpha)\,d\alpha + \frac{1}{8\pi}\int_0^{2\pi} f(s\,r_\alpha)\,d\alpha + \frac{1}{8\pi}\int_0^{2\pi} f(i\,r_\alpha)\,d\alpha$$
$$+ \frac{1}{8\pi}\int_0^{2\pi} f(i\,s\,r_\alpha)\,d\alpha\,.$$

Es sei dem Leser überlassen, hieraus den expliziten Ausdruck für die Projektoren p_i von 2.6 herzuleiten . . .

Wie im Falle der D_{nh} ergeben sich auch die irreduziblen Darstellungen von $D_{\infty h}$ aus denen von D_∞ durch Verdopplung. Jeder Charakter χ von D_∞ gibt zu zwei Charakteren χ_g und χ_u von $D_{\infty h}$ Anlaß. Der Charakter χ_3 von D_∞ liefert zum Beispiel:

	r_α	$s\,r_\alpha$	$i\,r_\alpha$	$i\,s\,r_\alpha$
χ_{3g}	$2\cos 3\alpha$	0	$2\cos 3\alpha$	0
χ_{3u}	$2\cos 3\alpha$	0	$-2\cos 3\alpha$	0

§ 6. Grade der irreduziblen Darstellungen

6.1. Gruppenring

Definition. *G sei eine endliche Gruppe und K ein Körper. Gruppenring (oder Gruppenalgebra) der Gruppe G über dem Körper K heißt die Algebra, die die mit G indizierte Familie (e_s) als Basis besitzt und für die das Produkt durch die Relationen $e_s \cdot e_t = e_{st}$ definiert ist. Der Gruppenring wird mit $K[G]$ bezeichnet.*

Ein Element u von $K[G]$ läßt sich also als formale Linearkombination von Elementen aus G mit Koeffizienten in K schreiben. Es ist klar, daß $K[G]$ zur Algebra der auf G definierten Funktionen mit Werten in K und dem Faltungsprodukt als Verknüpfung isomorph ist. Im folgenden sei $K = \mathbf{C}$.

Es sei $\varrho\colon G \to GL(V)$ eine Darstellung der Gruppe G; sie definiert einen — gleichfalls mit ϱ bezeichneten — Homomorphismus von $\mathbf{C}[G]$ in End(V).

Satz 11. a) *Es seien* $\varrho_i\colon G \to GL(V_i)$ *paarweise inäquivalente irreduzible Darstellungen von* G. *Die Abbildung* $\varrho\colon \mathbf{C}[G] \to \prod_i \operatorname{End}(V_i)$, *die sie definieren, ist surjektiv.*

b) *Wenn die* $\varrho_i\colon G \to GL(V_i)$ *sämtliche irreduzible Darstellungen von* G *(bis auf Äquivalenz) sind, so ist die Abbildung* ϱ *ein Isomorphismus.*

Beweis. a) Wenn $\operatorname{Im}\varrho$ in einer Hyperebene von $\prod_i \operatorname{End}(V_i)$ enthalten ist, so existiert eine nichtverschwindende Linearform φ, die auf $\operatorname{Im}\varrho$ gleich Null ist, d. h. eine solche, daß $\varphi\left(\sum_i \varrho_i(s)\right) = 0$ für alle s aus G ist, was eine Relation der Form $\sum_k \lambda_k m_k(s) = 0$ für alle s aus G ergibt, wo m_k die Menge der Koeffizienten der Darstellungen ϱ_i durchläuft. Aus den Orthogonalitätsrelationen der Koeffizienten folgt, daß $\lambda_k = 0$ für alle k ist, was das Verschwinden von φ nach sich zieht und damit (a).

(b) Bekanntlich ist $\dim \mathbf{C}[G] =$ Ordnung von $G = g$ und $\dim \prod_i \operatorname{End}(V_i) = \sum d_i^2 = g$, die Abbildung ϱ, die surjektiv ist, stellt also einen Isomorphismus dar.

6.2. Ganze Elemente

Definition. *Es sei* R *ein kommutativer Ring; dann heißt* $x \in R$ *ganz (über* $\mathbf{Z}$*), wenn es ganze rationale Zahlen* $(a_i)_{1 \leq i \leq n}$ *mit* $x^n + a_1 x^{n-1} + \cdots + a_n = 0$ *gibt.*

Die folgenden Zahlen sind ganz: $e^{2i\pi/h}$, $\sqrt{2}$, $(1+\sqrt{5})/2$. Für $x \in \mathbf{Q}$ ist die Ganzheit von x gleichbedeutend mit $x \in \mathbf{Z}$.

Aussage 6. *Die folgenden Eigenschaften sind äquivalent:*

a) *das Element* x *aus* R *ist ganz,*

b) *der Ring* $\mathbf{Z}[x]$ *ist ein endlich-erzeugbarer* $\mathbf{Z}$*-Modul.*

Aus (a) folgt, daß $x^n = -a_1 x^{n-1} - \cdots - a_n$ ist, $\mathbf{Z}[x]$ also von $\{1, x, \ldots, x^{n-1}\}$ erzeugt wird, woraus (b) folgt. Setzt man umgekehrt die Gültigkeit von (b) voraus, so gilt mit einem Erzeugendensystem $\{e_i\}$ von $\mathbf{Z}[x]$ $x\, e_i = \sum_j a_{ij}\, e_j$. Man bezeichne mit A die Matrix $(x\, \delta_{ij} - a_{ij})$; dann ist $A(e_i) = 0$, wobei (e_i) den Spaltenvektor der e_i bezeichnet. Hieraus ergibt sich (durch Multiplikation mit der Adjunkten-Matrix von A) $(\det A) \cdot e_i = 0$. Da $1 = \sum_i \lambda_i\, e_i$ ist, bekommt man $\det A = \sum \lambda_i \cdot (\det A) \cdot e_i = 0$. Das drückt aber gerade aus, daß x ganz-abhängig ist, woraus die Behauptung (a) folgt.

Aussage 7. *Die ganzen Elemente von R bilden einen Unterring von R.*

Es seien x, y ganze Elemente von R. Da $\mathbf{Z}[x, y]$ ein endlich-erzeugbarer $\mathbf{Z}$-Modul ist, sind auch $\mathbf{Z}\,[x - y]$ und $\mathbf{Z}[x\, y]$ endlich-erzeugbare $\mathbf{Z}$-Moduln, $x - y$ und $x\, y$ also ganz.

Aussage 8. *Wenn R ein endlich-erzeugbarer $\mathbf{Z}$-Modul ist, so ist jedes Element von R ganz.*

Das stellt eine unmittelbare Folgerung aus Aussage 6 dar.

6.3. *Ganzheitseigenschaften der Charaktere*

Aussage 9. *χ sei der Charakter einer Darstellung ϱ von G. Dann ist $\chi(s)$ für jedes s aus G ganz.*

Definitionsgemäß ist $\chi(s)$ die Spur von $\varrho(s)$, also gleich der Summe der Eigenwerte von $\varrho(s)$. Da $\varrho^g(s) = \varrho(s^g) = 1$ mit $g = \operatorname{Card} G$ gilt, ist jeder Eigenwert von $\varrho(s)$ eine Einheitswurzel, woraus die Aussage folgt.

Aussage 10. *χ sei der Charakter einer irreduziblen Darstellung ϱ vom Grade d und K eine Klasse konjugierter Elemente von G. Dann ist $\frac{1}{d} \sum_{s \in K} \chi(s)$ ganz.*

Mit $\operatorname{Cent}_{\mathbf{C}}(G)$ und $\operatorname{Cent}_{\mathbf{Z}}(G)$ seien die Zentren von $\mathbf{C}[G]$ und von $\mathbf{Z}[G]$ bezeichnet. Es ist klar, daß die $e_K = \sum_{s \in K} s$ eine Basis von $\operatorname{Cent}_{\mathbf{C}}(G)$ bilden. Ferner gehört e_K zu $\operatorname{Cent}_{\mathbf{Z}}(G)$, was ein endlicherzeugbarer $\mathbf{Z}$-Modul ist; e_K ist also ganz. Bekanntlich definiert die Darstellung ϱ einen Homomorphismus $\varrho\colon \mathbf{C}[G] \to \operatorname{End}(W)$, dessen Einschränkung auf $\operatorname{Cent}_{\mathbf{C}}(G)$ dem SCHURschen Lemma zufolge Multiplikationen von W als Bild hat. Infolgedessen gilt $\varrho(e_K) = \lambda \cdot 1$ mit ganzem λ. Durch Übergang zur Spur findet man $d \cdot \lambda = \sum_{s \in K} \chi(s)$, woraus

$$\lambda = \frac{1}{d} \sum_{s \in K} \chi(s)$$

folgt. Damit ist die Aussage bewiesen.

6.4. *Grade der irreduziblen Darstellungen*

Satz 12. *Es sei G eine Gruppe der Ordnung g und W eine irreduzible Darstellung von G vom Grade d; dann ist d Teiler von g.*

Beweis. Bekanntlich gilt $\langle \chi, \chi \rangle = 1$, wenn χ der Charakter der Darstellung ϱ ist. Ausführlich geschrieben, gibt das

$$g/d = \sum_{s \in G} \chi(s^{-1})\, \chi(s)/d$$

oder

$$g/d = \sum_{K} \chi(s^{-1}) \left(\sum_{s \in K} \chi(s)/d \right).$$

Nach den Aussagen 9 und 10 sind aber $\chi(s^{-1})$ und $\sum_{s \in K} \chi(s)/d$ ganze Zahlen; da $g/d \in \mathbf{Q}$ gilt, ist der Satz also bewiesen.

Satz 13. *C sei das Zentrum von G; dann gilt mit den Bezeichnungen von Satz 12, daß d Teiler von $(G:C)$ ist.*

Beweis (nach J. Tate). Das (n-fache) Tensorprodukt $W \otimes \cdots \otimes W$ definiert eine irreduzible Darstellung von $G \times \cdots \times G$ (n-mal). Das Zentrum $C \times \cdots \times C$ von $G \times \cdots \times G$ operiert in $W \otimes \cdots \otimes W$ gemäß

$$(x_1, \ldots, x_n) \to \varrho(x_1) \otimes \cdots \otimes \varrho\,(x_n)$$

als eine Multiplikation mit dem Faktor $\varrho(x_1) \ldots \varrho(x_n) = \varrho(x_1, \ldots, x_n)$. H sei die aus den Elementen $(x_1, \ldots, x_n)$ mit $x_1 \ldots x_n = 1$ gebildete Untergruppe von C. Die Ordnung von H ist c^{n-1} mit $c = \text{Card}\, C$; da H auf $W \otimes \cdots \otimes W$ trivial operiert, leitet man hieraus eine durch $\varrho(s\,H) = \varrho(s)$ definierte Darstellung von G/H her. Diese ist irreduzibel, nach Satz 12 ist also d^n Teiler von g^n/c^{n-1}. Infolgedessen gilt $(g/c\,d)^n \in (1/c)\,\mathbf{Z}$, und da dieser Modul endlich-erzeugbar ist, ist $g/c\,d$ also ganz. Damit ist der Satz bewiesen.

Diese Resultate werden in 9.1 verallgemeinert werden.

§ 7. Induzierte Darstellungen

7.1. Definition

Es seien H eine Untergruppe von G, $W \subset V$ zwei Vektorräume, H operiere auf W und G auf V. Wenn die folgenden Bedingungen erfüllt sind:

a) W ist ein Untermodul von V, betrachtet als $C[H]$-Linksmodul,

b) $V = \bigoplus_{s \in G/H} s\,W$,

so heißt die Darstellung V von G durch die Darstellung W von H induziert.

Aussage 11. *Es existiert (bis auf Äquivalenz) eine und nur eine Darstellung von G, die durch eine gegebene Darstellung von H induziert wird.*

Wir wollen die Darstellung von H mit W bezeichnen und $V_0 = C[G] \otimes_{C[H]} W$ betrachten. Die Gruppe G operiert auf V_0, denn jedem Element s von G ist der Endomorphismus $s \otimes 1$ von V_0 zugeordnet. Die Bedingung (a) der Definition ist trivialerweise erfüllt. Außerdem ist $C[G]$ ein *freier* $C[H]$-Rechtsmodul mit einem Repräsentantensystem S von G/H als Basis, also $V_0 = \bigoplus_{s \in S} s\,W$, woraus die Bedingung (b) folgt. Die Eindeutigkeit ist unmittelbar klar.

Aufgabe. Es sei V der Raum der Funktionen auf G mit Werten in W, für die $f(h\,x) = h\,f(x)$ für alle h aus H und alle x aus G gilt. Die Gruppe G operiert gemäß $(s \cdot f)(x) = f(x\,s)$ auf V. W wird durch die Abbildung $w \mapsto f_w$ mit

$$f_w(h) = \begin{cases} h\,w\,, & \text{wenn} \quad h \in H \quad \text{und} \quad w \in W\,, \\ 0 & \text{sonst} \end{cases}$$

in V eingebettet. Man zeige, daß V durch W induziert ist.

Aussage 12. *Es sei V eine Darstellung von G mit $V = \bigoplus_i W_i$ und*

a) *G permutiert die W_i,*

b) *G permutiert sie transitiv.*

H sei die Isotropiegruppe von W_{i_0} für festes i_0. Die Untergruppe H operiert in W_{i_0}, und die Darstellung V von G wird durch diese Darstellung von H induziert.

Diese Aussage entspringt unmittelbar aus der Definition der induzierten Darstellungen.

Bemerkung. Wenn die Darstellung V irreduzibel ist, so folgt (b) aus (a), denn $\sum_{s \in G} s W_{i_0}$ ist ein invarianter Unterraum von V ungleich Null, also gleich V.

Aussage 13. *Wenn V und W Darstellungen von G bzw. H sind, V durch W induziert wird und E ein $\mathbf{C}[G]$-Modul ist, so gilt*

$$\mathrm{Hom}^H(W, E) \simeq \mathrm{Hom}^G(V, E) .$$

Genauer: Jeder G-Homomorphismus $f\colon V \to E$ definiert durch Einschränkung auf W einen H-Homomorphismus, und die Abbildung $f \mapsto f|_W$ ist bijektiv.

In der Tat ist, wenn $f|_W = 0$ gilt, auch die Einschränkung von f auf $s\,W$ mit $s \in G$ Null, also $f = 0$. Ist andererseits $h\colon W \to E$ ein H-Homomorphismus, so definiert man f auf $s\,W$ $(s \in G)$ durch $f(s\,x) = s \cdot h(x)$ Man bestätigt, daß diese Definition von der Wahl von s unabhängig ist. Durch lineare Fortsetzung erhält man $f\colon V \to E$, und das ist ein G-Homomorphismus.

Aufgabe. Man leite die Aussage 13 aus der Formel $\mathrm{Hom}\,(A, \mathrm{Hom}(B, C)) = \mathrm{Hom}\,(A \otimes B, C)$ her.

Beispiele. Der Raum einer Darstellung, die durch eine Darstellung ersten Grades induziert wird, ist direkte Summe von Geraden, die durch G transitiv permutiert werden; eine solche Darstellung heißt manchmal „monomial".

Die Darstellung vom Grade 1 der Einsuntergruppe von G induziert die reguläre Darstellung von G. Allgemeiner induziert die reguläre Darstellung einer Untergruppe H von G die reguläre Darstellung von G. Die Einsdarstellung von H induziert die Permutationsdarstellung von G/H.

Transitivität der induzierten Darstellungen

Wenn $H_1 \subset H_2 \subset G$ gilt, ist die durch die Darstellung von H_1 induzierte Darstellung von G äquivalent zu der Darstellung, die man erhält, indem man zweimal den Übergang zur induzierten Darstellung vollzieht, zunächst von H_1 zu H_2 und hernach von H_2 zu G.

7.2. Charakter einer induzierten Darstellung

Es seien H eine Untergruppe von G, W eine Darstellung von H mit dem Charakter χ_W und V die durch W induzierte Darstellung von G, deren Charakter χ_V bestimmt werden soll. Das Element x von G definiert einen Automorphismus von V, der die $s\,W$ mit $s \in G/H$ permutiert; seine Spur ist also die Summe der Spuren der Einschränkungen dieses Automorphismus auf die $s\,W$, die er invariant läßt, was mit der Relation $s^{-1}\,x\,s \in H$ für s gleichbedeutend ist. Hieraus folgt:

$$\chi_V(x) = Tr_V(x) = \sum_{\substack{s \in G/H \\ s^{-1} x s \in H}} Tr_{sW}(x)\,.$$

Aus der Kommutativität des Diagramms

$$\begin{array}{ccc} W & \xrightarrow{s^{-1}xs} & W \\ s\downarrow & & \downarrow s \\ s\,W & \xrightarrow{x} & s\,W \end{array}$$

ergibt sich, daß $Tr_{sW}(x) = Tr_W(s^{-1}\,x\,s)$ ist, woraus

$$\chi_V(x) = \frac{1}{\text{Card}\,H} \sum_{\substack{s \in G \\ s^{-1} x s \in H}} \chi_W\,(s^{-1}\,x\,s) \tag{1}$$

folgt. Man dehnt die Formel (1) linear auf die zentralen Funktionen aus:

$$f^*(x) = \frac{1}{\text{Card}\,H} \sum_{\substack{s \in G \\ s^{-1} x s \in H}} f(s^{-1}\,x\,s) \tag{1'}$$

und sagt, f^* sei die durch f *induzierte* Funktion.

7.3. FROBENIUS*sches Reziprozitätsgesetz*

Wenn φ und ψ zentrale Funktionen auf den Gruppen H bzw. G sind und H eine Untergruppe von G ist, bezeichnet man mit $\text{Ind}\,\varphi$ und $\text{Res}\,\psi$ die Funktionen φ^* und $\psi|_H$.

Satz 14. *Die Skalarprodukte* $\langle\varphi, \text{Res}\,\psi\rangle_H$ *und* $\langle\text{Ind}\,\varphi, \psi\rangle_G$ *sind gleich.*

Erster Beweis. Er besteht in der expliziten Durchführung der Rechnung. Aus der Definition von $\langle\text{Ind}\,\varphi, \psi\rangle_G$ und von φ^* folgt unmittelbar

$$\langle\text{Ind}\,\varphi, \psi\rangle_G = \frac{1}{g\,h} \sum_{\substack{y \in G \\ z^{-1} y^{-1} z \in H}} \psi(y)\,\varphi(z^{-1}\,y^{-1}\,z)$$

mit $g = \text{Card}\, G$ und $h = \text{Card}\, H$. Man führt nun die Variablentransformation $z^{-1}\, y^{-1}\, z = x^{-1}$ mit $x \in H$ durch. Die gesuchte Gleichheit wird dann evident.

Zweiter Beweis. Man schreibt $\langle \varphi_1, \varphi_2 \rangle_G$ in der Form $\langle V_1, V_2 \rangle_G$, wobei φ_1 und φ_2 die Charaktere der Darstellungen V_1 und V_2 der Gruppe G sind. Es gilt die Gleichheit

$$\langle V_1, V_2 \rangle_G = \dim \text{Hom}^G (V_1, V_2)\,.$$

Da es genügt, die FROBENIUSsche Formel in dem Fall zu verifizieren, daß φ und ψ Charaktere sind, hat man also zu zeigen, daß

$$\langle W, \text{Res}\, V \rangle_H = \langle \text{Ind}\, W, V \rangle_G$$

gilt, wenn W eine Darstellung von H und V eine Darstellung von G ist, was unmittelbar aus dem Vorstehenden und aus der Aussage 13 folgt.

Deutung. Satz 14 bringt zum Ausdruck, daß die Abbildungen Res und Ind *adjungiert* sind.

Wir wollen noch auf die folgende Formel hinweisen, die häufig von Nutzen ist:

$$\text{Ind}\, (\varphi \cdot \text{Res}\, \psi) = (\text{Ind}\, \varphi) \cdot \psi\,.$$

Diese bestätigt man unmittelbar durch einfaches Nachrechnen. Sie bedeutet: Wenn W eine Darstellung von H, $V = \text{Ind}\, W$ und V_1 eine weitere Darstellung von G ist, so induziert $\text{Res}\, V_1 \otimes W$ die Darstellung $V_1 \otimes V$.

Aussage 14. *Es seien W und V zwei irreduzible Darstellungen von H und von G, dann ist die Vielfachheit, mit der W in* Res *V eingeht, gleich der Vielfachheit, mit der V in* Ind *W eingeht.*

Das ist eine Spezialfall von Satz 14.

7.4. *Einschränkung auf Untergruppen*

Es seien H und K zwei Untergruppen von G, $\varrho\colon H \to GL(W)$ eine lineare Darstellung von H und $V = \text{Ind}_H^G (W)$ die entsprechende induzierte Darstellung von G. Wir wollen die *Einschränkung* $\text{Res}_K\, V$ von V auf K ermitteln.

Wir wählen zunächst eine Menge S von Repräsentanten der *Restklassen von G nach dem Doppelmodul* (H, K); das bedeutet, daß G disjunkte Vereinigung der $K\, s\, H$ mit $s \in S$ ist (wofür man auch $s \in K\backslash G/H$ schreibt).

Für $s \in S$ sei $H_s = s\,H\,s^{-1} \cap K$; das ist eine Untergruppe von K. Setzt man

$$\varrho_s(x) = \varrho(s^{-1}\,x\,s) \quad \text{für} \quad x \in H_s\,,$$

so erhält man einen Homomorphismus ϱ_s: $H_s \to GL(W)$ und hieraus eine mit W_s bezeichnete lineare Darstellung von H_s. Da H_s eine Untergruppe von K ist, ist die induzierte Darstellung $\mathrm{Ind}_{H_s}^K(W_s)$ definiert.

Aussage 15. *Die Darstellung* $\mathrm{Res}_K\,\mathrm{Ind}_H^G(W)$ *ist zur direkten Summe der Darstellungen* $\mathrm{Ind}_{H_s}^K(W_s)$ *mit* $s \in K \setminus G/H$ *äquivalent.*

Bekanntlich ist V direkte Summe der Transformierten $x\,W$ mit $x \in G/H$. Es sei $s \in S$ und $V(s)$ der von den Transformierten $x\,W$ mit $x \in K\,s\,H$ erzeugte Unterraum von V; dann ist der Raum V direkte Summe der $V(s)$, und es ist klar, daß $V(s)$ gegenüber K invariant ist. Es kommt also nur noch darauf an, zu zeigen, daß $V(s)$ zu $\mathrm{Ind}_{H_s}^K(W_s)$ K-äquivalent ist. Nun ist die von den Elementen x mit $x(s\,W) = s\,W$ gebildete Untergruppe von K offensichtlich gleich H_s, und $V(s)$ ist direkte Summe der Transformierten $x(s\,W)$ mit $x \in K/H_s$. Es ist also $V(s) = \mathrm{Ind}_{H_s}^K(s\,W)$. Es bleibt demnach nur noch zu bestätigen, daß sW H_s-isomorph zu W_s ist, was unmittelbar klar ist; der Isomorphismus wird nämlich durch s: $W_s \to s\,W$ geliefert.

Bemerkung. Da $V(s)$ nur von dem Bild von s in $K \backslash G/H$ abhängt, erkennt man gleichzeitig, daß die Darstellung $\mathrm{Ind}_{H_s}^K(W_s)$ nur (bis auf Äquivalenz) von der Doppelrestklasse von s abhängt.

7.5. *Irreduzibilitätskriterium von* Mackey

Wir wollen das Vorstehende auf den Fall $K = H$ anwenden. Für $s \in G$ bezeichnet man mit H_s noch die Untergruppe $s\,H\,s^{-1} \cap H$ von H. Die Darstellung ϱ von H definiert durch Einschränkung auf H_s eine Darstellung $\mathrm{Res}_s(\varrho)$, die man nicht mit der in der vorigen Nummer definierten Darstellung ϱ_s verwechseln darf.

Aussage 16. *Für die Irreduzibilität der induzierten Darstellung* $V = \mathrm{Ind}_H^G\,W$ *ist notwendig und hinreichend, daß die folgenden beiden Bedingungen erfüllt sind:*

a) *W ist irreduzibel.*

b) *Für jedes nicht in H enthaltene $s \in G$ sind die beiden Darstellungen ϱ_s und $\mathrm{Res}_s(\varrho)$ von H_s disjunkt.*

(Zwei Darstellungen V_1 und V_2 ein und derselben Gruppe K heißen *disjunkt*, wenn sie keine gemeinsame irreduzible Komponente besitzen oder, was auf dasselbe hinausläuft, wenn ihre Charaktere orthogonal sind.)

Wir setzen $\langle V, V\rangle_G = \dim \mathrm{Hom}^G(V, V) = \langle \chi, \chi\rangle_G$, wo χ der Charakter von V ist. Für die Irreduzibilität von V ist $\langle V, V\rangle_G = 1$ notwendig und hinreichend. Nun gilt nach dem FROBENIUSschen Reziprozitätsgesetz:

$$\langle V, V\rangle_G = \langle W, \mathrm{Res}_H V\rangle_H .$$

Nach 7.4 ist aber

$$\mathrm{Res}_H V = \sum_{x \in H\backslash G/H} \mathrm{Ind}_{H_x}^H (\varrho_x) .$$

Durch nochmalige Anwendung des FROBENIUSschen Reziprozitätstheorems schließen wir hieraus:

$$\langle V, V\rangle_G = \sum_{x \in H\backslash G/H} d_x \quad \text{mit} \quad d_x = \langle \mathrm{Res}_x(\varrho), \varrho_x\rangle_{H_x} .$$

Für $x = 1$ hat man $d_x = \langle \varrho, \varrho\rangle \geqq 1$. Dafür, daß $\langle V, V\rangle_G = 1$ gilt, ist also notwendig und hinreichend, daß $d_1 = 1$ und $d_x \neq 0$ für $x = 1$ (als Doppelrestklasse, d. h. $x \notin H$) ist; das sind aber gerade die Bedingungen a) und b).

Korollar. *H sei Normalteiler in G. Für die Irreduzibilität von $\mathrm{Ind}_H^G(\varrho)$ ist notwendig und hinreichend, daß ϱ irreduzibel ist und daß es zu keinem seiner Konjugierten ϱ_s mit s nicht in H äquivalent ist.*

In der Tat hat man dann $H_s = H$ und $\mathrm{Res}_s(\varrho) = \varrho$.

§ 8. Satz von ARTIN

Bezeichnungen

G sei eine endliche Gruppe. $R_C(G)$ oder kurz $R(G)$ bezeichne im folgenden die Menge der Linearkombinationen der (komplexwertigen) Charaktere von G mit Koeffizienten in $\boldsymbol{Z}$; das ist ein Unterring des Rings der zentralen Funktionen auf G, der die Menge der *irreduziblen* Charaktere als $\boldsymbol{Z}$-Basis besitzt. Das Tensorprodukt $\boldsymbol{C} \otimes R(G)$ läßt sich mit der $\boldsymbol{C}$-Algebra der zentralen Funktionen auf G identifizieren.

Wenn H eine Untergruppe von G ist, definiert die Operation der *Einschränkung* einen Ringhomomorphismus $R(G) \to R(H)$, der mit Res bezeichnet wird (vgl. 7.3). Ebenso definiert die Operation der *Induktion* Ind_H^G einen Homomorphismus

$$\mathrm{Ind}\colon R(H) \to R(G)\,.$$

Aus der Beziehung $\mathrm{Ind}\,(\varphi \cdot \mathrm{Res}(\psi)) = \mathrm{Ind}\,(\varphi) \cdot \psi$ (vgl. 7.3) geht hervor, daß das Bild dieses Homomorphismus ein *Ideal* des Rings $R(G)$ ist.

Formulierung des Satzes

Der Satz lautet folgendermaßen:

Satz 15 (E. ARTIN). *X sei eine Familie von Untergruppen von G. Dann sind die folgenden Bedingungen äquivalent:*

(1) *Die Vereinigungsmenge der konjugierten Untergruppen der zu X gehörigen Gruppen ist gleich G.*

(2) *Die Abbildung* $\mathrm{Ind}\colon \bigoplus_{H \in X} R(H) \to R(G)$ *hat ein Bild von endlichem Index.*

(3) *Zu jedem Charakter χ von G gibt es Elemente $(\psi_H)_{H \in X}$ mit $\psi_H \in R(H)$ und eine ganze Zahl $d \geqq 1$ mit*

$$d\chi = \sum \psi_H^*\,.$$

Man beachte, daß die Familie der *zyklischen* Untergruppen von G offensichtlich (1) erfüllt. Daher gilt:

Korollar. *Jeder Charakter von G ist Linearkombination der durch die Charaktere zyklischer Untergruppen von G induzierten Charaktere mit rationalen Koeffizienten.*

8.1. Erster Beweis

Es ist klar, daß (2) und (3) äquivalent sind. Wir wollen zeigen, daß (2) $\Rightarrow$ (1) gilt. S sei die Vereinigung der konjugierten Untergruppen zu den Gruppen H mit $H \in X$. Jede Funktion der Form $\sum_{H \in X} \psi_H^*$ mit $\psi_H \in R(H)$ verschwindet außerhalb S; wenn (2) erfüllt ist, verschwindet jede zentrale Funktion auf G außerhalb S; hieraus folgt $S = G$. Gilt schließlich (1), so ist die Einschränkungsabbildung

$$\mathrm{Res}\colon \boldsymbol{C} \otimes R(G) \to \bigoplus_{H \in K} \boldsymbol{C} \otimes R(H)$$

injektiv. Ihre Adjungierte

$$\mathrm{Ind}\colon \bigoplus_{H \in X} \boldsymbol{C} \otimes R(H) \to \boldsymbol{C} \otimes R(G)$$

ist also surjektiv, und ebenso verhält es sich (nach den elementaren Eigenschaften des Tensorprodukts) mit der Abbildung

$$\mathrm{Ind}\colon \bigoplus_{H \in K} \boldsymbol{Q} \otimes R(H) \to \boldsymbol{Q} \otimes R(G) .$$

Hieraus folgt (2).

8.2. Zweiter Beweis von (1) ⇒ (2)

Zunächst sei A eine zyklische Gruppe und a ihre Ordnung. Wir definieren eine Funktion Θ_A auf A durch die Formel

$$\Theta_A(x) = \begin{cases} a, & \text{wenn } A \text{ von } x \text{ erzeugt wird,} \\ 0 & \text{sonst} . \end{cases}$$

Aussage 17. *Wenn G eine endliche Gruppe der Ordnung g ist, so gilt*

$$g = \sum_{A \subset G} \Theta_A^* ,$$

wobei die Summation über die Menge der zyklischen Untergruppen von G erstreckt ist.

Es sei $x \in G$. Dann gilt

$$\Theta_A^*(x) = \frac{1}{a} \sum_{\substack{y \in G \\ y x y^{-1} \in A}} \Theta_A(y\, x\, y^{-1})$$

$$= \frac{1}{a} \sum_{\substack{y \in G \\ y x y^{-1} \text{erz.} A}} a = \sum_{\substack{y \in G \\ y x y^{-1} \text{erz.} A}} 1 .$$

Für jedes $y \in G$ erzeugt aber $y\, x\, y^{-1}$ eine und nur eine zyklische Untergruppe von G. Es gilt also

$$\sum_{A \subset G} \Theta_A^*(x) = \sum_{y \in G} 1 = g .$$

Aussage 18. *Wenn A eine zyklische Gruppe ist, so ist $\Theta_A \in R(A)$.*

Man führt den Beweis durch Induktion nach a; der Fall $a = 1$ ist trivial. Nach der vorstehenden Aussage gilt

$$a = \sum_{A' \subset A} \Theta^*_{A'} = \Theta_A + \sum_{A' \neq A} \Theta^*_{A'} .$$

Der Induktionsannahme zufolge ist $\Theta_{A'} \in R(A')$, also $\Theta^*_{A'} \in R(A)$; da andererseits offensichtlich $a \in R(A)$ gilt, schließt man hieraus gerade, daß Θ_A zu $R(A)$ gehört.

Anwendung auf den Beweis von (1) $\Rightarrow$ (2).

Zunächst kann man ohne Beschränkung der Allgemeinheit annehmen, daß die betrachtete Familie X aus allen zyklischen Untergruppen von G besteht. Aussage 17 zeigt dann, daß

$$1 = \frac{1}{g} \sum \Theta^*_A$$

gilt, wobei nach Aussage 18 $\Theta^*_A \in R(G)$ ist.

Für jedes $\chi \in R(G)$ erhält man also durch Multiplikation mit χ:

$$\chi = \frac{1}{g} \sum \chi \cdot \Theta^*_A = \frac{1}{g} \sum (\Theta_A \cdot \mathrm{Res}_A \chi)^* .$$

Da $\Theta_A \cdot \mathrm{Res}_A \chi$ offensichtlich zu $R(A)$ gehört, ist damit gerade (2) bewiesen — und sogar noch mehr, da hiermit eine explizite Formel und insbesondere ein expliziter Nenner vorliegt.

Bemerkungen. 1. Der obige Beweis geht auf R. Brauer zurück.

2. Präzisierungen von Satz 15 in quantitativer Hinsicht findet man in Kap. II der Dissertation von T.-Y. Lam (Columbia Univ., 1967).

§ 9. Anwendungen der induzierten Darstellungen

9.1. Invariante Untergruppen und Anwendungen auf die Grade der irreduziblen Darstellungen

Satz 16. *Es sei A eine invariante Untergruppe von G und ρ: $G \to GL(V)$ eine irreduzible Darstellung von G. Dann gilt:*

(a) *Entweder gibt es eine von G verschiedene Untergruppe H von G, die A enthält, und eine irreduzible Darstellung σ von H, die ρ induziert;*

(b) *oder die Einschränkung von ρ auf A ist isotyp.*

(Es sei daran erinnert, daß eine Darstellung *isotyp*[1]) heißt, wenn sie ein Vielfaches einer irreduziblen Darstellung ist.)

Beweis. Es sei $V = \sum V_i$ die kanonische Zerlegung der (auf A eingeschränkten) Darstellung ϱ als direkte Summe isotyper Darstellungen (vgl. 2.6). Wenn $s \in G$ ist, sieht man durch Übertragung der Struktur, daß $\varrho(s)$ die V_i permutiert; da V irreduzibel ist, schließt man hieraus, daß es die von Null verschiedenen V_i transitiv permutiert. V_{i_0} sei eines von ihnen; ist dann V_{i_0} gleich V, so liegt der Fall (b) vor. Anderenfalls sei H die von den $s \in G$ mit $\varrho(s)\, V_{i_0} = V_{i_0}$ gebildete Untergruppe von G. Dann ist $A \subset H$, $H \neq G$, und ϱ wird durch die natürliche Darstellung σ von H in V_{i_0} repräsentiert; es liegt also der Fall (a) vor.

Bemerkung

Wenn A abelsch ist, ist die Bedingung (b) zu der Aussage äquivalent, daß $\varrho(a)$ für alle $a \in A$ eine *Multiplikation* ist.

Korollar. *Wenn A ein abelscher Normalteiler von G ist, so teilt der Grad jeder irreduziblen Darstellung ϱ von G den Index $(G:A)$ von A in G.*

Man führt Induktion nach der Ordnung von G durch. Wenn der Fall (a) des vorstehenden Satzes vorliegt, zeigt die Induktionsannahme, daß der Grad von σ Teiler von $(H:A)$ ist, und indem man diese Relation mit $(G:H)$ multipliziert, erkennt man gerade, daß der Grad von ϱ auch $(G:A)$ teilt. Im Falle (b) sei $G' = \varrho(G)$ und $A' = \varrho(A)$; da die kanonische Abbildung $G/A \to G'/A'$ surjektiv ist, ist dann $(G':A')$ Teiler von $(G:A)$. Andererseits geht aus der vorstehenden Bemerkung hervor, daß die Elemente von A' Homothetien sind, also im *Zentrum* von G' enthalten sind. Nach Satz 13 folgt hieraus, daß der Grad von ϱ den Index $(G':A')$ und *erst recht* $(G:A)$ teilt.

Bemerkung. Wenn A eine (nicht notwendig invariante) *abelsche Untergruppe* von G ist, ist es im allgemeinen nicht mehr so, daß $\deg(\varrho)$ Teiler von $(G:A)$ ist, *auf jeden Fall gilt aber* $\deg(\varrho) \leqq (G:A)$. Wenn W eine in $\varrho|A$ vorkommende irreduzible Darstellung von A ist, ergibt sich nämlich aus dem FROBENIUSschen Reziprozitätsgesetz, daß ϱ in der induzierten Darstellung Ind W auftritt; hieraus folgt aber

$$\deg(\varrho) \leqq \dim \operatorname{Ind} W = (G:A)\,.$$

---

[1]) oder auch *primär*. — Anm. d. Red. d. dt. Ausg.

9.2. Semidirekte Produkte

Wir erinnern an ihre Definition (vgl. BOURBAKI, Top. Gén., Chap. III, § 2, Nr. 10):

Definition. *A und H seien zwei Untergruppen einer Gruppe G, und die Untergruppe A sei Normalteiler. Man sagt, G sei semidirektes Produkt von A und H, wenn $A \cap H = \{1\}$ und $A \cdot H = G$ ist, oder, was auf dasselbe hinausläuft, wenn die kanonische Abbildung von H in G/A ein Isomorphismus ist.*

G sei als endlich vorausgesetzt, und die invariante Untergruppe A sei *abelsch*. Wir wollen sehen, daß man die irreduziblen Darstellungen von G konstruieren kann, indem man von denen gewisser Untergruppen von H ausgeht:

Es sei zunächst $X = \mathrm{Hom}(A, \boldsymbol{C}^*)$ die Gruppe der irreduziblen Charaktere von A. Die Gruppe H operiert auf X gemäß

$$(s\,\chi)(a) = \chi(s^{-1}\,a\,s)\,.$$

$(\chi_i)_{i \in X/H}$ sei ein Repräsentantensystem der Orbits von H in X. Für jedes i sei H_i die Isotropiegruppe von χ_i und $G_i = A \cdot H_i$ die entsprechende Untergruppe von G. Wir setzen die Funktion χ_i auf G_i fort, indem wir

$$\chi_i(a\,h) = \chi_i(a) \quad \text{für} \quad a \in A, \quad h \in H_i$$

setzen. Unter Benutzung der Tatsache, daß $h\,\chi_i = \chi_i$ für alle $h \in H_i$ ist, sieht man, daß χ_i ein *Charakter* von G_i *vom Grade* 1 ist. Andererseits sei ϱ eine irreduzible Darstellung von H_i; indem man ϱ und die kanonische Projektion $G_i \to H_i$ zusammensetzt, leitet man eine irreduzible Darstellung $\tilde{\varrho}$ von G_i her. Schließlich erhält man durch das Tensorprodukt von χ_i und ϱ eine irreduzible Darstellung $\chi_i \otimes \varrho$ von G_i; $\Theta_{i,\varrho}$ sei die entsprechende induzierte Darstellung von G.

Satz 17. *Die Darstellungen $\Theta_{i,\varrho}$ sind irreduzibel, paarweise inäquivalent, und jede irreduzible Darstellung von G ist von diesem Typ.*

Der Beweis sei dem Leser als Aufgabe überlassen.

9.3. Hinweis auf gewisse Klassen von Untergruppen

Auflösbare Gruppen. G heißt auflösbar, wenn eine Folge

$$\{1\} = G_0 \subset G_1 \subset \cdots \subset G_n = G$$

von Untergruppen von G existiert, so daß G_{i-1} Normalteiler in G_i und G_i/G_{i-1} abelsch ist für $1 \leqq i \leqq n$.

Überauflösbare Gruppen. Ebenso, nur daß jetzt gefordert wird, daß die G_i in ganz G Normalteiler sind und daß die G_i/G_{i-1} zyklisch sind.

Nilpotente Gruppen. Desgleichen, nur fordert man jetzt, daß $[G_i, G] \subset G_{i-1}$ ist für $1 \leqq i \leqq n$. (Äquivalente Definition: Die Gruppe läßt sich, von abelschen Gruppen ausgehend, durch eine endliche Folge *zentraler Erweiterungen* gewinnen.)

Es ist klar, daß überauflösbar $\Rightarrow$ auflösbar gilt. Andererseits sieht man sogleich, daß jede zentrale Erweiterung einer überauflösbaren Gruppe überauflösbar ist; es gilt also nilpotent $\Rightarrow$ überauflösbar.

Satz 18. *Jede p-Gruppe ist nilpotent (also überauflösbar).*

(Es sei daran erinnert, daß eine endliche Gruppe *p-Gruppe* heißt, wenn ihre Ordnung eine Potenz von p ist.)

Im Hinblick auf das Vorstehende braucht man nur noch zu zeigen, daß das Zentrum einer p-Gruppe G, die nicht nur aus dem neutralen Element besteht, nichttrivial ist. Das ergibt sich aus dem folgenden Lemma.

Lemma. *G sei eine p-Gruppe, die auf einer Menge X operiert, und X^G sei die Menge der Fixpunkte; dann ist* Card $X \equiv$ Card X^G (mod. p).

In der Tat zerfällt X durch G in Orbits, $X = X^G \cup \{\text{übrige Orbits}\}$. Da die Mächtigkeit der übrigen Orbits durch p teilbar ist, ergibt sich hieraus das Lemma.

Man wendet das Lemma auf $X = G$ an und läßt G durch die inneren Automorphismen auf sich operieren; dann ist X^G das Zentrum von G, also Card Cent $G \equiv 0$ (mod. p). Da $1 \in$ Cent G gilt, ist p Teiler von Card Cent G, und Cent G reduziert sich nicht auf das Einselement.

Aufgabe (Beispiel einer auflösbaren Gruppe, die nicht überauflösbar ist).

Es sei $A = \mathbf{Z}/2\,\mathbf{Z} \times \mathbf{Z}/2\,\mathbf{Z}$ und $H = \mathbf{Z}/3\,\mathbf{Z}$; H möge auf A durch zyklische Vertauschung der drei von Null verschiedenen Elemente von A operieren. G sei das semidirekte Produkt von A und H, das der oben beschriebenen Wirkung von H entspricht (vgl. Bourbaki, loc. cit.). Es ist klar, daß G auflösbar ist. Man zeige, daß A die einzige von 1 und G verschiedene invariante Untergruppe von G ist; man schließe hieraus, daß G nicht überauflösbar ist.

Man zeige, daß G zur alternierenden Gruppe von 4 Elementen isomorph ist.

9.4. Satz von Sylow

Definition. *G sei eine Gruppe der Ordnung $p^n m$ mit $(m, p) = 1$,* p prim; *dann heißt p-*Sylow*-Gruppe von G jede Untergruppe von G der Ordnung p^n.*

Satz 19. a) *Es gibt p-*Sylow*-Gruppen.*

b) *Sie sind konjugiert zueinander.*

c) Jede *p-Untergruppe von G ist in einer p-*Sylow*-Gruppe von G enthalten.*

Beweis.

a) Der Fall, daß die Gruppe G abelsch ist, erledigt sich aus den Struktursätzen endlicher abelscher Gruppen. C sei das Zentrum der als nichtabelsch vorausgesetzten Gruppe G. Durch Induktion nach der Ordnung von G sieht man, daß im Falle, daß Card C durch p teilbar ist, eine p-Sylow-Gruppe C_p von C existiert, und aus der Induktionsannahme folgt, daß G/C_p eine p-Sylow-Gruppe besitzt, deren Urbild in G eine p-Sylow-Gruppe ist. Anderenfalls operiert G auf $G–C$ durch innere Automorphismen, wodurch sich eine Zerlegung von $G–C$ in Orbits ergibt. Jeder Orbit ist zu einer Faktorgruppe G/H_x isomorph, wo H_x die Isotropiegruppe eines Elements x von G ist. Da Card $(G–C) \not\equiv 0$ (mod. p) ist, gibt es ein Element x von $G–C$, so daß $(G : H_x)$ nicht durch p teilbar ist; p^n teilt also die Ordnung von H_x, so daß man die Induktionsvoraussetzung anwenden kann, da $H_x \neq G$ ist.

b) und c). Es sei P eine p-Sylow-Gruppe von G und H eine p-Untergruppe von G. Die p-Gruppe H operiert auf $X = G/P$ durch linke Translationen, und aus dem Lemma von 9.3 folgt, daß $X^H \neq \emptyset$ ist. Es gibt also ein Element x von G mit $H\,x\,P = xP$, woraus $x^{-1}\,H\,x \subset P$ folgt. Die Behauptung (b) ergibt sich aus (c), indem man als H eine p-Sylow-Gruppe nimmt.

9.5. Darstellungen der überauflösbaren Gruppen

Lemma. *G sei eine nichtabelsche überauflösbare Gruppe; dann gibt es einen abelschen Normalteiler von G, der nicht im Zentrum C von G enthalten ist.*

Die Faktorgruppe $H = G/C$ ist überauflösbar und besitzt als solche eine Kompositionsreihe, deren erstes nichttriviales Element eine Untergruppe H_1 ist, die zyklisch und invariant in H ist. Das vollständige Urbild von H_1 in G ist die gesuchte Untergruppe.

Satz 20. *G sei eine überauflösbare Gruppe. Dann wird jede irreduzible Darstellung ϱ von G durch eine Darstellung ersten Grades einer ihrer Untergruppen induziert.*

Beweis. Da der Fall eines abelschen G trivial ist, nehmen wir G als nichtabelsch an und führen den Beweis durch Induktion nach der Ordnung von G. Es genügt, eine irreduzible Darstellung ϱ von G zu betrachten, die treu ist ($\operatorname{Ker}\varrho = \{1\}$). Nach dem Lemma gibt es eine invariante abelsche Untergruppe A von G, die nicht im Zentrum enthalten ist. Man wendet nun Satz 16 an und sieht: Entweder wird ϱ durch eine Darstellung einer Untergruppe H von G mit $H \neq g$ induziert, so daß die Induktionsvoraussetzung anwendbar ist, oder $\varrho(a)$ ist für jedes a aus A eine Multiplikation, $\varrho(A)$ also im Zentrum von $\varrho(G)$ enthalten, A liegt dann also auch, da ϱ treu ist, im Zentrum von G im Widerspruch zur Wahl von A.

Aufgabe. G sei das semidirekte Produkt einer abelschen Gruppe mit einer überauflösbaren Gruppe; dann wird jede irreduzible Darstellung von G durch eine Darstellung ersten Grades einer Untergruppe von G induziert.

Die Gruppe $\mathfrak{A}_4$ ist vom vorstehenden Typ. Wir wollen deshalb ein Beispiel für eine *auflösbare Gruppe* geben, *die eine irreduzible Darstellung besitzt, die nicht durch eine Darstellung ersten Grades einer Untergruppe induziert wird.* G sei das semidirekte Produkt der Quaternionengruppe H mit einer zyklischen Gruppe C der Ordnung 3, und C operiere auf H durch zyklische Vertauschung von (i, j, k). Die Gruppe H läßt sich kanonisch in den Quaternionenkörper $\boldsymbol{H}$ einbetten. Da $\boldsymbol{H} \otimes \boldsymbol{C} \simeq M_2(\boldsymbol{C})$ gilt, wird $\boldsymbol{H}$ in $M_2(\boldsymbol{C})$ eingebettet. Die Zusammensetzung dieser beiden Abbildungen definiert eine Darstellung von H vom Grade 2. G bettet man in $\boldsymbol{H}^*$ ein, indem man c, die Erzeugende von C, auf $c' = -\frac{1}{2} + \frac{i+j+k}{2}$ abbildet mit $c'^3 = 1$ und $c'\, i\, c'^{-1} = k$. Auf diese Weise erhält man eine Darstellung von G vom Grade 2, die irreduzibel ist. Da die Gruppe G keine Untergruppe vom Index 2 besitzt, kann diese Darstellung nicht durch eine Darstellung ersten Grades einer Untergruppe von G induziert sein.

§ 10. Satz von Brauer

10.1. p-elementare Gruppen

Definition. *p sei eine Primzahl. Eine Gruppe heißt p-elementar, wenn sie ein direktes Produkt aus einer zyklischen Gruppe von zu p primer Ordnung und einer p-Gruppe ist.*

Es ist klar, daß eine solche Zerlegung, wenn sie existiert, eindeutig ist. Ferner ist eine p-elementare Gruppe auflösbar. Eine Gruppe heißt *elementar,* wenn es eine Primzahl p gibt, so daß sie p-elementar ist.

Satz 21. *V_p sei die Menge der Linearkombinationen mit Koeffizienten in $\mathbf{Z}$ von Charakteren, die von Charakteren p-elementarer Untergruppen von G induziert werden. Dann ist V_p ein Ideal von $R(G)$, dessen Index endlich und zu p prim ist.*

A sei der Unterring von $\mathbf{C}$, der von den Einheitswurzeln der Ordnung $g = \text{Card}\, G$ erzeugt wird; das ist ein endlich-erzeugbarer freier $\mathbf{Z}$-Modul. Wir wollen zeigen, daß die Aussage von Satz 21 zu den folgenden Aussagen äquivalent ist:

a) Zu jedem $\chi \in R(G)$ gibt es eine zu p prime ganze Zahl n mit $n\,\chi \in V_p$.
b) Es gibt eine zu p prime ganze Zahl n mit $n \in V_p$.
c) Es gibt eine zu p prime ganze Zahl n mit $n \in V_p \otimes A$.

Es ist evident, daß der Satz zu (a) äquivalent ist, daß (b) aus (a) und daß (c) aus (b) folgt. Die Implikation (b) $\Rightarrow$ (a) resultiert daraus, daß V_p ein *Ideal* von $R(G)$ ist, vgl. § 7.

Schließlich wollen wir noch zeigen, daß (c) (b) nach sich zieht. Die Relation $n \in V_p \otimes A$ übersetzt sich mit $n = \sum \psi_H^*$ mit $\psi_H \in R(H) \otimes A$. Nun ist aber $\mathbf{Q} \cap A = \mathbf{Z}$, woraus hervorgeht, daß $A/\mathbf{Z}$ torsionsfrei, also frei ist, und daß $\mathbf{Z}$ direkter Faktor in A ist. $\pi \colon A \to \mathbf{Z}$ sei eine Retraktion von A auf $\mathbf{Z}$. Hieraus leitet man die Retraktionen

$$\pi \colon R(H) \otimes A \to R(H) \quad \text{und} \quad \pi \colon R(G) \otimes A \to R(G)$$

her, die mit Ind kommutieren. Daraus folgt

$$n = \pi(n) = \sum \pi(\psi_H^*) = \sum \pi(\psi_H)^*\,,$$

woraus gerade hervorgeht, daß $n \in V_p$ ist.

Der Beweis von Satz 21 erfolgt nun unter Benutzung der Form (c); hierzu sind aber noch einige Hilfsresultate erforderlich, die in den folgenden Nummern behandelt werden sollen.

10.2. p-reguläre Elemente

Definition. *Ein Element s von G heißt p-regulär, wenn seine Ordnung zu p prim ist. Es soll p-unipotent heißen, wenn seine Ordnung eine Potenz von p ist.*

Die Betrachtung der von x mit $x \in G$ erzeugten zyklischen Untergruppe zeigt, daß sich x eindeutig in der Form $x = x_r \cdot x_u$ schreiben läßt, wo x_r p-regulär, x_u p-unipotent ist und wo x_r und x_u miteinander kommutieren.

x sei ein p-reguläres Element, $Z(x)$ der Zentralisator von x in G, C die von x erzeugte zyklische Untergruppe von G und P eine p-Sylow-Gruppe von $Z(x)$. Es sei $H = C \times P$; die Gruppe H ist p-elementar, wir wollen von ihr sagen, sie sei eine *zu x gehörige* p-elementare Untergruppe. Sie ist bis auf Transformation mit einem Element von $Z(x)$ bestimmt. Aus dem Satz von Sylow folgt unmittelbar, daß diese Gruppen unter den p-elementaren Untergruppen von G maximal sind.

10.3. Konstruktion spezieller Charaktere

(Hier wie stets im folgenden bedeutet „ganzzahlig" dasselbe wie „mit Werten in $\mathbf{Z}$".)

Lemma 1. *Jede zentrale Funktion f auf G, deren Werte durch* $g =$ Card G *teilbare ganze Zahlen sind, ist Linearkombination mit Koeffizienten aus A von Charakteren, die durch Charaktere zyklischer Untergruppen von G induziert werden.*

Nach Aussage 17 kann man unter Benutzung der dortigen Bezeichnungen schreiben $g = \sum \Theta_A^*$, also $f \cdot g = \sum (\Theta_A \cdot f|_A)^*$. Da $f = g \cdot \chi$ ist, wo χ eine zentrale Funktion auf G mit ganzzahligen Werten ist, schließt man hieraus auf $f = \sum (\Theta_A \cdot \chi|_A)^*$, womit der Beweis des Lemmas beendet ist.

Lemma 2. *χ sei ein Element aus $R(G) \otimes A$ mit ganzzahligen Werten und $x = x_r \cdot x_u$ die kanonische Zerlegung eines Elements x von G in einen p-regulären und einen p-unipotenten Faktor. Dann ist* $\chi(x) \equiv \chi(x_r)$ (mod. p).

Die Einschränkung von χ auf die von x erzeugte zyklische Gruppe C zerlegt sich in eine Linearkombination von irreduziblen Charakteren χ_i von C mit Koeffizienten aus A. Da $x^{p^n} = x_r^{p^n}$ für eine geeignete ganze Zahl n gilt und da die Gruppe C abelsch ist, haben die Charaktere χ_i den Grad Eins. Hieraus folgt, daß $\chi_i(x)^{p^n} = \chi_i(x_r)^{p^n}$ für alle i und $\chi(x)^{p^n}$

$\equiv \chi(x_r)^{p^n}$ (mod. $p\,A$) ist. Aus $p\,A \cap \mathbf{Z} = p\,\mathbf{Z}$ und aus der vorstehenden Kongruenz schließt man auf $\chi(x)^{p^n} \equiv \chi(x_r)^{p^n}$ (mod. p), woraus endgültig

$$\chi(x) \equiv \chi(x_r) \pmod{p}$$

folgt.

Lemma 3. *Es sei x ein p-reguläres Element von G und H eine x zugeordnete p-elementare Untergruppe; dann existiert ein $\psi \in R(H) \otimes A$ mit ganzzahligen Werten, so daß der in G induzierte Charakter ψ^* die folgenden Eigenschaften besitzt:*

a) $\psi^*(x) \not\equiv 0$ (mod. p),

b) $\psi^*(s) = 0$ *für jedes Element s von G, das p-regulär und nicht zu x konjugiert ist.*

Mit den Bezeichnungen von 10.2 hat man $H = C \times P$, wo C die von x erzeugte zyklische Gruppe ist. Ferner werde $c = \operatorname{Card} C$, $h = \operatorname{Card} H$ und $h = c \cdot p^n$ mit $n \leqq N$ gesetzt. Man definiert dann die Funktionen ψ_C und ψ_P auf C bzw. P durch $\psi_P = 1$ und $\psi_C(x) = c$ und 0 sonst; ψ_P ist ein Charakter von P, ψ_C zerfällt in

$$\psi_C = \sum_{\chi \text{ irr.}} \langle \chi, \psi_C \rangle\, \chi = \sum_{\chi \text{ irr.}} \chi(x^{-1})\, \chi\,,$$

und da $\chi(x^{-1})$ zu A gehört, hat man $\psi_C \in R(C) \otimes A$.

ψ sei die durch

$$\psi(x\,y) = \psi_C(x) \cdot \psi_P(y) \qquad \text{mit} \qquad x \in C,\ y \in P$$

definierte Funktion auf $H = C \times P$. Aus dem Vorangegangenen folgt, daß ψ zu $R(H) \otimes A$ gehört. Wenn s ein p-reguläres Element von G und $y \in G$ ist, so ist das Element $y\,s\,y^{-1}$ p-regulär. Es kann also nur dann $\psi(y\,s\,y^{-1}) \neq 0$ sein, wenn $y\,s\,y^{-1} = x$ ist. Die Funktion ψ^* genügt also der Bedingung (b). Ferner gilt

$$\psi^*(x) = \frac{1}{h} \sum_{y\,x\,y^{-1} \in H} \psi(y\,x\,y^{-1}) = \frac{1}{h} \sum_{y\,x\,y^{-1} = x} c$$
$$= \frac{1}{p^n} \bigl(Z(x):1\bigr)\,,$$

wo $Z(x)$ der Zentralisator von x ist. Da aber P eine SYLOW-Gruppe von $Z(x)$ ist, gilt $\bigl(Z(x):1\bigr) = p^n\, m$ mit $(p, m) = 1$, woraus $\psi^*(x) = m \not\equiv 0$ mod. p folgt, was (a) beweist.

Lemma 4. *Es gibt ein Element* χ *von* $R(G) \otimes A$ *mit ganzzahligen Werten, so daß gilt:*

(a) $\chi(x) \not\equiv 0 \pmod{p}$ *für alle* x *aus* G.

(b) χ *ist Linearkombination induzierter Charaktere* ψ_H^* *mit ganzzahligen Koeffizienten, wo* H *eine* p*-elementare Untergruppe von* G *und* $\psi_H \in R(H) \otimes A$ *ist.*

Es sei $(x_i)_{i \in I}$ ein Repräsentantensystem der p-regulären Klassen. Lemma 3 zufolge kann man eine Funktion ψ_i mit ganzzahligen Werten konstruieren, so daß $\psi_i^*(x_i) \not\equiv 0 \pmod{p}$ und $\psi_i^*(x_j) \neq 0$ für $j \neq i$ gilt. χ sei die Funktion $\sum \psi_i^*$; es ist evident, daß sie ganzzahlige Werte besitzt und (b) genügt. Wenn $x \in G$ ist, ist der p-reguläre Faktor von x zu einem und nur einem x_i konjugiert. Nach Lemma 2 gilt dann

$$\chi(x) \equiv \chi(x_i) \equiv \chi_i(x_i) \not\equiv 0 \mod p\,,$$

die Bedingung (a) ist also erfüllt.

Lemma 5. *Die Behauptung ist dieselbe wie die von Lemma* 4, (a) *wird aber ersetzt durch:*

(a') $\chi(x) \equiv 1 \pmod{p^k}$ *für alle* $x \in G$, $k \in N$ *vorgegeben.*

Die Kombinationen induzierter Charaktere bilden ein Ideal, sind also gegenüber Multiplikation invariant. Die Funktion von Lemma 4, in die $\varphi(p^k) = p^{k-1}(p-1)$-te Potenz erhoben, leistet das Gewünschte.

10.4. Beweis von Satz 21

Es sei Card $G = g = p^k \cdot m$ mit $(m, p) = 1$. Nach Lemma 5 gibt es ein $\chi \in R(G) \otimes A$ mit $\chi(x) \equiv 1 \pmod{p^k}$ für alle x von G, das Linearkombination mit ganzzahligen Koeffizienten von Charakteren ist, die durch Charaktere p-elementarer Untergruppen induziert werden. Hieraus folgt, daß die Funktion $\psi = m(\chi^{-1})$ durch g teilbare ganzzahlige Werte besitzt, daß also ψ Lemma 1 zufolge auch Linearkombination mit Koeffizienten aus A von Charakteren ist, die durch Charaktere zyklischer Untergruppen von G induziert werden. Da jede zyklische Untergruppe von G p-elementar ist, liegt $m = m\,\chi - \psi$ in $V_p \otimes A$, was die Form (c) von Satz 21 beweist.

10.5. Satz von BRAUER

Satz 22. *Jeder Charakter ist Linearkombination mit ganzzahligen Koeffizienten von Charakteren, die durch Charaktere elementarer Untergruppen induziert werden.*

Beweis. Es sei V die Summe der V_p mit p prim. Nach Satz 21 enthält jedes V_p eine von Null verschiedene und zu p prime ganze Zahl n_p. Da der g. g. T. der n_p gleich 1 ist, schließt man hieraus, daß 1 zu V gehört, daß also $V = R(G)$ ist, da V ein Ideal von $R(G)$ ist. Damit ist der Satz bewiesen.

Satz 23. *Jeder Charakter ist Linearkombination mit ganzzahligen Koeffizienten von Charakteren, die durch Charaktere ersten Grades induziert werden.*

Das folgt in offensichtlicher Weise aus den Sätzen 22 und 20 sowie aus der Transitivität des Übergangs zur induzierten Darstellung.

§ 11. Anwendungen des Satzes von BRAUER

11.1. Charakterisierung der Charaktere

Satz 24. *Es sei B ein Unterring von C und φ eine komplexwertige zentrale Funktion auf G, deren Einschränkung auf eine beliebige elementare Untergruppe H von G stets in $R(H) \otimes B$ liegt; dann ist φ ein Element von $R(G) \otimes B$.*

Beweis. Aus dem Satz von BRAUER folgt, daß 1 Linearkombination induzierter Charaktere ψ_H^* mit ganzzahligen Koeffizienten ist, wobei H eine elementare Untergruppe und $\psi_H \in R(H)$ ist. Hieraus ergibt sich

$$\varphi = \sum_H \varphi \cdot \psi_H^* = \sum_H (\varphi|_H \cdot \psi_H)^* .$$

Aus den Voraussetzungen schließt man dann, daß $\varphi \in R(G) \otimes B$ ist.

Satz 25. *Es sei φ eine zentrale Funktion auf G mit der Eigenschaft, daß die Zahl*

$$\frac{1}{\operatorname{Card} H} \sum_{s \in H} \chi(s^{-1})\, \varphi(s)$$

für jede elementare Untergruppe H von G und jeden Homomorphismus $\chi\colon H \to C^*$ zu B gehört. Dann gehört φ zu $R(G) \otimes B$.

Beweis. Die Einschränkung von φ auf eine beliebige elementare Untergruppe H von G zerlegt sich nach den irreduziblen Charakteren ω von H: $\varphi|_H = \sum c_\omega \cdot \omega$ und $c_\omega = \langle \omega, \varphi|_H \rangle_H$. Nach Satz 23 wird ω durch einen Charakter χ vom Grade Eins einer Untergruppe H' von H induziert. Aus dem Frobeniusschen Reziprozitätstheorem geht hervor, daß $c_\omega = \langle \chi^*, \varphi|_H \rangle_H = \langle \chi, \varphi|_{H'} \rangle_{H'}$ ist. Da H' eine elementare Untergruppe von G ist, ist nach Voraussetzung $c_\omega \in B$ und $\varphi|_H \in R(H) \otimes B$, so daß man Satz 24 anwenden kann.

Korollar 1. *Dafür, daß eine zentrale Funktion ein Charakter ist, ist notwendig und hinreichend, daß die Bedingung von Satz 25 mit* $B = \mathbf{Z}$ *erfüllt wird.*

Korollar 2. *Notwendig und hinreichend dafür, daß eine zentrale Funktion* φ *auf* G *einen irreduziblen Charakter darstellt, ist das Erfülltsein der folgenden Bedingungen:*

a) *Für jede elementare Untergruppe* H *von* G *und jeden Homomorphismus* $\chi : H \to \mathbf{C}$ *gilt* $\langle \chi, \varphi|_H \rangle_H \in \mathbf{Z}$.

b) $\langle \varphi, \varphi \rangle_G = 1$.

c) $\varphi(1) \geqq 0$.

Es ist evident, daß diese Bedingungen notwendig sind. Umgekehrt zerlegt sich eine zentrale Funktion φ nach den irreduziblen Charakteren ω von G: $\varphi = \sum n_\omega \cdot \omega$. Die Bedingung (a) zieht nach sich, daß n_ω ganz ist; die Bedingung (b) übersetzt sich durch $\sum n_\omega^2 = 1$, also $\varphi = \pm\, \omega$, und wenn $\varphi = -\,\omega$ wäre, würde $\varphi(1)$ negativ sein im Widerspruch zu (c).

Bemerkung. Satz 24 läßt sich als eine Verheftbarkeitseigenschaft umformulieren: Jeder elementaren Untergruppe H von G werde ein $\varphi_H \in R(H)$ zugeordnet, das den folgenden Kompatibilitätsbedingungen genügt:

a) $\varphi_H|_{H'} = \varphi_{H'}|_H = \varphi_{H \cap H'} \in R(H \cap H')$,

b) $\varphi_{s' H s} = \varphi \circ \operatorname{Int} s \quad (\operatorname{Int} s \colon x \mapsto s x s^{-1})$.

Dann existiert ein eindeutig bestimmtes $\varphi \in R(G)$ mit $\varphi|_H = \varphi_H$.

Satz 26. *Die Abbildung* Res: $R(G) \to \sum R(H)$ *ist eine direkte Injektion.*

(A und B seien zwei abelsche Gruppen. Dann heißt ein Homomorphismus i: $A \to B$ *direkte Injektion*, wenn durch ihn A in einen direkten Faktor von B abgebildet wird, was gleichbedeutend mit der Existenz einer Retraktion r: $B \to A$ ist.)

Beweis. Die Transponierte von Res ist Ind: $\sum R(H) \to R(G)$, und dies ist nach dem Satz von Brauer eine surjektive Abbildung.

11.2. Umkehrung des Satzes von Brauer

Lemma. *Es sei x ein p-reguläres Element von G, $C \times P$ eine zugehörige elementare Untergruppe und H eine Untergruppe von G, die keine Konjugierte von $C \times P$ enthält. Dann gilt für jedes Element ψ von $R(H)$ $\psi^*(x) \equiv 0$* mod. p.

Es sei $S(x)$ die Menge der zu x konjugierten Elemente und $Z(x)$ der Zentralisator von x in G. Dann gilt

$$\psi^*(x) = \frac{\text{Card}\, Z(x)}{\text{Card}\, H} \sum_{y \in S(x) \cap H} \psi(y) \,.$$

$(H_i)_{i \in I}$ seien die verschiedenen in $S(x) \cap H$ enthaltenen Klassen konjugierter Elemente von H. In jedem H_i werde ein Element y_i gewählt. Die Anzahl der zu y_i konjugierten Elemente in H ist gleich Card H_i; andererseits ist sie gleich $\big(H: H \cap Z(y_i)\big)$. Es ist also

$$\psi^*(x) = \frac{\text{Card}\, Z(x)}{\text{Card}\, H} \sum_{i \in I} \text{Card}\, H_i \cdot \psi(y_i)$$

$$= \sum_{i \in I} n_i \psi(y_i) \quad \text{mit} \quad n_i = \frac{\text{Card}\, Z(y_i)}{\text{Card}\, (H \cap Z(y_i))} \,.$$

Angenommen nun, für ein $i \in I$ sei $n_i \not\equiv 0$ mod. p. Dann sind Card $Z(y_i)$ und Card $\big(H \cap Z(y_i)\big)$ durch dieselbe Potenz von p teilbar; eine p-Sylow-Gruppe P_i von $H \cap Z(y_i)$ ist also auch eine Sylow-Gruppe von $Z(y_i)$. Wenn C_i die von y_i erzeugte zyklische Gruppe ist, so ist $C_i \times P_i$ in H enthalten, und es handelt sich dabei um eine zu y_i gehörige p-elementare Untergruppe. Da y_i und x konjugiert sind, ist $C_i \times P_i$ zu $C \times P$ konjugiert. Das widerspricht aber der über H gemachten Annahme. Es ist also $n_i \equiv 0$ mod. p für jedes i, woraus offensichtlich $\psi^*(x) \equiv 0$ mod. p folgt.

Satz 27 (J. Green). *Es sei $(H_i)_{i \in I}$ eine Familie von Untergruppen von G mit $R(G) = \sum_{i \in I} \text{Ind}\, R(H_i)$. Dann ist jede elementare Untergruppe von G in einer konjugierten Untergruppe einer der H_i enthalten.*

Beweis. $C \times P$ sei eine p-elementare Untergruppe von G. Man kann annehmen, daß diese Untergruppe *maximal* sei, daß sie also einem p-regulären Element x von G zugeordnet ist. Wäre $C \times P$ in keiner konjugierten Untergruppe der H_i enthalten, so würde das obige Lemma zeigen, daß $\chi(x) \equiv 0$ mod. p für jedes $\chi \in \sum \text{Ind}\, R(H_i)$, also auch für den Einscharakter von G gilt, was absurd ist.

11.3. Spektrum von $R(G) \otimes A$

Hinweis. Es sei A ein kommutativer Ring. Das *Spektrum* von A, das mit Spec (A) bezeichnet wird, ist die mit der ZARISKI-Topologie versehene *Menge der Primideale* von A.

Es sei A der von den g-ten Einheitswurzeln in C erzeugte Ring und $A^{\mathrm{Cl}(G)}$ die Algebra der zentralen Funktionen auf G mit Werten in A. Dann bekommt man die folgenden kanonischen injektiven Abbildungen: $A \to R(G) \otimes A \to A^{\mathrm{Cl}(G)}$, aus denen man

$$\mathrm{Spec}\,(A) \leftarrow \mathrm{Spec}\,\big(R(G) \otimes A\big) \leftarrow \mathrm{Spec}\,(A^{\mathrm{Cl}(G)})$$

herleitet.

Bekanntlich wird Spec A aus dem Ideal $\{0\}$ und den maximalen Idealen von A gebildet. Jedem von Null verschiedenen Element M von Spec (A) wird also die Charakteristik p des Körpers A/M zugeordnet, die Restklassenkörpercharakteristik von M heißt.

Man definiert das Ideal $P_{c,M}$ von $A^{\mathrm{Cl}(G)}$ durch $P_{c,M} = \{f \in A^{\mathrm{Cl}(G)} | f(c) \in M\}$ mit $c \in \mathrm{Cl}(G)$ und $M \in$ Spec (A).

Satz 28. *Ordnet man*

a) *jeder Klasse $c \in \mathrm{Cl}(G)$ $P_{c,0}$,*

b) *jedem maximalen Ideal M von A mit der Restklassenkörpercharakteristik p und jeder p-regulären Klasse c von G $P_{c,M}$ zu, so erhält man alle Primideale von $R(G) \otimes A$, und zwar jedes genau einmal.*

Beweis. $A^{\mathrm{Cl}(G)}$ ist bekanntlich ein endlich-erzeugbarer Z-Modul, und da $R(G) \otimes A$ in $A^{\mathrm{Cl}(G)}$ enthalten ist, schließt man hieraus, daß $A^{\mathrm{Cl}(G)}$ ganz über $R(G) \otimes A$ ist und daß sich die Primideale von $R(G) \otimes A$ in $A^{\mathrm{Cl}(G)}$ liften. Die Primideale von $A^{\mathrm{Cl}(G)}$ haben die Form $P_{c,M}$ mit $M \in$ Spec (A). c sei eine Klasse von G, deren p-reguläre Komponente c_r ist; dann erkennt man durch eine ähnliche Überlegung wie beim Beweis von Lemma 3 von 10.3, daß $P_{c,M} = P_{c_r,M}$ ist. c_1 und c_2 seien zwei p-reguläre Klassen von G mit $c_1 \neq c_2$; dann wählt man mit den Bezeichnungen von Lemma 4 $\chi(c_1) \not\equiv 0 \pmod{p}$ und $\chi(c_2) = 0$; Lemma 4 zeigt dann, daß $P_{c_1,M} \neq P_{c_2,M}$ ist. Aus diesen beiden Resultaten ergibt sich die Behauptung des Satzes.

Bemerkung.

Die Bestimmung von Spec $\big(R(G) \otimes A\big)$ ist dem Satz von BRAUER genau äquivalent. Man kann das Ergebnis graphisch darstellen, indem man jeder

Klasse von $R(G) \otimes A$ eine Gerade zuordnet, so daß zwei Klassen c_1 und c_2 dann und nur dann oberhalb eines maximalen Ideals von A der Restklassenkörpercharakteristik p einen Punkt gemein haben, wenn ihre p-regulären Komponenten in diesem Punkt gleich sind:

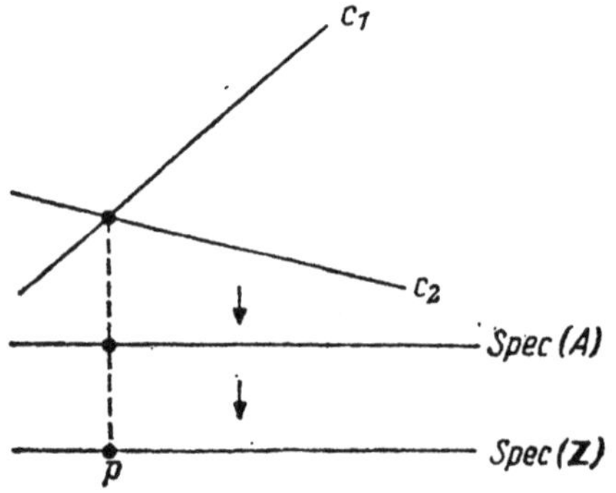

Abb. 1

Aussage 19. Spec $R(G) \otimes A$ *ist zusammenhängend.*

x sei ein Element von G der Ordnung $p_1^{n_1} \cdot p_2^{n_2} \ldots p_k^{n_k}$; dann zerlegt sich x in ein Produkt $x = x_{p_1} \cdot x_{p_2} \ldots x_{p_k}$, wo x_{p_i} die Ordnung $p_i^{n_i}$ hat. Die x und die $x_{p_2} \ldots x_{p_k}$ zugeordnete Klasse haben dieselbe p_1-reguläre Komponente. Die entsprechenden „Geraden" von Spec $R(G) \otimes A$ schneiden sich also. Indem man auf diese Weise Schritt für Schritt weitergeht, bis man zur Klasse von 1 gelangt, erkennt man gerade, daß Spec $R(G) \otimes A$ zusammenhängend ist.

Korollar. Spec $R(G)$ *ist zusammenhängend.*

Das ist nämlich das Bild von Spec $R(G) \otimes A$ bei einer stetigen Abbildung.

Beispiel.

Wenn G die symmetrische Gruppe dreier Elemente $\mathfrak{S}_3$ ist, gibt es drei Klassen konjugierter Elemente: 1, c_2 (die die Elemente der Ordnung 2 enthält) und c_3 (die die Elemente der Ordnung 3 enthält). Im Ring A gibt es ein einziges Primideal p_2 der Restklassenkörpercharakteristik 2; dasselbe gilt für 3. Das Spektrum von $R(G) \otimes A$ wird von drei „Geraden" gebildet, die sich, wie nebenstehend angegeben, schneiden:

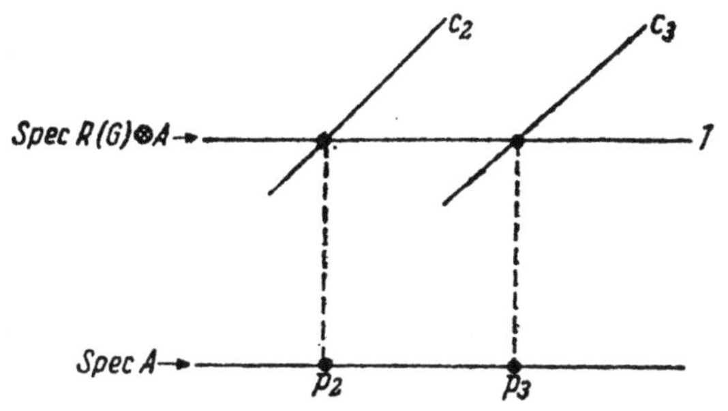

Abb. 2

§ 12. Rationalität der Darstellungen

Bisher haben wir nur über dem Körper C der komplexen Zahlen definierte Darstellungen untersucht. In Wahrheit bleiben alle Beweise der vorangegangenen Paragraphen über einem algebraisch abgeschlossenen Körper der Charakteristik Null gültig, beispielsweise auf dem algebraischen Abschluß von Q; wir wollen jetzt sehen, was im Falle eines Körpers passiert, der nicht algebraisch abgeschlossen ist.

12.1. Die Ringe $R_K(G)$ und $\bar{R}_K(G)$

In diesem ganzen Paragraphen wird mit K ein Körper der Charakteristik Null und mit C ein K enthaltender algebraisch abgeschlossener Körper bezeichnet. G sei eine endliche Gruppe. Eine lineare Darstellung von G über K ist ein Homomorphismus $\varrho\colon G \to GL(V)$, wo V ein K-Vektorraum endlicher Dimension ist; gleichbedeutend damit ist die Aussage, daß V ein Modul (endlicher Dimension) über dem Gruppenring $K[G]$ der Gruppe G ist. Der Charakter $\chi_V(s) = Tr\,\varrho(s)$ von ϱ ist eine zentrale Funktion auf G mit Werten in K. Mit $R_K(G)$ werden wir die von diesen Funktionen (für alle linearen Darstellungen von G über K) erzeugte Gruppe bezeichnen; das ist eine Untergruppe (und sogar ein Unterring) des in den vorangegangenen Paragraphen untersuchten Rings $R(G) = R_C(G)$.

Aussage 20. *(V_i, ϱ_i) seien die verschiedenen irreduziblen linearen Darstellungen von G über K (bis auf Äquivalenz) und χ_i die entsprechenden Charaktere. Dann gilt:*

a) *Die χ_i bilden eine Basis von $R_K(G)$.*

b) *Die χ_i sind untereinander orthogonal.*

(Es handelt sich wie üblich um die Orthogonalität bezüglich der Bilinearform $\langle \varphi, \chi \rangle = \frac{1}{g} \sum_{s \in G} \varphi(s^{-1})\, \chi(s)$.)

Es ist klar, daß $R_K(G)$ von den χ_i erzeugt wird. Ist andererseits $i \neq j$, so gilt $\mathrm{Hom}^G(V_i, V_j) = 0$. Nun hat man allgemein, wenn V und W als Charaktere χ_V und χ_W besitzen,

$$\begin{aligned} \dim_K \mathrm{Hom}^G(V, W) &= \dim_C \mathrm{Hom}^G(C \otimes V, C \otimes W) \\ &= \langle \chi_V, \chi_W \rangle . \end{aligned}$$

Hieraus schließt man, daß $\langle \chi_i, \chi_j \rangle = 0$ und daß $\langle \chi_i, \chi_i \rangle$ eine ganze Zahl $\geqq 1$ ist (und zwar gleich 1, wenn V_i absolut irreduzibel ist). Hieraus folgt zugleich, daß die χ_i linear unabhängig sind.

Korollar. *Dafür, daß eine lineare Darstellung von G über C auch über K realisierbar ist (d. h. von der Form $C \otimes V$ mit einer linearen Darstellung V von G über K ist), ist notwendig und hinreichend, daß ihre Charakter zu $R_K(G)$ gehört.*

Die Bedingung ist offensichtlich notwendig. Wir wollen umgekehrt annehmen, daß sie erfüllt sei und daß χ der entsprechende Charakter ist. Dann gilt

$$\chi = \sum n_i \chi_i \quad \text{mit} \quad n_i \in \mathbf{Z} .$$

Hieraus schließt man

$$\langle \chi, \chi_i \rangle = n_i \langle \chi_i, \chi_i \rangle \quad \text{für alle } i .$$

Da aber χ der Charakter einer Darstellung von G über C ist, ist das Skalarprodukt $\langle \chi, \chi_i \rangle \geqq 0$. Hieraus schließt man, daß n_i positiv und χ demnach durch die direkte Summe der $V_i^{n_i}$ realisierbar ist.

Bemerkung. Die Gruppe $R_K(G)$ könnte als die Grothendieck-*Gruppe* der Kategorie der endlichdimensionalen $K[G]$-Moduln definiert werden.

Neben dieser Gruppe hat man noch die Gruppe $\overline{R}_K(G)$ der Elemente von $R(G)$ *mit Werten in* K zu betrachten. Offensichtlich gilt $R_K(G) \subset \overline{R}_K(G)$. Ferner gilt:

Aussage 21. *Die Gruppe $R_K(G)$ ist eine Untergruppe von $\overline{R}_K(G)$ von endlichem Index.*

Wir stellen zunächst fest, daß jede irreduzible Darstellung von G über C über dem algebraischen Abschluß von K, also auch über einer endlichen

Erweiterung von K realisierbar ist (nämlich derjenigen, die von den Koeffizienten einer entsprechenden Matrixdarstellung erzeugt wird). Hieraus schließt man auf die Existenz einer endlichen Erweiterung L von K mit $R_L(G) = R(G)$; $d = [L:K]$ sei der Grad dieser Erweiterung. Die Aussage entspringt dann aus dem folgenden Lemma.

Lemma. *Es ist* $d \cdot \overline{R}_K(G) \subset R_K(G)$.

Es sei zunächst V eine lineare Darstellung von G über L und χ ihr Charakter; indem man den Skalarenbereich einschränkt, kann man V als einen K-Vektorraum (von d-mal so großer Dimension) und sogar als eine lineare Darstellung von G über K betrachten. Man sieht sogleich, daß der Charakter dieser Darstellung gleich $Tr_{L/K}(\chi)$ ist, wo $Tr_{L/K}$ die zur Erweiterung L/K gehörige Spur bezeichnet. Wegen der Linearität schließt man hieraus, daß $Tr_{L/K}(\chi) \in R_K(G)$ für alle $\chi \in R_L(G) = R(G)$ gilt. Wir wollen insbesondere $\chi \in \overline{R}_K(G)$ wählen, d. h. annehmen, daß die Werte von χ zu K gehören. Dann bekommt man $Tr_{L/K}(\chi) = d \cdot \chi$ und damit $d \cdot \chi \in R_K(G)$, womit der Beweis erbracht ist.

Korollar. *Es gilt* $\mathbf{Q} \otimes R_K(G) = \mathbf{Q} \otimes \overline{R}_K(G)$.

Bemerkung. Man kann $\overline{R}_K(G)$ ganz explizit angeben: Unter Verwendung der Bezeichnungen von Aussage 20 sei D_i der *Kommutant* der irreduziblen Darstellung V_i. D_i ist bekanntlich (SCHURsches Lemma) ein (Schief)Körper; wenn K_i sein Zentrum bezeichnet, ist der Grad $[L_i:K_i]$ eine Quadratzahl, etwa d_i^2. Dann kann man beweisen (SCHUR), daß $\overline{R}_K(G)$ *die Charaktere* $\frac{1}{d_i}\chi_i$ *als Basis besitzt.* Dieses Ergebnis, das viel genauer als Aussage 21 ist, zeigt, daß *dann und nur dann* $R_K(G) = \overline{R}_K(G)$ *gilt, wenn die* D_i *kommutativ sind* (das ist insbesondere dann der Fall, wenn G selbst kommutativ ist).

12.2. Ein Satz von BRAUER

Wir wollen die Bezeichnungen der vorangegangenen Nummer beibehalten und mit m das k. g. V. der Ordnungen der Elemente der Gruppe G bezeichnen.

Satz 29 (BRAUER). *Wenn K alle m-ten Einheitswurzeln enthält, so gilt* $R_K(G) = R(G)$.

(Im Hinblick auf das Korollar zu Auss. 20 (vgl. 12.1) ist das gleichbedeutend mit der Aussage, daß sich jede lineare Darstellung von G *über K realisieren* läßt.)

Es sei $\chi \in R(G)$. Auf Grund einer einfachen Folgerung aus dem Satz von Brauer (vgl. 10.5, Satz 23) gilt

$$\chi = \sum n_i \operatorname{Ind}(\varphi_i) \quad \text{mit} \quad n_i \in \mathbf{Z},$$

wo die φ_i Charaktere ersten Grades von Untergruppen H_i von G sind. Die Werte der φ_i sind also m-te Einheitswurzeln, und sie gehören nach Voraussetzung K an; daher ist $\varphi_i \in R_K(H_i)$. Andererseits zeigt aber die in § 7 gegebene Konstruktion der induzierten Darstellungen, daß $\operatorname{Ind} R_K(H)$ in $R_K(G)$ enthalten ist. Es gilt also $\operatorname{Ind}(\varphi_i) \in R_K(G)$ und damit $\chi \in R_K(G)$, q. e. d.

Korollar. *Jede lineare Darstellung von G läßt sich über dem Körper $\mathbf{Q}(m)$ realisieren, den man erhält, indem man zu $\mathbf{Q}$ die m-ten Einheitswurzeln adjungiert.*

Dieses Resultat hat bereits Schur vermutet, der es in gewissen Spezialfällen bewiesen hat.

12.3. Der Rang der Gruppe $R_K(G)$

Wir kehren jetzt zum Fall eines beliebigen Körpers der Charakteristik Null zurück. Wir wollen den *Rang* der Gruppe $R_K(G)$ oder, was auf dasselbe hinausläuft, *die Anzahl der irreduziblen Darstellungen von G über K bestimmen.*

Die ganze Zahl m möge dieselbe Bedeutung wie oben haben, und L sei der durch Adjunktion der m-ten Einheitswurzeln aus K erhaltene Körper. Bekanntlich (vgl. beispielsweise Bourbaki, Alg., Chap. V) ist die Erweiterung L/K eine galoissche Erweiterung, deren galoissche Gruppe eine Untergruppe der multiplikativen Gruppe $(\mathbf{Z}/m\,\mathbf{Z})^*$ der invertierbaren Elemente von $\mathbf{Z}/m\,\mathbf{Z}$ ist. Genauer: Wenn $\sigma \in \operatorname{Gal}(L/K)$ ist, so existiert ein und nur ein Element $t \in (\mathbf{Z}/m\,\mathbf{Z})^*$ mit

$$\sigma(w) = w^t, \quad \text{falls} \quad w^n = 1.$$

Wir werden mit Γ_K das Bild von $\operatorname{Gal}(L/K)$ in $(\mathbf{Z}/m\,\mathbf{Z})^*$ und für $t \in \Gamma_K$ mit σ_t das entsprechende Element von $\operatorname{Gal}(L/K)$ bezeichnen. In der vorangegangenen Nummer haben wir den Fall $\Gamma_K = \{1\}$ betrachtet.

Es sei $s \in G$ und n eine ganze Zahl. Das Element s^n von G hängt nur von der Restklasse von n modulo der Ordnung von s, *erst recht* also modulo m ab; insbesondere ist s^t für jedes $t \in \Gamma_K$ definiert. Die Gruppe Γ_K operiert auf der G unterliegenden Menge als *Permutationsgruppe.* Wir werden sagen, zwei Elemente s, s' aus G seien *Γ_K-konjugiert,* wenn es ein $t \in \Gamma_K$ gibt, so daß s' und s^t konjugiert sind. Die auf diese Weise definierte Relation stellt eine Äquivalenzrelation dar; ihre Äquivalenzklassen heißen die *Γ_K-Klassen* von G.

Aussage 22. *Wenn $\chi \in R(G)$ und $t \in \Gamma_K$ ist, so gilt*

$$(*) \qquad \sigma_t(\chi(s)) = \chi(s^t)$$

für alle $s \in G$.

(Diese Aussage hat einen Sinn, denn die *Werte* von χ gehören L an.)

Es genügt, $(*)$ in dem Fall zu beweisen, daß χ der Charakter einer Darstellung ϱ von G ist. In diesem Fall sind die Eigenwerte w_i von $\varrho(s)$ m-te Einheitswurzeln; die von s^t sind die w_i^t. Man bekommt also

$$\sigma_t(\chi(s)) = \sigma_t(\sum w_i) = \sum \sigma_t(w_i) = \sum w_i^t = \chi(s^t)\,, \qquad \text{q. e. d.}$$

Korollar. *Notwendig und hinreichend dafür, daß die Werte von $\chi \in R(G)$ in K liegen, ist, daß $\chi(s^t) = \chi(s)$ für alle $t \in \Gamma_K$ gilt.*

In der Tat ist die Aussage, daß $\chi(s)$ zu K gehört, gleichbedeutend damit, daß $\chi(s)$ gegenüber allen σ_t mit $t \in \Gamma_K$ invariant ist.

Satz 30. *Es seien χ_i die Charaktere der verschiedenen irreduziblen Darstellungen von G über K. Dann bilden die χ_i eine Basis des Raums der Funktionen auf G, die auf den Γ_K-Klassen konstant sind.*

X sei der Vektorraum der Funktionen auf G mit Werten in L, die auf den Γ_K-Klassen von G konstant sind. Nach dem obigen Korollar gilt dann $\chi_i \in X$ für alle i, während andererseits die χ_i bekanntlich linear unabhängig sind. Es bleibt also noch nachzuweisen, daß X von den χ_i *erzeugt* wird, oder, daß es zu jeder Γ_K-Klasse P von G eine Linearkombination der χ_i mit Koeffizienten in L (oder in K, was auf dasselbe hinausläuft) gibt, die auf P nicht verschwindet und außerhalb von P Null ist.

Es sei $s \in P$. Dann existiert bekanntlich ein $\varphi \in L \otimes R(G)$, das in s nicht Null ist und in den Elementen, die nicht zu s konjugiert sind, verschwindet. Wir schreiben φ in der Form

$$\varphi = \sum c_j \varphi_j \quad \text{mit} \quad c_j \in L \qquad \text{und} \qquad \varphi_j \in R(G) = R_L(G)\,.$$

Wir setzen $\psi_j = Tr_{L/K}(\varphi_j)$ und $\psi = \sum c_j \psi_j$. Nach dem, was wir in 12.1 gesehen haben, gilt dann $\psi_j \in R_K(G)$, woraus offensichtlich $\psi \in L \otimes R_K(G)$ folgt. Für $x \in G$ gilt

$$\begin{aligned}\psi(x) &= \sum c_j \psi_j(x) = \sum c_j \sum_{t \in \Gamma_K} \sigma_t(\varphi_j(x)) \\ &= \sum c_j \sum_{t \in \Gamma_K} \varphi_j(x^t) = \sum_{t \in \Gamma_K} \psi(x^t)\,.\end{aligned}$$

Diese Formel zeigt, daß $\psi(x)$ dann und nur dann nicht Null ist, wenn x der Γ_K-Klasse P von s angehört, q. e. d.

Korollar. *Die Anzahl der Klassen irreduzibler Darstellungen von G über K ist gleich der Anzahl der Γ_K-Klassen von G.*

Das ist klar.

12.4. Ein Analogon des Satzes von Brauer

Wir behalten die Bezeichnungen der vorstehenden Nummer bei. Es sei C eine zyklische Gruppe, deren Ordnung m teilt, p eine Primzahl, die nicht Teiler der Ordnung von C ist, und E das semidirekte Produkt von C mit einer p-Gruppe P, die so auf C operiert, daß die folgende Bedingung befriedigt wird:

($*_K$) *zu jedem $y \in P$ existiert ein $t \in \Gamma_K$ mit*

$$y\,x\,y^{-1} = x^t \quad \textit{für alle} \quad x \in C\,.$$

(Wenn $\Gamma_K = \{1\}$ ist, bedeutet diese Bedingung einfach, daß C und P *kommutieren*, d. h., daß E mit dem Produkt $C \times P$ zusammenfällt.)

Eine Gruppe, die zu einer Gruppe des vorstehenden Typs isomorph ist, heißt *Γ_K-elementar*. Dann gilt der folgende Satz.

Satz. *Jedes Element von $R_K(G)$ ist Linearkombination mit ganzzahligen Koeffizienten von Elementen der Form* Ind(ψ), *wobei $\psi \in R_K(E)$ und E Γ_K-elementare Untergruppe von G ist.*

Der Beweis ist zu dem des Satzes von Brauer (der dem Fall $\Gamma_K = \{1\}$ entspricht) völlig analog; wir verzichten auf ihn. (Siehe z. B. Curtis-Reiner oder Witt, Crelle J. 190, 1952.)

12.5. Der Fall des Körpers der rationalen Zahlen

Wir wollen $K = \boldsymbol{Q}$ annehmen; dann ist $L = \boldsymbol{Q}(m)$ und bekanntlich (Gauss!) $\Gamma_K = (\boldsymbol{Z}/m\,\boldsymbol{Z})^*$. Der Begriff der Γ_K-Konjugiertheit reduziert sich dann auf folgendes:

Zwei Elemente s, s' von G sind dann und nur dann $\Gamma_{\boldsymbol{Q}}$-konjugiert, wenn die von ihnen erzeugten zyklischen Untergruppen konjugiert sind. Hieraus schließt man:

Aussage 23. *Die Anzahl der Klassen irreduzibler Darstellungen von G über $\boldsymbol{Q}$ ist gleich der Anzahl der Klassen zyklischer Untergruppen von G* und:

Aussage 24. *Notwendig und hinreichend dafür, daß die Werte jedes Charakters von G in* $\boldsymbol{Q}$ *(also in* $\boldsymbol{Z}$*) liegen, ist, daß G der folgenden Bedingung genügt:*

(**) *Wenn* $s \in G$ *und wenn* $t \in \boldsymbol{Z}$ *zur Ordnung von s prim ist, so sind die Elemente s und* s^t *konjugiert.*

Beispiel: Die symmetrische Gruppe $\mathfrak{S}_n$ erfüllt (**).

Bemerkung. Wenn (**) erfüllt ist, zeigt die vorangegangene Aussage, daß $R(G) = \overline{R}_{\boldsymbol{Q}}(G)$ ist; es kann indessen $R_{\boldsymbol{Q}}(G) \neq R(G)$ sein, das ist nämlich dann der Fall, wenn G die Quaternionengruppe $\{\pm 1, \pm i, \pm j, \pm k\}$ ist.

Aussage 25. *Jedes Element von* $R_{\boldsymbol{Q}}(G)$ *ist Linearkombination mit Koeffizienten aus* $\boldsymbol{Q}$ *von Charakteren der Form* $\operatorname{Ind}(1_C)$, *wo C eine zyklische Untergruppe von G und* 1_C *der entsprechende Einscharakter ist.*

(Der induzierte Charakter $\operatorname{Ind}(1_C)$ ist also der Charakter der *Permutationsdarstellung* von G in G/C.)

Es geht darum zu zeigen, daß $\boldsymbol{Q} \otimes R_{\boldsymbol{Q}}(G)$ von den $\operatorname{Ind}(1_C)$ erzeugt wird. Nun ist aber auf $\boldsymbol{Q} \otimes R_{\boldsymbol{Q}}(G)$ ein nichtausgeartetes Skalarprodukt erklärt, das mit $\langle \varphi, \psi \rangle$ bezeichnet werde. Es läuft also auf dasselbe hinaus zu zeigen, daß jedes $\Theta \in R_{\boldsymbol{Q}}(G)$, das zu den $\operatorname{Ind}(1_C)$ orthogonal ist, verschwindet. Nach dem Satz von Frobenius gilt aber

$$\langle \Theta, \operatorname{Ind}(1_C) \rangle = \langle \Theta|_C, 1_C \rangle = \frac{1}{c} \sum_{s \in C} \Theta(s)$$

mit $c = \operatorname{Card}(C)$. Die Aussage 25 ist also zu der folgenden äquivalent:

Aussage 25′. *Wenn* $\Theta \in R_{\boldsymbol{Q}}(G)$ *die Eigenschaft besitzt, daß* $\sum_{s \in C} \Theta(s) = 0$ *für jede zyklische Untergruppe C von G gilt, so ist* $\Theta = 0$.

Diese Aussage wird durch Induktion nach $\operatorname{Card}(G)$ bewiesen. Es sei $s \in G$ und $C(s)$ die von s erzeugte zyklische Untergruppe von G. Es sei $x \in C(s)$. Wenn dann x $C(s)$ erzeugt, so ist $\Theta(x) = \Theta(s)$, da x und s $\Gamma_{\boldsymbol{Q}}$-konjugiert sind; erzeugt x dagegen eine von $C(s)$ verschiedene Untergruppe von $C(s)$, so zeigt die Induktionsannahme (auf die Einschränkung von Θ auf diese Untergruppe angewendet), daß $\Theta(x) = 0$ ist. Hieraus schließt man auf

$$\sum_{s \in C(s)} \Theta(x) = a \cdot \Theta(s),$$

wo a die Erzeugendenanzahl von $C(s)$ ist. Nach Voraussetzung ist aber

$$\sum_{x \in C(s)} \Theta(x) = 0 .$$

Es gilt also gerade $\Theta(s) = 0$, q. e. d.

Korollar. *Es seien V und V' zwei lineare Darstellungen von G über Q. Dafür, daß V zu V' äquivalent ist, ist notwendig und hinreichend, daß für jede zyklische Untergruppe C von G*

$$\dim V^C = \dim V'^C$$

gilt, wo V^C den aus den gegenüber C invarianten Elementen von V gebildeten Unterraum von V bezeichnet.

Die Notwendigkeit ist evident. Um zu erkennen, daß die Bedingung hinreichend ist, seien χ und χ' die Charaktere von V und V'. Es gilt

$$\dim V^C = \langle \chi|_C, 1_C \rangle .$$

Hieraus schließt man, daß mit $\Theta = \chi - \chi'$ $\langle \Theta|_C, 1_C \rangle = 0$ für alle C gilt, woraus nach dem eben Bewiesenen $\Theta = 0$ folgt.

Bemerkung. Es ist keineswegs jedes Element von $R_Q(G)$ Linearkombination von Charakteren der Form Ind (1_C) *mit ganzzahligen Koeffizienten,* selbst dann nicht, wenn man nicht nur zyklische Untergruppen zuläßt; das Produkt der Quaternionengruppe mit der zyklischen Gruppe der Ordnung 3 liefert ein Gegenbeispiel.

12.6. Der Fall des Körpers der reellen Zahlen

Es sei zunächst χ ein irreduzibler Charakter von G über $\boldsymbol{C}$, der der Darstellung V entspricht. Dann können drei Fälle eintreten (und diese ereignen sich für gewisse Gruppen G tatsächlich):

(1) Mindestens einer der Werte von χ ist nicht reell. Durch Einschränkung des Skalarenbereichs definiert V dann eine irreduzible Darstellung von G über $\boldsymbol{R}$ mit dem Charakter $\chi + \bar{\chi}$. Man sieht leicht, daß der Kommutant dieser Darstellung $\boldsymbol{C}$ ist.

(2) Die Werte von χ sind reell, und die Darstellung V entspringt durch Erweiterung des Skalarenbereichs aus einer reellen Darstellung V_0; der Charakter von V_0 ist χ; die Darstellung V_0 ist absolut irreduzibel: ihr Kommutant ist $\boldsymbol{R}$.

(3) Die Werte von χ sind reell, V geht aber aus keiner reellen Darstellung hervor. Durch Einschränkung des Skalarenbereichs definiert V dann eine irreduzible reelle Darstellung mit dem Charakter 2χ; ihr Kommutant ist zum Quaternionenkörper $\boldsymbol{H}$ isomorph.

Wenn χ reelle Werte besitzt, kann man folgendermaßen feststellen, welcher der beiden vorstehenden Fälle vorliegt:

Die Aussage, daß χ reelle Werte besitzt, ist gleichbedeutend dazu, daß

$$\chi(s^{-1}) = \chi(s) \quad \text{für alle} \quad s \in G$$

ist, daß V also mit anderen Worten *zu seiner kontragredienten äquivalent ist.* Es gibt dann eine gegenüber G invariante Bilinearform B auf V, die nicht verschwindet. Da V irreduzibel ist, ist diese Form bis auf einen Skalarfaktor eindeutig bestimmt; schreibt man sie in der Form $B = B_+ + B_-$ mit symmetrischem B_+ und alternierendem B_-, so sind B_+ und B_- gleichfalls gegenüber G invariant. Wegen der Eindeutigkeit von B folgt hieraus, daß entweder $B_- = 0$ (und damit B symmetrisch) oder $B_+ = 0$ (und damit B alternierend) ist.

Aussage 26. *Im Falle (2) ist B symmetrisch. Im Falle (3) ist B alternierend.*

Angenommen, es liege der Fall (2) vor. Dann gibt es auf dem reellen Vektorraum V_0 eine nichtausgeartete positive symmetrische Form B_0, die gegenüber G invariant ist; durch Ausdehnung des Skalarenbereichs definiert B_0 auf V eine gegenüber G invariante nichtausgeartete symmetrische Bilinearform B.

Angenommen, es liege der Fall (3) vor. Dann gibt es auf V eine $\boldsymbol{H}$-Vektorraumstruktur, die die gegebene $\boldsymbol{C}$-Vektorraumstruktur fortsetzt und so beschaffen ist, daß die Elemente von G $\boldsymbol{H}$-linear sind. Man kann V mit einer nichtausgearteten positiv definiten $\boldsymbol{H}$-hermiteschen Form versehen, von der man annehmen kann, indem man nötigenfalls zu ihrem Mittelwert übergeht, daß sie gegenüber G invariant ist.

C sei diese Form. Nach Voraussetzung ist dann $C(h\,x, y) = h\,C(x, y)$ für $h \in \boldsymbol{H}$ und $C(x, h\,y) = C(x, y)\,\bar{h}$. Wir schreiben X in der Form

$$C(x, y) = A(x, y) + B(x, y) \cdot j \quad \text{mit} \quad A(x, y) \in \boldsymbol{C}\,, \quad B(x, y) \in \boldsymbol{C}\,.$$

Durch unmittelbares Nachrechnen erkennt man, daß B eine gegenüber G invariante $\boldsymbol{C}$-alternierende Form auf V ist, und es ist klar, daß sie nicht Null ist, q. e. d.

Korollar. *Im Falle (2) gilt* $\frac{1}{g} \sum_{s \in G} \chi(s^2) = 1$, *wobei g die Ordnung von G ist; im Falle (3) ist dagegen*

$$\frac{1}{g} \sum_{s \in G} \chi(s^2) = -1 .$$

Es sei φ der Charakter der Darstellung $\Lambda^2 V$; wenn $s \in G$ ist und wenn w_i die Eigenwerte von s in V sind, so sind die Eigenwerte von s in $\Lambda^2 V$ die $w_i w_j$ mit $i < j$. Hieraus schließt man

$$\varphi(s) = \sum_{i<j} w_i w_j = \frac{1}{2} \left((\sum w_i)^2 - \sum w_i^2 \right) = \frac{1}{2} \left(\chi(s)^2 - \chi(s^2) \right) .$$

Es gilt also

$$\langle \varphi, 1 \rangle = \frac{1}{g} \sum_{s \in G} \varphi(s) = \frac{1}{2} \left(\frac{1}{g} \sum_{s \in G} \chi(s)^2 - \frac{1}{g} \sum_{s \in G} \chi(s^2) \right).$$

Da χ irreduzibel ist und reelle Werte besitzt, ist $\frac{1}{g} \sum_{s \in G} \chi(s)^2 = 1$; andererseits zeigt die vorherige Aussage, daß die Darstellung $\Lambda^2 V$ die Einsdarstellung im Falle (2) (bzw. im Falle (3)) 0-mal (bzw. einmal) enthält. Im Falle (2) ist also $\langle \varphi, 1 \rangle = 0$ und im Falle (3) $\langle \varphi, 1 \rangle = 1$; das Korollar folgt hieraus.

Bemerkung. Es ist leicht zu sehen (indem man beispielsweise die Struktur des Kommutanten untersucht), daß jede irreduzible Darstellung von G über $\mathbf{R}$ von einer der Typen (1), (2), (3) ist. $R_{\mathbf{R}}(G) = \overline{R}_{\mathbf{R}}(G)$ gilt dann und nur dann, wenn nicht der Typ (3) vorliegt.

Aufgaben.

1. Man zeige, daß die Anzahl der reellwertigen irreduziblen Charaktere von G gleich der Anzahl der Klassen c von G mit $c = c^{-1}$ ist.

2. Man zeige, daß im Falle einer Gruppe G von *ungerader Ordnung* die einzige Klasse c von G, die mit ihrem Inversen zusammenfällt, diejenige des neutralen Elements ist.

Hieraus schließe man (Burnside), daß G (außer der Einsdarstellung) keine irreduzible Darstellung besitzt, deren Charakter *reell* ist.

TEIL II

Einführung in die BRAUERsche Theorie

Einleitung

Es geht darum, die Darstellungen einer endlichen Gruppe G im Falle der Charakteristik p und der Charakteristik Null miteinander zu vergleichen. Die Ergebnisse (die im wesentlichen auf BRAUER zurückgehen [1], [2], [3]) lassen sich besonders bequem ausdrücken, wenn man gewisse „GROTHENDIECK-Gruppen" einführt; das ist von SWAN ([12], [13]) erkannt worden, von dem gleichfalls zahlreiche Resultate stammen, die aber hier nicht betrachtet werden sollen; siehe auch GIORGIUTTI [7] und STROOKER [11].

Die Paragraphen 1 und 2 tragen vorbereitenden Charakter. § 3 enthält die Aussagen der Hauptsätze und ihre Anwendungen auf die ARTINschen Darstellungen. Den Beweisen dieser Sätze ist § 4 gewidmet; bis auf Kleinigkeiten folge ich hierin der Darstellung von SWAN [13] (abgesehen von dem Problemkreis des Satzes von FONG-SWAN). In einem Anhang wird gezeigt, wie die Übersetzung in die Sprache der modularen Charaktere zu vollziehen ist. Ein Nachtrag erinnert an einige Definitionen (GROTHENDIECK-Gruppen, projektive Moduln, . . .).

Der folgende Text stellt nur eine Einführung dar. Ein Leser, der weitergehen will (Blöcke — ihre Defekte, ihre zugeordneten Gruppen — Ausnahmecharaktere) kann CURTIS-REINER [5] sowie die Originalarbeiten von BRAUER, FEIT, GREEN, OSIMA, SUZUKI, THOMPSON, . . . heranziehen.

§ 1. Die Gruppen $R_K(G)$, $R_k(G)$ und $P_k(G)$

1.1. Bezeichnungen und Vereinbarungen

Alle betrachteten Gruppen werden als *endlich* vorausgesetzt. Alle Moduln sollen *endlich-erzeugbar* sein.

K bezeichne einen Körper, der bezüglich einer diskreten Bewertung v mit dem Bewertungsring A perfekt ist; $k = A/\mathfrak{m}$ sei der zugehörige Restklassenkörper. K möge die Charakteristik Null und k die Charakteristik p haben (die Theorie wird trivial, wenn k die Charakteristik Null besitzt).

Es sei G eine endliche Gruppe und m das k. g. V. der Ordnungen ihrer Elemente. Wir werden sagen, K (bzw. k) sei *hinreichend groß* (gegenüber G), wenn es die m-ten Einheitswurzeln enthält.

1.2. Die Ringe $R_K(G)$ und $R_k(G)$

Wenn L ein Körper ist, wollen wir mit $R_L(G)$ die GROTHENDIECK-Gruppe der Kategorie der $L[G]$-Moduln bezeichnen; in der Tat ist das äußere Tensorprodukt (d. h. das über L) ein kommutativer Ring mit Einselement (es handelt sich sogar um einen „λ-Ring" im Sinne von GROTHENDIECK).

Wenn E ein $L[G]$-Modul ist, wollen wir mit $[E]$ sein Bild in $R_L(G)$ bezeichnen; die Menge der $[E]$ werde mit $R_L^+(G)$ bezeichnet.

S_L sei die Menge der Typen einfacher $L[G]$-Moduln. Dann bilden die Klassen $[E]$ mit $E \in S_L$ eine Basis der additiven Gruppe $R_L(G)$; die Elemente von $R_L^+(G)$ sind einfach die Linearkombinationen der $[E]$, $E \in S_L$, mit ganzzahligen Koeffizienten $\geqq 0$.

Das gilt insbesondere für die Körper K und k.

Bemerkung. In gleicher Weise kann man die GROTHENDIECK-Gruppe $R_A(G)$ der Kategorie der $A[G]$-Moduln definieren. Wir werden sie im folgenden nicht benötigen; nach einem Satz von SWAN ([1], Satz 3) läßt sich diese Gruppe mit $R_K(G)$ identifizieren.

1.3. Die Gruppen $P_k(G)$ und $P_A(G)$

Sie sind wie die GROTHENDIECK-Gruppen der Kategorie der *projektiven* $k[G]$-Moduln (bzw. $A[G]$-Moduln) definiert. Die Definitionen für $P_k^+(G)$ und $P_A^+(G)$ sind evident.

Wenn E (bzw. F) ein $k[G]$-Modul (bzw. ein projektiver $k[G]$-Modul) ist, so ist $E \otimes_k F$ ein projektiver $k[G]$-Modul (das braucht nur für den Fall verifiziert zu werden, daß F frei ist; dieser Fall ist aber einfach). Hieraus schließt man auf eine $R_k(G)$-*Modul*struktur über $P_k(G)$.

1.4. Struktur von $P_k(G)$

Auf Grund der Tatsache, daß der Ring $k[G]$ *artinsch* ist, kann man von der *projektiven Hülle* eines $k[G]$-Moduls M sprechen. Das ist ein projektiver $k[G]$-Modul P zusammen mit einem surjektiven Homomorphismus $f\colon P \to M$, der folgende Eigenschaft aufweist: Jeder Untermodul P' von P mit $f(P') = M$ ist gleich P. Man kann beweisen (vgl. GIORGIUTTI [1] oder GABRIEL [6]), daß (P, f) durch diese Eigenschaft bis auf Isomorphie charakterisiert werden. Ist umgekehrt P ein projektiver Modul und E sein größter halbeinfacher Faktormodul (d. h. der Faktormodul von P nach seinem Radikal im Sinne von BOURBAKI, Alg. VIII, § 6), so ist P projektive Hülle von E. Jede Zerlegung von E in ein Produkt einfacher Moduln liefert eine entsprechende Zerlegung von P. Hieraus kann man schließen, daß jeder *unzerlegbare* projektive Modul zur projektiven Hülle P_E eines einfachen Moduls $E \in S_k$ isomorph und daß jeder projektive Modul *Produkt unzerlegbarer projektiver Moduln* ist (und zwar ist diese Zerlegung bis auf einen Automorphismus eindeutig bestimmt). Hieraus folgt insbesondere, daß $P_k(G)$ die Familie der $[P_E]$ mit $E \in S_k$ als *Basis* besitzt; ferner sind zwei projektive Moduln P und P' dann und nur dann isomorph, wenn ihre Klassen $[P]$ und $[P']$ in $P_k^+(G)$ gleich sind (man beachte, daß diese letztere Eigenschaft in $R_k(G)$ nicht gilt: wenn zwei $k[G]$-Moduln dieselbe Klasse bestimmen, kann man einfach annehmen, daß ihre JORDAN-HÖLDERschen Faktoren bis auf die Reihenfolge gleich sind).

1.5. Struktur von $P_A(G)$

Wenn P ein projektiver $A[G]$-Modul ist, so ist die Reduktion $\bar{P} = P/\mathfrak{m}P$ von P ein projektiver $k[G]$-Modul. Das Lemma von Nakayama zeigt, daß zwei projektive Moduln P_1 und P_2 dann und nur dann isomorph sind, wenn es ihre Reduktionen $\bar{P}_1$ und $\bar{P}_2$ sind. Ferner läßt sich jeder projektive $k[G]$-Modul Q zu einem projektiven $A[G]$-Modul „liften", d. h., er ist zu $\bar{P}$ mit einem geeignet gewählten P isomorph. Dies läßt sich erkennen, indem man entweder Idempotente liftet (was möglich ist, weil A henselsch ist) oder indem man Schritt für Schritt vorgeht und $P/\mathfrak{m}^n P$ als die projektive Hülle von Q in der Kategorie der $(A/\mathfrak{m}^n)[G]$-Moduln konstruiert.

Diese Eigenschaften haben zur Folge, daß der Reduktionshomomorphismus

$$P_a(G) \to P_k(G)$$

ein *Isomorphismus* ist. Wir werden hiervon oft Gebrauch machen, um diese beiden Gruppen miteinander zu identifizieren.

1.6. Dualität

a) Wenn E und F $K[G]$-Moduln sind, setzen wir:

$$\langle E, F\rangle = \dim \operatorname{Hom}^G(E, F) .$$

Die Abbildung $(E, F) \mapsto \langle E, F\rangle$ ist „bilinear" (bezüglich exakter Sequenzen) und definiert also eine Bilinearform

$$R_K(G) \times R_K(G) \to \mathbf{Z} ,$$

die wir mit $\langle e, f\rangle$ oder $\langle e, f\rangle_K$ bezeichnen wollen. Die Klassen $[E]$ der einfachen Moduln $E \in S_K$ sind orthogonal zueinander, und $\langle E, E\rangle$ ist gleich der Dimension des Endomorphismenkörpers von E; es ist also dann und nur dann $\langle E, E\rangle = 1$, wenn E absolut – einfach ist.

Wir wollen K als hinreichend groß annehmen (vgl. 1.1). Nach einem Satz von Brauer (vgl. 4.2) ist jeder einfache $K[G]$-Modul absolut-einfach. Hieraus kann man schließen, daß die vorstehende Bilinearform in dem Sinne *nichtausgeartet* ist, daß sie einen Isomorphismus von $R_K(G)$ auf sein Dual definiert.

b) Wenn E ein projektiver $k[G]$-Modul und F ein beliebiger $k[G]$-Modul ist, setzen wir:

$$\langle E, F\rangle = \dim \operatorname{Hom}^G(E, F) .$$

Auch hier erhält man eine bilineare Funktion von E und F (auf Grund der Tatsache, daß E als projektiv vorausgesetzt ist) und damit eine Bilinearform

$$P_k(G) \times R_k(G) \to \mathbf{Z} ,$$

die mit $\langle e, f\rangle$ oder $\langle e, f\rangle_k$ bezeichnet werden möge. Wenn $E, E' \in S_k$ ist, gilt

$$\operatorname{Hom}^G(P_E, E') = \operatorname{Hom}^G(E, E') ,$$

wobei P_E die projektive Hülle von E bezeichnet. Ist $E \neq E'$, so schließt man, daß $[P_E]$ und $[E']$ orthogonal sind; für $E = E'$ ergibt sich $\langle P_E, E\rangle = d_E = \dim \operatorname{End}^G(K)$. Auch hier ist dann und nur dann $d_E = 1$, wenn E absolut einfach ist.

Wir wollen k als hinreichend groß annehmen. Dann sieht man leicht, daß $d_E = 1$ für alle $E \in S_k$ ist. Hieraus kann man schließen, daß die Bilinearform $\langle\,,\,\rangle_k$ *nichtausgeartet* ist und daß die Basen $[P_E]$ und $[E]$ (mit $E \in S_k$) bezüglich dieser Form *dual* zueinander sind.

1.7. Erweiterung des Skalarenbereichs

Wenn K' eine Erweiterung von K ist, so definiert jeder $K[G]$-Modul E durch Erweiterung des Skalarenbereichs einen $K'[G]$-Modul $E \otimes_K K'$. Auf diese Weise erhält man einen Homomorphismus $R_K(G) \to R_{K'}(G)$. Dieser Homomorphismus ist *injektiv*. Das kann man erkennen, indem man das Bild der kanonischen Basis $\{[E]\}$ $(E \in S_K)$ von $R_K(G)$ bestimmt: wenn D_E der Körper der Endomorphismen von E ist, so zerfällt das Tensorprodukt $D_E \otimes K'$ in ein Produkt von Matrizenringen $M_{s_i}(D_i)$, wo die D_i Körper sind. Jeder der D_i entspricht einem einfachen $K'[G]$-Modul E'_i, und das Bild von $[E]$ in $R_{K'}(G)$ ist gleich $\sum s_i[E'_i]$.

Ferner ist jeder einfache $K'[G]$-Modul zu einem und nur einem der E'_i isomorph. Aus dieser Beschreibung von $R_K(G) \to R_{K'}(G)$, die (bis auf die Sprechweise) auf Schur [8] zurückgeht, kann man insbesondere folgendes entnehmen:

Wenn alle D_E *kommutativ* sind, so sind die s_i gleich 1, und durch den Homomorphismus $R_K(G) \to R_{K'}(G)$ wird die erste Gruppe mit einem direkten Faktor der zweiten identifiziert; wir werden dann sagen, daß es sich um eine *direkte Injektion* handelt. Wenn alle $E \in S_K$ absolut-einfach sind, so ist $R_K(G) \to R_{K'}(G)$ ein Isomorphismus.

Analoge Resultate gelten für die Homomorphismen

$$R_k(G) \to R_{k'}(G)\,, \qquad P_k(G) \to P_{k'}(G)\,,$$

die durch Erweiterung des Skalarenbereichs von k auf k' definiert sind. Die Lage ist hierbei sogar noch einfacher: die Endomorphismenkörper einfacher $k[G]$-Moduln sind stets *kommutativ* und *separabel* über k (das ist evident, wenn k endlich ist; der allgemeine Fall folgt hieraus durch Erweiterung des Skalarenbereichs). Hieraus kann man schließen, daß $R_k(G) \to R_{k'}(G)$ eine *direkte Injektion* ist. Dasselbe gilt für $P_k(G) \to P_{k'}(G)$: man braucht hierzu nur zu bemerken, daß der Funktor „Erweiterung des Skalarenbereichs" eine projektive Hülle in eine projektive Hülle transformiert.

Wir wollen jetzt annehmen, daß K' eine *endliche* Erweiterung von K ist. A' sei der ganze Abschluß von A in K' und k' sein Restklassenkörper. Wenn E ein projektiver $A[G]$-Modul ist, so ist $E' = E \otimes_A A'$ ein projektiver $A'[G]$-Modul, und ferner ist die Reduktion $E' \otimes_{A'} k'$ von E'

zu $E \otimes_A k' = (E \otimes_A k) \otimes_k k'$ isomorph. Das Diagramm

$$\begin{array}{ccc} P_A(G) & \to & P_{A'}(G) \\ \downarrow & & \downarrow \\ P_k(G) & \to & P_{k'}(G) \end{array}$$

ist also kommutativ. Da die beiden vertikalen Pfeile Isomorphismen sind, folgt hieraus, was wir schon oben gesagt haben, daß der Homomorphismus $P_A(G) \to P_{A'}(G)$ eine *direkte Injektion* ist.

Bemerkung.

Die Injektionen $R_K(G) \to R_{K'}(G)$, $R_k(G) \to R_{k'}(G)$ usw. sind mit den Bilinearformen der vorigen Nummer verträglich. Ferner *kommutieren* sie mit den in § 2 definierten Homomorphismen c, d, e.

§ 2. Das Dreieck *cde*

Wir wollen gewisse Homomorphismen c, d und e definieren, die ein kommutatives Dreieck bilden:

$$\begin{array}{ccc} P_k(G) & \xrightarrow{c} & R_k(G) \\ & e\searrow \quad \nearrow d & \\ & R_K(G) & \end{array}$$

2.1. *Definition von* $c: P_k(G) \to R_k(G)$

Wir ordnen jedem projektiven $k[G]$-Modul P die Klasse von P *in der Gruppe* $R_k(G)$ zu, diese Klasse hängt additiv von P ab. Hieraus entspringt ein Homomorphismus

$$c\colon P_k(G) \to R_k(G)\,,$$

der CARTAN*scher Homomorphismus* heißt. Drückt man c mittels der kanonischen Basen $[P_S]$ und $[S]$ ($S \in S_k$) von $P_k(G)$ und $R_k(G)$ aus, so erhält man eine quadratische Matrix C vom Typ $S_k \times S_k$, die CARTAN*sche Matrix* von G (bezüglich k) heißt. Das Element C_{ST} von C an der Stelle (S, T) ist die Anzahl der Male, die der einfache Modul T in eine Folge von Faktoren einer Kompositionsreihe der projektiven Hülle P_S von S eingeht.

2.2. *Definition von* $d: R_K(G) \to R_k(G)$

Es sei E ein $K[G]$-Modul. Wir wählen ein Gitter (réseau) E_1 von E (d. h. einen A-Untermodul endlichen Typs von E, der E erzeugt); indem wir nötigenfalls E_1 durch die Summe seiner Transformierten durch die Elemente von G ersetzen, können wir annehmen, daß E_1 gegenüber Transformation durch G *invariant* ist. Die Reduktion $\overline{E}_1 = E_1/\mathfrak{m}\, E_1$ von E_1 ist dann ein $k[G]$-Modul. Seine Klasse $[\overline{E}_1]$ in $R_k(G)$ *hängt von der Wahl von* E_1 *nicht ab.* Ist nämlich E_2 ein anderes gegenüber G stabiles Gitter von E, so kann man auf Grund eines leichten Abstiegsarguments annehmen, daß $\mathfrak{m}\, E_1 \subset E_2 \subset E_1$ ist. Es sei $T = E_1/E_2$; das ist ein $k[G]$-Modul. Dann bekommt man eine exakte Sequenz:

$$0 \to T \to \overline{E}_2 \to \overline{E}_1 \to T \to 0\,,$$

wobei der Homomorphismus $T \to \overline{E}_2$ durch Multiplikation mit einer Uniformisierenden π von A induziert wird. Hieraus folgt, indem man zu $R_k(G)$ übergeht,

$$[T] - [\overline{E}_2] + [\overline{E}_1] - [T] = 0\,,$$

d. h. $[\overline{E}_1] = [\overline{E}_2]$, was die behauptete Unabhängigkeitseigenschaft beweist.

Nachdem diese Eigenschaft einmal bewiesen ist, ist klar, daß sich die Abbildung $E \to [\overline{E}_1]$ zu einem Homomorphismus

$$d\colon R_K(G) \to R_k(G)$$

fortsetzen läßt, der *Zerlegungshomomorphismus* heißt. Die entsprechende Matrix D (bezüglich der kanonischen Basen von $R_K(G)$ und $R_k(G)$) heißt die *Zerlegungsmatrix.* Sie gibt an, was die Jordan-Hölderschen Faktoren der Reduktion eines einfachen $K[G]$-Moduls sind.

2.3. *Definition von* s: $P_k(G) \to R_K(G)$

Der Funktor „Tensorprodukt mit K" definiert einen Homomorphismus von $P_A(G)$ in $R_K(G)$. Indem man ihn mit dem Inversen des kanonischen Isomorphismus $P_A(G) \to P_k(G)$ (vgl. 1.5) zusammensetzt, erhält man einen Homomorphismus

$$e\colon P_k(G) \to R_K(G)\,.$$

Seine Matrix soll mit E bezeichnet werden (in der Hoffnung, daß hierdurch nicht zu viel Verwirrung angerichtet wird ...).

2.4. *Erste Eigenschaften des Dreiecks cde*

a) Es ist *kommutativ*, d. h. $c = d \circ e$ oder auch $C = D \cdot E$. Das ist unmittelbar klar.

b) Die Homomorphismen d und e sind zueinander *adjungiert* bezüglich der Bilinearformen von 1.6. Mit anderen Worten:

$$\langle x, d(y)\rangle_k = \langle e(x), y\rangle_K, \qquad \text{wenn} \quad x \in P_k(G), \quad y \in R_K(G).$$

Beweis. Man kann annehmen, daß $x = [\bar{X}]$ ist, wo X ein projektiver $A[G]$-Modul ist, und daß $y = [Y \otimes K]$ ist, wo Y ein freier $A[G]$-Modul über A ist. Dann ist der A-Modul $\mathrm{Hom}^G(X, Y)$ frei über A; r sei sein Rang. Dann bestehen kanonische Isomorphismen:

$$\mathrm{Hom}^G(X, Y) \otimes K = \mathrm{Hom}^G(X \otimes K, Y \otimes K)$$

und

$$\mathrm{Hom}^G(X, Y) \otimes k = \mathrm{Hom}^G(X \otimes k, Y \otimes k).$$

Hieraus schließt man $\langle e(x), y\rangle = r = \langle x, d(y)\rangle$, q. e. d.

c) Angenommen, K sei *hinreichend groß*. In 1.6 haben wir gesehen, daß die kanonischen Basen von $P_k(G)$ (bzw. $R_K(G)$) und von $R_k(G)$ (bzw. von $R_K(G)$) bezüglich der Bilinearform $\langle a, b\rangle_k$ (bzw. der Form $\langle a, b\rangle_K$) *dual* zueinander sind. Hieraus folgt, daß *e mit dem Transponierten von d identifiziert* werden kann; es ist $E = {}^tD$. Da $C = D \cdot E = D \cdot {}^tD$ ist, erkennt man, daß C eine *symmetrische Matrix* ist.

2.5. *Ein trivialer Fall*

Trivial ist der Fall, daß *die Ordnung von G zu p prim ist*. In diesem Fall sind *c, d, e Isomorphismen*. Genauer: Die Restklassenabbildung definiert eine bijektive Abbildung von S_K auf S_k; identifiziert man diese beiden Mengen, so werden die Matrizen C, D, E *Einheitsmatrizen*.

Diese Tatsachen lassen sich leicht verifizieren, wenn man von folgendem Resultat ausgeht (das sich beispielsweise dadurch beweisen läßt, daß man die Operation der *Mittelbildung* auf G heranzieht): Jeder $k[G]$-Modul (bzw. jeder freie $A[G]$-Modul über A) ist *projektiv*.

2.6. *Der Fall der p-Gruppen*

Wir wollen annehmen, daß die Ordnung von G gleich einer Potenz p^n von p ist. In diesem Fall läßt sich leicht zeigen, daß $k[G]$ ein Stellenring mit dem Restklassenkörper k ist. Hieraus folgt, daß der (bis auf Isomorphie) einzige einfache $k[G]$-Modul k selbst ist, auf dem G trivial operiert; seine projektive Hülle ist $k[G]$, die reguläre Darstellung von G. Die Gruppen $R_k(G)$ und $P_k(G)$ fallen beide mit $\mathbf{Z}$ zusammen; der CARTANsche Homomorphismus

$$c\colon \mathbf{Z} \to \mathbf{Z}$$

ist die *Multiplikation mit* p^n. Der Homomorphismus $d\colon R_K(G) \to \mathbf{Z}$ entspricht der K-Dimension; der Homomorphismus $e\colon \mathbf{Z} \to R_K(G)$ bildet die kanonische Erzeugende von $\mathbf{Z}$ auf die Klasse der regulären Darstellung von G ab.

§ 3. Sätze

3.1. Eigenschaften des Dreiecks cde

Satz 1.

(1) *Der Homomorphismus c ist injektiv; sein Kokern hat eine Potenz von p als Ordnung.*

(2) *Der Homomorphismus e ist eine direkte Injektion.*

(3) *Der Kokern von d ist endlich und hat eine Potenz von p als Ordnung.*

(4) *Wenn K hinreichend groß ist, so ist d surjektiv.*

Die Aussagen (1) und (4) werden in 4.3 als Folgerung aus dem Satz von BRAUER über die induzierten Charaktere bewiesen werden. Die Aussage (3) folgt aus (1) und aus der Tatsache, daß $c = d \circ e$ ist. Wenn K hinreichend groß ist, fällt e mit dem Transponierten von d zusammen (vgl. 2.4), und die Tatsache, daß d surjektiv ist, zieht nach sich, daß e eine direkte Injektion ist. Im allgemeinen Fall sei K' eine hinreichend große Erweiterung von K und k' ihr Restklassenkörper. Wir betrachten das Diagramm:

$$\begin{array}{ccc} P_k(G) & \xrightarrow{e} & R_K(G) \\ \downarrow & & \downarrow \\ P_{k'}(G) & \xrightarrow{e'} & R_{K'}(G)\,. \end{array}$$

Nach dem, was wir eben gesehen haben, ist e' eine direkte Injektion. Im Hinblick auf 1.7 verhält es sich mit $P_k(G) \to P_{k'}(G)$ ebenso. Ihre Zusammensetzung ist also gleichfalls eine direkte Injektion; hieraus folgt dasselbe Ergebnis für e.

Gleichzeitig haben wir bewiesen:

Korollar 1. *Für jede endliche Erweiterung K' von K ist der Homomorphismus*

$$P_k(G) \to R_K(G) \to R_{K'}(G)$$

eine direkte Injektion.

Die Tatsache, daß c injektiv ist, ist gleichbedeutend mit:

Korollar 2. *Wenn zwei projektive Moduln über $k[G]$ dieselben* JORDAN-HÖLDER*schen Faktoren besitzen, sind sie isomorph.*

Ebenso ist die Tatsache, daß e injektiv ist, äquivalent zu:

Korollar 3. *Wenn zwei projektive Moduln über $A[G]$ isomorphe $K[G]$-Moduln (durch das Tensorprodukt mit K) definieren, sind sie isomorph.*

Bemerkungen.

1. Daß c injektiv ist, kann man daraus schließen, daß es e ist (also auch aus (4)). In der Tat gilt für $x \in P_k(G)$:

$$\langle x, c(x)\rangle = \langle x, d(e(x))\rangle = \langle e(x), e(x)\rangle .$$

Ist also $c(x) = 0$, so gilt $\langle e(x), e(x)\rangle = 0$; da die Form $\langle a, b\rangle_K$ positiv und nicht ausgeartet ist, zieht dies $e(x) = 0$ und damit $x = 0$ nach sich.

2. Auf gleiche Weise kann man aus der Positivität der quadratischen Form $\langle x, c(x)\rangle$ die folgenden Ergebnisse herleiten:

a) Die Determinante der CARTANschen Matrix C ist eine Potenz von p.

b) Wenn K hinreichend groß ist, ist C positiv definit.

3. C. CHEVALLEY hat mich darauf hingewiesen, daß man die Aussagen (3) und (4) von Satz 1 verschärfen kann: der Zerlegungshomomorphismus d ist für jedes K *surjektiv.* Der Beweis benutzt die in 12.4 von Teil I genannte Variante des Satzes von BRAUER; wir werden ihn in 4.6 geben.

3.2. Charakterisierung des Bildes von e

Wir erinnern zunächst daran, daß ein Element s von G *p-regulär* heißt, wenn seine Ordnung zu p prim ist; anderenfalls heißt es *p-singulär.* Wenn seine Ordnung eine Potenz von p ist, heißt es *p-unipotent.* Jedes $x \in G$ läßt sich in eindeutiger Weise in der Form

$$x = s \cdot u$$

mit p-regulärem s, p-unipotentem u und $s \cdot u = u \cdot s$ schreiben. Die Elemente s und u heißen p-reguläre und p-unipotente Komponente von x; das sind Potenzen von x.

Ordnet man andererseits jedem $K[G]$-Modul seinen *Charakter* zu, so erhält man eine *additive Modulfunktion.* Hieraus folgt durch lineare Fortsetzung eine Abbildung

$$K \otimes R_K(G) \to C(G, K);$$

wo $C(G, K)$ die Algebra der zentralen Funktionen auf G mit Werten in K bezeichnet. Es ist wohlbekannt, daß diese Abbildung eine *Injektion* ist; wenn K hinreichend groß ist, handelt es sich dabei um einen *Isomorphismus.*

Satz 2. *Das Bild von* $e: P_k(G) \to R_K(G)$ *wird von den Elementen von* $R_K(G)$ *gebildet, deren Charakter auf den p-singulären Elementen von G Null ist.*

Ebenso bekommt man ein etwas genaueres Resultat:

Satz 2': *K' sei eine endliche Erweiterung von K. Notwendig und hinreichend dafür, daß ein Element von $R_{K'}(G)$ dem Bild von $P_A(G) = P_k(G)$ angehört, ist, daß sein Charakter seine Werte in K hat und auf den p-singulären Elementen von G Null ist.*

Für den Beweis siehe 4.4.

3.3. *Charakterisierung der projektiven $A[G]$-Moduln durch ihren Charakter*

Es geht darum, das Bild von $P_k^+(G) = P_A^+(G)$ durch e zu charakterisieren. Hierzu liegen nur Teilergebnisse vor. Zunächst ist hier ein triviales, aber nützliches Ergebnis:

Aussage 1. *Es sei* $x \in P_A(G)$. *Wenn eine ganze Zahl* $n \geqq 1$ *mit* $n\,x \in P_A^+(G)$ *existiert, so ist* $x \in P_A^+(G)$.

Das ist klar: Wenn $r = \text{Card}\,(S_k)$ ist, fällt $P_A(G)$ mit $\mathbf{Z}^r$ und $P_A^+(G)$ mit $\mathbf{N}^r$ zusammen, vgl. 1.4 und 1.5.

Korollar. *Es sei K' eine endliche Erweiterung von K und A' der Ring der ganzen Elemente von K'. Es sei $x \in R_{K'}(G)$. Wir machen die folgenden beiden Annahmen:*

a) *Die Werte des Charakters von x liegen in K.*

b) *Es gibt eine ganze Zahl $n \geqq 1$ mit der Eigenschaft, daß $n\,x$ durch Erweiterung des Skalarenbereichs aus einem projektiven $A'[G]$-Modul hervorgeht.*

Dann rührt x von einem projektiven $A[G]$-Modul her, der bis auf Isomorphie bestimmt ist.

Es sei $N = [K':K] = [A':A]$. E' sei ein projektiver $A'[G]$-Modul, der das Bild $n\,x$ in $R_{K'}(G)$ besitzt, und E der $A[G]$-Modul, den man aus E' durch Einschränkung des Skalarenbereichs auf $A[G]$ erhält. Man verifiziert sogleich, daß der Charakter von $E \otimes K$ gleich dem $n\,N$-fachen desjenigen von x ist; die Klasse y von E in $P_A(G)$ hat also $n\,N \cdot x$ als Bild in $R_{K'}(G)$. Nach Satz 2 ist der Charakter von y auf den p-singulären Elementen von G Null; ebenso erhält es sich also mit demjenigen von x. Nach Satz 2' ist $x \in P_A(G)$; da wir eben gesehen haben, daß $N\,n \cdot x \in P_A^+(G)$ ist, zeigt Aussage 1, daß $x \in P_A^+(G)$ ist, q. e. d.

Bemerkung. Man hätte die Formeln

$$P_A^+(G) = P_{A'}^+(G) \cap P_A(G) = P_{A'}^+(G) \cap R_K(G)$$

benutzen können.

Man kann sich fragen, ob $P_A^+(G) = P_A(G) \cap R_K^+(G)$ gilt. Das ist im allgemeinen nicht der Fall (man nehme für G die alternierende Gruppe $\mathfrak{A}_5$ oder die Gruppe $SL(2, \boldsymbol{F}_p)$). Es gilt jedoch das folgende Kriterium:

Aussage 2. *Die Gruppe G möge der folgenden Bedingung genügen:*

(*) *Wenn K ein hinreichend großer lokaler Körper ist, so ist $d(R_K^+(G)) = R_k^+(G)$. Dann ist $P_A^+(G) = P_A(G) \cap R_K^+(G)$.*

Unter Benutzung des obigen Korollars sieht man, daß man nur die Formel $P_A^+(G) = P_A(G) \cap R_K^+(G)$ zu beweisen braucht, wenn K hinreichend groß ist. Es sei dann $x \in P_A(G) \cap R_K^+(G)$; da $x \in P_A(G)$ ist, kann man x in der Form

$$x = \sum_{E \in S_k} n_E\, e([P_E])$$

schreiben, vgl. 1.4. Es geht darum zu zeigen, daß die ganzen Zahlen n_E *positiv* sind. Im Hinblick auf die Bedingung (*) gibt es zu jedem $E \in S_k$ ein Element z_E von $R_K^+(G)$ mit $d(z_E) = [E]$. Da $x \in R_K^+(G)$ ist, gilt $\langle x, z_E \rangle \geqq 0$. Andererseits zeigt aber die Tatsache, daß d und e adjungiert sind, daß $\langle x, z_E \rangle = n_E$ gilt. Hieraus folgt $n_E \geqq 0$ für alle $E \in S_k$, q. e. d.

Bemerkung. Die Bedingung (*) ist äquivalent zu:

(**) *Wenn K hinreichend groß ist, so ist jeder einfache $k[G]$-Modul die Reduktion eines freien $A[G]$-Moduls über A.*

(Mit anderen Worten, jeder einfache $k[G]$-Modul läßt sich liften.)

Satz 3 (Fong-Swan). *Angenommen, G sei p-auflösbar, d. h., G besitze eine Kompositionsreihe, deren Faktoren entweder p-Gruppen oder Gruppen* *mit zu p primer Ordnung sind. Dann genügt G den oben ausgesprochenen Bedingungen* (*) *und* (**).

Für den Beweis siehe 4.5.

3.4. Anwendung auf die ARTINschen Darstellungen

E sei ein bezüglich einer diskreten Bewertung perfekter Körper und F/E eine endliche galoissche Erweiterung von E mit der Galoisschen Gruppe G; außerdem mögen F und E *denselben Restklassenkörper* besitzen. Wenn $s \in G$ ein Element $\neq 1$ und π eine Uniformisierende von F ist, wollen wir

$$i_G(s) = v_F(s(\pi) - \pi)$$

setzen, wo v_F die Bewertung von F bezeichnet.

Wir setzen

$$a_G(s) = -i_G(s), \qquad \text{wenn } s \neq 1,$$

$$a_G(1) = \sum_{s \neq 1} i_G(s).$$

Bekanntlich (vgl. z. B. [10], Kap. VI) ist a_G der Charakter einer Darstellung von G (über einem hinreichend großen Körper), die ARTIN*sche Darstellung* von G heißt.

Setzt man ferner

$$s\, w_G(s) = 1 - i_G(s) \quad \text{für} \quad s \neq 1,$$

$$s\, w_G(1) = \sum_{s \neq 1} \big(i_G(s) - 1\big),$$

so gelangt man zu einem Charakter von G, der gleich $a_G - u_G$ ist, wo u_G den Charakter der *Erweiterungs*darstellung von G (reguläre Darstellung — Einsdarstellung) bezeichnet. Die entsprechende Darstellung von G wird von GROTHENDIECK die SWAN*sche Darstellung* von G genannt. Sie ist dann und nur dann gleich 0, wenn F/E *zahm verzweigt* ist oder, was auf dasselbe hinausläuft, *wenn die Ordnung von G zur Restklassenkörpercharakteristik prim ist.*

Satz 4. *Es sei l eine von der Restklassenkörpercharakteristik von E verschiedene Primzahl. Dann gilt:*

(1) *Es gibt einen $\mathbf{Q}_l[G]$-Modul mit dem Charakter a_G.*

(2) *Es gibt einen projektiven $\mathbf{Z}_l[G]$-Modul $S\, w_G$, so daß $S\, w_G \otimes \mathbf{Q}_l$ den Charakter $s\, w_G = a_G - u_G$ besitzt.*

Diese Moduln sind bis auf Isomorphie eindeutig bestimmt.

Es genügt, (2) zu beweisen; (1) folgt hieraus, indem man zu $S\, w_G \otimes \boldsymbol{Q}_l$ die Erweiterungsdarstellung von G hinzufügt.

Hierzu wollen wir das Korollar zur Aussage 1 anwenden, indem wir für K den Körper $\boldsymbol{Q}_l$, für K' eine hinreichend große endliche Erweiterung von K und für n die Ordnung g von G nehmen. Bekanntlich existiert ein Element $x \in R_{K'}(G)$ mit dem Charakter $s\, w_G$. Die Bedingung (a) des Korollars ist offensichtlich erfüllt. Um (b) zu beweisen, führen wir die *Verzweigungsgruppen* G_i von G ein; es sei $g_i = \operatorname{Card}(G_i)$. Nach [10], S. 108, gilt

$$g \cdot a_G = \sum_{i \geqq 0} g_i \cdot u_i^* ,$$

wo u_i den Charakter der Erweiterungsdarstellung von G_i und u_i^* den durch u_i *induzierten* Charakter von G bezeichnet. Man bekommt also

$$g \cdot s\, w_G = \sum_{i \geqq 1} g_i \cdot u_i^* .$$

Aus der Theorie der Verzweigung geht aber hervor, daß die G_i mit $i \geqq 1$ zu l *prime Ordnung* besitzen. Hieraus folgt, daß jeder freie $A'[G_i]$-Modul über A' *projektiv* ist (vgl. 2.5); man kann also u_i durch einen projektiven $A'[G_i]$-Modul (und sogar einen projektiven $\boldsymbol{Z}_l[G_i]$-Modul, wenn man will) realisieren; der entsprechende induzierte $A'[G]$-Modul ist dann gleichfalls projektiv. Bildet man die direkte Summe dieser Moduln (jeder g_i-mal wiederholt), so erhält man einen projektiven $A'[G]$-Modul mit dem Charakter $g \cdot s\, w_G$. Es sind also alle Bedingungen des Korollars erfüllt, q. e. d.

B e m e r k u n g e n. Teil (1) des Satzes ist in [9] mittels einer merklich komplizierteren Methode bewiesen, die aber ein stärkeres Ergebnis zeitigt: die Algebra $\boldsymbol{Q}_l[G]$ ist Produkt von Matrizenalgebren über *kommutativen Körpern.*

Ebenso könnte man (2) aus (1) zusammen mit dem Satz von FONG-SWAN herleiten; das würde weniger einfach sein.

§ 4. Beweise

4.1. Relationen für die Untergruppen

H sei eine Untergruppe der Gruppe G. Durch Einschränkung des Skalarenbereichs definiert jeder $A[G]$-Modul (bzw. $K[G]$- bzw. $k[G]$-Modul) einen $A[H]$-Modul (bzw. usw.), der projektiv ist, wenn es der gegebene

Modul ist. Hieraus ergeben sich durch Übergang zu den GROTHENDIECK-Gruppen *Einschränkungshomomorphismen*

$$\text{Res}: R_K(G) \to R_K(H) ,$$

$$\text{Res}: R_k(G) \to R_k(H) ,$$

$$\text{Res}: P_k(G) \to P_k(H) .$$

Ist andererseits E ein $k[H]$-Modul, so wird durch das Tensorprodukt der *induzierte* $k[G]$-Modul $\text{Ind}\, E = k[G] \otimes E$ definiert (das Tensorproduk-über $k[H]$ genommen). Hieraus entspringt ein Homomorphismus

$$\text{Ind}: R_k(H) \to R_k(G) ,$$

und ebenso für R_K und P_k.

Die Homomorphismen Res und Ind *kommutieren* mit den Homomorphismen c, d, e von § 2.

4.2. Der Satz von BRAUER

Eine Gruppe H heißt *p-elementar*, wenn sie Produkt einer p-Gruppe und einer zyklischen Gruppe mit zu p primer Ordnung ist; H heißt *elementar*, wenn es für wenigstens eine Primzahl p p-elementar ist.

Satz 5 (BRAUER). *Wenn K hinreichend groß ist, so ist jedes Element x von $R_K(G)$ Summe von Elementen der Form* Ind (x_H), *wobei H elementare Untergruppe von G und $x_H \in R_K(H)$ ist.*

Für den Beweis siehe BRAUER-TATE [4] (dieser Beweis ist hier in Teil I, § 10, in CURTIS-REINER [5], Kap. VI, in der „Algebra" von LANG usw. wiedergegeben).

Korollar 1. *Wenn K hinreichend groß ist, so ist jeder einfache $K[G]$-Modul absolut-einfach.*

Das ist gleichbedeutend damit, daß die kanonische Injektion $R_K(G) \to R_{K'}(G)$ für jede Erweiterung K' von K surjektiv ist. Im Hinblick auf den Satz braucht man nur den Fall zu betrachten, daß G elementar ist. In diesem Falle zeigt aber eine leichte Überlegung, daß jeder einfache $K'[G]$-Modul von einem eindimensionalen Modul einer Untergruppe von G *induziert* wird, und es ist unmittelbar klar, daß sich ein solcher Modul „über K schreiben" läßt.

Korollar 2. *k sei ein hinreichend großer Körper mit der Charakteristik p. Dann ist jedes Element y von $R_k(G)$ (bzw. von $P_k(G)$) Summe* *von Elementen der Form* Ind (y_H) *mit einer elementaren Untergruppe* H *von* G *und* $y_H \in R_k(H)$ *(bzw.* $y_H \in P_k(H)$*).*

(Mit anderen Worten, der Satz von BRAUER gilt im Falle der Charakteristik p.)

Wir wollen Satz 5 auf den Körper K_m, der über Q_p von den m-ten Einheitswurzeln erzeugt wird, und auf das Einselement von $R_{K_m}(G)$ anwenden. Es ergibt sich

$$1 = \sum \operatorname{Ind}(x_H) \qquad \text{mit} \quad x_H \in R_{K_m}(H)\,.$$

k_m sei der Restklassenkörper von K_m; er läßt sich bekanntlich dadurch gewinnen, daß man zu F_p die m-ten Einheitswurzeln adjungiert. Wendet man auf die vorstehende Gleichung den Zerlegungshomomorphismus d an, so erhält man

$$1 = \sum \operatorname{Ind}(x'_H) \qquad \text{mit} \quad x'_H = d(x_H) \in R_{K_m}(H)\,.$$

Nach Voraussetzung ist $k_m \subset k$; man kann also die x'_H als Elemente von $R_k(H)$ ansehen, wobei die obige Gleichheit noch gültig bleibt. Durch Multiplikation mit y erhält man aus ihr:

$$y = \sum \operatorname{Ind}(x'_H) \cdot y\,.$$

Allgemein gilt aber

$$\operatorname{Ind}(x) \cdot y = \operatorname{Ind}\big(x \cdot \operatorname{Res}(y)\big)\,,$$

wie man unter Benutzung der Assoziativität des Tensorprodukts erkennt. Hieraus folgt

$$y = \sum \operatorname{Ind}\big(x'_H \cdot \operatorname{Res}(y)\big)\,,$$

q. e. d.

Bemerkung. Die oben benutzte Überlegung besitzt einen viel weiteren Anwendungsbereich, vgl. SWAN [12], §§ 3 und 4.

4.3. Beweis von Satz 1

a) Beweis von (4) für hinreichend großes K.

Es geht darum zu zeigen, daß $d\colon R_K(G) \to R_k(G)$ surjektiv ist. Nach dem Korollar 2 zu Satz 5 wird $R_k(G)$ von den Ind $\big(R_k(H)\big)$ mit elementarem H erzeugt. Da d und Ind miteinander kommutieren, braucht man also nur zu zeigen, daß $R_k(H) = d\big(R_K(H)\big)$ ist; *man hat also* mit anderen Worten *den Fall zu betrachten, daß* G *eine elementare Gruppe ist.* Dann kann man G in ein Produkt

$$G = S \times P$$

zerlegen, wo die Ordnung von S zu p prim und P eine p-Gruppe ist (ferner ist eine dieser beiden Gruppen zyklisch). Wie man leicht sieht, ist

$$R_k(G) = R_k(S) \otimes R_k(P);$$

es kommt also darauf hinaus zu zeigen, daß d für S und für P surjektiv ist. Diese beiden Fälle sind jedoch trivial: für S weiß man, daß d ein *Isomorphismus* ist (vgl. 2.5), und für P ist $R_k(P) = \mathbf{Z}$ und $d: R_K(P) \to \mathbf{Z}$ surjektiv, vgl. 2.6.

b) Beweis von (1) für hinreichend großes K.

Es geht darum zu zeigen, daß der CARTANsche Homomorphismus

$$c: P_k(G) \to R_k(G)$$

injektiv und daß sein Cokern eine p-Gruppe ist. In der Tat gilt, wenn p^n die größte Potenz von p ist, die die Ordnung von G teilt,

$$p^n \cdot R_k(G) \subset \operatorname{Im}(c).$$

Man kann nämlich annehmen, daß G *elementar* (auf Grund von Kor. 2 zu Satz 5), also x wie oben in ein Produkt $S \times P$ zerlegbar ist. Dann ist $R_k(G) = R_k(S) \otimes R_k(P)$ und ebenso für P_k; man wird also darauf geführt, S und P getrennt zu behandeln. Im ersten Fall ist c ein Isomorphismus (vgl. 2.5), und im zweiten ist sein Bild gleich $p^n \cdot R_k(P) = p^n\, \mathbf{Z}$, vgl. 2.6.

c) Beweis von (1) im allgemeinen Fall.

Es sei k' eine hinreichend große endliche Erweiterung von k. Wir betrachten das folgende kommutative Diagramm, das zu der Erweiterung des Skalarenbereichs von k auf k' x gehört:

$$\begin{array}{ccc} P_k(G) & \xrightarrow{c} & R_k(G) \\ \downarrow & & \downarrow \\ P_{k'}(G) & \xrightarrow{c'} & R_{k'}(G)\,. \end{array}$$

Nach 1.7 sind die vertikalen Pfeile direkte Injektionen; ferner ist c', wie wir eben gesehen haben, injektiv; hieraus folgt sogleich, daß c injektiv ist, und damit, daß Coker (c) in Coker (c') eingebettet wird (benutzt wird hierbei die Tatsache, daß $P_k(G)$ und $R_k(G)$ denselben Rang haben). Da Coker (c') durch p^n annulliert wird, verhält es sich mit Coker (c) ebenso, q. e. d.

4.4. Beweis der Sätze 2 und 2'

Man braucht nur den Satz 2' zu beweisen. Ferner kann man annehmen, daß K' *hinreichend groß* ist.

I — Notwendigkeit

E sei ein projektiver $A'[G]$-Modul und χ der Charakter von $E \otimes K'$. Wenn $s \in G$ ein p-singuläres Element ist, *hat man zu zeigen*, daß $\chi(s) = 0$ ist. Indem man G nötigenfalls durch die von s erzeugte zyklische Untergruppe ersetzt, kann man voraussetzen, daß G *zyklisch* ist, also die Form $S \times P$ hat, wo S zu p prime Ordnung besitzt und wo P eine p-Gruppe ist; es ist $s \notin S$. Aus dem oben Gesagten folgt, daß E die Form $E_1 \otimes A'[P]$ hat, wo E_1 ein projektiver $A'[S]$-Modul ist. Der Charakter von $E \otimes K'$ ist also gleich $\psi \otimes r_P$, wo ψ ein Charakter von S und r_P der Charakter der regulären Darstellung von P ist. Ein solcher Charakter ist aber offensichtlich außerhalb von S Null, woraus $\chi(s) = 0$ folgt.

II — Hinlänglichkeit (erster Teil)

Es sei $y \in R_{K'}(G)$, χ der entsprechende Charakter, und es möge $\chi(s) = 0$ für jedes p-singuläre Element s von G gelten. Wir wollen zeigen, daß *y zu $P_{A'}(G)$ gehört* (diese Gruppe werde vermöge der Abbildung e mit einer Untergruppe von $R_{K'}(G)$ identifiziert).

Nach Satz 5 ist

$$1 = \sum \operatorname{Ind}(x_H) \qquad \text{mit} \quad x_H \in R_{K'}(G)\,,$$

wo H die Menge der elementaren Untergruppen von G durchläuft. Durch Multiplikation mit y erhält man

$$y = \sum \operatorname{Ind}(y_H) \qquad \text{mit} \quad y_H = x_H \cdot \operatorname{Res}_H(y) \in R_{K'}(H)\,.$$

Der Charakter von y_H ist auf den p-singulären Elementen von H Null. Wenn man weiß, daß y_H zu $P_{A'}(H)$ gehört, so folgt, daß y zu $P_{A'}(G)$ gehört; wir werden mit anderen Worten darauf geführt, unsere Behauptung für den Fall zu beweisen, *daß G elementar ist.*

Machen wir also diese Annahme und zerlegen G wie oben in $S \times P$! Dann ist $R_{K'}(G) = R_{K'}(S) \otimes R_{K'}(P)$. Auf Grund der Tatsache, daß χ außerhalb von S Null ist, kann man χ in der Form $f \otimes r_P$ schreiben, wo f eine zentrale Funktion auf S und r_P der Charakter der regulären Darstellung von P ist. Wenn ϱ ein Charakter von S ist, so gilt

$$\langle f \otimes r_P, \varrho \otimes 1 \rangle = \langle f, \varrho \rangle \langle r_P, 1 \rangle = \langle f, \varrho \rangle\,.$$

Da die linke Seite gleich $\langle \chi, \varrho \otimes 1 \rangle$ ist, ist dies eine ganze Zahl; es ist also für jedes ϱ $\langle f, \varrho \rangle \in \mathbf{Z}$, womit bewiesen ist, daß f ein Charakter von S ist. Man kann also y in der Form

$$y = y_S \otimes y_P$$

schreiben mit $y_S \in R_{K'}(S)$, wo y_P die Klasse der regulären Darstellung von P ist. Da $y_S \in P_{A'}(S)$ und $y_P \in P_{A'}(P)$ gilt, ist damit gerade $y \in P_{A'}(G)$.

III — Hinlänglichkeit (zweiter Teil)

Wir behalten die Bezeichnungen von II bei und wollen überdies annehmen, *die Werte* des Charakters χ von y liegen *in* K. Wir haben zu beweisen, daß y *zu* $P_A(G)$ *gehört*. Nach II ist jedenfalls bekannt, daß $y \in P_{A'}(G)$ gilt.

r sei der Grad der Erweiterung K'/K. Durch Einschränkung des Skalarenbereichs definiert jeder $A'[G]$-Modul einen $A[G]$-Modul, der projektiv ist, wenn es der erstere war. Hieraus leitet man einen Einschränkungshomomorphismus

$$\pi \colon P_{A'}(G) \to P_A(G) .$$

her. Wir setzen $z = \pi(y)$. *Dann ist* $z = r \cdot y$. In der Tat braucht man diese Gleichheit nur in $R_{K'}(G)$ zu beweisen, und hierzu reicht es aus zu zeigen, daß der zu z gehörige Charakter χ_z gleich $r \cdot \chi$ ist. Nun ist offensichtlich

$$\chi_z = Tr_{K'/K}(\chi) ,$$

und da die Werte von χ in K liegen, ergibt dies gerade $\chi_z = r \cdot \chi$. Es ist also $y \in P_{A'}(G)$ und $r \cdot y \in P_A(G)$. Nun stellt aber die Inklusion

$$P_A(G) \to P_{A'}(G)$$

eine *direkte* Injektion dar, vgl. 1.7. Da $r \cdot y$ in $P_{A'}(G)$ durch r teilbar ist, verhält es sich also in $P_A(G)$ ebenso, was $y \in P_A(G)$ bedeutet. Damit ist der Beweis erbracht.

4.5. Beweis des Satzes von FONG-SWAN

Wir wollen sagen, eine Gruppe G sei p-auflösbar von der Höhe h, wenn G sich durch sukzessive Erweiterung von h Gruppen ergibt, deren Ordnung entweder zu p prim oder eine Potenz von p ist. Wir wollen zeigen, daß jeder einfache $k[G]$-Modul für hinreichend großes K Reduktion eines freien $A[G]$-Moduls über A ist. Wir führen den Beweis durch Induktion nach h (der Fall $h = 0$ ist trivial) und für die Gruppen der Höhe h durch Induktion nach der Gruppen*ordnung*.

Es sei I ein *Normalteiler von* G, dessen Ordnung zu p prim oder eine Potenz von p ist, und G/I habe die Höhe $h - 1$. E sei ein einfacher (also absolut-einfacher) $k[G]$-Modul. Wenn I eine p-Gruppe ist, so ist der Unterraum E^I der gegenüber I invarianten Elemente von E ungleich 0, also gleich E; E ist also ein einfacher $k[G/I]$-Modul. Auf Grund der Induktionsannahme kann man ihn zu einem freien $A[G/I]$-Modul über A liften, woraus in diesem Falle die Behauptung folgt.

Nehmen wir also an, I habe eine *zu* p *prime Ordnung*. Wir zerlegen E in eine direkte Summe isotyper $k[I]$-Moduln (d. h. von Summen isomorpher einfacher Moduln):

$$E = \sum E_\alpha ,$$

wo E_α ein isotyper $k[I]$-Modul vom Typ $\bar{S}_\alpha$ ist.

Die Gruppe G permutiert die E_α; da E einfach ist, permutiert sie die von Null verschiedenen transitiv. Eine davon sei E_α und G_α sei die aus den $s \in G$ mit $s(E_\alpha) = E_\alpha$ gebildete Untergruppe. Dann ist E_α ein $k[G_\alpha]$-Modul, und es ist klar, daß E der entsprechende induzierte Modul ist. Ist $E_\alpha \neq E$, so gilt $G_\alpha \neq G$, und die Induktionsannahme, auf G_α angewendet, zeigt, daß E_α geliftet werden kann; ebenso verhält es sich dann also mit E.

Wir können also voraussetzen, daß *E ein isotyper $k[I]$-Modul vom Typ $\bar{S}$ ist,* wo $\bar{S}$ ein einfacher $k[I]$-Modul ist. Da I zu p prime Ordnung besitzt, kann man $\bar{S}$ auf im wesentlichen eindeutige Weise zu einem freien $A[I]$-Modul S über A liften, und es ist klar, daß $S \otimes K$ absolut einfach ist. Im Hinblick auf ein klassisches Resultat (vgl. z. B. [5], S. 236) folgt hieraus, daß $\dim S$ die Ordnung von I teilt; insbesondere ist $\dim S$ *zu* p *prim*.

Es sei jetzt $s \in G$, und i_s bezeichne den Automorphismus $x \to s\,x\,s^{-1}$ von I. Aus der Tatsache, daß E isotyp vom Typ $\bar{S}$ ist, folgt, daß $\bar{S}$ (also auch S) zu seinem Bild bei i_s isomorph ist. Das läßt sich folgendermaßen ausdrücken:

Es sei $\varrho\colon I \to \operatorname{Aut}(S)$ der Homomorphismus, der die I-Modulstruktur von S definiert, und U_s die Menge der $t \in \operatorname{Aut}(S)$ mit

$$t\,\varrho(x)\,t^{-1} = \varrho(s\,x\,s^{-1}) \qquad \text{für alle} \quad x \in I .$$

Dann ist $U_s \neq \emptyset$.

Es sei G_1 die aus den Paaren (s, t) mit $s \in G$, $t \in U_s$ bestehende Gruppe. Indem man (s, t) das Element s zuordnet, erhält man einen surjektiven Homomorphismus $G_1 \to G$; sein Kern ist U_1, das nichts anderes als die *multiplikative Gruppe* A^* von A ist. Die Gruppe G_1 ist also eine *zentrale Erweiterung* von G durch A^*; sie operiert auf S vermöge des Homomorphismus $(s, t) \mapsto t$.

Wir wollen jetzt G_1 durch eine *endliche* Gruppe ersetzen. Es sei $d = \dim S$. Wenn $s \in G$ ist, bilden die Elemente $\det(t)$ mit $t \in U_s$ eine Restklasse von A^* modulo A^{*d}. Indem man nötigenfalls K erweitert (was erlaubt ist, da hierbei $R_K(G)$ invariant bleibt), kann man annehmen, daß diese Klassen diejenigen des neutralen Elements sind, mit anderen Worten, daß jedes U_s ein Element *mit der Determinante* 1 enthält. Nunmehr sei C die aus den $\det(\varrho(x))$ mit $x \in I$ gebildete Untergruppe von A^* und G_2 die Untergruppe von G_1, die aus den (s, t) mit $t \in U_s$ und $\det(t) \in C$ gebildet wird. Die Gruppe G_2 wird *auf* G abgebildet; der Kern N von $G_2 \to G$ ist zu der Untergruppe von A^* isomorph, die aus den a mit $a^d \in C$ besteht. Da d und $\mathrm{Card}(C)$ zu p prim sind, schließt man hieraus, daß *N eine zyklische Gruppe mit zu p primer Ordnung ist.*

Wir bezeichnen mit $\varrho_2\colon G_2 \to \mathrm{Aut}(S)$ die Darstellung $(s, t) \mapsto t$ von G_2. Identifiziert man I mittels $x \mapsto (x, \varrho(x))$ mit einer Untergruppe von G_2, so sieht man, daß die Einschränkung von ϱ_2 auf I gleich ϱ ist. Man hat also ϱ zwar nicht auf G selbst, aber wenigstens auf eine *zentrale Erweiterung* von G *fortgesetzt* (man bekommt eine „projektive" Darstellung von G im Sinne von SCHUR). Man beachte, daß I Normalteiler von G_2 und daß $I \cap N = \{1\}$ ist.

Wir kehren jetzt zu dem ursprünglich gegebenen $k[G]$-Modul E zurück. Es sei $F = \mathrm{Hom}^I(\bar{S}, E)$ und $u\colon \bar{S} \otimes F \to E$ der Homomorphismus, der $a \otimes b$ ($a \in \bar{S}$, $b \in F$) das Element $b(a)$ von E zuordnet. Aus der Tatsache, daß E isotyp vom Typ $\bar{S}$ ist, schließt man leicht, daß u ein *Isomorphismus* von $\bar{S} \otimes F$ auf E ist.

Die Gruppe G_2 operiert auf $\bar{S}$ durch die Reduktion von ϱ_2; sie operiert auch auf E gemäß $G_2 \to G$; sie operiert demnach auf F. Der Isomorphismus

$$u\colon \bar{S} \otimes F \to E$$

ist mit der Wirkung von G_2 verträglich. Man kann also E, als $k[G_2]$-Modul betrachtet, mit dem Tensorprodukt der $k[G_2]$-Moduln $\bar{S}$ und F identifizieren. Um E zu liften, braucht man also nur $\bar{S}$ und F zu liften und das Tensorprodukt dieser Anhebungen zu nehmen. Auf diese Weise erhält man einen freien $A[G_2]$-Modul $\tilde{E}$ über A. Da N zu p prime Ordnung besitzt und auf der Reduktion E von $\tilde{E}$ trivial operiert, folgt, daß N auf $\tilde{E}$ trivial operiert (vgl. 2.5) und daß $\tilde{E}$ als ein $A[G]$-Modul betrachtet werden kann; man hat also gerade E geliftet.

Es läuft also alles darauf hinaus zu zeigen, daß F geliftet wird (der Fall von $\bar{S}$ ist ja schon erledigt). Nun ist F ein *einfacher* $k[G_2]$-Modul (da E ein solcher ist), auf dem I nach Konstruktion *trivial* operiert. Man kann ihn also *als einen einfachen* $k[H]$-*Modul* mit $H = G_2/I$ ansehen.

Die Gruppe H ist zentrale Erweiterung von G/I (die p-auflösbar von der Höhe $\leqq h - 1$ ist) durch die Gruppe N, die zyklisch mit zu p primer Ordnung ist. Im Falle $h = 1$ ist $H = N$, und das Liften von F ist unmittelbar klar (vgl. 2.5). Ist $h \geqq 2$, so enthält die Gruppe H/N einen Normalteiler M/N, der den folgenden beiden Bedingungen genügt:

a) $H/M = (H/N)/(M/N)$ hat die Höhe $\leqq h - 2$.

b) M/N ist entweder eine p-Gruppe oder eine Gruppe mit zu p primer Ordnung.

Wenn M/N eine p-Gruppe ist, läßt sich M, da die Ordnung von N zu p prim ist, als Produkt $N \times P$ schreiben, wo P eine p-Gruppe ist. Dieselbe Überlegung wie zu Beginn des Beweises zeigt, daß P auf F trivial operiert; man kann F als einen $k[H/P]$-Modul ansehen. Es ist aber klar, daß die Höhe von $H/P \leqq h - 1$ ist; auf Grund der Induktionsvoraussetzung kann man also F liften. Schließlich bleibt noch der Fall zu erledigen, daß M/N zu p prime Ordnung besitzt. In diesem Fall ist die Ordnung von M prim zu p, und da H/M eine Höhe $\leqq h - 2$ hat, ist die Höhe von H $\leqq h - 1$, und die Induktionsvoraussetzung läßt sich immer noch anwenden. Damit ist der Beweis erbracht.

4.6. Surjektivität des Zerlegungshomomorphismus (allgemeiner Fall)

Es handelt sich darum (nach CHEVALLEY), die Surjektivität von

$$d\colon R_K(G) \to R_k(G)$$

zu beweisen, *ohne vorauszusetzen, daß K genügend groß ist.* Zunächst gilt

Lemma 1. *Jedes Element von* $R_k(G)$ *ist Summe von Elementen der Form* Ind (y_H) *mit einer* Γ_K*-elementaren Untergruppe* H *von* G (vgl. Kap. II, 12.4) *und* $y_H \in R_k(H)$.

Der Beweis ist derselbe wie der von Korr. 2 zu Satz 5 (vgl. 4.2), abgesehen davon, daß der Satz von BRAUER durch die in 12.4 von Teil I angegebene Variante ersetzt wird.

Damit wird man auf den Fall geführt, daß G Γ_K-elementar ist, also die folgende Eigenschaft besitzt:

(*) — *G ist semidirektes Produkt eines zyklischen Normalteilers C mit einer l-Gruppe P* (l ist eine Primzahl, die nicht Teiler der Ordnung von C ist).

Daß d surjektiv ist, ergibt sich dann aus der folgenden genaueren Aussage:

Lemma 2. *Jeder einfache $k[G]$-Modul V läßt sich liften* (d. h., ist Reduktion eines freien $A[G]$-Moduls auf A).

Der Beweis ist analog dem des Satzes von FONG-SWAN (aber einfacher). Der Fall, daß die in (*) eingehende Primzahl l von p verschieden ist, ist leicht: G besitzt dann eine ausgezeichnete p-SYLOW-Gruppe C_p (die p-primäre Komponente von C), und C_p operiert auf V trivial. Man kann V also als einen $k[G/C_p]$-Modul ansehen und kann ihn, da G/C_p zu p prime Ordnung besitzt, liften.

Es bleibt der Fall $l = p$. Man führt Induktion nach der Ordnung von G durch. Mit dem gleichen Argument wie beim Beweis des Satzes von FONG-SWAN kann man sich auf den Fall beschränken, daß V ein *isotyper* $k[C]$-Modul ist; man kann ferner annehmen, daß die zu V gehörige Darstellung

$$\varrho\colon F \to \mathrm{Aut}_k(V)$$

treu ist. Das Bild von $k[C]$ in $\mathrm{End}_k(V)$ ist dann ein Körper k', und V ist mit einer k'-*Vektorraum*struktur versehen; die Gruppe C läßt sich in k'^* einbetten und operiert auf V durch die entsprechenden Multiplikationen.

Wir wählen jetzt ein gegenüber P invariantes Element $v \neq 0$ von V; das ist möglich, da P eine p-Gruppe ist. Ist $c \in C$, $u \in P$, so gilt

$$\varrho(u)\,(c \cdot v) = \varrho(u\,c\,u^{-1})\,\varrho(u) \cdot v = \varrho(u\,c\,u^{-1}) \cdot v = {}^{u}c \cdot v$$

mit ${}^{u}c = u\,c\,u^{-1} \in C$. Hieraus schließt man, daß der durch die $c \cdot v$ mit $c \in C$ erzeugte Unterraum $k'\,v$ von V gegenüber C und P stabil ist und also gleich V ist; somit ist $\dim_{k'}(V) = 1$. Es existiert also für alle $g \in G$ ein einziger k-Endomorphismus σ_g von k' mit

$$\big(\sigma_g(a)\big) \cdot v = \varrho(g)\,(a \cdot v) \quad \text{für alle} \quad a \in k'\,.$$

Für $c \in C$ und $u \in P$ gilt ferner $\sigma_u(c) = {}^u c$, woraus insbesondere

$$\sigma_u(c\,c') = \sigma_u(c)\,\sigma_u(c') \quad \text{für} \quad c, c' \in C$$

folgt. Da k' von den Elementen c erzeugt wird, schließt man hieraus, daß die σ_u *Automorphismen* der Erweiterung k'/k sind. Man verifiziert sogleich, daß $u \mapsto \sigma_u$ ein Homomorphismus $\sigma \cdot P \to \mathrm{Gal}\,(k'/k)$ ist. Der Modul V ist also zu k' isomorph, auf dem C durch Multiplikationen operiert, und P operiert durch Vermittlung von σ. Ein solcher Modul läßt sich unmittelbar *liften*: in der Tat sei K' die der Restklassenkörpererweiterung k'/k (die offensichtlich galoissch ist) entsprechende unverzweigte Erweiterung von K und A' der Ring der ganzen Zahlen von K'. Mittels des kanonischen Isomorphismus

$$\mathrm{Gal}\,(K'/K) \to \mathrm{Gal}\,(k'/k)$$

kann man P auf K' und A' (unter Vermittlung von σ) operieren lassen. Andererseits liftet sich C (mittels multiplikativer Repräsentanten) in eine Untergruppe von A'^*, die man auf A' durch Multiplikationen operieren lassen kann. Man verifiziert unmittelbar, daß sich die Wirkungen von C und von P auf A' in einen Homomorphismus $\tilde{\varrho}\colon G \to \mathrm{Aut}_A(A')$ fortsetzen, woraus die gesuchte Anhebung folgt.

Anhang

Modulare Charaktere

Die eben dargelegten Resultate gehen in der Hauptsache auf Brauer zurück, der sie in einer etwas anderen Sprache ausgesprochen hat, derjenigen der *modularen Charaktere*. Wir wollen rasch angeben, was es mit diesen Charakteren auf sich hat.

Der Einfachheit halber wollen wir K als hinreichend groß voraussetzen. E sei ein $k[G]$-Modul und G_{reg} die Menge der p-regulären Elemente von G. Wenn $s \in G_{\mathrm{reg}}$ ist, so ist der durch s definierte Endomorphismus s_E von E *diagonalisierbar*. Ist h die Ordnung von s, so sind die Eigenwerte $(\lambda_i)_{i \in I}$ von s_E h-te Einheitswurzeln. Zu jedem $i \in I$ gibt es eine eindeutig bestimmte h-te Einheitswurzel λ_i^* von A, die λ_i als Reduktion besitzt. Wir setzen

$$\varphi_E(s) = \sum_{i \in I} \lambda_i^* \,.$$

Die Funktion φ_E ist eine *zentrale Funktion* auf G_{reg} *mit Werten in* K (und sogar in A); sie heißt *modularer Charakter* von E. (Eine analoge Definition könnte man für jede *lineare algebraische Gruppe* G geben: der modulare Charakter einer linearen Darstellung von G ist eine zentrale Funktion auf der Menge der *halbeinfachen* Elemente von G; sie wird mittels *multiplikativer Repräsentanten* der Eigenwerte von s_E definiert.)

(E_α) seien die verschiedenen einfachen $k[G]$-Moduln (bis auf Isomorphie); φ_α sei der modulare Charakter von E_α.

Satz (Brauer [1]). *Die* φ_α *bilden eine Basis des Raumes der zentralen Funktionen auf* G_{reg}.

(Mit anderen Worten, die Abbildung $[E] \mapsto \varphi_E$ läßt sich linear zu einem *Isomorphismus* von $K \otimes R_k(G)$ auf die Algebra der zentralen Funktionen auf G_{reg} mit Werten in K fortsetzen.)

Korollar. *Die Anzahl der Klassen einfacher* $k[G]$-*Moduln ist gleich der Anzahl der* p-*regulären Klassen von* G.

Beweis des Satzes.

a) Zunächst sind die φ_α über K *linear unabhängig*. Angenommen nämlich, es bestehe eine Relation $\sum a_\alpha \varphi_\alpha = 0$ mit $a_\alpha \in K$, in der die a_α nicht sämtlich Null sind. Indem man die a_α nötigenfalls mit einem Element von K multipliziert, kann man annehmen, daß sie A angehören und daß eines von ihnen nicht zu $\mathfrak{m}$ gehört. Durch Reduktion mod. $\mathfrak{m}$ erhält man

$$\sum \bar{a}_\alpha \bar{\varphi}_\alpha(s) = 0 \qquad \text{für alle} \qquad s \in G_{\text{reg}},$$

wobei der Strich die Restklassenbildung mod. $\mathfrak{m}$ bezeichnet. Offensichtlich ist aber

$$\bar{\varphi}_\alpha(s) = Tr_\alpha(s)$$

die Spur von s im $k[G]$-Modul E_α. Ferner sieht man sogleich, daß $Tr_\alpha(x) = Tr_\alpha(s)$ ist, wenn $x \in G$ s als p-reguläre Komponente besitzt. Die obige Formel läßt sich also umschreiben zu

$$\sum \bar{a}_\alpha Tr_\alpha(x) = 0 \qquad \text{für alle} \qquad x \in G,$$

also auch für alle $x \in k[G]$. Nun ist bekanntlich (Dichtigkeitssatz) der Homomorphismus

$$k[G] \to \prod \operatorname{End}(E_\alpha)$$

surjektiv. α sei so gewählt, daß $a_\alpha \neq 0$ ist, ferner sei $u \in \operatorname{End}(E_\alpha)$ ein Element der Spur 1 (beispielsweise ein Projektor auf eine Gerade) und x ein Element von $k[G]$, das als Bild u in $\operatorname{End}(E_\alpha)$ und 0 in $\operatorname{End}(E_\beta)$ für $\beta \neq 0$ besitzt. Dann ergibt sich der Widerspruch $\bar{a}_\alpha \cdot 1 = 0$.

(Dieser Teil des Beweises ist gleichermaßen auf die *algebraischen Gruppen* anwendbar.)

b) Es ist zu zeigen, daß die φ_α den Raum der zentralen Funktionen auf G_{reg} *erzeugen*. Das könnte man aus den Sätzen 1 und 2 schließen. Einfacher ist es, direkt ein Element $E \in K \otimes R_k(G)$ zu konstruieren, dessen modularer Charakter φ_E in einem gegebenen Element $s \in G_{\text{reg}}$ nicht verschwindet und für die nicht zu s konjugierten Elemente von G_{reg} Null ist: man bildet dazu die von s erzeugte zyklische Untergruppe S, nimmt ein Element F von $K \otimes R_k(S) = K \otimes R_K(S)$, dessen Charakter in s gleich 1 und außerhalb s gleich 0 ist, und wählt als E das induzierte Element $E = \operatorname{Ind}(F)$. Es ist unmittelbar klar, daß es das Gewünschte leistet.

Die Matrizen C, D, E von § 2 lassen sich in der Sprache der modularen Charaktere folgendermaßen deuten:

χ_i seien die verschiedenen irreduziblen Charaktere von G, φ_α die oben definierten irreduziblen modularen Charaktere und Φ_α die (gewöhnlichen) Charaktere der projektiven Hüllen der E_α über $A[G]$. Die χ_i sind auf G definiert, die Φ_α gleichfalls (sind aber außerhalb von G_{reg} Null, vgl. Satz 2), und die φ_α sind nur auf G_{reg} definiert. Dann gilt:

$$\Phi_\beta(s) = \sum c_{\alpha\beta}\, \varphi_\alpha(s) \quad \text{für alle} \quad a \in G_{\text{reg}}\,,$$

$$\chi_i(s) = \sum d_{\alpha i}\, \varphi_\alpha(s) \quad \text{für alle} \quad s \in G_{\text{reg}}\,,$$

$$\Phi_\beta(s) = \sum d_{\beta i}\, \chi_i(s) \quad \text{für alle} \quad s \in G\,.$$

(Die hier verwendete Matrizenschreibweise ist zu der von Brauer *transponiert.*)

Das Dreieck *cde* geht nach Tensorproduktbildung mit K über in:

Zentr. Funkt. auf G, die
außerhalb G_{reg} verschwinden $\xrightarrow{c \otimes K}$ Zentrale Funkt. auf G_{reg}
$e \otimes K \searrow$ $\nearrow d \otimes K$
Zentr. Funkt. auf G

dabei sind die Abbildungen $c \otimes K$, $d \otimes K$, $e \otimes K$ die evidenten Abbildungen (Einschränkung, Einschränkung, Inklusion). Man beachte, daß $c \otimes K$ in Einklang mit Satz 1 ein *Isomorphismus* ist.

Nachtrag

Einige Definitionen

ARTINsche *Ringe*

Ein Ring A heißt artinsch, wenn er den folgenden äquivalenten Bedingungen genügt (vgl. BOURBAKI, Alg., Chap. VIII, § 2):

a) Jede absteigende Kette von Linksidealen von A bricht ab.

b) Der A-Linksmodul A ist von endlicher Länge.

c) Jeder endlich-erzeugbare A-Linksmodul ist von endlicher Länge.

Wenn A artinsch ist, so ist das Radikal $\mathfrak{r}$ von A nilpotent, und der Ring $S = A/\mathfrak{r}$ ist halbeinfach. Man kann S in ein Produkt $S = \Pi S_i$ einfacher Ringe zerlegen; jedes S_i ist zu einem Matrizenring $M_{n_i}(D_i)$ über einem Körper D_i isomorph und besitzt (bis auf Isomorphie) einen und nur einen einfachen Modul E_i. Jeder halbeinfache A-Modul wird durch $\mathfrak{r}$ annulliert, entspricht also einem S-Modul; wenn er einfach ist, so ist er zu einem der E_i isomorph.

Beispiel. Jede Algebra endlichen Ranges über einem Körper k ist ein artinscher Ring; das gilt insbesondere für die Gruppenalgebra $k[G]$ einer endlichen Gruppe G.

GROTHENDIECK-Gruppen

Es sei A ein Ring und $\mathfrak{F}$ eine Familie von A-Linksmoduln. GROTHENDIECK-Gruppe von $\mathfrak{F}$ (bezeichnet mit $K(\mathfrak{F})$) heißt die abelsche Gruppe, die folgendermaßen durch Erzeugende und Relationen definiert wird:

Erzeugende — Jedem $E \in \mathfrak{F}$ wird eine Erzeugende $[E]$ zugeordnet.

Relationen — Jeder exakten Sequenz

$$0 \to E' \to E \to E'' \to 0 \quad \text{mit} \quad E, E', E'' \in \mathfrak{F}$$

wird die Relation

$$[E] = [E'] + [E'']$$

zugeordnet.

Ist H eine abelsche Gruppe, so entsprechen die Homomorphismen $f: K(\mathfrak{F}) \to H$ eineindeutig den Abbildungen $\varphi: \mathfrak{F} \to H$, die „additiv" sind, d. h. für jede exakte Sequenz des obigen Typs der Bedingung $\varphi(E) = \varphi(E') + \varphi(E'')$ genügen.

Die beiden meistgebrauchten Beispiele sind die, daß man für $\mathfrak{F}$ alle endlich-erzeugbaren A-Moduln oder alle endlich-erzeugbaren projektiven A-Moduln nimmt.

Projektive Moduln

Es sei A ein Ring und P ein A-Linksmodul. Dann heißt P projektiv, wenn er die folgenden äquivalenten Bedingungen erfüllt (vgl. BOURBAKI, Alg., Kap. II, 3. Aufl., § 2):

a) Es gibt einen freien A-Modul, von dem P direkter Faktor ist.

b) Zu jedem surjektiven Homomorphismus $f: E \to E'$ von A-Linksmoduln und jedem Homomorphismus $g': P \to E'$ gibt es einen Homomorphismus $g: P \to E$ mit $g' = f \circ g$.

c) Der Funktor $E \mapsto \mathrm{Hom}_A(P, E)$ ist exakt.

Dafür, daß ein Linksideal $\mathfrak{a}$ von A direkter Faktor von A als Modul ist, ist notwendig und hinreichend, daß ein $e \in A$ mit $e^2 = e$ und $\mathfrak{a} = A\,e$ existiert; ein solches Ideal ist ein projektiver A-Modul.

Diskrete Bewertungen

Es sei K ein Körper und K^* die multiplikative Gruppe der von Null verschiedenen Elemente von K. Diskrete Bewertung von K (vgl. z. B. [10]) heißt jeder surjektive Homomorphismus $v: K^* \to \mathbf{Z}$ mit $v(x + y) \geqq \mathrm{Inf}\,(v(x), v(y))$.

v läßt sich auf K fortsetzen, indem man $v(0) = +\infty$ setzt.

Die Menge A der Elemente $x \in K$ mit $v(x) \geqq 0$ ist ein Unterring von K, der Bewertungsring von v heißt. Er besitzt als einziges maximales Ideal die Menge $\mathfrak{m}$ der $x \in K$ mit $v(x) > 0$. Der Körper $k = A/\mathfrak{m}$ heißt der Restklassenkörper von A (oder von v).

Literaturverzeichnis

Teil I

Die Darstellungstheorie endlicher Gruppen wird in zahlreichen Werken behandelt. Wir wollen nur zwei von ihnen nennen:

[1] H. Weyl, Gruppentheorie und Quantenmechanik, Leizig 1928 (engl. Übers.: The theory of groups and quantum mechanics, Dover Publications 1931).
(Ein Klassiker — sehr vollständig, enthält insbesondere ein Kapitel über die Darstellungen der symmetrischen Gruppen —. Ein wenig weitschweifig.)

[2] M. Hall, The theory of groups, Macmillan, New-York 1959. (Ein sehr klares Nachschlagwerk über Gruppentheorie — das Kapitel über die Darstellungen enthält die Theorie der „induzierten" Darstellungen sowie verschiedene interessante Beispiele.)
Hinsichtlich der kompakten Gruppen siehe [1] sowie:

[3] A. Weil, L'intégration dans les groupes topologiques et ses applications, Hermann, Paris 1940.
(Sehr komprimiert — schwer zu lesen.)

[4] L. Loomis, An introduction to abstract harmonic analysis, Van Nostrand, New-York 1953.
(„Algebraischer" — und zugänglicher — als das Vorstehende.)
Hinsichtlich der Bewegungsgruppen, ihrer Standardbezeichnungen und ihrer Charakterentafeln siehe:

[5] H. Eyring, J. Walter and G. Kimball, Quantum chemistry, John Wiley and Sons, New-York 1944.
(Die fraglichen Tafeln befinden sich im Anhang VII, S. 376—388.)

[6] W. Burnside, Theory of groups of finite order (2. Aufl., Cambridge 1911) — Nachdruck von Dover Publ. 1955.
(Ein Klassiker — enthält viele Beispiele und Anwendungen der Theorie der Charaktere auf die Struktur endlicher Gruppen.)

[7] S. Lang, Algebra (Chap. XVIII), Addison-Wesley 1965 (russ. Übers.: С. Ленг, Алгебра, Москва 1968).
(Knapp, aber angenehm zu lesen — alle wesentlichen Ergebnisse werden auf 35 Seiten behandelt.)

[8] C. Curtis and I. Reiner, Representation theory of finite groups and associative algebras, Interscience Publ., New-York 1962 (russ. Übers.: Ч. Кэртис, И. Райнер, Теория представленний конечных групп и ассоциативных алгебр. Москва 1969).
(Ein Nachschlagwerk — schwer, aber sehr vollständig.)

[9] R. Brauer, Representations of finite groups (in „Lectures on Modern Mathematics", vol. I, ed. by T. Saaty, John Wiley and Sons, 1963).
(Eine Darstellung der Hauptprobleme der Theorie.)

Hinsichtlich der Theorie der *modularen Darstellungen* siehe Teil II, 1–4, Kap. XII von [8] sowie die (in [8] zitierten) Originalarbeiten von BRAUER.

Für die verschiedenen, den endlichen Gruppen zugeordneten GROTHENDIECK-*Gruppen* siehe die Arbeiten von R. SWAN (Ann. of Math. **71** (1960) und **76** (1962) sowie Topology **2** (1963)).

Teil II

[1] R. BRAUER, Über die Darstellung von Gruppen in Galoisschen Feldern, Act. Sci. Ind. 195 (1935), Hermann, Paris.

[2] —, A characterization of the characters of groups of finite order, Ann. of Math. **57** (1953), 357–377.

[3] —, Zur Darstellungstheorie der Gruppen endlicher Ordnung, Math. Z. **63** (1956), 406–444.

[4] R. BRAUER and J. TATE, On the characters of finite groups, Ann. of Math. **62** (1955), 1–7.

[5] C. CURTIS and I. REINER, Representation theory of finite groups and associative algebras, Intersc. Publ., New York 1962.

[6] P. GABRIEL, Des catégories abéliennes, Bull. Soc. math. France, **90** (1962), 323–448.

[7] I. GIORGIUTTI, Groupes de Grothendieck, Ann. Fac. Sci. Univ. Toulouse **26** (1962), 151–207.

[8] I. SCHUR, Arithmetische Untersuchungen über endliche Gruppen linearer Substitutionen, Sitz. Pr. Akad. Wiss. (1906), 164–184.

[9] J.-P. SERRE, Sur la rationalité des représentations d'Artin, Ann. of Math. **72** (1960), 406–420.

[10] —, Corps Locaux, Act. Sci. Ind. 1296 (1962), Hermann, Paris.

[11] J. STROOKER, Faithfully projective modules and clean algebras, Groen et Zoon, Leyden 1965.

[12] R. SWAN, Induced representations and projective modules, Ann. of Math. **71** (1960), 552–578.

[13] —, The Grothendieck group of a finite group, Topology **2** (1963), 85–110.

Sachverzeichnis

Bei Fragen zur Produktsicherheit wenden Sie sich bitte an:
If you have any questions regarding product safety,
please contact:

Walter de Gruyter GmbH
Genthiner Straße 13
10785 Berlin
productsafety@degruyterbrill.com

DEUTSCHE AKADEMIE DER WISSENSCHAFTEN ZU BERLIN

INSTITUT FÜR ORIENTFORSCHUNG

VERÖFFENTLICHUNG NR. 76

GERHARD SCHMITT

SPRÜCHE DER „WANDLUNGEN“ AUF IHREM GEISTESGESCHICHTLICHEN HINTERGRUND

AKADEMIE-VERLAG · BERLIN

1970

Erschienen im Akademie-Verlag GmbH, 108 Berlin, Leipziger Straße 3–4

Lizenznummer: 202 · 100/77/70
Offsetdruck: F. Ullmann KG, 95 Zwickau
Buchbinderische Weiterverarbeitung: VEB Druckerei „Thomas Müntzer“, 582 Bad Langensalza
Bestellnummer: 2013/70 · ES 7 L
EDV-Nr. 751 669 6

Inhalt

VORREDE

Die "Wandlungen" scheinen von einem tiefen "Geheimnis" umwittert zu sein. Zu ihnen verhält sich der seriöse Sinologe nicht anders als der konfuzianische Edle zu den Dämonen: "Er zollt ... Achtung, sorgt indes für Distanz"[1]. Da es aber grundsätzlich nichts gibt, was sich der wissenschaftlichen Betrachtung entzieht, darf selbst ein "Buch mit sieben Siegeln", das schon zweieinhalb Jahrtausende lang[2] die Exegeten zu abstrusen Spekulationen verleitet hat und auch heute noch im Dienst der Mantik steht[3], nicht für alle Zeiten dem Obskurantismus überlassen bleiben.

Dem konkreten Text, dem er verpflichtet und wohl auch verhaftet ist, möglichst viele Informationen "abzulisten", und zwar mit allen geeigneten Methoden, die ihm andere Wissenschaften anzubieten haben - danach trachtet der Philologe als solcher. Er könnte schon etliches zur Deutung der bislang von ihm so stiefmütterlich bedachten "Wandlungen" beitragen. Stets bestrebt, "ganz sicher zu gehen", schlägt er sogar ihm bekannt Vorkommendes nach[4] und ermittelt so erst den wirklichen Sinn[5]. Er bevorzugt die prägnante Bedeutung, die[6] häufig genug die zutreffende ist. Er interpretiert den Text selbst - nicht[7] irgendeine Paraphrase des Kommentators. Er erforscht, Quellen aus derselben Zeit zu Vergleichen heranziehend, dessen eigentümliche Idiomatik[8]. Er bedient sich der historischen Lautlehre und entdeckt auf Homo- oder Homöophonie beruhende "Entlehnungen"[9] sowie bisher verkannte Reimwörter, die nun erst zur richtigen Satzabtrennung verhelfen[10] - mitunter sogar seit langem verderbte[11] oder restlos verschwundene[12]. Wie bestimmte Zeichen verballhornt wurden[13] und weshalb andere[14] ganz fortgefallen sind, weiß er von der Paläographie. Er, der sich mit dem greifbaren Wortlaut der Sprüche begnügt und nicht wie ein Wahrsager seinen Scharfsinn an die Magie der Hexagramme verschwendet, schafft, um es kurz zu sagen, die elementarsten Voraussetzungen für das Textverständnis.

Mehr zu leisten dürfte der "reinen" Philologie, die ipso facto am Singulären klebt, wohl kaum gegeben sein. Wer tiefer in den Text eindringen will, muß zwangsläufig weiter über ihn hinausgehen. Vor dem Positivisten, der da emsig Daten um Daten häuft, verschwindet der "Kern" der Sache hinter dem Wirrwarr der Erscheinungen. Die "Wandlungen" sind einmal ein Produkt der altchinesischen Gesellschaft. Und diese wird erst durch den Marxismus in ihrem Wesen faßbar. Sie beruht nach ihm auf der "Asiatischen Produktionsweise"[15], d.h. auf dem konservierten und folglich konservativen Gemeineigentum an Grund und Boden, realisiert durch die Despotie, der als gebliebener Repräsentantin der verfallenen Gens die Überschüsse aus der bürgerlichen Produktion "pflichtgemäß zukommen"[16]. Eine Gesellschaft, die, bevor die Stufe der antiken Sklaverei zu erklimmen war, in der Entwicklung steckenblieb und seitdem stagniert, die von der selbstgenügsamen Dorfkommune getragen wird, welche sich - Landwirtschaft und Handwerk ergänzen einander, so daß die Arbeitsteilung nicht voranschreiten kann - in immer gleicher Form reproduziert, eine solche seit Anbeginn streng patriarchalische und am Ende dazu durch und durch verbürokratisierte Gesellschaft stereotypisiert das Denken und gestaltet es vor allem retrospektiv. Außerstande und auch gar nicht willens, sich von ihrer "Nabelschnur" zu lösen, wünscht das Individuum, das jeder Individualität entbehrende, dem Bestehenden prinzipiell Beständigkeit: der Stammes- oder Sippenaristokrat und später der Mandarin, der ja von der Grundrente lebt, liebt die Bequemlichkeit der kollektiven Ausbeutung unter dem Deckmantel der überkommenen Moral, der Gemeine (der Bauer und bäuerliche Handwerker) fühlt sich in seiner Gemeinschaft relativ geborgen und der Sklave, der in der generellen Sklaverei eigentlich nur das Los aller Untertanen teilt, kann nicht danach trachten, in private Hände überzuwechseln[17]. So stabilisiert sich die Stabilität. Gerade die Geschichtslosigkeit der Asiatischen Produktionsweise, die ökonomische und, wenn das Ideal der Großen Balance[18] Wirklichkeit wird, auch die politische[19], orientiert das Denken strikt auf die Geschichte. Scheint doch alles Erreichbare seit langem erreicht! In den

Statutenhaften Modellen[20] der heiligen Herrscher des grauen Altertums sieht man seine Daseinsweise vorgebildet. Wer die Zukunft, von der "gefährliche" Neuerungen weder zu erwarten noch zu erhoffen sind, erhellen möchte, schärfe darum nur den Blick für die Vergangenheit[21]. Über dem Orakel waltet - wie bezeichnend - der Historiograph. Der "gute" Rat des Himmels liegt für diesen natürlich im Präzedenzfall, welcher, alles Konkreten (wie Bezug auf Person, Ort, Zeit) "entkleidet", als Archetypus richtigen oder falschen Verhaltens in einer (notwendigerweise wiederkehrenden) Situation bestimmter Art den Anstrich ewiger Gültigkeit erhält. Damit er nicht gar so "billig" erscheine, wie er in Wahrheit doch ist, gebärdet er sich rätselhaft. Sein eigentlicher Sinn steckt dann hinter jenen "unansehnlichen Worten"[22], durch die der Chronist, der zusammen mit der Geschichte auch die darin implizierte Moral behütet, "Lob und Tadel"[23] anzudeuten pflegt. Zu ihm gelangt man - eine neue Erkenntnis - durch gedankliche "Vertauschung"[24] des auf Täuschung bedachten vordergründigen Wortlauts nach dem Rebusprinzip[25]. Demnach gewönne der Spruch der Wandlungen seinen Gehalt aus dem (Tong 通 =) Durchgängigen und seine Gestalt aus der (Bian 變 =) Variation: diese beiden Kategorien des chinesischen Denkens, welches sich nicht in dialektischen, sondern in polaren Gegensätzen bewegt, münden, als Einheit aufgefaßt, keineswegs in den Begriff der Entwicklung, die zu neuen Qualitäten führt - vielmehr spiegeln sie die "Unveränderlichkeit asiatischer Gesellschaften, so auffallend kontrastiert durch die beständige Auflösung und Neubildung asiatischer Staaten und rastlosen Dynastiewechsel"[26], auf getreue Weise wider.

Um die großen Linien schärfer hervortreten zu lassen, wurde soeben bewußt vereinfacht, wenn auch nicht verflacht. Daß die Asiatische Produktionsweise, ohne ihren Charakter wesentlich zu verändern, später doch gewisse "Ansätze" zu einer allerdings deformierten "Entwicklung" zeigt[27], berührt unser Thema nicht mehr. Und solche wichtigen Fragen, die durchaus mit ihm in Beziehung stünden, wie die Auffassung der alten Chinesen vom "kollektiven Menschen", von Schuld und Strafe, von Kommune und Reich oder vom "passiven Erkennen", erfahren einmal eine gesonderte Behandlung. Hier kam es darauf an, zu demonstrieren: die "Wandlungen" fallen nicht aus dem Rahmen der übrigen Zhou-Literatur; ihre "Täuschungsversuche", die keineswegs allein dastehen[27], scheitern vor dem, der die zugrunde liegenden, nicht etwa willkürlich bestimmten, sondern gesellschaftlich bedingten Gedankengänge kennt oder erkennt - vor dem archaischen "Adepten" bzw. dem modernen marxistischen Sinologen. Durch kritisches Auswerten des Überlieferten bringt dieser das meiste von dem, was jener einmal wußte, wieder an den Tag. Die Kommentare seit den Han, die kaum klären konnten, was nicht mehr klar gewesen, besitzen keinen echten Informationswert. So werden die "Wandlungen" mit der klassischen Literatur selbst verglichen, d.h. mit derjenigen vor 771 v.u.Z.[28], welche noch in ihre Zeit hineinreicht, und mit der der folgenden sechs Jahrhunderte[29], welche auf Grund authentischer Quellen oder lebendiger Traditionen so manches über ihre Zeit berichtet - immer unter gebührender Berücksichtigung epigraphischer Texte[30], die beide Perioden in ansehnlicher Zahl begleiten. Zunächst ergeben sich dabei nur einzelne Anhaltspunkte. Jedem Hinweis, sei es auf den einen oder den anderen der "Zensur" entschlüpften Eigennamen[31], sei es auf ein charakteristisches Motiv[32], wird dann so weit wie möglich gefolgt. Und zwar möglichst so weit, bis aus all den Bruchstücken und Varianten heraus die Geschichte in ihrer Urgestalt und in ihrem späteren Schicksal hervortritt, so daß auch deutlich wird, welche Stufe der durch "Moralisierung" wohl am treffendsten zu kennzeichnenden Evolution sie erreicht hatte, als auf sie Bezug genommen ward. Etymologien auf Grund von "Konnotationen", die, durch Parallelen weitgehend objektiviert[33], hier erstmals die Sprache selbst als Quelle für die Erforschung der Noemata in ihrer Entwicklung erschließen, führen fast immer dem Rebus auf die Spur, sofern er sich auf Wortverwandtschaft gründet.

Gewiß, eine theoretisch fundierte Methodik wirkt nicht wunder. "Was mir ... unerklärlich bleibt, sind von zehn Teilen wohl an die fünf." Ein derartiges Geständnis, wie es Wang Guowei, sich über ältere Passagen in den "Urkunden" den Kopf zerbrechend, einst abzulegen sich genötigt sah[34], ist auch hier nicht fehl am Platze. Die Schwierigkeiten objektiver Natur gipfeln wohl im Kontextmangel. Daran leidet der Spruch. Er, der zudem noch isoliert auftreten kann[35], besteht im "Kern", also nach Abzug der "angehängten Urteile"[36] und ohne die "auswalzenden" Zusätze[37] verhältnismäßig späten Datums, oft genug aus ganzen zwei Einsilbern[38]. Und das Hexagramm? In der Regel, die durch die eine oder die andere rühmliche Ausnahme[39] gleichsam bestätigt wird, sammelt es ziemlich wahllos, was kaum mehr als ein Merkmal gemeinsam hat, und etikettiert all dies mit einem "Leitwort"[40], welches nur locker bindet, falls es sich unterschiedlich ausdeuten läßt oder gar zu Assoziationen mit Homo- und Homöophonen herausfordert[41]. Diese heterogenen Elemente summieren sich nun - daran ändert selbst die raffinierteste Anordnung nichts - zu einem heillosen Konglomerat. Der Text wurde ja auch, bevor er, schon für "sakrosankt" gehalten, endgültig "erstarrte", immerzu soweit umgemodelt, bis er der jeweiligen Generation wieder "sinnvoll" deuchte[42]. Höchst wahrscheinlich spielt er mitunter auf ganz vergessene Historien an oder auf längst verklungene Sagen. Dann wird der bedrückende Kontextmangel schlechterdings fatal. Etwas hervorzaubern kann - das sei abermals betont - die am Marxismus orientierte Philologie sicherlich nicht. Immerhin besteht sie die wohl härteste Bewährungsprobe für den Sinologen denkbar gut. Unterliegt das jetzt noch einem Zweifel, so trägt der Verfasser, der sich bisher erst durch einen geringen Teil der zum Vergleich heranzuziehenden Quellen durchgequält hat, allein die Schuld daran.

"In welcher Angelegenheit früge man sie, die vom Staat gehütete Schildkröte, nicht um Rat?"[43] Vor das Orakel gelangten grundsätzlich a l l e Probleme, die aus der P r a x i s erwuchsen. Folglich eignen sich die "Wandlungen", ungleich lebensnaher und vielseitiger als etwa dürre Chroniken[44], moralische Predigten[45], Eulogien auf die Ahnen[46], Glorifizierungen von Raubzügen[47], strenge Rituale[48], ausgeklügelte Reichsverfassungen[49] oder müßige Sophistereien[50], trefflich dazu, den Rahmen für eine breit angelegte k u l t u r g e s c h i c h t l i c h e Forschung abzustecken. Indem sie verraten, was überhaupt für m ö g l i c h galt, ergänzen sie die übrigen Quellen, welche allenfalls registrieren, was w i r k l i c h geschah. Auf die Gesellschaft, der sie einmal entsprungen sind, wirkten sie Millennien hindurch bestimmend zurück. Last but not least vermitteln sie - "Vorfahr" des Spruches war ja der "Gassenhauer" in mantischen Diensten[51] - hier und dort[52] recht lebhafte Eindrücke von der herben Schönheit primitiver Poesie. Für die Wissenschaft bedeuten sie mehr, als man gemeinhin wähnt. Ihr "Nimbus" schwindet allerdings unaufhaltsam dahin. Das

Buch, worin der (Wen wang =) "Friedenskönig" von Zhou[53] seine "Weisheiten" niedergelegt haben soll, sucht man in ihnen vergebens.

Die einschlägige Sekundärliteratur aus den letzten Jahrzehnten stand hier nur teilweise zur Verfügung[54]. Da sie sich, von Ausnahmen abgesehen, immer noch in haltlosen Spekulationen ergeht[55], fällt dieser ansonsten bedauerliche Umstand substantiell wohl wenig ins Gewicht. Berücksichtigung fanden jedenfalls die meisten ernstzunehmenden Philologen[56], unter denen Wen Yiduo (ermordet am 15. VII. 1946) mit seinen ungemein fruchtbaren Anregungen hervorragt. Die positive Beweisführung beanspruchte mehr Raum als gedacht. Schon aus diesem Grunde empfahl sich der Verzicht auf jegliche Polemik. Die Exegese, der alles andere als geschmeidigen Materie entsprechend keine "leichte Lektüre", soll, beschränkt auf Wesentlicheres und Gesichertes in knapper und dabei doch klarer Darlegung, das Verständnis des jeweiligen Spruches vertiefen. Weniger Beachtung verdient die Übersetzung selbst, welche, auf Wörtlichkeit erpicht, ziemlich plump ausfiel. Adäquat kann sie ohnehin kaum werden, geschweige denn kongenial: der volle Sinn in seiner Vorder- u n d Hintergründigkeit läßt sich ja nicht reproduzieren - schon gar nicht unter Wahrung der formalen Proportionen. Was die Herkunft, den Charakter oder das Schicksal der "Wandlungen" als Ganzes betrifft - ihre Stellung innerhalb der geistigen Hauptströmungen "Ru" und "Dao", Zeit und Ort ihrer Herausbildung, das Wort "Yi 易" in seiner primitivsten Auffassung, die Praxis der Prophetie und dergleichen mehr - haben die nächsten speziellen "Studien" zu erhellen. Ein index rerum, ein Katalog der Rebusse, eine Liste der lautgeschichtlich auszuwertenden Reime und eine "Tőkei-Probe"[57], welche die aus der Folge der beiden Tonregister resultierenden "patterns" sichtbar macht und damit auch eventuelle Inkonsistenzen im Text, stehen auf dem Programm. Vorher müssen allerdings die übrigen Passagen, soweit sie sich dem Verständnis erschlossen haben oder erschließen werden, so, wie es hier geschieht, besprochen sein.

Professor Wolfgang Steinitz (gest. 21. IV. 1967), der, obwohl selber Finno-Ugrist und Volkskundler, die Sinologie bei uns förderte wie kein zweiter, hat auch an dieser Arbeit, die dem oberflächlichen Betrachter doch exzentrisch erscheinen dürfte, tätigen Anteil genommen. Daraus erwächst für mich unabweisbar die Verpflichtung, was hiermit einmal begonnen worden ist, auch gewissenhaft zu Ende zu führen.

Anmerkungen zur Vorrede

1 Lunyu, 138, 13 - vgl. Li, 2183, 6.

2 Nachweislich mindestens seit den sogenannten "Zehn Schwingen" aus den "Kämpfenden Staaten".

3 Wie in Westeuropa in der Bearbeitung durch Bill Behm, Klagenfurt 1940 oder J. Blofield, London 1965; ferner wie in Guomindang-China, wo Huang Xiao'e lehrt, "wie man sein Schicksal erweitert" und damit fünf Auflagen erzielte.

4 Wie z.B. chu ji 初吉, das n i c h t "anfängliches Glück" und luan 亂, das n i c h t n u r "Verwirrung" bedeutet, wie gemeinhin angenommen wird.

5 Nämlich "Tag im ersten Monatsviertel" für chu ji und "einen Strom durchqueren" für luan, belegt in Hanyu cidian, Kurzfassung, 2. Aufl., Shanghai 1957, 823 links bzw. 334 links - s. H. 63, 0 weiter unten.

6 Wie z.B. "über den Fluß sein" für ji 濟, gewöhnlich als "vollendet sein" aufgefaßt, im Namen von Hexagramm Nr. 63 und 64.

7 Wie in der Sinologie weithin üblich!

8 Und stellt fest, daß eine "Region" wie in H. 47, 2 und 8, 0 wirklich "kommen" kann.

9 Sogenannte jia jie 假借.

10 Wie in H. 47, 6, wo schon das alte Xiangzhuan zwischen ge 葛 *kât und lei 藟 keine Pause mehr einschaltete.

11 Wie kao 考 *k'ôg↑ in H. 29, 4.

12 Wie Shang 商 *śịang- in H. 64, 4.

13 Z.B. 考 zu 貳 in H. 29, 4.

14 Z.B. 商 in H. 64, 4.

15 Vgl. Ferenc Tőkei, Sur le Mode de Production Asiatique, Budapest 1966. Dort, wo diese wichtige Kategorie wieder zur vollen Geltung gebracht wird, alles Nähere.

16 Im doppelten Sinn des Ausdrucks yi 義 = 宜 ! Der vom Staat eingeforderte u n d von der Tradition abgeforderte Tribut, in dem Rente und Steuer zusammenfallen, war, falls "normal", weder freiwillig noch erzwungen.

17 Außer Betracht bleiben hier einstweilen noch die Händler, welchen das naturalwirtschaftliche System nur solange widerstrebte, wie die patriarchalischen Züge die bürokratischen darin überwogen. Ihr "Patron" selbst, nämlich der "Königssohn" Hai im später einmal zu datierenden Hexagramm Nr. 56 weiter unten, stammt natürlich, anders als die meisten von ihnen, nicht von den Entwurzelten ab, die sich aus diesem oder jenem Grunde von der Gemeinschaft ausgeschlossen sahen.

18 Tai ping 太平.

19 "In einem Zeitalter tiefster Ruhe ... preist man nicht Heldenruhm in Bild und Schrift noch verewigt man Heldentat auf Kelchen und Platten: die Tafeln der Annalen bleiben leer." Und: "Schlichtheit bringt den größten Nutzen, Ruhe sichert haltbarstes Glück." (Hanfei, 156, 13 - 157, 1). Geht, was periodisch geschieht, das Gleichgewicht verloren, brechen unter den Massen bedrängter Bauern Aufstände aus, die wie das Hornberger Schießen enden: sie münden in eine neue Dynastie, welche die ökonomische Basis zu regenerieren sucht.

20 Dian xing 典刑 wie in Ode 255, VII, 6.

21 S. Lun, 21, 13 - 22, 1, Lie, 89, 8 - 9, Huai, 153, 16 - 154, 1 sowie Yi, 454, 11 und 426, 4.

22 Wei yan 微言.

23 Bao bian 褒貶.

24 Wie Yi 易 wohl richtiger wiederzugeben wäre.

25 So steht in H. 47, 6 葛 *kât "Faselbohne". Gemeint ist jedoch 割 *kât "Abtrennung", speziell, wie aus der (fu 賦 =) Explikation "Lei yu yi wu" hervorgeht, Amputation von Nase und Fuß als Strafe.

26 Das Kapital nach Karl Marx/Friedrich Engels, Werke, Berlin 1962, Bd. 23, 379.

27 Sie nimmt nach Tőkei, op. cit., 68 ff. seit den Han (etwa seit 200 v. u. Z.) antike, seit den Wei (etwa seit 400 u. Z.) feudale und seit den Tang (etwa seit 600 u. Z.) sogar vorkapitalistische Züge an.

27´ In den "Weisen der Länder" (Guofeng), die gemeinhin als unproblematisch gelten, spielt der Rebus eine entscheidende Rolle!

28 Der der Westlichen Zhŏu, die das Gros der (Shi 詩 =) "Lieder" und der (Shu 書 =) "Urkunden" sowie einige Kapitel aus dem Yizhoushu umfaßt.

29 Der der Östlichen Zhŏu (770 - 256 v.u.Z.), der "Lenze und Herbste" (722 - 484 v.u.Z.), der "Kämpfenden Staaten" (480 - 222 v.u.Z.) und der Qin (255 - 207 v.u.Z.).

30 Von Inschriften auf Bronzen, Bambustafeln und Steintrommeln.

31 Wie Chu 處 (in H. 56, 4 und Ode 193, IV, 8) bzw. Yi 易 (in H. 56, 6/ H. 34, 5 und Bambusannalen, 71/Shanhai, XIV, 4b, 9 f.), der - die Bedeutung "Fern Wohnende" = "Barbaren" war noch nicht verblaßt - vielleicht gar nicht gemeinhin als solcher gewertet wurde.

32 Wie der Schuß auf den Eber (in H. 38, 6 und Tianwen, 312/Huai, 118, 2 f.).

33 Wie die Konnotation von "Dorn" und "Strafe" (s. H. 47, 1 Tun kun yu zhu mu) oder von "Meer" und "Finsternis" (s. H. 63, 3 Gao Zong fa Gui fang).

34 S. Guantang jilin, Beijing 1959, 75.

35 Wie H. 34, 5, vom Hexagramm Nr. 56, dem das Schicksal des Wanderhirten Hai zugrunde liegt, abgesprengt. Oder wie H. 64, 0, der neben H. 38, 4 erscheinen sollte, weil sich in ihm die Füchsin vom Luo mit dem Eber des Gelben Flusses paart.

36 Wie ji 吉 "Glück", xiong 凶 "Unglück", wu jiu 无咎 "es gibt keinen Tadel" und hui wang 悔亡 "Reue schwindet".

37 Wie de tong pu "er erlangt einen jungen Pferdeknecht", wo xin bu kuai "unser Herz ist nicht froh" oder sang niu yu Yi "er verliert die Rinder bei den Barbaren", welche bezeichnenderweise dort beginnen, wo der Reim endet, in H. 56, 2, 4 bzw. 6.

38 Vgl. "li shuang", "zhi fang", "han zhang", "kuo nang" und "huang shang" = H. 2, 1 bis 5.

39 Man denke an H. 56 mit konsequent entworfener, wenn auch "von Szene zu Szene" springender Handlung, deren dramatische Wucht sich durch die "vorschriftsgetreu" knappe Skizzierung zu verdoppeln scheint.

40 Vgl. etwa H. 47. Es läßt, wie Kun 困 anzeigt, in "Not" geraten. Und zwar erstens das die Dornenrute kostende Gesäß des Sträflings, zweitens Shou/Zhŏu und Konsorten maßlosen Saufens und Fressens halber, drittens einen Eifersüchtigen an dornenstarrender Haremsmauer, viertens wiederum Shou/Zhou, doch nun zunächst vor den metallbeschlagenen Streitwagen und sodann vor den roten Knieschützern seiner Stammesfeinde, fünftens die Opponenten gegen dessen Schreckensherrschaft durch grausame Verstümmelung.

41 Wie Zhun/tun 屯 bzw. Dui 兌 in den künftig zu behandelnden Hexagrammen Nr. 3 bzw. Nr. 58.

42 Wie sich der Wortlaut mit der Auffassung des Spruches "entwickelt" hat, möge man am Beispiel von H. 38, 4/6 oder H. 47, 5/6 - vgl. jeweils die Ausführungen "Zum Hexagramm" - im einzelnen verfolgen.

43 Aus der Antwort des Gui you aus Wu an den Herrscher von Chu. S. Zuo, 1743, 5 - 6 unter 538 v. u. Z.

44 Wie die "Lenze und Herbste" oder die 280 u. Z. ausgegrabenen Annalen auf Bambustäfelchen.

45 Wie die "Ermahnung" in den "Urkunden" oder auf dem "Dreifuß des Yu 盂".

46 Wie manche Hymnen unter den "Liedern" oder die Inschrift auf dem "Dreifuß des Meisters Wang 望".

47 Wie man sie auf ungezählten Bronzen liest.

48 Wie das Yili.

49 Wie das Zhouli.

50 Wie sie spätestens seit Mo im Schwange waren.

51 Vgl. die "Studie" im Anhang.

52 Beispielsweise im Hexagramm Nr. 53.

53 Dieser "Heilige" schlachtete - H. 63, 5 enthüllt es nun - aus kalter Berechnung Gefangene ab.

54 Professor Wolfgang Bauer schickte vor kurzem erst die in der Bibliographie verzeichneten Monographien von Yu Xingwu, Zhou Dingheng, Wang Qiongshan, Dai Junren, Xu Shida und Du Erwei. Dafür und für die Konkordanz vom Harvard-Yenching-Institut sei ihm von Herzen gedankt!

55 Was sich gewöhnlich schon im Titel verrät! Am bittersten enttäuschte Yu Xingwu, dessen Verdienste um Bronzeinschriften Besseres hatten erwarten lassen.

56 Von Qu Wanli blieben, allen Bemühungen zum Trotz, die "Shuo Yi san gao" in Wen shi zhe xuebao, VII (1956), 23 - 40 unerreichbar.

57 Über sie Näheres bei G. Schmitt, Zur Frage der Interjektionen im Archaischen Chinesisch in "Beiträge zum Problem des Wortes im Chinesischen II", Berlin 1964, 105.

Zu den "Wandlungen" selbst:

Die (Yi 易 =) "Wandlungen" (auch Yi jing 經 "Kanon der Wandlungen" oder Zhou 周 Yi "Wandlungen von Zhou" genannt) im engeren Sinne - außer Betracht bleiben zunächst alle Kommentare, auch die schon während der "Kämpfenden Staaten" (d.h. zwischen 480 und 222 v.u.Z.) entstandenen "Zehn Flügel" - sind nach grober Schätzung nahezu dreitausend Jahre alt. Sie umfassen unter vierundsechzig (gua 卦 =) Hexagrammen (kurz: H.; hier durchnumeriert - Qian 乾 "Himmel" = H. 1, Kun 坤 "Erde" = H. 2 usw.) aus je sechs (von unten her zu zählenden) (yao 爻 =) wandelbaren Linien 450 (yao 繇 =) Sprüche (mit 4154 Schriftzeichen reinem Text!), auf denen die Entscheidungen fußten, welche das (shi 筮 =) "Orakel der (qi 蓍 =) Schafgarbe" in Zweifelsfällen zu treffen hatte, und zwar 64 (gua ci = 卦辭 =) "Sprüche zur Linienkonfiguration" (hier mit "Null gekennzeichnet: H. 64, 0 = Spruch zum Hexagramm Nr. 64 als solchem usw.) und 6 x 64 + 2 = 386 (yao ci 爻辭 =) "Sprüche zur Einzellinie" (hier mit "eins", "zwei", "drei", "vier", "fünf" oder "sechs" gekennzeichnet: H. 29, 4 = Spruch zur vierten Linie des Hexagramms Nr. 29 usw.; Sonderfälle: H. 1, 7 und H. 2, 7: die ersten beiden Hexagramme enden mit einem zusätzlichen "Spruch zu allen Linien").

Zum Aufbau dieser Arbeit:

Der zu behandelnde Spruch wird zunächst mit seiner Nummer eingeführt: H. 38, 4. Gehört er zu einer ungebrochenen "Neun"- oder "Yang"-Linie, folgt ein "m" (= "maskulin"): H. 47, 2 m. Gehört er zu einer gebrochenen "Sechs"- oder "Yin"-Linie, folgt ein "f" (= "feminin"): H. 47, 1 f. Das "Ziel"-Hexagramm, das entstünde, wenn im "Ausgangs"-Hexagramm an besagter Linie "Yin" in "Yang" bzw. "Yang" in "Yin" umschlüge, erscheint in Klammern gleich dahinter: H. 56, 1 f (→30); H. 56, 6 m (→62). Der Pfeil soll die "Richtung" der "Wandlung" anzeigen. Nun erscheint der Spruch selber - zuerst in der Transkription, die die moderne, für Reimwörter (solche z. B. in H. 38, 4) in runder Klammer sowie für reimende und alliterierende Binome (solche z. B. in H. 56, 6 bzw. H. 47, 5) in eckiger auch die archaische Aussprache notiert, sodann in chinesischen Schriftzeichen und schließlich in der Übersetzung. Ergänzte Wörter (wie "Shang" in H. 64, 4) in spitzen Klammern. Der Kommentar trägt, wo eine Aufgliederung nützlich erschien, die Textabschnitte, die er behandelt, als Teilüberschriften: Shi (mit Nachträgen); Fu tu; Gui; Ju (mit Teil I und II); Zai Gui yi ju ... unter H. 38, 6 usw. Was das Hexagramm als ganzes oder doch mehr als einen seiner Sprüche betrifft, wird (wie im Fall von H. 38, 47, 56 und 63/64) in einem besonderen Kommentar "Zum Hexagramm" ausgeführt. Über diesem - die nachfolgenden Sprüche sollten übrigens möglichst vorher studiert werden - steht die Nummer als auch der Name der Linienkonfiguration.

Zur Transkription:

Die modernchinesische Aussprache wird ganz konsequent nach dem offiziellen "Plan einer chinesischen Lautschrift" (Hanyu pinyin fang'an) fixiert: daher auch "Beijing" statt "Peking" (bekannte Stadt), "Yangzi" statt "Jangtse" (bekannter Fluß), "Hebei" statt "Hopeh" (bekannte Provinz), "Qi" statt "Ch'i" (bekannter Staat im Altertum) usw.; daher ferner "guang" statt "kuang" in "we raise those guang vessels..." (ein im übrigen natürlich buchstabengetreues Zitat aus Karlgrens Übertragung von Ode 154) usw. Tonangaben nur dort, wo sonst Mißverständnisse möglich wären: "Shǎnxi" (bisher Schensi) kontra "Shānxi" (bisher Schansi) oder "Zhǒu" (letzter Schang-Herrscher) kontra "Zhou" für (Zhōu) (auf jenen folgende neue Dynastie). Chinesische Silben wie "er", "die", "du", "zu" usw. verwechsele man bitte nicht mit den gleichgeschriebenen deutschen Wörtern.

Die rekonstruierten (und deshalb durch ein Sternchen markierten) archaischen Aussprachen stammen, wo es auf größere Genauigkeit ankommt, von Lu = Lu Zhiwei 陸志韋, Guyin shuolüe 古音說略, Beijing 1947, sonst aber aus GSR = B. Karlgren, Grammata Serica Recensa, Stockholm 1957. Mit "-" ist der ebene, mit "↑" der steigende und mit "↓" der fallende Ton im Altchinesischen (im Qieyun) gemeint.

H. 10, 2 m (→ 25).

Li dao tan tan, you ren zheng ji 履道坦坦。幽人貞吉. Man schreitet auf dem Wege, so eben und glatt. Das Orakel, wegen der Insassen des finsteren Kerkers befragt, lautet günstig.

Für die (you ren =) Menschen in der Finsternis des Kerkers (s. H. 54, 2), die einmal gefesselt waren wie auch der König Wen unter H. 29, 4 laut Hanfei, 275, 6, die zum anderen in einer Grube (vgl. H. 29, 4 Na yue zi you) oder in einem Tale (vgl. H. 47, 1 Ru yu you gu) oder allgemeiner: in einer Bodensenke steckten, bedeutet das Bewegen der Füße auf ebenem Grunde die lang ersehnte Freilassung. Beachte dazu H. 11, 3. Li, 1941, 8 - 9: "Man opfert der Sonne auf dem Altarplan, opfert dem Monde in der Grube, um Hell und Dunkel zu unterscheiden, um Oben und Unten einzurichten." Hier ordnet sich das (xia =) Unten, das (you 幽 =) Dunkle zu der (kan 坎 =) Grube, zum (yue =) Mond als der trüben Leuchte der Nacht, das (shang =) Oben, das (ming =) Helle zum (tan 壇 GSR 148d *d'ân-, ∾ shan GSR 147a' *d̂i̯an† levelled area und tan 坦 GSR 149d *t'ân† level, =) Altarplan, zur (ri =) Sonne als der klaren Fackel des Tages. Wer auf ebenem Wege schreitet, wandelt zugleich im Licht. Von der allmählichen Gewöhnung an beides, der Gewöhnung an die wieder erlangte Freiheit handeln H. 10, 3 sowie H. 54, 1 und 2. Der ebene Weg dürfte gleichzeitig ein gesäuberter sein (zum Säubern der Wege von Unkraut und Gestrüpp vgl. Ode 197, II, 1 - 2, Ode 237, VIII, 3 - 4, Li, 177, 7 sowie tu 涂, 途, 塗 GSR 82 u, v, d' *d'o- "Pfad" neben chu 除 GSR 82 m *d'i̯o- "jäten, ausmerzen"!). Er bedeutet demnach Freiheit auch für den Gebundenen tief im unwegsamen Dornendickicht (vgl. H. 29, 6).

H. 10, 3 f (→1).

Miao neng shi (GSR 553h *d̂i̯ər↑↓), bo neng li (GSR 562a *li̯ər↑), lu hu wei (GSR 583a *mi̯wər↑), die ren xiong, wu ren wei yu da jun.

眇能視。跛能履。履虎尾。咥人。凶。武人爲于大君

Die Blinzelnden vermögen zu sehen, die Lahmenden vermögen zu gehen.
Man tritt auf den Schwanz des Tigers. - Der beißt. Unheil! - Der Kriegersmann handelt aktiv für den großen Herrscher.

Miao neng shi

Miao 眇 GSR 1158a *(z)mi̯og↑, verwandt mit xiao 小 GSR 1149a *si̯og↑ "klein" und shao 少 GSR 1149e *śi̯og↑ "wenig", selbst belegbar als small, insignificant (Shu): very small, minute (Zhuang), meint wie etwa in Chuci, IX, 11a, 5 (=Zhaohun) oder in Jiuge, 224 "blinzeln", eigentlich: "klein sehen", "wenig sehen". Der Satz bezieht sich, wie H. 54, 2, wo er wiederkehrt, eindeutig beweist, auf den Gefangenen, dem die Freiheit winkt. Wer aus der (you 幽 =) Dunkelheit des Verlieses emporsteigt, muß sich erst nach und nach an die blendende Helle des Tages gewöhnen. Vgl. H. 10, 2 mit weiteren Verweisen. Statt neng/nai 能 GSR 885a *nəng-/*nəg- "vermögen" liest eine Schule er 而 GSR 982a *ńi̯əg-: "Blinzelnd, (er =) aber doch sehend." Er 而 seinerseits steht möglicherweise für nai 耐 GSR 982h *nəg↓: "Der Blinzelnde (nai =) erträgt das Sehen." Nai 耐 schließlich läßt sich wieder mit neng/nai 能 vertauschen.

Bo neng li

Dieser Satz kehrt in H. 54, 1 wieder. Er bezieht sich ebenso wie der vorige auf den Gefangenen, der endlich der Freiheit teilhaftig wird. Wer so lange gefesselt im Dornendickicht (vgl. H. 29, 6 Zhi yu cong ji) oder im Erdloch (vgl. H. 29, 4 Na yue zi you: auch der König Wen trug laut Hanfei, 275, 6 Schellen!) gelegen hat, braucht erst eine gewisse Zeit, bis er seine Schritte wieder richtig setzen kann. Für neng/nai 能 gilt Gleiches wie oben.

Hu

Der Kerker in der Erde, eine F a l l g r u b e (s. H. 29, 4 Na yue zi you) eigentlich, in die der Mensch h i n e i n g e r ä t (zum kollektivistischen Schuldbegriff s. H. 47, 6 Lei yu yi wu), hieß auch "Tigerhöhle" (s. Hanshu, XC, 20b, 2 - 4). Ob sich sein Insasse und die Raubkatze jemals zu einer "Wohngemeinschaft wider Willen" zusammengefunden haben, bleibe dahingestellt. In der Vorstellung der Alten "koexistierten" sie jedenfalls. "Der Graf des Westens (Chang vom Clan Ji, später König Wen) gewann vier Freunde. Die boten Kostbarkeiten dar (als Lösegeld: s. H. 63, 5 Dong lin sha niu) und befreiten ihn so aus des Tigers Rachen (d.h. aus dem finsteren Kerkerloch - s. auch H. 29, 4 Na yue zi you)." So Shangshu dazhuan, 33 oben, 7. Ähnlich ib., 34 oben, 8 - 9 und 32 unten, 20. Man beachte in diesem Zusammenhang den bei Zuo, 388, 2 belegten und von Mu, V, 3a, 10 - 3b, 1 "erklärten" Ortsnamen Hu lao 虎牢 "Gefängnis des Tigers"!

Li hu wei

Wenn der Gefangene, einmal auf freiem Fuß, die Vorsicht, die er in der Höhle der Bestie hatte walten lassen müssen, wieder vergißt, stürzt er aufs neue ins Unglück. Vgl. Shu, 702, 8 (im nichtauthentischen Teil): "Mein Herz bangt und weiß sich in Gefahr, als träte es auf des Tigers Schweif, als ginge es im Frühjahr übers Eis."

Wu ren

Der Krieger wird durch den Tiger auf den Plan gerufen. In Ode 263, IV, 3 - 4 (wo er sogar wie diese Raubkatze brüllt!), Ode 299, V, 5 und Shu, 660, 3 - 4 heißt er hu chen 虎臣 "Tigersklave", in Shu, 622, 13, Yizhoushu, IV, 2a, 7; 10a, 7 - 8, Mo, 152, 13, Lü, 79, 15; 175, 5, Meng, 600, 8, Zhouli, 1124, 11, Zuo, 646, 7; 1917, 13 und Guoyu, V, 5a, 2 hu ben 虎賁 (= 奔) "Tigerläufer", in Zhanguoce, XXVI, 2b, 9 hu zhi 虎摯 "der wie ein Tiger Zupackende", bei Mo, 134, 3 "Kerl mit Krallen und Zähnen." "Möget ihr (wie Pfeiler =) standhaft sein, sein wie Tiger und wie Leoparden... ." So feuert nach Shu, 380, 1 - 2 König Wu auf dem Gefilde der Triften die Mannen an. "Seine Wunderkraft gleicht der des Tigers." So preist um 567 v.u.Z. Shu Yi auf einer Bronze (s. Guo, Bd. 8, 203b, Z. 2-3) den Herzog Ling von Qi. Zuo, 352, 7: "Er (Yan aus Lu) hüllte sich in ein Tigerfell und fiel ... über sie (die Leute von Song) her." Li, 1160, 2: "Das Fell vom Tiger ... weist auf die Gewalt des Unterdrückers." Schilde und Hellebarden wurden nach Li, 1667, 2 - 3 in Behältnissen aus Tigerhaut aufbewahrt. In Li, 1659, 11 dient wu 武 direkt als Deckwort für hu 虎.

H. 29, 4 f(→47)

Zun jiu (GSR 1096k *tsi̯ôg↑) gui er yong fou (GSR 1107a *pi̯ôg↑), na yue zi you (GSR 1082a *zi̯ôg↑), zhong wu jiu (GSR 1068a *g'i̯ôg↑).

樽酒。簋貳。用缶。納約自牖。終无咎

Man füllte in die Vase Wein, füllte in die Schüssel Schnitzel. Man gebrauchte Tongeschirr. Das ward dem Gebundenen hineingereicht, von der Öffnung in der Decke aus. Am Ende kein Tadel.

Na yue zi you

Na 納 "(hin)einbringen, (hin)einreichen" wie gewöhnlich. Yue 約 GSR 1020m *·i̯ok "binden". Hier: "der Gebundene". Der "Gebundene" meint "der Gefangene", vgl. H. 29, 6 Xi yong hui mo. Der Gefangene saß im Altertum aber nicht nur in einem Dornendickicht. Er saß auch in einem Erdloch. Vgl. Hanshu, LIV, 18a, 8 - 9: "Der Shanyu (= Fürst der Xiongnu) ... kerkerte dann Su Wu ein und steckte ihn in einen großen Erdkeller." Jiao 窖 "Erdkeller" schreibt sich übrigens mit Rad. 116 "Höhle" und mit doch wohl für gu 梏 GSR 1039k "Fessel" (s. H. 4, 1) stehendem gao/gu 告 GSR 1039a. Es gehört eng zu gu 牿 GSR 1039l, neben "to hobble" wie in H. 26, 4 auch "(Grube als) Stall für Rinder und Pferde." Zum Zusammenhang zwischen "Gefängnis" und "Stall" vgl. noch yu 圉 GSR 81a prison, imprison (Yizhoushu) neben (keep in enclosures:) keep horses (Zuo), besonders aber lao 牢 GSR 1056a pen, fold (Shi) neben "Kerker" (seit dem Shiming), das im alten Schriftbild (s. GSR 1056b - c) ein Rind oder ein Schaf in einer von oben her gesehenen, in den Yin-Formen von quan 泉 "Quelle" (s. GSR 237b - c) wiederkehrenden Vertiefung mit einem Zugang zeigt. Sanguo dianlue nach Taiping yulan, 2876 oben, 20: "Tagsüber leisteten sie Fronarbeit, des Nachts wurden sie in einen (lao =) Stall in der Erde gesteckt." Hanshu, XC, 20b, 2 - 4 erwähnt "Tigerhöhlen": Klafterlange, -breite und -tiefe, mit großen Steinen verdeckte, als Kerker dienende Erdlöcher. Lunheng, 157, 3 - 4 zufolge versenkt Li Zichang eine Figur aus dem Holz des Kaiserbaumes, eine Nachbildung der Gefängnisinsassen, über die er mittels Zauberei die Wahrheit erfahren will, in eine Fallgrube. Die Fallgrube, hier kan 埳 GSR 672e *k'əm†, erweist sich somit als ein weiterer Prototyp des Kerkers im Altertum. Einer, der besonders finster war. Vgl. you 幽 GSR 1115c *·i̯ôg- toconfine (Zuo) neben dark (Shi). Das ursprüngliche Schriftbild (s. GSR 1115d - e) zeigt eine Vertiefung im Boden, eine Fallgrube nach Wen Yiduo, Gudian xinyi, Beijing 1956, 548. Man beachte yao 坳 GSR 1115j *·ộg- cavity, depression in a surface (Zhuang) in gleicher phonetischer Serie. Es zeigt weiter zu beiden Seiten eines senkrechten Striches, der einen Pfosten darstellen mag, je einmal die alte Form von xuan 玄 (vgl. GSR 366b). Xuan 玄 bezeichnet, s. unter H. 29, 6 Xi yong hui mo, den schwarzen Strick zum Binden des Viehs wie der Gefangenen. Das spärliche Licht lieferte eine kleine Öffnung in der Decke. Und "Lichtloch in der Decke" dürfte eben die Grundbedeutung von you 牖 gewesen sein. Also na yue zi you: "Es ward dem Gebundenen hineingereicht von der Öffnung in der Decke aus."

Der Gebundene hier, der mit Wein beliefert wird, scheint von vornehmer Abstammung zu sein. Gewisse Indizien weisen auf Chang vom Clan Ji, zuerst "Graf des Westens", später "König Wen". Ihm wird eine ganz besondere (de 德 "virtus", ursprünglich =) Zauberkraft nachgerühmt, die er auf seiner in Ode 242 besungenen (Ling 靈 =) Zauberkräftigen Terasse gesammelt haben mag. Die ganze Umwelt zog er in seinen Bann. "Daher lebten die nahe Wohnenden friedlich unter seinem Szepter, die fern Wohnenden wurden angezogen von seiner Tugend, denn alle, die von ihm hörten, machten sich auf und strömten ihm zu. Die Schwachen und Entartetsten, deren Glieder nicht die genügende Spannkraft besaßen, blieben zurück und sagten: 'Wenn doch das Reich des Wenwang zu uns kommen könnte! Wir würden dann auch unseren Vorteil haben ebenso wie Wen's Untertanen'. Deswegen machten der Himmel und die Geister ihn reich, die

Fürsten ergriffen Partei für ihn, das Volk war ihm zugetan, und die vorzüglichsten Gelehrten fielen ihm zu." So Mo, 166, 5 - 9 nach A. Forke, Mê Ti, Berlin 1922, 378. Vgl. noch Ode 241, VII, Zuo, 1613, 6 - 1614, 4; 570, 9 - 13 usw. "Da verleumdete", so berichtet Sima Qian in Shiji, IV, 4b, 9 - 5a, 1, "der 'Tiger', Fürst von Chong, den Grafen des Westens vor Zhǒu von Yin: 'Der Graf des Westens häuft Gutes und stapelt Tugend. Die Fürsten wenden sich alle ihm zu. Das wirkt sich für Euch nicht günstig aus.' Der Oberherrscher Zhǒu sperrte daraufhin den Grafen des Westens in den Weiler von You." You 羑 GSR 993 f *gi̯ŭg↑ heißt der Kerker, worin König Wen geschmachtet hat, nach dem Shiji an dieser Stelle und an anderen, ferner nach Hanfei, 275, 6, nach Lü, 143, 12, nach Shizi bei Taiping yulan, 2225 oben, 13 und nach Huai, 202, 1 und 221, 4. Es hängt wohl zusammen mit jiu 廏 GSR 987 g *ki̯ŭg↓ a stable (Shi) sowie mit jiu 臼 GSR 1067 a *g'i̯ôg↑ "Mörser", im Altertum - so Xici bei Yi, 416, 4 - bloß eine Grube in der Erde, die - vgl. Wen Yiduo, Gudian xinyi, 548 - mit spitzen Hölzern gespickt auch als Fallgrube dienen mochte. Derselbe Kerker heißt aber in Zhanguoce, XX, 9a, 8 und 12b, 4 you 牖 GSR 1082 a *zi̯ôg↑ "Lichtloch", sicherlich deshalb, weil von ihm, dem in die Erde eingegrabenen, nur die kleine Öffnung ins Auge fallen konnte. "König Wen saß eingesperrt in einer Kammer aus Stein", behauptet eine dritte Überlieferung nach Wu Yue chunqiu, VII, 1b, 2. Shi 室 GSR 413 j *śi̯ĕt "Kammer" dürfte mit Wang Li, Hanyushi gao, Beijing 1957, 511 zu die 垤 GSR 413 n *d'iet ant-hill (Shi); mound (Meng) zu stellen sein. Vgl. Ode 124, V, 1 - 4: "Sind Wintersnächte, sind Sommerstage, sind einhundert Jahre (d.h. ist das Leben) hin, will ich als Braut in seine Kammer (d.h. in seine Grabkammer) ziehn". Es bezeichnete ursprünglich die Wohnhöhle, vielleicht diejenige im Löß, später dann darüber hinaus die überirdische Behausung. Zhanguoce, XX, 9a, 8 hat diese ihm gleichfalls bekannte Fassung der Sage offenbar mit der zweiten verschmolzen. So erklärt sich jedenfalls sein 'yu You li zhi (ju =) ku 於牖里之(車 =) 庫 "im Wagenschuppen vom Weiler der Lichtlöcher." Der (ku =) "Wagenschuppen" entstand aus der (shi =) "Kammer", als deren Urbild längst schon verblichen war. Fest steht, daß der König Wen (you 幽 =) in einem düsteren Kerker saß. So ausdrücklich Shizi nach Taiping yulan, 2225 oben, 13. So vor allem Jiuge, 456, erklärt unter

H. 29, 6. Und zwar mit dem schwarzen Strick gebunden wie nach dieser Stelle oder in Fesseln gelegt wie nach Hanfei, 275, 6.

Nachtrag

Den "(li 里 =) Weiler der (You 牖 =) Lichtlöcher", von dem soeben die Rede ging, hatten die Shang unweit ihrer Hauptstadt für die von ihnen gefangen gehaltenen Zhou-Adligen eingerichtet. Später sollten die Zhou selber bei ihrer neuen Residenz am Luo einen "(li =) Weiler der (Jiu 臼 GSR 1067 a *g'i̯ôg↑ =) Erdgruben" (Hanfei, 125, 16) bzw. einen "(li =) Weiler der (Jiu 九 GSR 992 a *ki̯ŭg↑, eigentlich Neun, hier aber wohl gleich You 羑 GSR 993 f *gi̯ŭg↑ aus Jiu 廄 GSR 987 g *ki̯ŭg↓ =) Ställe" (Yizhoushu, V, 7b, 2 mit bi 畢 = verderbtem li 里; Zhanguoce, XXVIII, 8a, 5) bauen lassen, worin die von ihnen unterjochten Shang-Aristokraten als "im Weiler hausende Herrensöhne aus den Hundert Clans" (so Yizhoushu, V, 1b, 12) oder als "im Weiler hausende (einst in Fesseln dem König) dargebotene Leute aus den Hundert Ämtern" (so ib., V, 1a, 9 - 10) unter Aufsicht lebten. Vgl. Chen in Kaogu xuebao, X (1955), 89 - 90 mit Inschriftenmaterial.

Zun jiu gui er yong fou

"Für die (zun 尊 GSR 430a = zun 樽 GSR 430i =) Vasen der Fünffachen Darreichung[1], da verwendet man außerhalb der Pforte (fou 缶 GSR 1107a =) Töpferware, innerhalb der Pforte (hu 壺 GSR 56a =) Kalebassen." So Li, 1087, 9 über Riten, bei denen das "Kleine" als Kennzeichen des Vornehmen gilt. "Er aß aus einer irdenen (gui 簋 GSR 986a =) Schüssel und trank aus einem irdenen (xing 鉶 GSR 808g =) Suppentopfe." So Hanfei, 49, 4 (und ähnlich Mo, 102, 14 - 16) über den halbmythischen Yao als Verkörperer der Urzeit mit ihren überaus schlichten Sitten. Hier enthalten die Gefäße aus Ton Speise und Trank für den Gefangenen.

Er 貳 GSR 564g *ńi̯ər↓ bedeutet eigentlich "zwei" oder "ein Zweites", speziell auch wie in Zhouli, 179, 3- 4 und Li, 96, 2 "eine zweite Portion". Eine zweite Portion Wein kommt hier kaum in Betracht, schon weil die (gui =) Schüssel nicht zum Trinken dient, ebensowenig eine zweite Portion Essen, da von der ersten doch keine Rede ist. An der Stelle dieses Wortes muß einmal ein anderes gestanden haben, graphisch mit einer zur Verwechslung führenden Ähnlichkeit, dem Sinne nach etwa so viel wie "Speise" oder "Fleisch", lautlich - und zwar des Reimes wegen - mit finalem *-ôg oder allenfalls *-ôk. Zun und gui als Verben auffaßbar wie etwa - vgl. dazu Yang, 187 - 188 - auf der Bronze bei Guo, Bd. 6, 3b. Zun dort soviel wie "die Vasen bedienen (d.h. auftragen, nachfüllen usw.)", hier offenbar: "in eine Vase füllen." Gui dort "mit der Schüssel bewirten" (Objekt: die Amtskollegen), hier offenbar: "in eine Schüssel füllen." Mit der Mahlzeit für unseren Gefangenen muß es seine besondere Bewandtnis gehabt haben. "Er sperrte König Wen ein. Dessen ältester Sohn Bo Yi Kao weilte als Geisel in Yin, wo er Zhǒu als Wagenlenker diente. Zhǒu kochte aus ihm eine Fleischsuppe und schenkte sie König Wen: 'Ein Heiliger sollte nicht eine Fleischsuppe aus seinem Sohne essen.' König Wen aß sie. Darauf Zhǒu: Wer nennt den Grafen des Westens einen Heiligen? Aß er doch eine Fleischsuppe aus seinem Sohne, ohne es zu wissen!'" Vgl. Diwang shiji laut Kommentar Zhengyi in Shiji, III, 11b, 6 - 7. "Zhǒu (hier steht statt Zhǒu 紂 GSR 1073 die Variante Shou 受 GSR 1085a) schenkte ihm den Gulasch aus dem (zi 茲 GSR 966b *tsi̯əg- für zi 子 GSR 964a *tsi̯əg↑ =) Sohn. Der Graf des Westens erhob Klage in der Höhe (= vor Gott)." Vgl. Tianwen, 359. Steht hinter er 貳 ursprünglich etwa Kao 考 GSR 1041d *k'ôg↑ als Kurzform für Bo Yi Kao?

<u>Er</u>

Das er 貳 des heutigen Textes ging in der Tat aus älterem kao 考 hervor. Die folgende Skizze der Entwicklung der ganzen zuletzt besprochenen Passage wird die Antwort darauf enthalten, wie das geschah und warum.

1) Zun jiu *tsi̯ôg↑, kao (richtiger: gui) kao (oder xiu) *k'ôg↑ (oder *χi̯ôg↑) 考考 Yong fou *pi̯ôg↑. "Man füllte in die Vase Wein, füllte in die Schüssel Schnitzel (den Kao). Man gebrauchte Tongeschirr." - Das zweite kao 考 GSR 1041d *k'ôg↑, verwandt oder gar zu identifizieren mit xiu 㱙 GSR 1041n = 朽 GSR 1041m *χi̯ôg↑ "zerschneiden" (vgl. Lie, 58, 3 bzw. Mo, 116, 7 - 8 über die Leute von Yan 炎 im Süden von Chu: "Wenn ihre Verwandten starben, so [xiu =] zerschnitten sie das Fleisch und warfen es fort; dann begruben sie die Knochen"), bedeutet

vordergründig "Zerschnittenes", zielt aber hintergründig auf Bo Yi Kao, den "(Kao =) Zerschnittenen von den (Bo 伯 wie das homophone Bo 百 =) Hundert (Yi 邑 =) Siedlungen"[2], den zu Gulasch verarbeiteten Sohn des Chang vom Clan Ji. Das erste kao 考 GSR 1041d *k'ôg† steht hingegen wie in Ode 262, VI, 3 für gui 段 GSR 987a (so inschriftlich) = 簋 GSR 986a (so literarisch) *ki̯wəg† "Schüssel". Mehr darüber Guo, Bd. 7, 145a und Yang, 222. Vgl. noch gao 羔 GSR 1244a *kôg- (eigentlich "Lamm") für gui 段 *ki̯wəg† (Bronze bei Yang, 194 rechts), das seinerseits anstelle von kao 考 *k'ôg† verwendet worden ist (Bronze bei Guo, Bd. 8, 214a - b: gui "Schüssel" hier = 㲈 : kao hier = "seliger Vater")!

2) Zun jiu, kao (richtiger: gui) kao (oder xiu)考₌. Yong fou. Dasselbe. - Anstelle des zweiten kao (auch = xiu) steht jetzt das Wiederholungszeichen, das - vgl. z.B. Zeile 5 auf dem Ding-Dreifuß bei Guo, Bd. 2, 8b vom Ende des elften Jahrhunderts v.u.Z. - auf den ältesten Bronzen schon Verwendung findet.

3) Zun jiu gui *ki̯wəg† 段₌. Gui (klebt in Form der beiden Striche am vorangehenden 段) yong fou *pi̯ôg†. "Eine Vase mit Wein und eine Schüssel. Was die Schüssel angeht, so gebrauchte man Tongeschirr." - Die in der Koine üblichere Schreibweise für *ki̯wəg† "Schüssel", nämlich gui 段 , verdrängte, wie leicht zu verstehen ist, das erste kao 考 . Dann wird sie - das Wiederholungszeichen steht ja unverändert da - bald auch in das zweite kao (in jenes im Sinne von "Schnitzel") hineingelesen! An den "Zerschnittenen", den unglücklichen Sohn des Chang, denkt dabei kaum jemand mehr. Für Bo Yi Kao - längst schon gilt Bo 伯 als "Ältester unter mehreren Brüdern" (d.h. als ein u.U. entbehrliches Honorificum vor dem eigentlichen Namen: daher spricht Yizhoushu, IV, 10a, 13 - 10b, 2 von Yi Kao 邑考) und kao 考 als "toter Vater" (d.h. wie fu 父 "lebender Vater" als ein u.U. entbehrliches Honorificum hinter dem eigentlichen Namen: daher könnte man ihn auch Bo Yi nennen) - scheint jetzt Yi 邑 die einzig mögliche Abkürzung zu sein! Da "(gui = verbum transitivum =) füllte in Schüsseln (gui = Substantiv in Objektstellung =) die Schüsseln" puren Unsinn ergäbe, machte man - und zwar geraume Zeit vor dem Xiangzhuan (s. Yi, 180, 11, aber nach Shiwen, zit. ib., 200, 3), nach dem ersten gui 段 die große Zäsur.

4) Zun jiu gui *ki̯wəg↑. Er 貳 yong fou *pi̯ôg↑. "Eine Vase mit Wein und eine Schüssel. Für die zweite Portion, da gebrauchte man Tongeschirr." - Das Wiederholungszeichen "="rutscht, sich gleichzeitig vergrößernd, aus der unteren rechten Ecke von gui 𣪘 in die damals natürlich senkrecht verlaufende Zeilenlinie hinein und wird somit zu er 二 GSR 564a = 弍 GSR 564e (seit Zhou II oder ca. 900 - ca. 770 v.u.Z. belegte graphische Erweiterung um das heutige Klassenhaupt Nr. 56) = 貳 GSR 564g (seit der gleichen Zeit belegte nochmalige Erweiterung um das heutige Klassenhaupt Nr. 154) = "zwei" > "ein Zweites" > "eine zweite Portion". Ob der Gedanke an die beiden (gui =) Schüsseln von H. 41, 0, die das Essen für die Arbeiter auf dem Felde enthalten, bei solch einer Entwicklung Pate gestanden hat?

Zun jiu gui er yong fou, na yue zi you

"Er (der Fürst von Jin) nahm den Fürsten von Wei fest, überführte ihn in die Hauptstadt und sperrte ihn in eine tiefe Kammer. Ning wu übernahm es, ihm den in einen Beutel gefüllten dicken Brei hineinzureichen." So Zuo, 651, 6 - 7 zu 631 v.u.Z., ganz ähnlich dem Wortlaut wie dem Sinne nach. Beachte dabei

1.) den vornehmen Gefangenen;

2.) die tiefe (shi 室 =) Kammer;

3.) das (na̡ 納 =) Hineinreichen der Verpflegung;

4.) den (zhan 饘 GSR 148m =) dicken Brei, der, bei Li, Kap. Neize und Xun, Kap. Lilun ebenfalls mit Wein und Most zusammen genannt, dem (er 貳 =) Schnitzel entspräche;

5.) den wie (zun 樽 =) Vase und (gui 簋 =) Schüssel als transitives Verb fungierenden (tuo 橐 GSR 795p =) Beutel, der in Ode 250, I, 5 - 6 Proviant, bei Zuo, 862, 3 - 4 (Reis)speise und Fleisch aufnimmt.

Zhong wu jiu

Ob König Wen nun hundert Tage wie nach Zhanguoce, XX, 9a, 8 oder gar sieben Jahre wie nach Zuo, 1613, 9 in dem finsteren Loche sitzen mußte - die Freiheit sah er wieder. Hatte er - vgl. II. 45, 2 und 46, 2 - als (yue 約 GSR 1120m *ˑi̯ok =)

Gebundener auch ständig mit dem Schicksal zu rechnen, (yue 礿 GSR 1120g *di̯ok =) geopfert zu werden - er ist am Leben geblieben. Wohl endete Bo Yi Kao in der Suppenschüssel. Doch kam der älteste Sohn damals schon nicht mehr als Nachfolger in Frage. Die Entscheidung war bereits auf Fa gefallen, auf den Heiligeren. Vgl. Li, 253, 10 - 11 und Huai, 212, 7. Fa vollstreckte denn auch die Strafe des Himmels, der der Klage des beleidigten Vaters stattgegeben hatte. Zhǒu hatte eben durch jenes grausige Mahl das Maß seiner Sünden überlaufen lassen. Vgl. Tianwen, 359. Vgl. ferner Lisao, 71. Im Falle unseres Gefangenen heißt es mit Recht: "Am Ende kein Tadel".

<u>Jiu und gui mit wichtigen Nebenbedeutungen</u>

Jiu 酒 GSR 1096k *tsi̯ôg† "W e i n", in der gleichen phonetischen Serie wie chou 醜 GSR 1089a *t̂ʻi̯ôg- mit der Variante 𩴾 GSR 1090p, erinnert zusammen mit chou 醻 GSR 1090o *d̂i̯ôg- pledge with wine a second time (Shi) an shou 壽 GSR 1090g *d̂i̯ôg† "L a n g l e b i g k e i t"[3]. Ode 154, VI, 4 - 6: "In the tenth month we reap the rice; we make this spring w i n e , in order to (enlarge:) increase the vigorous o l d a g e". Ib., VIII, 7 - 11: "A pair of w i n e vessels, them we offer as a feast (to our people); ... we raise those guang vessels of rhinoceros (horn); a l o n g e v i t y of a myriad (years), without limit!" Ode 246, IV, 1 - 4: "The descendant (of the ancestors) presides; the s p i r i t s and the sweet unclarified w i n e are rich; he fills the cups with a big ladle, and (prays for =) wishes them a (yellow = faded-haired =) high o l d a g e ." Ode 290, VII, 3 - 4: "Fragrant is the smell (der Duft vom O p f e r w e i n), that is (secures) the tranquillity of those with a great o l d a g e ". Ode 292, 7 - 9: "The good w i n e is (soft =) mellow; ... that (is =) secures the (rest =) tranquillity of those of a great o l d a g e ". Ode 299, III, 5 - 6: "He (der Fürst von Lu) has drunk the good w i n e ; for long there will be given him a rare o l d a g e ". Vgl. noch Zhanguoce, XXXI, 1b, 5 mit (shou jiu =) "Wein des langen Lebens". Und die gui 𣪕 GSR 987a *ki̯wəg† S c h ü s s e l - "sie möge einen auch (shou =) lange leben lassen" (s. die Inschrift bei Yang, 259 links) oder "ein (shou kao =) hohes Alter verleihen" (s. die Inschrift bei Chen in Kaogu xuebao, 1956/4, 94 oben) - erinnert an kao 考 GSR

1041d *k'ôg↑ (s. oben: nun aber nicht = "der Zerschnittene", sondern =) h i g h a g e . So ergäbe sich als zweiter Sinn: "(Jiu =) Wein in der (zun 樽 =) Vase, symbolisch für (shou =) langes Leben in (zun 尊 =) Ehren und die (gui =) Schüssel, symbolisch für ein (kao =) hohes Alter - (er = "zwei" =) beides soll man (fou 缶 GSR 1107a *pi̯ôg↑ wie in Bronze bei Yang, 217 - 218 für bao 寶 GSR 1059a*pôg↑ =) hüten wie einen Schatz". König Wen, der, so sehr er auch im finsteren Kerker leiden mochte, d a m i t doch versorgt worden war, "empfing die Himmlische Berufung (erst) in der Mitte seines Lebens und genoß (das Reich =) die Herrschaft (noch) fünfzig Jahre lang" (Shu, 580, 10 - 11: vgl. Li, 935, 3): wenigen Sterblichen nur ist ein solches Alter beschieden!

Von der gui 段 GSR 987a *ki̯wəg↑ S c h ü s s e l versprach man sich desweiteren jiu 餿 GSR 987e *ki̯ŭg↓ S ä t t i g u n g bis zum (yan 猒 =) Überdruß (s. wieder die Inschrift bei Yang, 259 links)! Und klang nicht auch fou 缶 GSR 1107a *pi̯ôg↑ "Tongeschirr" ganz ähnlich wie (in der Bronze ib., 262 links übrigens 缶食 geschriebenes) bao 飽 GSR 1113d *pọg↑ satiate? Dies ergäbe eine andere Nebenbedeutung: "... Was die (gui =) Schüssel anbetraf, die (alleingenommen schon) (jiu =) sättigende, so gab es (gar) eine (er =) zweite Portion. Darum wurde er (bao =) satt". Eine recht "plausible" Erklärung dafür, daß der "Graf des Westens" eine derartig lange Haft überdauern konnte!

H. 29, 6f (→59).

Xi yong hui mo (GSR 904f *mək), zhi yu cong ji (GSR 911a *ki̯ək), san sui bu de (GSR 905d *tək), xiong.

係用徽纆。寘于叢棘。三歲不得。凶

Gebunden mit schwarzen Tauen und schwarzen Stricken, plaziert in ein Dickicht von Dornen, findet man drei Jahre lang nicht sein Recht. Unheil!

Xi yong hui mo

Mo 纆 GSR 904f *mək, verwandt mit mo 墨 GSR 904c *mək ink (Meng): black (Zuo) und hei 黑 GSR 904a *χmək black (Shi)[4], ist eine der Bezeichnungen für den schwarzen Strick. Damit wurden Haustiere gebunden. So etwa Pferde nach Zhanguoce, XXVIII, 8b, 7 - 9. Damit wurden auch Missetäter gebunden. Vgl. Kong Anguo (2. Jh. v.u.Z.) bei Lun, 105, 5. Wichtig noch Zhuang, 203, 14: "Da brilliieren sie nun inmitten der (mo 纆 =) schwarzen Stricke und (zhuo 繳 =) Harpunenleinen und meinen, sie haben's erreicht. Die Verbrecher mit ihren verschränkten Armen und angeschraubten Fingern, die Tiger und Panther in Sack und Käfig, auch sie könnten dann meinen, sie haben's erreicht." Vor allem beachte man, bislang völlig unverstanden, Jiuge, 456: Xuan Wen chu you xi ... 玄文處幽兮 ..." Der in schwarze Bande geschlagene Wen weilte in des Kerkers Finsternis." Wen 文 darf, schon wegen Li lou "ein Sagenheld des Altertums mit überaus scharfen Augen" an entsprechender Stelle im nächsten parallelen Vers, nicht als "Ornament" aufgefaßt werden, sondern nur als Eigenname. Hier identisch mit König Wen alias Chang vom Clan Ji. Chu 處 wie gewöhnlich "weilen in". You 幽 eigentlich "Düsternis", prägnant "Dunkelheit des Kerkers". Vgl. H. 10, 2 und 54, 2. Vgl. vor allem H. 29, 4 Na yue zi you über die Einkerkerung des Königs Wen. Das Schriftbild zeigt neben einer Grube mit einem senkrechten Pfosten darin zweimal xuan 玄 GSR 366a *g'iwen-. Xuan bedeutet "dunkel, schwarz." Das Zeichen in seinen alten Formen (s. GSR 366b, 966c - f) erweist sich als eine Seidenschnur (vgl. GSR 974b - c, 180b), die als Klassenhaupt Nr. 120 vom feinsten Faden bis zum dicksten Tau alles repräsentiert, was irgend zum Binden dienen kann. Für eine Grundbedeutung "schwarzer Strick" sprechen gewisse "cognates". So etwa xian 弦 GSR 366f *g'ien- bow string (Yili); string of musical instrument (Lun). So vor allem qian 牽 GSR 366k *k'ien- pull, drag, lead (Shi); (animals that are led:) cattle (Zuo); attach (Lü). "Gefangener" und "Vieh" assoziierten sich für gewöhnlich in der Vorstellung der alten Chinesen. Vgl. H. 43, 4 und 33, 3. Xuan 玄 im Schriftbild von xu/xiu/chu/chou 畜 GSR 1018a domestic animal (Zhouli); keep (Li) bestätigt einmal mehr, daß man mit dem schwarzen Strick auch die Haustiere band. Dieser hat fernerhin lu 纑 GSR 690 *lo- geheißen. Belegte Bedeutung: hempen threads (Meng). Etymon: lu 盧 GSR 69d *lo- black (Shu). In gleicher Wortfamilie: lu 虜 GSR 69e * lo↑ captive (Shi) mit dem Element 毌, das in guan 貫 GSR 159a pass a string through, to string (Li) wiederkehrt. Hui 徽 GSR 584h *χmi̯wər- "Tau" stellt sich nach allem wohl zu mei 黴 GSR 584 *mi̯ər- "geschwärzt" wie bei Huai, 333, 9 und

286, 4 sowie zu wei 微 GSR 584a *mịwər- "schwarz" wie auf der "Vase des Shao" bei Chen in Kaogu xuebao, X (1955), 82.

Zhi yu cong ji

Die Dornen lieferten zunächst die Ruten zur körperlichen Züchtigung als der fundamentalen Strafe in der patriarchalischen Gesellschaft. Vgl. H. 47, 1 Tun kun yu zhu mu. Li, 616, 1: "Der Große Überwacher der Räuber (d.h. der Minister der Justiz) hält ihn (nämlich den Prozeß) unter den (ji 棘 =) Dornbäumen ab." Zhouli, 1263, 12 über den Äußeren Hof: "Zur Linken stehen neun (ji 棘 =) Dornen, wo die 'Solitären' (gemeint: der Jüngere Lehrer, der Jüngere Erzieher und der Jüngere Beschützer, dem Rang nach unter den Drei Herzögen, aber über den Kabinettsministern), die Kabinettsminister und die Großwürdenträger ihren Sitz haben; . . . . Zur Rechten stehen neun (ji 棘 =) Dornen, wo die Herzöge, Fürsten, Grafen, Barone und Freiherrn ihren Sitz haben; . . . . Auf der Frontseite stehen drei (huai 槐 =) Sophoren, wo die Drei Herzöge ihren Sitz haben;. . . ." Jiayu, VII, 5b, 5: "Der König beauftragt die Drei Herzöge und die Kabinettsminister, unter den (ji 棘 =) Dornbäumen an der Verhandlung teilzunehmen". Chunqiu yuanming bao nach Chuxueji, 490, 5: "Man pflanzt (ji 棘 =) Dornen und (huai 槐 =) Sophoren und hält die Prozesse unter ihnen ab." Huai, 82, 15 - 16: "Im elften Monat beamtet man den Militärkommandanten - sein Baum ist die (zao 棗 =) Jujube." Ebenda, 78, 15: "Im achten Monat beamtet man den Justizkommandanten - sein Baum ist die (zhe 柘 =) Bergmaulbeere". Die Dornen und die anderen mit Stacheln bewehrten Bäume sollen demnach auch den Missetätern Furcht vor der ihnen drohenden Züchtigung einflößen. Sie flößen ihnen zudem Furcht vor der Rache der Geister (zu ihr s. Mo, 144, 8, übersetzt weiter unten zu San sui bu de) ein, wenn sie an heiliger Stätte stehen. Vgl. H. 47, 1 Ru yu you gu. "Wer meine Befehle ausführt, wird im Ahnentempel belohnt; wer meine Befehle mißachtet, wird am Erdaltar entehrt." So Shu, 238, 7 aus einer Ansprache eines Xia-Herrschers an seine Mannen. Dazu Mo, 149, 15 - 150, 1 (und ähnlich 146, 4 - 5): "Was besagt: 'wird im Ahnentempel belohnt'? - Es besagt: die Verteilung des Mandats war gleichmäßig. Was besagt: 'wird am Erdaltar entehrt'? - Es besagt:

die Führung des Prozesses war (shi 事 GSR 971a, verderbt aus zhong 中 GSR 1007a oder zhong 衷 GSR 1007j, =) korrekt." "Wenn sie (die Könige von Yu, Xia, Shang, Zhou) ein Reich gründeten und eine Hauptstadt anlegten, hieß es: man muß den richtigen Altarplan für das Reich aussuchen und ihn einrichten zum Tempel der Ahnen, man muß hohe und üppige Bäume aussuchen und sie erheben zum (zou/cuan 菆 GSR 131p = cong 叢 GSR 1178a =) dicht bewachsenen (wei 位 GSR 539a, verderbt aus she 社 GSR 62j, =) Erdaltar." So Mo, 146, 6 - 8. Als Baum des Erdaltars findet sich die stachlige (huai 槐 GSR 569i *g'wɛr- =) Sophora, offenbar Wohnsitz der (gui 鬼 GSR 569a *ki̯wər↑ =) Dämonen, durch eine verstreute Stelle aus Shu nach Bohutong, 43, 2 direkt bezeugt, unsere (ji 棘, prägnant =) wilde Jujube, und zwar als Name eines bei Zuo, 1877, 2 und Guoyu, XIX, 3b, 11 - 12 erwähnten Ortes in Chu, sowie der (jing 荆 =) Dornstrauch, etwa als Name eines bei Zhuang, 81, 4 erwähnten Ortes in Song, wenigstens indirekt[5]. Die Dornen versinnbildlichen schließlich das Gefängnis selbst, dessen Urform sie in üppig wuchernder Hecke umschlossen hatten. "Er sperrte ihn in ein Turmgemach, umhegte ihn mit (ji 棘 =) Dornen." So Zuo, 2355, 10.

San sui bu de

De 得 GSR 905d *tək eigentlich "erlangen". Hier steht es für zhi 値 GSR 919h *d'i̯əg↓ to meet (Zhuang). Vgl. dann H. 47, 1 "man ... wird (und zwar als Sträfling im düsteren Tal!) drei Jahre lang nicht mehr erblickt". Oder auch für zhi 直 GSR 919a *d'i̯ək straight (Shi): right (Shi). Ode 113, II, 7 - 8 in einer Klage über die Erpressungen durch grausame Beamte: "O seliges Land, o seliges Land, dort finden wir dann unser (zhi =) Recht." Ode 80, II, 4: "Er ist der Aufseher des (zhi =) Rechtes im Land." Jiuzhang, 376: "Heiße den Gao yao (d. h. den mythischen Schöpfer der Strafen), das (zhi =) Recht zu finden." Die Zeitspanne von drei Jahren spielt im Zusammenhang mit Strafprozessen eine wichtige Rolle. Vgl. wieder H. 47, 1 San sui bu di. Mo, 144, 8 nach Forke, Mê Ti, 350 - 351: "Unter den Beamten des Fürsten Zhuang von Qi waren zwei mit Namen Wang Li-guo und Zhong Li-jiao. Diese beiden hatten drei Jahre lang miteinander prozessiert, und der Prozess war noch nicht entschieden. Der Fürst von Qi trug trotzdem Bedenken, sie hinrichten zu lassen, denn sie waren vielleicht unschuldig, andererseits mochte er sie aber auch nicht freilassen, denn möglicherweise waren sie doch schuldig. Deshalb hieß er sie beide, einen Schafbock am Altar der Götter des Landes zu opfern und dort ein Übereinkommen zu treffen. Beide stimmten zu. Als sie nun dort die Schüsseln abgespült hatten, faßten sie den Bock und spritzten sein Blut umher. Wang Li-guo war mit dem Ablesen seiner Versicherung schon fertig, Zhong Li-jiao hatte die seinige noch nicht halb zu Ende gelesen. Plötzlich erhob sich der Bock und stieß ihn ins Bein. Da kam der Geist des Urahns hervor und schlug Zhong Li-jiao nieder, daß dieser an der Stelle, wo die Versöhnung stattfinden sollte, zu Boden fiel und verschied. Alle anwesenden Leute aus Qi sahen es und die fern waren, hörten davon. Man nahm es in die Chronik von Qi auf, und die Fürsten verbreiteten es weiter und sagten: 'So schnell trifft die Strafe der Geister denjenigen, welcher ein Übereinkommen treffen will, ohne vorher alle Streitfragen erledigt zu haben.'" He Xiu bei Gongyang, 445, 5: "Im Altertum, da entschied man zweifelhafte Rechtsfälle nach dem dritten Jahr."

H. 34, 5f (→43).

Sang yang yu Yi. Wu hui.

丧羊于易。无悔

Er verliert die Schafe bei den Barbaren. Keine Reue.

Zu Yi 易 vgl. H. 56, 6. Dieses Wort führt der hier zugrunde liegenden Sage auf die Spur. Ihr Held heißt Hai 亥 (= GSR 937a *gʻəgʼ) in einigen Orakelinschriften (vgl. Chen Mengjia, Yinxu buci zongshu, Beijing 1956, 339), in Shanhai, XIV, 4b, 9f. und IX, 2b, 1f., in den ursprünglichen Bambusannalen nach Guo Pu zu Shanhai, XIV, 4b, 11 - 12, bei Huai, 56, 8, bei Xu Shen nach Komm. in Wu Yue chunqiu, VI, 2b, 13, in Wu Yue chunqiu, VI, 2b, 12 - 13 und in Shenjian, 16, 15 - 16, heißt Hai 隹亥 in anderen Orakelinschriften (vgl. Chen Mengjia, ebenda), heißt Gai 該 (= GSR 937p *kəg-) in Tianwen, 336 und in Zuo, 2151, 13f., heißt Gai 胲 (= GSR 937o *kəg-) in Shiben nach Chuxueji, 706, 2, heißt He 核 (= GSR 937a' *g'ɛk) in Shiben, Kap. Dixi nach Sima Zhen in Shiji, III, 1b, 10 - 2a, 1, heißt Gai 垓 (= GSR 937k *kəg-) in Hanshu, XX, 8b, Spalte 13, heißt Bing 冰

(= GSR 899b *piang-) = graphisch verderbtes Hai 亥 in Lü, 206, 9, heißt Gun 鯀 (= GSR 419a *kwən-) = Gun 鮌 (= GSR 366 l *kwənt) = graphisch verderbtes und dann mit Rad. 195 versehenes Hai 亥 in Shiben nach Taiping yulan, 3990 oben, 15. Er war ein (wang 王 =) "König" (Shanhai, XIV, Lü), ein König der Yin (Orakel; in den Bambusannalen ein Königssohn) und dazu ihr (gao zu 高祖 =) hoher Ahn (Orakel), einer der vier (shu 叔 =) "Junioren" ihres Stammherrn Shao hao, der Rushou 蓐收 oder der Richter des dem Westen zugeordneten Elementes Metall (Zuo). Er regierte lange vor Tang (um 1600 v.u.Z.), der mit dem Sieg über Jie von Xia die Vorherrschaft seines Stammes begründen sollte, und zwar zwei Generationen (Shiji) oder gar vier Generationen (Tianwen) vor ihm. Über seine Taten und Schicksale mehr unter H. 56.

H. 38

Kui 睽

Zum Hexagramm

H. 38, 4 und 38, 6 bildeten einst - der gleiche Reim legt es schon nahe - zusammen einen Spruch. Der lautete etwa so: Kui gu *kwo- 睽孤 yu yuan fu *piwo- 遇元夫. - Qian/xian shi fu tu *d'o- 俔豕負塗. Zai gui yi ju *kio- 載鬼一車. Kou zhang zhi hu *g'wo- 寇張之弧. "Die mutterseelenallein dastehende Waise (hervorgegangen aus der Schwarzen Füchsin vom Flusse Luo durch "Vermenschlichung") trifft den großen Mann (hervorgegangen aus dem Dicken Eber vom Gelben Fluß durch "Vermenschlichung"). - Der sieht aus wie ein Schwein und trägt Schlamm auf dem Rücken. Geladen hat er Dämonen, den ganzen Wagen voll. Der fremde Eindringling (Yi, der Meisterschütze) spannt den Bogen gegen ihn."

Dieser Spruch weist durch seine Grundmotive auf eine Mythe aus dem grauen Altertum. Yi erhält von Gott zusammen mit einem Zauberbogen (dem Regenbogen) den Auftrag, die Menschheit von mancherlei Plagen zu erlösen. So erlegt er denn auch beim Regenaltar des Maulbeerwaldes den Dicken Eber, der bloß den ihm unterstehenden Gelben Fluß an einer Furt zu durchwaten brauchte, um gewaltige Wolkenbrüche auszulösen. Dessen Gattin und Mutter, die Schwarze Füchsin vom Flusse Luo, macht er zu seiner Kebse.

Zwar liegt diese Mythe unserem Spruche zugrunde, aber nicht mehr in der primitiven Form, sondern schon in jüngerer Gestalt mit "humanerem" Gehalt. Der Regenerzeuger, ursprünglich ein (Menschen)tier (ein richtiges Tier, dem allerdings, wie jedem anderen Tiere auch, die menschliche Psyche untergeschoben worden war - ähnlich wie Reinicke dem Fuchs in der Fabel; zudem ließ es sich leicht von "Mimen" in entsprechender Fellkleidung "spielen"), eben der Dicke Eber, nunmehr ein (Tier)mensch (ein richtiger Mensch, dem allerdings noch der eine oder der andere animalische Zug anhaftet, was aber nicht weiter stört, solange totemistische Vorstellungen weiterleben), eben der große Mann, einem Schweine ähnelnd - er fährt bereits im Wagen über den Fluß, suhlt aber, wie der Schmutz an seinem Rücken verrät, weiterhin gern in den Untiefen neben der Furt. Der Apposition qian/xian shi "der sieht aus wie ein Schwein" hinter yuan fu oder "der große Mann" könnte einmal eine Apposition qian/xian hu *g'wo-俔狐 "die sieht aus wie eine Füchsin" hinter kui gu oder "die mutterseelenallein dastehende Waise" entsprochen haben. Als (Menschen)tier eine Schwarze Füchsin, als (Tier)mensch in der Jugend ein Waisenkind und erwachsen das Dunkle Weib (s. H. 64, 0 Hu), liefert die Herrin vom Luo vermutlich den finsteren Himmel zum Regen ihres "Gatten". Man beachte bitte die Ausführungen über den düsteren Meergott mit dem Hohen Ahnentempel unter H. 63, 3 Gao Zong fa Gui fang!

Die "Rationalisierung" des Mythos schreitet fort. Das (Menschen)tier und der (Tier)mensch, anfangs noch zwei verschiedene Aspekte ein und desselben Wesens, rücken, je mehr das Tier alles Menschliche und der Mensch alles Tierische von sich streift, umso weiter auseinander. Wenn sie das Letzte verlieren, was sie noch aneinander bindet, zerfällt auch der Orakelspruch, in dem sie "koexistieren". Er bricht dann an der durch den waagrechten Strich markierten Stelle.

Das erste Bruchstück, heute Kern von H. 38, 4, enthält nach Abwurf der etwaigen Apposition qian/xian hu "die sieht aus wie eine Füchsin" nichts Tierisches mehr. Wo sich der Eberherr mit der Fuchsdame paarte, kommt eine verlassene Waise mit einem großen Mann zusammen. Daß sie sich hingibt, mitten im Liebesakt (?) gefangen wird, in Gefahr gerät, da - ihr Partner liegt schon in seinem

Blute - ein zweiter Schuß ihr selber gelten würde, und schließlich ohne Tadel weiterlebt, weil Yi an ihr Gefallen findet, setzt der Wahrsager der Deutlichkeit halber hinzu.

Das zweite Bruchstück, heute stark entstellter Kern von H. 38, 6, wird vom menschlichen Pendant zum Eber "gesäubert". Man liest in qian/xian 俔 GSR 241f *k'ian↓ und *g'ian↑ "er sieht aus wie" (so in Ode 236, V, 2) einfach xian 見 GSR 241a *g'ian↓ "es wird sichtbar" hinein: xian shi fu tu ... "das Schwein, das in Erscheinung tritt, trägt Schlamm auf dem Rücken...". Doch wie soll solch ein "dreckiges Schwein" einen Wagen voll Dämonen lenken? Es muß doch wieder ein Mensch als Subjekt heran. Da Yi als Kutscher ausscheidet, stehen der große Mann und die verlassene Waise zur Wahl. Vorausgeschickt sei, daß das Einsetzen eines neuen Subjektes eine nochmalige Umdeutung erfordert. Aus xian 見 *g'ian↓ "wird sichtbar" (verbum intransitivum) wird jian 見 *kian↓ "sieht" (verbum transitivum). Nun gilt es, sich zu entscheiden, entweder für yuan fu jian shi ... zai gui yi ju "der große Mann sieht ein Schwein...; geladen hat er Dämonen, den ganzen Wagen voll" oder für kui gu jian shi... zai gui yi ju "die mutterseelenallein dastehende Waise sieht ein Schwein...; geladen hat sie Dämonen, den ganzen Wagen voll." Der große Mann lenkt unter dem Namen (Ping =) Furtüberquerender (Yi =) Swin sein Gefährt donnernd durch die Lüfte. Das spräche für die erste Möglichkeit. Die verlassene Waise hatte schon als (Menschen)tier das Schwein getroffen, um sich mit ihm zu paaren. Das spräche für die zweite Möglichkeit. Was gibt bei dieser Lage der Dinge den Ausschlag? Doch nur die Überlegung, daß zum einen der Mann (auch Graf vom Gelben Fluß) jetzt, als Mensch, das Schwein nicht einfach "sieht", sondern zum ständigen "Begleiter" hat (wie in Tianwen, 312), und damals, als Tier, nicht "sah", weil er selber darin steckte (wie in der ursprünglichen Sage), daß zum anderen es der Waise (bzw. der Schamanin als deren "Darstellerin") auf den gemeinsamen Ausflügen im lotosbedachten Wasserwagen durchaus nicht an Gelegenheit gefehlt hat, ihrem Liebhaber (dem Flußgrafen) abzusehen, wie man mit Pferden umgeht (s. Jiuge, 254-258). Man entscheidet sich notgedrungen für kui gu jian shi fu tu; zai gui yi ju "die mutterseelenallein dastehende Waise sieht ein Schwein - das trägt Schlamm auf dem Rücken; geladen hat sie Dämonen, den ganzen Wagen voll." Das objektive zhi 之 in dem durch Zuo, 557, 2-3 für die "Ur-Wandlungen" gesicherten Satz kou zhang zhi hu "der fremde Eindringling spannt den Bogen gegen ihn/sie/es", bisher auf den "Mann" (= "ihn") bezogen, vertritt jetzt - das shi "Schwein" steht ja allzu weit ab - die Waise" (= "sie"). So denkt bereits der Historiograph und Wahrsager Su 蘇 aus Jin um 644 v.u.Z. (s. Zuo, 557, 2-3). Ähnlich hätte auch der Bearbeiter von Lisao, 68 gedacht, der Yi nicht mehr auf den (jia 豭 GSR 33f *kå- =) Eber, sondern auf die (hu 狐 GSR 41i *g'wo- =) Füchsin zielen läßt, d.h., vom Tierischen ins Menschliche übertragen, auf die verlassene Waise statt auf den großen Mann. "Richtet Gottes Schütze den zweiten Pfeil auf die (Fuchs)dame, nachdem er mit dem ersten den (Eber)herrn zur Strecke gebracht hat?" - "Gewiß". - "Aber er schießt ihn nicht los! Er fühlt Mitleid mit der Waise. Er begehrt dieses Dunkle Weib für sich. Wo eben noch Vernichtung drohte, beginnt jetzt ein verliebtes Spiel." - Erwägungen solcher Art führen zu weiteren Änderungen am Text. Man verballhornt "(kou zhang zhi hu =) der fremde Eindringling spannt den Bogen gegen [ihn>] sie" zu "(xian zhang zhi hu =) zunächst spannt er den Bogen gegen sie; (hou shuo zhi hu =) später nimmt er den Bogen von ihr". Dann fügt man "(fei kou; hun gou =) kein Eindringling - ein Verwandter durch Heirat" hinzu. Im ersten Fall ärgert die ungeschickte Formulierung: hu 弧 *g'wo- steht zweimal und der spannungsreiche Schluß ist hin. Im zweiten Fall befremdet die Verwendung einer bloß in sich reimenden Floskel. Wie deutlich verrät sich doch die spätere Hand! Nur dem Urtext ließ sich direkt entnehmen, daß Yi den Ebermann erschießt und damit dem Wolkenbruch ein Ende setzt. Der Zusatz "(wang, yu yu, ze ji =) kommt man auf einem Gang in den Regen, dann wird man Glück haben" stand folglich einmal gleich hinter "(kou zhang zhi hu, damals noch =) der fremde Eindringling spannt den Bogen gegen i h n". War der Reim yu 雨 *gi̯wo' - hu 弧 *g'wo- etwa beabsichtigt? Die Divergenz in der Betonung gibt jedenfalls zu denken. Trotz ihrer veränderten Aussage übernimmt die orthodoxe Version, ohne dabei irgendetwas zu riskieren, die alte Verheißung. Man weiß mit Lao, 13, 4 ohnehin: "ein Schauer, der währt nicht den ganzen Tag!"

H. 38, 4m (→41)

Kui gu (GSR 41c *kwo-) yu yuan fu (GSR 101a *pi̯wo-), jiao fu (GSR 1233a *p'i̯ug-), li, wu jiu (GSR 1068a *g'i̯ôg↑).

睽孤。遇元夫。交孚。厲。无咎

Die gottverlassene Waise begegnet dem großen Mann. Sie verkehrt mit ihm geschlechtlich und wird gefangen. Gefahr! Kein Tadel!

Yuan fu

Dieser (fu 夫 =) Mann, der (yuan 元 u.a. =) große oder der (yuan 元 GSR 257a *ngi̯wăn- für wan 忨, 翫 GSR 257j, l *ngwân-↓ =) gierende oder derjenige mit den (yuan 元 für yuan 黿 GSR 257e *ngi̯wăn- =) Riesenschildkröten, entstand aus dem regenerzeugenden und den Gelben Fluß beherrschenden Eber von H. 38, 6, dem dicken, dem unersättlichen und dem Schildkröten für Dienste verwendenden. Er wurde Mensch, indem er wie der Windvogel Hai unter H. 56 die ursprüngliche Tiernatur abstreifte, und zwar auf verschiedenen Wegen über mehrere Stufen.

Chuci, X, 2b, 7-3a, 3 sieht noch ein Ungeheuer mit Schweinekopf, übereinander stehenden Augen, wirr herabhängendem Haar, langen Klauen, sägenden Zähnen und wildem Lachen, das offenbar als der die Dämonen grimmig bekriegende Gelbe Fluß (s. H. 64, 4) auf den Fließenden Sanden im fernen Westen sein Unwesen treibt. Bei Shanhai, XII, 3b, 7 trägt er als (Bing Yi = Ping Yi =) Furtüberquerender Swin wenigstens menschliche Gesichtszüge; er kutschiert mit einem Drachenpaar umher. Ebenda, XVIII, 1b, 7-2a, 4 hat er als Han liu (= Strom des Himmels, der Milchstraße oder des Gelben Flusses, s. H. 38, 6 Shi unter H) auch das Antlitz eines Menschen, doch daneben eine Eberschnauze und Ferkelfüße, einen Schuppenleib und Schenkel wie Kanäle sowie einen hochgezogenen Kopf mit aufmerksamen Ohren. Shizi, II, 14a, 9-10 macht ihn, der als "Essenz" des Gelben Flusses mit einer Karte von dessen Wasserlauf vor dem sintflutbannenden Yu emportaucht, zu einem weißgesichtigen langen Menschen mit Fischleib (den Fisch- bzw. Schuppenleib verdankt dieser ursprünglich schweineartige Gott erst späteren "logischen" Erwägungen; vgl. hierzu Hanfei, 162, 13-163, 1).

Bei Zhuang, 113, 3 und Huai, 179, 1-2 reiht er sich gar unter die daoistischen Genien ein.

Einen Einblick in die "Werkstatt" der "Entmythologisierung durch Rationalisierung" gewährt Zuo, 2119, 8-2120, 4. "In alter Zeit", so hören wir, "lebte eine Tochter des Herrn der Reng mit wunderschönem schwarzglänzenden Haar, worin man sich hätte spiegeln können. Die hieß des Dunklen Eheweib (d. h. des Meergotts Eheweib, s. H. 63, 3 Gao Zong fa Gui fang)[6]. Fürst Kui, Direktor der Musik (ein einbeiniger Donnerdämon, eigentlich Sklave und nicht Vater des Ebers vom Gelben Fluß, s. H. 38, 6 Gui), nahm sie und zeugte mit ihr Graf Dick (eben den großen Mann). Der hatte, traun, ein Schweineherz! Gierig und ein Nimmersatt, (fen 忿 GSR 471g *p'i̯wən↑↓ für fen 僨 GSR 437h *pi̯wən↓ wie unter H. 56, 3 und 56, 6 Fen =) brunftig und (lei 纇 GSR 529b *lwəd↓ für lei 累 GSR 577r *li̯wər- wie in Li, 723, 3 =) geilend immerzu, bekam er den Namen Dickes Schwein. Fürst Yi, Herr über (Qiong 窮 GSR 1006h *g'i̯ông- für Gong 弓 GSR 901a *ki̯ŭng- =) Bogen, vernichtete ihn... ." So entwachsen animalischen Wesen "historische" Persönlichkeiten!

Das allmählich "abgestreifte" Tier geht nicht etwa verloren. In Shanhai bleibt hinter dem Furtüberquerenden Swin (ib., XII, 3b, 7) und dem Han liu (ib., XVIII, 1b, 7-2a, 4) ein Dickes Schwein (ib., XVIII, 4b, 11) zurück. Das fungiert dann noch lange als dienstbarer Begleiter desjenigen Menschen, von dem es sich körperlich schon gelöst hatte. Darum führt der Han liu nach Shanhai, XVIII, 1b, 7f. die (si zhi 司彘 =) Aufsicht übers Schwein. Darum erliegt in Tianwen, 312 der Graf des Gelben Flusses gleichzeitig mit dem Dicken Eber dem Pfeil des Meisterschützen Yi. "Dem Kobold, dem wachsen der Köpfe zwei" bemerkt der Kommentator Jing Fang (1. Jh. v. u. Z.) zu H. 38, 6. Ob hier Mensch und Tier noch in der Art von siamesischen Zwillingen miteinander zusammenhängen?

Kui gu

Diese "Waise" entstand aus der Schwarzen, den Fluß Luo beherrschenden Füchsin von H. 64, 0. Kui 睽 GSR 605i *k'iwər-, in Yi, 465, 2 (Xugua) mit guai 乖 GSR 1240h *kwăd↓ ? (kwɛr↓ ?) "entzweit (= voneinander entfernt)" und in Yi,

467, 2 (Zagua) mit wai 外 GSR 322a*ngwâd↓ "außen (= entfernt) stehend" phonetisch glossiert, bedeutet bei Zhuang, 234, 2-3 "zerstreuen (= voneinander entfernen)". Kui gu 睽孤 "eine (weit abseits =) mutterseelenallein dastehende Waise", dem Ausdruck mo zhu gu 貌諸孤 "eine Waise, von allen entfernt" bei Zuo, 524, 10 vergleichbar, entstand durch Umdeutung. Die (gu 孤 GSR 41c *kwo- =) Waise (von einer solchen spricht man mit Meng, 81, 12-13 nur, wenn man, noch j u n g , keinen Vater mehr hat) ging aus der göttlichen (hu 狐 GSR 41i *g'wo- =) Füchsin (der - vgl. H. 64, 0 - noch k l e i n e n) hervor. Warum deren Vater, der Herr vom Luo, umkam, schildert Yizhoushu, VIII, 7a, 12-7b, 2. Dem (kui 睽 *k'iwər- hier =) "mutterseelenallein" liegt (gui 癸 GSR 605a *kiwɛr↑ =) Gui zugrunde, das letzte Zeichen im Zehnerzyklus. Dieses entsprach schon sehr früh dem Norden wie dem Wasser. Vgl. einerseits die Bambusannalen, 8 mit Gui Bei oder dem "zu Gui gehörigen Norden", der Region, der die Dritte Gemahlin des Herrschers Shun (sie gebar zwei Töchter, "Nachthelle" und "Kerzenschein") entstammte. Vgl. andererseits Zuo, 2390, 11-2391, 3, wo Gong sun Youshan von Lu, der Shen Shu Yi aus Wu Speise und Trank nur heimlich zukommen lassen kann, Gui als Geheimwort für "Wasser" (und Geng 庚, das siebente der zehn zyklischen Zeichen, als solches für "Getreide") benutzt. Das Element "Wasser" gesellt sich zur schwarzen Farbe (vgl. Yizhoushu, III, 9b, 5; mehr unter H. 63, 3 Gao Zong fa Gui fang), ebenso natürlich die Weltregion "Norden". Mo, 270, 15-271, 1: "Zudem tötet Gott ... an einem Tage mit ... Gui (die Tage trugen Namen aus zyklischen Zeichen) den S c h w a r z e n Drachen (dieser verkörpert, vgl. H. 63, 3 Gao Zong fa Gui fang, wie in Huai, 95, 6 das Große W a s s e r) in der Region des N o r d e n s." Hier verbindet sich Gui nicht nur über "Wasser" und "Norden", sondern auch direkt mit Schwarz. Gui hu 癸狐 "Schwarze Füchsin", die neu gewonnene, mit Chun (= Zi) hu 純 (=糸才) 狐 (s. Tianwen, 315) synonyme Bezeichnung für die Göttin des Luo, stellt mehr dar als eine bloße Rekonstruktion. "Der (Zhi bei 知北 =) Kenner des N o r d e n s ", der sich am "(Yuan shui 元水 =) Großen W a s s e r " erging, "kehrt zur Südseite vom W e i ß e n F l u ß zurück und steigt auf den H u Q u e ...." So Zhuang, 319, 2 in einer Allegorie. Que 闋 GSR 605k *k'iwət entstand offenbar aus Gui 癸 *kiwɛr↑ durch graphische Erweiterung. Drum erweist sich jenes Hu 狐

Que "Füchsin Schwarz", abgesehen von der protochinesischen Wortstellung (vgl. Di Yao 堯 "Gott Yao" [ein Kulturheros des mythischen Zeitalters] gegenüber Wen 文 Di "Kaiser Wen" [ein Herrscher der historischen Dynastie der Westlichen Han]; Di 帝 = "Gott" > "Kaiser") natürlich, als mit Gui hu 癸狐 "Schwarze Füchsin" identisch. Es wurde Name für einen Berg - ebenso wie "die (Xuan 玄 =) Dunkle (hu 扈 GSR 53c *g'o↑ vielleicht = hu 狐 *g'wo- =) Füchsin" in Shanhai, V, 10b, 10 und vorher (mit einer Quelle des Luo!) oder wie "das (Nü 女 =) Weib (Ji 几 GSR 602a *ki̭ɛr↑ vielleicht = gui 癸 *ki̭wɛr↑ =) Schwarz" ebendort, V, 27b, 12-28a, 1 (mit einer anderen Quelle des Luo!). Es gesellt sich zu dem auch in Shanhai nach Taiping yulan, 291 oben, 7-8 und in Lisao, 91 belegten Bo shui 白水 "Weißen" Fluß, der (s. unter H. 38, 6 Ju I) heute der "Gelbe" heißt - ähnlich wie die auf die (Gui hu =) Schwarze Füchsin zurückführende (Kui gu =) gottverlassene Waise dem großen Mann begegnet, dem jener Strom ursprünglich unterstand.

Kui

Gui 癸 GSR 605a *ki̭wɛr↑ (zyklisches Zeichen, auch für) "schwarz" erinnerte hintergründig an kui 揆 GSR 605e *g'i̭wɛr↑ (= ein Synonym für po 破, wie ein Vergleich von Lü, 88, 16 mit Zhanguoce, VIII, 2a, 10 lehrt, =) "zerhauend". Daher läßt Tianwen, 315 die (chun hu = zi hu =) Schwarze Füchsin im Bunde mit dem Buhlen Zhuo ihren zweiten Mann, den Schützen Yi, (kui =) zerhauen. So hat kui 揆 *g'i̭wɛr↑ neben gui 癸 GSR 605a *ki̭wɛr↑ bei der Entwicklung von kui 睽 *k'iwər- "mutterseelenallein" mit Pate gestanden.

Kui gu yu yuan fu

Die Begegnung der gottverlassenen Waise mit dem großen Mann auf menschlicher Ebene (unser Spruch) bewahrt noch eine blasse Erinnerung an die Paarung des Dicken Ebers vom Gelben Fluß mit der Schwarzen Füchsin vom Flusse Luo im tierischen Bereich (s. H. 64, 0 Ru qi wei). Diese Paarung wurde im Ritus immer wieder nachvollzogen. Hinter dem (Xuan 玄 =) dunklen (he 狢, vgl. Shuowen, 4259a oben, =) Fuchswesen, das laut Mu, I, 2a, 2-4 der König dem

Gelben Flusse in dessen "Sippentempel" opferte, dürfte sich eine vaterlose (?) Jungfrau verborgen haben, die, in ein Fell von dem "gemimten" Tier gehüllt, in das Wasser geworfen wurde, um jene so begehrliche Gottheit versöhnlicher zu stimmen.

Jiao fu, li wu jiu

Der Wechsel im Reim weist diese Passage als späteren Zusatz aus. Fu 孚 steht wie auf den Bronzen (s. z.B. Guo, Bd. 7, 146a) häufig für gleichlautendes fu 俘 "im Kriege (Männer, Weiber, Vieh, Waffen usw.) erbeuten." Jiao 交, eigentlich "(sich) kreuzen", dann auch "(mit Freunden usw.) verkehren" (s. Lun, 15, 7), bedeutet hier wie in Li, 822, 8 "sich paaren". Jiao fu (zwischen beiden Wörtern denke man sich ein verbindendes er 而 !): "Sie (die "Waise < Füchsin") pflegt mit ihm (dem "Mann < Eber") sexuellen Umgang und wird (dabei?) gefangen (nämlich vom Schützen Yi)." Li 厲 : Gefahr (der Pfeil des Yi trifft bereits den "Eber > Mann")! Wu jiu 无咎 : Kein Tadel (der "Füchsin > Waise", die durch ihr "wunderschönes schwarzglänzendes Haar" [s. Zuo, 2119, 8-10 über das Dunkle Eheweib] den Schützen zu betören versteht, wird das Leben geschenkt)!

H. 38, 6m (→ 54)

Kui gu (GSR 41c *kwo-) jian shi fu tu (GSR 82d' *d'o-). Zai gui yi ju (GSR 74a *ki̯o-). Xian zhang zhi hu (GSR 41h *g'wo-). Hou shuo zhi hu (GSR 41h *g'wo-). - Fei kou (GSR 111a *k'u↓), hun gou (GSR 109e *ku↓). - Wang, yu yu (GSR 100a *gi̯wo↑), ze ji.

睽孤。見豕負塗。載鬼一車。先張之弧。後說之弧。匪寇。婚媾。往。遇雨。則吉

Die gottverlassene Waise sieht ein Schwein. Das trägt Schlamm auf dem Rücken. Geladen hat sie Dämonen, den ganzen Wagen voll. Zuerst spannt er den Bogen gegen sie. Später nimmt er den Bogen von ihr hinweg. Kein fremder Eindringling, ein Verwandter durch Heirat. Kommt man auf einem Gang in den Regen, dann wird man Glück haben.

Shi

Das hier auftretende mythische Schwein konnte durch seine Zauberkraft Regenfälle verursachen:

A) Ode 232 (der Tradition nach unter König You von Zhou [781 - 771 v.u.Z.] entstanden), III, 1-4: "Es gibt ein (shi =) Schwein mit Füßen weiß. Das watet (zheng 烝 GSR 896h *t̂i̯əng-, verwandt mit teng 騰 GSR 893v *d'əng- "bespringen" usw., =) brunftig (oder auch wie bei Zuo, 307, 11; 426, 3; 548, 12 usw. spezieller = "blutschänderisch") (über dieses Wort und seine teilweise auch in den 'Wandlungen' vorkommenden 'cognates' mehr bei anderer Gelegenheit) durch die (bo 波 =) Wellen (oder auch ganz speziell wie bei Erya, 284, 6 = "Fluten, die dem Luo entflossen"). Der Mond gerät in das (Bi 畢 =) Vogelnetz. Das macht (pang tuo =) den Regen mächtig rauschen." - Erklärungen: "Steht langer Regen bevor, dann geht das Schwein in die Wellen des (Gelben) Flusses und durchwatet sie", kommentiert Mao. Das Vogelnetz (den Hyaden entsprechend) prangt als das neunzehnte der 28 'Mondhäuser' mit ε Tauri im 'Westpalast' am Himmel. Dort fließt auch ein Gelber Fluß (unsere Milchstraße), um dessen Wellen es sich hier handelt. "Manche Gestirne lieben (= begünstigen) Wind, manche Gestirne lieben (= begünstigen) Regen. Dank dem Laufe von Sonne und Mond gibt es Winter, gibt es Sommer. Je nachdem, wie der Mond den Sternen folgt, blasen Winde, fallen Niederschläge." So Shu, 426, 13. Zu den "regenliebenden" Gestirnen gehört eben das Vogelnetz, zu den "windliebenden" beispielsweise die (Ji 箕 =) 'Worfel' als das siebente der 28 'Mondhäuser' mit γ Sagittarii im 'Ostpalast'.

B) Shuyiji (die verlorene authentische Fassung von Zu Chongzhi [429 - 500 u.Z.]), zitiert bei Wen Yiduo, Gudian xinyi, 49: "Gegen Mitternacht reihen sich inmitten des Himmlischen Han wohl schwarze Dünste aneinander. Im Volksmund heißt es dann, die schwarzen Schweine überquerten den Fluß. [Ein Vorzeichen für Regen]" (die in eckige Klammern gefaßte Ergänzung nach Jinxiu wanhua gu qian ji I). - Erklärung: Der Himmlische Han bezeichnet hier die z.B. in Lisao, 130 genannte Himmlische Furt; vgl. Jinshu, XI, 12a, 5-6.

C) Huang Zifa, "Das Buch von der Regenprognose", nach Taiping yulan, 53 oben, 11-12: "Wenn ... es nur im (Gelben) Fluß (d.h. in der Milchstraße) Wolken gibt - drei Stück reihen sich aneinander, suhlenden Schweinen ähnlich sehend - dann regnet es drei Tage lang mit Macht."

D) Jing Fang Yi fei hou nach Taiping yulan, 50 oben, 2: "Sind da schwarze Wolkenschleier, Rindern und Schweinen gleich, dann wird es regnen."

E) Shiji (von Sima Qian, geb. 145 v.u.Z.), XXVII, 10b, 6-7: "Kui (das fünfzehnte der 28 'Mondhäuser', mit η Andromedae, im Westpalast) heißt (Feng 封 =) Dickes (shi =) Schwein: es versieht die Gräben und Kanäle." Dazu Zhang Shoujie (unter den Tang, 618-907 u.Z.): "Kui ... alias Himmelsschwein alias Dickes Schwein waltet über Gräben und Kanäle ... Vom Mars besetzt, verursacht es Wasssersnöte, die sich drei Jahre lang hinziehen." - Ergänzung: "Kui ist das Himmelsschwein", erklärt auch das Yue ji tu nach Taiping yulan, 32 oben, 3-4.

F) Yilin (Orakelbuch von Jiao Gan, 1 Jh. v.u.Z.), III, 8a, 1: "Aus Gräben und Kanälen vom (Feng =) Dicken (shi =) Schwein flutet das Wasser durchs hohle Tal. Der Gast, der in der Herberge weilt, steht bis zum Bauche in Lehm und Schlamm."

G) Das Shuogua (Konfuzius [gest. 479 v.u.Z.] zugeschrieben, aber wohl erst nach Han-bei zi-gong, d.h. nach dem Ende des 5. Jhs. v.u.Z. entstanden; s. Zhang Xincheng in Weishu tongkao, Shanghai 1957, 122 und vorher) koordiniert das Trigramm kan 坎 "Grube" einmal mit dem (shui =) Wasser (s. Yi, 456, 4-5 und 460, 7) und also auch mit Gräben und Kanälen (s. Yi, 460, 7), einmal mit dem (shi =) Schwein (s. Yi, 457, 13). - Anmerkung: Solche verhältnismäßig späten Koordinationen spekulativer Natur fußen zumeist auf uralten Assoziationen im Mythos. So stellte man 'Wasser' als Element zu 'schwarz' als Farbe (s. Yizhoushu, III, 9b, 5), weil sich in der Vorstellung der Alten 'Meer' mit 'Finsternis' verbunden hatte (s. unter H. 63, 3 Gao Zong fa Gui fang).

H) Shanhai, XVIII, 1b, 7-2a, 4 (Kap. Hainei, frühestens Späte Han-Zeit = 25-220 u.Z.): Han liu, der '(liu 流 =) Strom des (Han 韓 GSR 140i *g'ân- in Bambusannalen, 5 mit der Variante Qian 乾 GSR 140c *g'i̯an - =) Himmels' oder 'Strom der (Han *g'ân- für Han 漢 GSR 144c *χân↓ wie in Ode 203, V, 5 und 238, IV, 1 =) Milchstraße' oder 'Strom des (Han *g'ân-, Lu *g'an, für He 河 GSR 1g *g'â -, richtiger Lu *g'a_d, =) Gelben Flusses', eberschnäuzig und ferkelfüßig, Aufseher über das Schwein, hat Schenkel wie Kanäle. Sein Sohn Zhuan xu ruft als Herr der Dunklen Wasser Überschwemmungen hervor (s. unter H. 63, 3 Gao Zong fa Gui fang).

I) Im (Sang lin桑林 =) Maulbeerwald erlag der (Feng 封 =) Dicke (xi 豨 =) Eber dem Schützen Yi (s. Huai, 118, 2-5; vgl. noch Tianwen, 312, Lisao, 68, Zuo, 2119, 13-2120, 4). Gerade dort stand der Altar, vor dem Tang von Shang um Regen flehte (s. Lü, 86, 10 f., Huai, 130, 12; 332, 11-12; vgl. noch Xun, 331, 15 f.)!

J) Feng shi 封豕 GSR 1197i; 1238f *pi̯ung- (altchin. śi̯ət, teils<*śi̯ĕg, teils aber, wie sicher auch hier, <) śi̯ɑt oder mit Lu richtiger = *pɪoŋ śiχ$_d$ "Dickes Schwein" stellt sich lautlich zu pang tuo 滂沱 GSR 740 l; 4k *p'wâng- d'â - oder mit Lu richtiger = *p'ɑŋ d'ɑ$_d$ "Wolkenbruch" (wie in Ode 232 unter A!), zumal in bestimmten Dialekten, wo nach Ausweis von Reimen die standardsprachlichen Auslaute vom Typ *-ang und *-ung (Lu *-aŋ und *-oŋ ganz oder nahezu zusammenfallen[7].

Zusammenfassung von A - J: Das Schwein (nach B und C, also nur als meteorologische Erscheinung, in mehreren Exemplaren: ob man zheng 烝 in Ode 232 unter A schon früh als "zahlreich" aufgefaßt hat?), das Dicke (so E, F, I), schwarz (nach B), aber mit weißen Füßen (nach A), später schon weitgehend vermenschlicht (s. H: Han liu trägt schon ein Menschengesicht; mehr unter H. 38, 4 Yuan fu), löst gewaltige Regenfälle aus ("drei" meint im Chinesischen "viel": drei Tage oder Jahre bezeichnen bei C bzw. E eine sehr lange Zeit), die Gräben und Kanäle füllen (s. E, F, G), wenn es durch die Wellen (so A) oder durch Luo-Arme (so A; in diesem Falle immer brunftig, s. H. 64, 0 Ru qi wei) oder durch eine Furt (so B) des Gelben Flusses (A = Mao, C) watet, sei es am Firmament (s. A - E, H, vielleicht F), sei es auf Erden (so indirekt I; s. auch später). Die es am Himmel verkörpernden schwarzen Wolken oder Dünste (s. B - D) verlieren übrigens nach und nach jede Beziehung zu ihm, indem sie zuerst auch Rinder (vgl. D), dann nur noch irgendwelche Vögel und Vierfüßer (so Tianwen yaoji nach Taiping yulan, 52 unten, 21 - 22) oder gar Schiffe (so ebenda, Zeile 23) darstellen sollen.

Nun gilt es, zu beweisen, was auf Grund von A = Mao, C und vielleicht H schon nahe genug liegt: nämlich daß unser Schwein auch den Gelben Fluß beherrscht.

K) Fuzi nach Yiwen leiju, 1669, 3-6, Abk. Yw (und ähnlich nach Taiping yulan, 4139 oben, 20 - unten, 4, Abk. Ty sowie Chuxueji, 711, 13, Abk. Ch): "Unter den Leuten des (shuo 朔 =) Nordens (so Ch, in Yw und Ty verderbt zu bang 邦 'Landes') (you 有, ergänzt nach Ch, =) gab es einen, der dem König Zhao von Yan (311-279 v.u.Z.) ein großes Schwein präsentierte .... 'Dieses Schwein taugt zu nichts,' urteilten die Minister. Der König befahl dem Küchenmeister, es zu schlachten. Als es schon tot war, erschien es dem Kanzler von Yan im Traume und sprach: '... Eure Wunderkraft hat mir zu einer neuen Existenz verholfen. Nun erst darf ich Graf sein über die Furt von Lu .... Beglückt durch Eure Güte, werde ich mich dankbar zeigen.' Später, als der Kanzler sich einmal an der Furt von Lu erging, trug ihm die Rote Schildkröte eine nächtens strahlende Perle im Munde zu." - Erklärungen: Der Gelbe Fluß floß im 4. Jh. v.u.Z. noch durch Yan ins Meer. Lu 魯 lag im Revier des Mondhauses Kui (s. Huai, 50, 7) oder, mit anderen Worten, in dem des Dicken Schweins (vgl. E). Dieses benutzte die Furt des Himmels (s. B), der die hier genannte genau entspricht. "Wenn die Rote Schildkröte oben auf dem Wasser schwimmt, kommt unvermeidlich großer Regen", behauptet Huai nach Taiping yulan, 52 oben, 8. Der Gelbe Fluß (hier seine 'Essenz') beschäftigt nach Shi yi ji eine Schildkröte, wenn auch eine dunkle, als Boten und erhält laut Zhuang, 402, 8 unter Yuan von Song (531-517 v.u.Z.) durch eine andere, heilige Nachricht vom Klaren Strom (vom Yangzi). Daß er in dem Schweine steckt, welches in Yan das 'selige' hieß und nach seiner 'Verwandlung' von den Schiffern mit Reisopfern unterhalten wurde (so Ty), steht somit fest.

L) Tianwen (angeblich von Qu Yuan, geb. um 342 v.u.Z.), 312 zufolge erschoß der Meisterschütze Yi den Grafen vom Gelben Fluß sowie (und das im Einklang mit Lisao, 68, wo statt hu 狐 GSR 41i *g'wo- "Fuchs" jia 豭 GSR 33f *kå- "Eber" zu lesen ist, mit Zuo, 2119, 13-2120, 4 und mit Huai = I) das (Feng =) Dicke (shi =) Schwein. Beide stellten ursprünglich e i n Wesen dar, und zwar einen Tiermenschen, der - vgl. H. 38, 4 Yuan fu - später dann in zwei Teile zerfiel, in ein Tier und einen Menschen nämlich.

M) Ping Yi 馮夷 heißt der Herr des Gelben Flusses in den Bambusannalen, 71, wo er mit Yong kämpft, dem Gebieter über den Luo, bei Zhuang, 113, 3, wo er große Ströme durchstreift (vgl. dazu auch Huai, 179, 1-2), in Yuanyou, 552, wo er auf Geheiß des Ruo vom Nordmeer vor dem Dichter tanzt, indes der Geist des Xiang die Zither spielt, bei Shanhai, XII, 3b, 2 - 10 (mit der graphischen Variante bing 冰 GSR 899b *pi̯əng- für ping GSR 899d *b'i̯əng-), wo er im dreihundert Klafter tiefen Strudel Cong ji oder Zhong ji ständig residiert und bei Huai, 2, 16 (mit der graphischen Variante chi 遲 GSR 596d *d'i̯ər- für yi GSR 551a *di̯ər- von Li Shan zu Wenxuan zitiert). Dieser Name läßt sich deuten als '(Ping 馮 wie in Ode 195, VI, 2 und Erya, 144, 3 =) Furtdurchwatender (Yi 夷 *di̯ər-, besser Lu *diĕd bzw. Chi 遲 *d'i̯ər-, besser Lu *d'iĕd, als aus shi 豕 *śi̯ɑɫ, besser Lu *śiɣ$_{d}$ entwickelter Eigenname =) Swin'[8]. Wu Yi 無夷 heißt er bei Mu, I, 2a, 7-9. Dieser Name läßt sich, da sein Träger bei Yuanyou, 552 (s. oben) und später noch bei Sima Xiangru (gest. 117 v. u. Z.) wirklich tanzte, deuten als '(Wu 無 GSR 103a, altes Zeichen für wu 舞 GSR 103g, =) Tanzender (Yi wie oben =) Swin'.

N) Feng shi 封豕 *pi̯ung- śi̯ɑɫ oder mit Lu richtiger = *pɪoŋ śiɣ$_{d}$ "Dickes Schwein" (vgl. J) stellt sich lautlich zu Ping Yi 馮夷 GSR 899d; 551a *b'i̯əng - di̯ər- oder mit Lu richtiger = *b'i̯əŋ diĕd "Furtdurchwatender Swin als Herr des Gelben Flusses", zumal in der Mundart des Südens und der Daoisten, wo (s. M) shi als *śia$_{g}$ und Yi als *diɐ$_{g}$ zu rekonstruieren ist.

Nachdem der auf die Äcker der anwohnenden Bauern so gierige Gelbe Fluß sich mit dem Dicken Schwein, diesem schier unersättlichen Tiere (s. Zuo, 2119, 13 und Guo Pu in Shanhaijing tuzan, 32a, 11, weiter Zuo, 2214, 5-6 und Guoyu, XIV, 3a, 5 f.), als identisch erwiesen hat, müßte logischerweise auch e r Regen hervorzaubern können. Dafür gibt es in der Tat gute Belege.

O) Orakelinschrift der Shang (vor 1027 v. u. Z.) bei Chen Mengjia, Yinxu buci zongshu, 563 (= Yi 乙 3121): "Befiehlt der Gelbe Fluß am nächsten Tag Jia-xu wohl Regen? - Befiehlt der Gelbe Fluß am nächsten Tag Jia-xu nicht Regen?" - Vgl. auch Chen, ebenda, 343-344 und 355. Einen weiteren Beleg in Zhong 中 4.0.0008 zitiert Wen Chongyi in Minzuxue yanjiusuo jikan, IX (1960), 144, Z. 7.

Der Gelbe Fluß wird zudem zweimal zusammen mit dem von Ode 232 unter A her bekannten "regenliebenden" Vogelnetz genannt, nämlich in Zhong 中 4. 2. 007 und in Xu 續 1. 38. 2, zitiert bei Wen Chongyi, ebenda, 144, Z. 8 bzw. Z. 15.

P) Shenyijing (angeblich von Dongfang Shuo, geb. 160 v. u. Z.) nach Taiping yulan, 54 unten, 17-19: "Auf dem Westmeere gibt es einen, der fährt mit rotmähnigen Schimmeln .... Wie im Fluge jagt er über das Westmeer hin. Er heißt 'Bote des Grafen vom Gelben Fluß'. Die Länder, zu denen er gelangt, erleben (pang tuo =) gewaltige Regenfälle." - Hinweis: über die Schimmel des Gelben Flusses mehr weiter unten unter 'Ju' !

Q) Huai, 2, 16-3, 1: Der '(Ping Yi =) Furtdurchwatende Swin' fährt im Wagen des (lei 雷 , die Lesart bei Taiping yulan, 72 unten, 15 - 16 =) Donners in den Regenbogen und durch Nebelschleier.

R) Yan (nicht, wie die Tradition will, von Yan Ying um die Mitte des 6. Jhs. v. u. Z. selbst geschrieben), 21, 10-22, 10 (ähnlich Shuoyuan [von Liu Xiang, 80-9 v. u. Z.], XVIII, 5a, 5-5b, 2): "Qi erlebte eine große Dürre .... Herzog Jing (547-490 v. u. Z.) bestellte seine Minister zu sich und fragte: 'Soll ich, da der Himmel schon lange keinen Regen mehr sendet, das Volk vom Hunger gezeichnet ist und das auf mein Geheiß konsultierte Schildkrötenorakel verkündet, es wären die ... breiten Wasser, die ihr Unwesen trieben, ... dem Grafen des Gelben Flusses opfern?' 'Nein', entgegnete Meister Yan. 'Der Graf des Gelben Flusses hat ja das Wasser zum Reich und die Fische und Schildkröten zum Volk. Sendet der Himmel lange keinen Regen, dann versiegt der Quell und trocknen die Hundert Ströme aus. Seinem Reiche droht so Untergang und seinem Volke Verderben. Will ausgerechnet er den Regen nicht? Was nützt es also, ihm zu opfern?' - 'Kann ich da überhaupt etwas tun?' - 'Ihr, Herr, solltet ehrlich Eure Palastgemächer meiden, unter freiem Himmel lagern und Eure Sorgen mit ... dem Grafen des Gelben Flussen teilen. Ob es durch eine glückliche Fügung dann regnet?' Der Herzog ging auf die offene Heide hinaus, um unter freiem Himmel zu lagern. Drei Tage darauf schickte der Himmel wirklich einen großen Regen."

S) Ping Yi 馮夷 *b'i̯əng- di̯ər- oder mit Lu richtiger =*b'iəŋ diĕd "Herr des Gelben Flusses" (vgl. N) stellt sich lautlich zu pang tuo 滂沱 *p'wâng- d'â- oder mit Lu richtiger = *p'ɑŋ d'ɑ$_d$ "Wolkenbruch" (vgl. J), zumal im Süden und bei den Daoisten, wo das erste Binom als *b'iɐng[9] diɐg und das zweite als *p'ɑng d'ɑ$_g$[10] zu rekonstruieren ist.

Nun hat sich das Bild gerundet. Ein dreieiniges Furtdurchwatendes "Fluß-Regen-Schwein" löste sich nach und nach in drei selbständige Elemente auf. Einmal konnte die Vorstellung des ungeheuren Ebers die anderen überschatten: die Volksetymologie machte prompt aus (ping 馮 südl. *b'iɐng =) 'furtdurchwatend' (feng 封 Lu*pɪoŋ, wobei das offene -o- mundartlich zu einem hinteren -ɑ- hin neigte, =) 'dick'. Dann konnte die Gestalt des göttlichen Flußherrn in den Vordergrund rücken: durch tabuistische Abwandlung ward aus (shi 豕 südl. *śia$_g$ =) 'Schwein' (Yi 夷 südl. *diɐg =) 'Swin'. Endlich konnte die Idee "ungewöhnlicher Regungen" allein zur Geltung kommen: sowohl (ping 馮 südl. *b'iɐng =) furtdurchwatend als auch (shi 豕 südl. *śia$_g$ =) Schwein waren da zu variieren und so ent stand eine (pang 滂 südl. *p'ɑng wie etwa in Chuci, X, 6a, 5 und bei Lie, 10, 12 =) weithinreichende (tuo 沱 südl. *d'ɑ$_g$ wie in H. 30, 5 =) Flut. Die gemeinsame Herkunft der drei Binome Feng shi "Dickes Schwein", Ping Yi "Furtdurchwatender Swin" und pang tuo "weithinreichende Flut" verrät sich schon durch Gleichheit in der Struktur. Der erste Einsilber dient jeweils nur zur näheren Bestimmung des zweiten, welcher als das Grundwort semantisch die Hauptlast zu tragen hat[11]. Dann verrät sie sich, wie schon festgestellt, durch Ähnlichkeit im Lautbild. Hierin hat das Idiom der Leute des Südens, die wohl von den ihnen sprach lich sehr nahe stehenden Shang[12] die Mythe vom Fluß-Regen-Schwein übernah men, starke Spuren hinterlassen.

Nachträge

Tianwen, 322 (ein dem um 342 v.u.Z. geborenen Qu Yuan zugeschriebenes Werk aus Chu im Süden): "Ping Hao regt den Regen an. Wodurch bringt er ihn hervor?"- Ping 蓱 GSR 824*b'ieng steht, und zwar im Süden, wo einem stdspr. *-e- ein a-Vokal und einem stdspr. *-ə- ein *-ɐ- entspricht, wohl für Ping 馮 GSR 899d*b'i̯əng- "Durchwatend". Hao 號 GSR 1041q*g'ôg- oder richtiger Lu*g'ʌg, das nicht als "rufen" interpretiert werden darf (bedeutet nämlich der erste Satz

"Ping ruft: er regt den Regen an", so erübrigt sich der zweite mit der Frage), steht, ursprünglich einfach 丂 geschrieben, wohl für 汅, d.h. für das Zeichen von He 河 GSR 1g *g'â- oder richtiger Lu *g'a_d "Gelber Fluß" in den Inschriften der Shang (vgl. Chen Mengjia, Yinxu buci zongshu, 344), deren Dialekt wie der südlich-daoistische *-g bzw. *-$_g$ an der Stelle eines stdspr. *-d bzw. *-$_d$ aufwies. Ping Hao bedeutete dann "der den Gelben Fluß Durchwatende". Und Ping Yi 屏翳, der Gott des Regens bei Sima Xiangru (gest. 117 v.u.Z.) nach Shiji, CXVII, 39b, 1, "der (Ping 屏 = 洴 =) Durchwatend (Yi 翳 =) (den Himmel mit Wolken) Bedeckende."

Guoyu, XVI, 2b, 13: "... Die Da Peng Shi Wei als führende Vasallen von Shang... ." - Peng 彭 GSR 750a*b'ăng-, verwandt mit pang 滂 GSR 740 l' *p'wâng- in pang tuo "weithinreichende Flut", stellt wohl eine Abwandlung von bereits zu Feng 封 "Dick" hin umgedeutetem Ping 馮 südl.* b'iɛng "Furtdurchwatend" dar: daher auch das vorgesetzte Da 大 "Groß"! Shi 豕 "Schwein" vertritt hier eigentlich wohl den Gelben Fluß: mit Shi Wei "(Wei 韋 für gleichlautendes wei 闈 =) Kreisförmiger Umrandung durch das (Shi =) Schwein" vergleiche man "der Gelbe Fluß wars (jing 景 =) große (yuan 員 =) Rund (nämlich die Grenze rings um die Domäne von Shang)" in Ode 303, V, 3. Der Ausdruck Da Peng Shi Wei "Groß-mächtiges Schweine-rund", entstanden aus Ping Shi 馮豕 oder dem Furtdurchwatenden Schwein, das als Herr des Gelben Flusses wirklich im Vasallenverhältnis zu den Shang gestanden hat (vgl. Zhen in H. 64, 4 gegenüber Gao Zong in H. 63, 3), und zwar, wie gesagt, entstanden durch Erweiterung um erläuterndes Da "Groß" und Wei "Rund", zerfiel dann je in ein Da Peng 大彭 (erst spät belegt) und ein Shi Wei 豕韋 (belegt bei Zuo, 1423, 6 und 2146, 12-13 als Vasallen von Shang, bei Zuo, 1826, 8 als das nach der Verwechslung von Zhen mit Hai[13)] dem Schwein zugeordnete dreizehnte Mondhaus mit α Pegasi). Seine ursprüngliche Einheit äußert sich noch bei Guoyu, XVI, 3a, 5-6, wo Peng "Mächtig", das alte Attribut von Shi "Schwein", für den Clan der Shi Wei oder der vom "Schweine-rund" gehalten wird.

Fu tu

"Der (Zhen 震 =) Erschütternde macht, daß (ni 泥 =) Lehm (sui 遂 GSR 526d *dziwəd↓ für zhui 墜 GSR 526g *d'iwəd↓ =) herabfällt. So H. 51, 4. Im "Erschütternden" erkennt man den Eber vom Gelben Fluß als Herrn über die Dämonen des Donners (s. H. 64, 4 Zhen). Der Lehm fällt ihm wohl vom Rücken.

Gui

Die (gui 鬼 GSR 569a *kiwər↑ =) dem Yin oder Schattigen zugeordneten Dämonen erzeugen den (lei 雷 GSR 577o *lwər-, richtiger *glwər-, weil in alten Formen nach Shuowen, 5175a oben mit hui 回 *g'wər- als Phonetikum, =) Donner, so wie die (shen 神 GSR 385j *d̂iĕn- =) dem Yang oder Lichten zugeordneten Geister den (dian 電 GSR 385m *d'ien↓ =) Blitz. Und zwar erzeugen sie ihn in der Gestalt eines (Kui 夔 GSR 1237s *g'iwɛr - =) Kui (g'jwi-, die altchin. Aussprache, geht in Anbetracht des ebenen Tons und des velaren Anlauts eindeutig auf *g'iwɛr zurück; zudem hat dieses Wort als Ortsname die Variante Wei 隗 GSR 569 *ngwər↑, vgl. Zuo, 627, 12 mit Gongyang, 357, 8-9), dessen Natur und Entwicklung sich in einer Reihe von Texten offenbart.

Vgl. erstens Shanhai, XIV, 6b, 5-7a, 1: "Darauf (auf dem Berg der Fließen den Wellen im Ostmeer) lebt ein Tier, gestaltet wie ein Rind, mit grünem Leib, hornlos und einbeinig . . . . Seine Stimme dröhnt wie Donner. Es heißt Kui. Der Gelbe Kaiser bekam es in seine Gewalt und machte aus seiner Haut eine Trommel. Die schlug er mit dem Bein des Donnertiers. Der Ton dringt, die Welt erschrekkend, fünfhundert Meilen weit." - Erklärungen: Im Mittfrühling - daher das "Ostmeer" als die entsprechende Region und "grün" als die entsprechende Farbe - wacht nach Li, 711, 12 der Donner auf. Dessen Beziehungen zur Trommel erscheinen sehr eng. So machen beide - s. Chuci, VIII, 14b, 4-5 bzw. IX, 11b, 7 - (tian 闐 GSR 375r bzw. tian 填 GSR 375s =) *d'ien-[13] . So trommelt der im Donnersumpf wohnende drachenleibige und menschenhäuptige Donnergott bei Shanhai, XIII, 1b, 10 und Huai, 64, 5-6 auf seinem Bauche herum. So wird nach Zhouli, 445, 13-446, 1 bei Opferzeremonien die (lei gu =) Donnertrommel gerührt, die (s. Xun, 258, 14) besonders laute. Die Rindergestalt bezeugt uns noch Shanhai, V, 28b, 4 und V, 29b, 1, die Einbeinigkeit Hanfei, 221, 13-222, 3 und Zhuang, 261, 10. Guoyu, V, 7a, 6-7 charakterisiert den Kui als 'Dämon von Baum und Fels'.

Vgl. zweitens Shu, 107, 12, Zuo, 2119, 11, Li, 1621, 4 und Xun, 308, 8: Kui erscheint hier schon als 'Direktor der Musik'(vordem wohl spezieller als 'Meister über die Donnertrommel'). - Erklärung: Hanfei, 221, 13-222, 3 zufolge unterschiebt Konfuzius (551-479 v. u. Z.) der althergebrachten Redewendung (Kui, you yi zu 有一足 =) 'Was den Kui anlangt, so (you =) gibt es (an demselben) (nur) (yi =) einen (z u erstens =) Fuß' (d. h. der Kui ist einbeinig) den neuen Sinn 'Was den Kui anlangt, so (you =) gibt es (von demselben) (yi =) einen und der (z u zweitens =) reicht aus' (d. h. der Kui ist einzigartig). Tatsächlich hat sich seine Schule, vielleicht auch schon deren Vorläufer, um die Vermenschlichung des musikalischen Einbeins besonders "verdient" gemacht.

Im (Kui *g'i̯wɛr- =) Einbein verkörpert sich also die ursprüngliche Identität des dunklen (gui *ki̯wər↑=) Dämons und des gleichfalls dem Yin verhafteten (lei *glwər- =) Donners. Für diese Identität sprechen auch noch zwei wichtige Indizien. Zum ersten fahren beide, wie weiter unten zu zeigen ist, auf einem Wagen einher. Zum zweiten lag beider Heimat irgendwo im Westen. Die des Dämons, weil der Seinigen Region dort (darüber hinaus auch im Norden) gesucht wird (s. H. 63, 3 und 64, 4 unter Gui) und weil das 'Mondhaus' seiner im Wagen gefahrenen Kameraden, das dreiundzwanzigste mit ϑ Cancri, dort den Staat Qin als irdisches Revier beherrscht (s. Huai, 50, 8). Und die des Donners, weil dessen Gott im Donnersumpf von Wu aus gesehen dort haust (s. Shanhai, XIII, 1b, 10), weil die irrende Seele dort Gefahr läuft, in den Donnerstrudel hineinzurollen (s. Chuci, IX, 3b, 3 ff.), weil die (Lei zu =) Donnermutter (Lei 嫘 hat bei Shanhai, XVIII, 1b, 7 die Variante Lei 雷 "Donner", zu 祖 steht wohl für jie 姐 "Mutter" wie in Shuowen, 5544a oben) eine Tochter der dortigen Berge ist (s. Shiji, I, 7a, 1), weil dort auf den Höhen des Kunlun der Feng long oder das Donnergrollen (vor long 隆 muß ein Zeichen, und zwar Feng 豐, ergänzt werden) begraben liegt (s. Mu, II, 1a, 11-1b, 1), weil dort (im Text steht "im Mittherbst": der Mittherbst entspricht als Jahreszeit dem Westen), vielleicht in jenem Grabe, der Donner zur Ruhe kommt (s. Li, 777, 2-3), weil der Feng long dort mitunter mehrere Jahre lang weilt (s. Hanfei, 88, 15-16), weil die 'Schildkröte des Westens' sonst 'die dem Donner Anhangende' heißt (s. Zhouli, 885, 13-886, 1).

Die (gui =) Dämonen müssen seit der Unterwerfung ihrer Region durch das Schwein vom Gelben Fluß (s. dazu H. 64, 4) für dasselbe Sklavendienste leisten. Sie machen mit ihrem (lei =) Donner zu dessen (pang tuo =) Regenströmen die "Musik" (vgl. auch Huai, 44, 2-3). Daher stößt man bei Guoyu, X, 7b, 8-11 auf Namen wie (Yi gu 夷鼓 =) "Swins Trommel" (Yi gu, mit einem Bruder Qing yang 青陽 oder "Heller Sonnenschein", dürfte auf den Donner deuten) oder wie (Fang lei 方雷 =) "Donner des (Fang 方 GSR 740a *pi̯wang- wohl als umgedeutetes Ping 馮 südl. *b'ieng =) Furtdurchwatenden". Daher läßt sich der Dichter Qu Yuan in Lisao, 94 vom Feng long, dem Polterer, zur (Mi fei = Göttin des Luo; diese wiederum, s. unter H. 64, 0,=) Gattin des Gelben Flusses fahren. Daher haust schließlich der Donner, dem Furtdurchwatenden Swin gleich, in der Tiefe eines Strudels (vgl. Chuci, IX, 3b, 4-5 mit Shanhai, XII, 3b, 2-10).

<u>Ju</u>

Der (ju =) Wagen befördert auch außerhalb der "Wandlungen" sowohl das Furtdurchwatende Schwein bzw. den 'Swin' vom Gelben Fluß als auch die demselben dienstbaren Dämonen des Donners.

I) Zum Furtdurchwatenden Schwein bzw. zum 'Swin' vom Gelben Fluß im Wagen:

Jiuge, 254 läßt den Grafen des Gelben Flusses im lotosbedachten Wasserwagen mit einem Gespann von zwei (long =) Drachen und mit einem (chi =) Lindwurm als Beipferd fahren. - Erklärung: (Long =) Drachen ziehen auch sonst den Wagen, so z. B. bei Li, 676, 3 den des Himmelssohnes. Sie werden Shanhai (zitiert von Lunheng, 61, 6) zufolge mit einem Pferdekopf dargestellt. Tatsächlich heißen Rosse von mehr als acht Ellen Körperhöhe "Drachen" (Zhouli, 1184, 11), solche von besonders edler Art "Grüne Drachen" (Lü, 143, 5).

Jiuge, 256 zufolge jagt der Graf des Gelben Flusses auch mit einem Gespann weißer Riesenschildkröten bunten Fischen nach. - Erklärung: Der jetzt der Gelbe genannte Fluß hatte ursprünglich weiß zu seiner Farbe erkoren. So entsprang er im Kunlun als Weißes Wasser (Shanhai nach Taiping yulan, 291 oben, 7-8; vgl. Zuo, 601, 1). Er selbst hatte ein weißes Antlitz (laut Shizi, II, 14a, 9-10 und Shuijingzhu, zitiert von Taiping yulan, 292 unten, 10-11, und zwar als Geist in Menschengestalt) und weiße Füße (in Ode 232, III, 1, und zwar als Schwein). Als Opfergaben nahm er Schimmel an (Shiji nach Taiping yulan, 293 oben, 13) und verwarf Rinder mit weißen Stirnen (Zhuang, 81, 12-13). Er sendet seinen Regen mit weißen Rossen übers Westmeer hin (Shen yi jing nach Taiping yulan, 54 unten, 17-19) und schickt dem König Wu, den er vom Angriff auf die ihm vorgesetzten Shang abhalten will (vgl. Huai, 89, 9-12), einen weißen Fisch ins Boot (Shiji, IV, 8a, 1-4). Hier spannt er nun weiße Schildkröten an, Tiere, die er sonst als Boten zu verwenden pflegt.

Zuo, 1423, 5-6 und 2146, 11-13: die Shi Wei 豕韋 oder die vom "Schweinerung", d.h. die Herren über den Gelben Fluß als Vasallen der Shang (s. oben unter Shi) - sie hießen bei den Xia die Yu long 御龍 oder "Drachenlenker".

Zuo, 2146, 7 ff.: Kong Jia, Herrscher über die Xia, erhält von Gott ein ursprünglich dem Gelben Fluß gehörendes und auch fürderhin von den drachenlenkenden Herren des Schweinerunds zu hegendes Drachenpaar für seinen Wagen.

Tianwen, 292 spricht von einem geflügelten Drachen des Gelben Flusses und des Meeres. - Erklärung: Auch dieser Drache, der Regen bewirkt (Shanhai, XIV, 6a, 11-6b, 1 und XVII, 4a, 6-8) und Wasser staut (ib., XVII, 5a, 11) kann vor den Wagen gespannt werden (Huai, 95, 14).

Li, 1055, 7: "Der Gelbe Fluß bringt den Plan des Rosses hervor." - Erklärungen: Diese Version spiegelt ein Übergangsstadium wider. Am Anfang lieferte der Fluß wohl einfach das (ma 馬 =) Roß. So Shangshu zhonghou e He ji, das, obgleich erst relativ spät verfaßt, als apokryphes Werk Legendäres reiner bewahren kann als die kanonische Schrift. Am Ende lieferte er schließlich nur noch den (tu 圖 =) Plan. So Shu, 666, 4-5, Mo, 95, 2-3, Lun, 203, 2, Guan, 127, 5, Yi, 390, 8 und indirekt Shu, 403, 2-5 als frühe, aber bereits der Rationalisierung weitgehend verfallene Zeugnisse. Ist in ma 馬 GSR 40a*måᛏ(besser mit Lu *mag) "Roß" etwa mo 謨 GSR 802l*mâg- (mit Lu *mag) "Plan" hineingedeutet worden? Und geschah dies im Hinblick auf den geflügelten Drachen bei Tianwen, 299 (s. oben), der nach einer anderen schon dem Wang Yi bekannten Version (eine Karte?) (hua 畫 =) malte, der, wie das Shanhaijing tuzan genauer ausführt, mit seinem Schweife die Wasserläufe der Erde vorzeichnete? Für das vermutlich weiße Roß im Viergespann, welches der Fluß einst hergegeben hatte (der Beiname des Gun 鯀, der den Wasserdrachen Yu zeugt, lautet nach Shanhai, XVIII, 7a, 7 "Schimmel"!), suchte und fand die jüngste Version einen anderen Lieferanten, nämlich (vgl. Mo, 95, 2-3 und Guan, 127, 5) die Erde, die ihm prompt ihre gelbe Farbe verlieh.

Shanhai, XII, 3b, 7: der (Bing Yi = Ping Yi =) Furtdurchwatende Swin fährt mit zwei (long =) Drachen, und zwar, wie Guo Pu (nach Taiping yulan, 292 unten, 8-9) erläutert, im Wolkenwagen.

Huai, 2, 16-3, 1 rühmt den (Ping Yi =) Furtdurchwatenden Swin, den (Da Bing =) Groß-mächtigen (Bing 丙 GSR 757a *pi̯ăngᛏ = Peng 彭 GSR 750a *b'ăng-, Da Bing also = Da Peng als Beiname vom Shi Wei oder Schweinerund wie in Guoyu, XVI, 2b, 13) oder den Großen (Bo 白 statt Bing 丙 in einer Version nach Li Shan zu Wenxuan =) Weißen, als genialen Rosselenker: er reise im Wolkenwagen (oder, mit einer Version nach Taiping yulan, 72 unten, 15-16, im Donnerwagen) auf Regenbögen und durch Nebelschleier ins Ungewisse. Vgl. auch Huai, 94, 3-4.

II) Zu den Dämonen des Donners im Wagen:

Das dreiundzwanzigste 'Mondhaus', dem das rossereiche Qin im Westen als irdisches Revier untersteht (s. Huai, 50, 8), heißt schon bei Lü, 124, 14-15 (Yu Gui 輿鬼 =) 'im Wagen gefahrene Dämonen'. - Erklärungen: Es umfaßt eigentlich vier Sterne (s. Huai, 50, 5). Der fünfte in der Mitte, ein weißer (sic!) und Zhi genannt (s. Shiji, XXVII, 9a, 4) (steckt in Zhi 質 GSR 493a *t̂i̯ət etwa ursprünglich Shi 豕 *si̯ɑᛏ, richtiger mit Lu = *śiæ$_d$, zumal weil *t̂- mit *ś-, *-t mit Lu *-$_d$ und Lu *-æ- mit *-ə- wechseln kann?), dürfte einmal das mitfahrende Schwein verkörpert haben.

Zhen 震 vertritt als mantisches Trigramm einerseits den Donner (Yi, 459, 7), andererseits den Wagen (Zuo, 454, 13 und 556, 6-9) und den Drachen (Yi, 457, 13 und 459, 7).

Von einem (lei ju 雷車 =) Donnerwagen spricht Zhuang, 287, 9, ferner Huai, 95, 14 und 3, 1 (hier in der Version von Taiping yulan, 72 unten, 15-16). Nach Jiuge, 248 fährt die Sonne vierspännig mit dem (lei =) Donner. In Lisao, 94 befiehlt der Dichter dem (Feng long =) Donnergrollen, die Wolken anzuschirren.

Der (lei 雷 GSR 577o *glwər- =) Donner (hui 回 GSR 542a *g'wər- =) rotiert (beide Wörter stehen füreinander: Wu 吳 Lei auf der Glocke des Herzogs von Chu = Wu Hui in Da Dai Li, 118, 14 und Shanhai, XVI, 7a, 10, Fang 方 Lei in Guoyu, X, 7b, 10 = Fang Hui in Huai, 32, 7, Lei shui 水 in Mu, IV, 3b, 10 = Hui shui in Tianwen, 365; ferner steht das Zeichen des zweiten als Etymon in dem alten Zeichen des ersten: vgl. Shuowen, 5175a oben). So dachte man ihn sich auch als (lun 輪 GSR 470f *li̯wən-, besser *gli̯wən-, da das homophone 淪 aus gleicher Serie in Ode 194, I, 10 die Variante xun 薰 GSR 461e *χi̯wən- hat, =) Rad (s. Huai, 3, 9). Er hört sich an wie das Getöse, das beim Wälzen schwerer Gegenstände entsteht (s. Shiming, 4 unten, 13-14).

Zai Gui yi ju

Das Schwein vom Gelben Fluß hat inzwischen auf des Meeres Geheiß die rossezüchtenden und rossekundigen Dämonen im Nordwesten niedergeworfen (H. 64, 4 und 63, 3) und dabei wohl eines ihrer fabelhaften Gespanne und mehrere ihrer Stammesgenossen erbeutet. So nimmt es die Furt, die zur Erzeugung seines Regens von ihm zu überqueren ist, gleich der Frau in H. 63, 2 jetzt im Gefährt statt wie früher (ping 馮 mit Erya, 144, 3 =) zu Fuß. Und so führt es, selber zum (Zhen 震 =) Donnerer aufgerückt (H. 64, 4), vier seiner donnernden Sklaven (eben die vier verstirnten Dämonen des dreiundzwanzigsten 'Mondhauses': die einbeinigen Kui pflegen gleichfalls zu viert aufzutreten, zumal als devote Diener! Vgl. Peiwen yunfu, Shanghai 1937, 4285, 2. Spalte bzw. 158, 3. Spalte) in seinem Wagen mit.

Jian shi fu tu. Zai Gui yi ju

In unserem Kommentar wurde dieser Abschnitt so behandelt, als stünde er noch in den "Ur-Wandlungen". Wie man ihm später Kui gu (erklärt unter H. 38, 4) vorsetzte, wie jian 見 "sieht" über xian 見 "sichtbar werdend" aus qian/xian 俔 "sieht aus wie" entstand und wie die "Waise <Füchsin" den "Eber>Mann" als Subjekt verdrängte, entnimmt der Leser den Ausführungen zum Hexagramm.

Zhang zhi hu

Wer schoß eigentlich auf wen? Ein verhältnismäßig reiches Textmaterial außerhalb der "Wandlungen" gibt darüber hinreichenden Aufschluß.

Tianwen, 312: "(Di 帝 =) Gott sandte Yi 羿, den (Yi 夷 =) Ostbarbaren, die Übel zu (ge 革 = "jemandem etwas entziehen", so z. B. einem frevelnden Herrscher das Himmlische Mandat; hier =) nehmen vom Volke der Xia (d. h. vom Reiche der Mitte). Wie erschoß er den Grafen vom Gelben Fluß (das vermenschlichte Regenschwein) und nahm sich die Kebse vom Luo zum Weib? Auf den (yao 珧, vgl. Erya, 189, 5-6, =) Austernbogen (ping 馮 =) sich stützend und den (jue 決 =) Daumenschützer (li 利 =) sich zunutze machend[14], erschoß er den Dicken Eber (den tierischen Begleiter des Flußgrafen) da. Wieso fand er, das Fett vom (zheng 蒸 sonst = "gedämpften", hier aber, vgl. H. 38, 6 Shi unter A, wohl =) geilen Fleische opfernd, nicht Zustimmung bei (Di =) Gott, dem Herrn?"

Guo Pu (276-324 v. u. Z.) in Shanhaijing tuzan, 32a, 11-12: "Es gibt ein Wesen voller Gier. Sein Name lautet Dickes Schwein. Das frißt und frißt, wird niemals satt. ... Yi schoß es da und der Pfeil drang ein bis zur Befiederung. Die Beute brachte er vor Gott zum Zeichen seiner Kunst."

Huai, 118, 2-5: "Yao (so nannten gewisse Gentes ihren Gott) sandte da Yi aus, ... den Dicken Eber (ein Ungeheuer neben fünf anderen von ähnlicher Art, mit diesen und mit den Zehn Sonnen eine 'Plage fürs Volk') im Maulbeerwald (d. h. im Haine, wo sein Regenaltar stand) zu (qin 禽 =) erbeuten."

Shanhai, XVIII, 7b, 4-7: "Gott Jun (so nannten andere Gentes ihren Gott: später zum Nachfolger des Yao gemacht) verlieh Yi den (tong gong 彤弓 =) roten

Bogen mit dem weißen Harpunenpfeil, auf daß er den Ländern hienieden Hilfe leiste. Und Yi begann sodann, sich die hundert irdischen Nöte (qu xu 去恤 umgestellt =) zu Herzen zu nehmen und abzuwenden."

Lisao, 68: "Yi schweifte zügellos umher, der Jagd galt seine Leidenschaft. Auch war es für ihn eine Lust, den Dicken (hu 狐 GSR 41i *g'wo- "Fuchs" - der 53 v. u. Z. geborene Yang Xiong spricht aber, auf diese Stelle anspielend, von einem zhu 豬 GSR 45h *ti̯o- "Schwein"; im Urtext stand höchstwahrscheinlich jia 豭 GSR 33f *kå- =) Eber zu erlegen."

Zuo, 2119, 13-2120, 4: "Der (nämlich Graf Dick, ein Sohn des aus einem einbeinigen Donnerdämonen hervorgegangenen Musikdirektors Kui und des aus einer Schwarzen Füchsin hervorgegangenen Dunklen Eheweibes) hatte, traun, ein Schweineherz! Gierig und ein Nimmersatt, brunftig und geilend immerzu, bekam er den Namen Dickes Schwein. Fürst Yi, Herr über (Qiong 窮 GSR 1006h *g'i̯ông- als graphische Erweiterung von Gong 弓 GSR 901a *ki̯ŭng- =) Bogen (vgl. dazu auch Zuo, 1190, 1 und 4, 1191, 8 sowie Tianwen, 317), vernichtete ihn ... .

Der Schütze war also Fürst Yi - ein "Ostbarbar" (Tianwen; ferner Lü, 206, 7; schließlich Shanhai, XI, 3a, 10, wo Ren 仁 *ńi̯ĕn- für Ren 人 *ńi̯ĕn- steht, das - vgl. GSR 388b, c, d, e mit GSR 561b bzw. 551b, linke Seite - in der alten Schrift mit Shi 尸 *śi̯ər- = Yi 夷 *di̯ər- identisch war), dessen Kult wohl in Qiong 窮 oder 'Bogen' wurzelt, einem in Shandong gesuchten Ort; ein Sendbote Gottes (Tianwen, Shanhai, Huai), der die Menschheit von allerlei Ungeheuern erlöst (ebenda; ferner Shanhai, XV, 3b, 2 und VI, 4a, 4-5 sowie Huai, 233, 4), und ein Gewalttäter zugleich (in Tianwen raubt er das Weib des getöteten Feindes; nach Lunyu, 312, 5-6 geht er, zu sehr auf die eigene Kraft vertrauend, vorzeitig zugrunde; bei Zuo, 1190, 4 usurpiert er zudem den Thron von Xia; die "Urwandlungen" endlich halten ihn für einen fremden Eindringling), der seiner Jagdlust frönt (Lisao; ferner Zuo, 1191, 1 ff.) und den Altar mit unreinem Wildbret vermessentlich entweiht (Tianwen, Guo Pu). Der Schuß galt zunächst dem Dicken Eber, der als Erzeuger des Regens und als Gebieter über den Gelben Fluß das Reich der Mitte mit gewaltigen Wolkenbrüchen bzw. mit verheerenden

Überschwemmungen heimsucht, dann auch dem großen Mann von H. 38, 4 (dem "Grafen" vom Gelben Fluß im Tianwen, dem "Graf Dick" bei Zuo), der aus diesem gierigen und geilen Untier hervorgegangen ist. Die Waffe, die Yi gegen den Eber richtete, erfährt nun eine eingehendere Behandlung.

Hu

"Yi erlangte einen kostbaren Bogen mit Nashorngriff (zhi 質 als "Griff" wie bei Gongyang, 776, 8) und mit Jadeschmuck." (Sun nach Jiang Liangfu zu Tianwen, 312). Dieser Bogen hieß auch "der (yao 珧 =) Perlmuttene" (ebendort und Tianwen, 312; vgl. Erya, 189, 5-6) oder "der (tong 彤 =) Rote" (Shanhai, XVIII, 7b, 4). Ihm dürfte der schillernde (hong 虹 GSR 1172j *g'ung-, verwandt mit hong 紅 GSR 1172i *g'ung-"rot", =) Regenbogen zugrunde liegen, dieser "(gong 弓 GSR 901a *kįŭng- =) Bogen des (tian 天 =) Himmels" oder "(gong =) Bogen von (Di 帝 =) Gott" (Bohutong, zitiert in Peiwen yunfu, 17 unten, 14-15), der eben *gespannt* wird, *um* den eberartigen *Erzeuger* des Regens zu *erlegen*, wie etwa die Alten, Ursache und Wirkung miteinander vertauschend, gedacht haben mochten. Wem fiele da nicht ein, was Gott 1. Mose 9, 12-15 zu Noah sagt? "Das ist das Zeichen des Bundes, den ich gemacht habe zwischen mir und euch ... hinfort ewiglich: Meinen Bogen habe ich gesetzt in die Wolken .... Und wenn es kommt, daß ich Wolken über die Erde führe, so soll man meinen Bogen sehen .... Alsdann will ich gedenken an meinen Bund ..., daß nicht mehr hinfort eine Sintflut komme, die alles Fleisch verderbe." Derselbe Bogen wohl - Yi verfertigte ihn (Mo, 181, 7 und Lü, 206, 7) oder nahm ihn doch von Gott entgegen (Shanhai, XVIII, 7b, 4-7), nannte nach ihm seinen Wohnsitz Qiong 窮 = Gong 弓 (s. Zuo, 2120, 4; ib., 1190, 1 und 4 sowie 1191, 8; Tianwen, 317; Lisao, 96 rechts) und ward mit ihm von alters her bildlich dargestellt (Shanhai, VI, 4a, 4: hier im Kampf mit dem Ungeheuer Zuochi) - prangt auch als Sternbild (Li, 707, 4; Shiji, XXVII, 12a, 10) am Himmel. Dort (zhong 中 "trifft" >) kulminiert er, wenn die Sonne des Mittfrühlings im 'Mondhaus' vom (Kui =) Dicken Schwein steht (Li, 707, 4; s. oben Shi E), richtet sich jedoch gegen den (Lang =) Wolf (Jiuge, 251). "Sie (nämlich der Gelbe Herrscher sowie Yao und Shun = Jun, die

"Auftraggeber" des Schützen Yi nach Huai, 118, 2 f. bzw. Shanhai, XVIII, 7b, 4 f.) versahen das Holz mit einer Sehne und schufen den Bogen, gaben dem Holz eine Spitze und schufen den Pfeil. Damit wurde die Welt in Furcht gehalten. Die Idee entstammte wohl dem Hexagramm Kui (= H. 38)." So Yi, 416, 6 (= Xici). Der Bogen des Yi brachte über die Bösen Verderben (Chuci, XVII, 15a, 1: hier Sternbild): sein "Rot" garantierte ihnen "Bestrafung" (vgl. H. 47, 2 Zhu fu fang lai und H. 47, 5 Chi), sein (yao 珧 GSR 1145g *di̯og- =) "Perlmutt" jagte sie in die (tao 逃 GSR 1145v *d'og- =) "Flucht".

Xian zhang zhi hu, hou shuo zhi hu

Diese beiden Sätze, grammatisch konstruiert wie z.B. ... qie gao zhi hui 且告之悔 "... und er sagte ihm außerdem, wie er es bereue" (Zuo, 89, 4-5)[15], gingen unserem Kommentar zum Hexagramm zufolge auf einen einzigen zurück. Im Text des Historiographen Su aus Jin hieß es noch: Gui mei 歸妹 Kui 睽. - Gu 孤. Kou 寇 zhang zhi hu "Hexagramm 54 (ergänze zhi 之 "geht zu" >) schlägt um in Hexagramm 38. - Eine Waise! Der fremde Eindringling (hier der Graf von Qin) spannt den Bogen gegen sie" (Zuo, 557, 2-3). Das objektive zhi 之 bezog sich ursprünglich auf den Eberherrn. Hinter dem etwas abfälligen Kou 寇 steckte Yi 羿, Retter der Welt (Huai, 233, 4), darum aber doch ein Gewaltmensch, der blind auf die eigene Waffenkunst vertraut und seinen unnatürlichen Tod selbst verschuldet (Lunyu, 312, 5-6; Zuo, 1190, 4 ff.). Die mehr nördlich siedelnden Sushen zielten einst auf den Falken des Windes (s. H. 56, 5 Yi shi). Dieser (Yi 夷 =) Ostbarbar hier, der schießt auf das regenmachende Schwein und liefert damit ein Grundmotiv, das, zumeist stark abgewandelt, noch lange Zeit in der erzählenden Literatur zum Vorschein kommt. "Der Fürst von Qi gewahrte, als er danach am Kaurihügel jagte, einen großen Eber. 'Herzogssohn Peng-sheng!', riefen die Begleiter. 'Was! Peng-sheng wagt, sich blicken zu lassen?', zürnte der Fürst und schoß. Der Eber stand grunzend da, ganz nach Art der Menschen ...". So Zuo, 345, 1-3 unter 687 v.u.Z. Peng sheng 彭生 - das mochte (Peng *b'ăng- für Feng 封 *pi̯ung- =) Dick (sheng =) Geboren" bedeuten oder auch "Vom (sheng

GSR 812a *sĕng- für xing 姓 GSR 812q *si̯ĕng↓ =) Geschlecht des (Peng *b'ăng- für Ping 馮 *b'i̯əng- =) Furtdurchquerenden". Darum erscheint - vgl. die Nachträge zu Shi weiter oben - der also Genannte als Schwein. Dieses Tier wird bei Fuzi (s. weiter oben unter Shi, Beleg K) nicht mehr gejagt und dann erschossen, sondern schon als Geschenk überreicht und dann geschlachtet! Ein ganz anderer Weg der Umgestaltung führt zu der orthodoxen Version: Yi hat den (Eber)herrn bereits umgebracht. Sein Blick fällt auf die arme Waise, dessen Partnerin (s. "Kui gu yu yuan fu" in H. 38, 4), die - soeben noch liebestoll (s. "Jiao fu" ebenda) - jetzt um ihr Leben bangen muß (s. "Li" ebenda). Schon richtet er den Bogen auf sie ("Xian zhang zhi hu"; zhi 之 bezieht sich auf kui gu). Doch läßt er dann, von ihrer Schönheit betroffen, die Waffe wieder sinken ("Hou shuo zhi hu" in seinem vordergründigen Sinn - shuo 說 GSR 324q *śi̯wat "lösen > erklären" steht wie in Ode 264, II, 8 für tuo 脫 GSR 324m *t'wât "loslassen > fortgehen lassen von"). Er schenkt ihr das Leben (s. "Wu jiu" in H. 38, 4). Ja, er will sie sogar zu seiner Nebenfrau machen ("Fei kou hun gou"; darüber weiter unten). Die Hochzeit wird auch gefeiert, und zwar mit einem Weingelage. "Später", so heißt es darum, "erfreut er sie mit einer Kalebasse" ("Hou shuo zhi hu" in seiner hintergründigen Bedeutung - shuo 說 GSR 324q *śi̯wat "lösen > erklären" steht wie in Ode 225, II, 6 für yue 悅 GSR 324o *di̯wat "lösen > frohmachen" und hu 弧 GSR 41h *g'wo- "Bogen" weicht wie in den Versionen von Jing Fang, Ma Rong, Zheng Xuan und Wang Su vor hu 壺 GSR 56a *g'o- "Flaschenkürbis").

Fei kou, hun gou

Ein stehender Ausdruck, der noch in H. 3, 2 und 22, 4 vorkommt. Hun gou 婚媾 begegnet zudem in H. 3, 4 und 51, 6. Es bedeutet wie einfaches hun 婚 in Shu, 308, 10-11 (s. auch Erya, 150, 13; 151, 2) "Verwandter durch Heirat." Weitere Belege dafür auf zwei Bronzen bei Guo, Bd. 7, 123a bzw. 147b, auf der Pán-Schale Fan shu duo fu 販叔多父 und der You-Henkelkanne Zhu 壴, bei Zuo, 192, 12 und 2072, 5, in Guoyu, X, 8b, 12.

<u>Wang, yu yu, ze ji</u>

Wer vor einer Reise das Orakel konsultiert, braucht nicht zu befürchten, unterwegs durch Regen lange aufgehalten zu werden, wenn er H. 38, 6 erhält. Dieser Spruch verheißt ja in seiner ursprünglichen Fassung, daß Yi dem Eber vom Gelben Fluß, der die Schleusen des Himmels weit öffnen kann, den Garaus machen werde.

H. 47

Kun 困

<u>Zum Hexagramm</u>

Kun 困 GSR 420a *k'wən↓ "in Not gebracht werden" stellt sich zu kun 梱 GSR 420e *k'wən↑ "Schwelle". "Schwelle" wieder geht im Chinesischen mit "Begrenzung" einher. Vgl. yu/xu 閾 GSR 929k *gi̯wək und *χi̯wək "Schwelle" neben yu 域 GSR 929e *gi̯wək "(umgrenztes Gebiet >) Territorium" oder guo 國 GSR 929o *kwək "(durch den Wall limitierte) Stadt". Vgl. ferner men xian 門限 "Schwelle" < "Schranke der Tür." Vgl. schließlich die 窒 GSR 413h *tiet "Schwelle" (bei Zuo)(Varianten: 絰 GSR 413q bei Zuo, 柣 GSR 402 im Erya und 榍 GSR 1256e + Rad. 75 im Shuowen) neben "blockieren, versperren". Kun 困 - das Zeichen zeigt "Holz" und "Umzirkung", seine Guwen-Variante  "Holz" und "einhalten"! - hätte demnach zunächst "an der Grenze stehen (und nicht mehr weiter wissen)" bedeutet, sodann "mit seinem Witze (Latein) zu Ende sein", noch später "in Not geraten". Im Folgenden wird es als Kausativ angesehen, das vor yu 于 passiven Sinn erhält.

Das Hexagramm behandelt das Grundthema "Not leiden durch Strafe". Die Ereignisse am Ausgang des zweiten Jahrtausends vor der Zeitenwende, die im Reich der Mitte zur Errichtung einer neuen Dynastie führen, liegen wenigstens vier Sprüchen zugrunde. Zwei davon, H. 47, 2 und 47, 4, künden von dem lasterhaften Shou/Zhǒu Xin und dessen schrecklichem Ende. Die beiden anderen, die sich den Opfern des Tyrannen widmen, nämlich H. 47, 5 und 47, 6, gehören, wie schon der gleiche Reim es nahelegt, eigentlich zusammen. Die "protogenen"

'Wandlungen' lauteten vermutlich etwa so: ⟨Shen⟩ kun yu ge *kât ⟨身⟩ 困于葛, lei yu yi wu *ngwət 藟于臲卼. - Kun yu chi fu *pi̯wət 困于赤紱, nai xu you tuo *t'wât 乃徐有脱." ⟨Die Leiber⟩ werden in Not gebracht durch die Faselranken, werden verwickelt in das Nasen- und Fußabschneiden. - Sie werden in Not gebracht durch die Roten Knieschützer, dann gab es für alle ein Davonkommen." Der erste Abschnitt, der später den Kern von H. 47, 6 bilden wird (von ⟨Shen⟩ kun bis zum Gedankenstrich), malt das Schicksal der Sträflinge bis zum Tag der Befreiung. Der Orakelpriester warnt darum zunächst die Gefährdeten: yue dong, hui you hui 曰動。悔有悔 "sich zu rühren, schafft Reue über Reue" (yue 曰 hier Initialpartikel wie etwa in Ode 236, II, 4), sodann appelliert er an den bereits von Gott bestimmten Retter: zheng, ji 征。吉 "eine Strafexpedition zu unternehmen, verheißt Glück." Die um der Versrhythmik willen und im Hinblick auf tun 臀 "Hintern" in entsprechender Position bei H. 47, 1 vorgeschlagene Ergänzung von shen 身 "Leib" erscheint nicht ganz zwingend: "3-4" bzw. "3-4-4-4" beträgt das Silbenmaß auch in H. 47, 4 bzw. H. 47, 3. Der zweite Abschnitt, der später den Kern von H. 47, 5 bilden wird (vom Gedankenstrich bis you tuo), zeugt vom Schicksal der Sträflinge seit dem Tage der Befreiung. Der Orakelpriester rät deshalb: li yong ji si 利用祭祀 "Es nützt, aus diesem Anlaß ein Opfer darzubringen." Während xiang si 享祀 in H. 47, 2, zum Reim und somit zu einer älteren Textschicht gehörend, auf ein Menschenopfer weist, weist ji si 祭祀 eher auf ein Dankopfer hin.

Nun aber lagen die hier erschließbaren "Ur-Wandlungen" bereits in zwei Versionen vor, die in der schriftlichen und lautlichen Wiedergabe des Ausdrucks für "strafweise Amputation der Nase und der Füße" voneinander abwichen. Die Fassung I bot yi wu 臲卼 (oder, ohne die sekundären Klassenzeichen, besser: 臬兀) *ngi̯ad↓ ngwət, die Fassung II hingegen yi yue/wa 劓刖 (oder 劓月) *ngi̯ɛd↓ ngi̯wăt/ngwat. Der "Redakteur", der zuerst den Passus zweiteilte, besaß den Text I, der das yi wu in H. 47, 6 hinterlassen hat. Sein "Korrektor" besaß den Text II, dem er yi yue/wa entnahm, um damit den seinerzeit bereits als H. 47, 5 verselbständigten Spruch "einzuleiten", den Spruch, der sonst Fehlinterpretationen preisgegeben gewesen wäre, weil dessen psychologisches Subjekt bloß aus dem nunmehr abgeschiedenen Vordersatze H. 47, 5 so recht hervorgehen konnte, der, anders ausgedrückt, seinen Bezug auf die an Nase und Fuß verstümmelten Strafgefangenen gänzlich verloren hätte.

Der rekonstruierte Kernspruch H. 47, 6/H. 47, 5 erinnert lebhaft an Yizhoushu, III, 7b, 12-8a, 1: "Ach", so sagt da der 'Herzog von Zhou' nach einer tiefen Verneigung zum König Wen, "füge Dich dem Himmel! Der Himmel sandte einen Wachtraum auf Cheng herab. Cheng sandte Anlässe auf Shang hinab. Shang läßt jetzt Faselranken wuchern. Die Faselranken leihen dem Inhaber von Zhou ihren Beistand." Der (wu 寤 GSR 58n *ngo↓,~wu 悟 GSR 58j *ngo↓ "Erweckung", =) Wachtraum, einer der sechs ominösen Träume bei Zhouli, 905, 1 und Lie, 34, 10, ist derjenige, den der Himmel ein Jahr zuvor der Königin eingegeben hatte (s. Yizhoushu, II, 10a, 4-7, übersetzt und gedeutet weiter unten unter H. 47, 2 Zhu fu fang lai), um sein Mandat an das Haus von Zhou zu übermitteln. Cheng 程 GSR 835t *d'i̯ĕng-, gesucht östlich von Xianyang in Shǎnxi, diente König Wen damals als Residenz. Die yin 因 'Anlässe'[16], nämlich Anlässe für Zhou, über die Shang herzufallen, werden im Folgenden aufgezählt: 1.) nicht mit Opfern bedachte Geister, 2.) vernachlässigte Tugenden, 3.) unbeamtete Talente, 4.) schlecht harmonierende Tätigkeiten, 5.) Streit, wo Zwei aufeinandertreffen, 6.) Entfremdung durch Reichtum, 7.) Mangel infolge Habsucht, 8.) Versäumnisse aus einseitiger Vorliebe, 9.) überlegene Gegner. Sie wurden 'hinabgesandt', da Schuld nach altchinesischer Auffassung nicht dem Individuum entspringt, sondern diesem durch die Obrigkeit aufgebürdet wird. Die ge 葛 *kât 'Faselranken' deuten das ge 割 *kât 'Schneiden', d.h. die strafende Verstümmelung des Leibes an, dann auch die aus gewaltsamem Schnitt erwachsende hai 害 *g'ûd↓ 'Schädigung' der Person. Die üppig ins Kraut schießenden Strafen und das anschwellende Heer der Sträflinge im Innern sollten letzten Endes doch nur die Sache des auf den Kairos lauernden äußeren Feindes fördern.

H. 47,1f (→58)

Tun kun yu zhu mu (GSR 1212a *muk), ru yu you gu (GSR 1202a *kuk), san sui bu di (GSR 1023e *d'iôk).

臀困于株木。入于幽谷。三歲不覿

Der Hintern wird in Not gebracht durch das Holz des Dornenbaumes. Man kommt in das düstere Tal und wird drei Jahre lang nicht mehr erblickt.

<u>Tun kun yu zhu mu</u>

Zhu 株 GSR 128f *ti̯u- steht für zhu 朱 GSR 128a *t̂i̯u- "Baum mit Dornen" (Shuowen, 2451a unten). Ausführlich dazu Wen Yiduo, Gudian xinyi, 527-536. Es gehört neben zhu 誅 GSR 128k *ti̯u- reprove (Lunyu); punish (Zuo), kill (Zuo) und shu 殊 GSR 128s *d̂i̯u- kill (Zhuang). Vgl. etwa jing 荆 GSR 808i *ki̯ĕng- briar, thorny shrub (Zuo), "Dornenrute zur Züchtigung" (Shiji, LXXXI, 6a, 1-2) neben xing 刑 GSR 808b *g'ieng- punish, punishment (Shu); law (Shi). Vgl. ferner chu 楚 GSR 88a *tṣ'i̯o↑ thorny tree, thorns (Shi); "Dornenstock" (Yili, 363, 2); "Dornenrute zur Züchtigung der Schüler" (Li, 1554, 2); "schmerzhaft" (von der Strafe) (Shiji, X, 14a, 4) neben xu 胥 GSR 90e *si̯o- "Sklave" (Zhuang, 133, 7-8; 191, 6); "Sträfling" (Zhuang, 353, 14 usw., in xumi); "Gestrafter" (Zhuang, 105, 13, in xuyu). Vgl. noch ji 棘 GSR 911a *ki̯ək jujube (Shi); thorns (Zuo); thorny, harassing, painful, distress (Shi); "Verbannung in den Westen" (Li, 608, 11) neben ji 殛 GSR 910d *ki̯ək "(hin)richten" (Shu, 94, 12). Beachte besonders H. 29, 6. Zhu 株 (朱) lebt noch fort in dem Zeichen chu 祩 mit dem sekundären Klassenhaupt Nr. 113 "Geist". Beachte Mo, 143, 2-144, 5: "Zur Zeit des Fürsten Wen von Song mit Namen Bao (609-588 v. u. Z.) diente ein (gou ? 祏 verderbt aus zhu 祝 =) Beschwörer (guan 觀, aber nach Lunheng ye 夜 =) Ye gu, der die (li 厲 =) Dämonen zu besorgen hatte. Der Meister des (chu 祩 =) Dornenstocks (nach Lunheng ein Dämon) kam gestützt auf ein (yi 揖 verderbt aus jie 楫 =) Ruder hervor und sprach zu ihm: 'Ye gu! Warum erreichen die Jadeinsignien nicht ihre Maße? Warum sind nicht Wein und Korn rein und die Schlachtopfer fett und ohne Fehl? Warum wird im Frühling, Sommer, Herbst und Winter nicht die rechte Zeit gewählt? Liegt es an dir oder liegt es etwa an Bao?' 'Bao, ein unmündiges Kind, wird im Tuche auf dem Rücken getragen. Wie kann der davon wissen? Ich verwalte dieses Amt - es liegt allein an mir', lautete die Antwort. Da hob der Meister des (chu =) Dornenstocks das Ruder und (kao 槁 =

qiao 敲 =) schlug ihn auf dem Altarplan tot. ... Wie schnell ereilt doch die (zhu 誅 =) Strafe der Geister und Dämonen alle die, welche es bei den Opfern an Respekt und Sorgfalt fehlen lassen!" Stand statt jie 楫 = 檝 "Ruder", das Wang Chong (27-97 u. Z.) schon gesehen hat, einmal ce 策 "Stachelstock" da! Denkbar wäre bei der überaus schlechten Tradition dieses Textes dann ce 策 *ts'ĕk > ce 筴 *ts'ĕk (bloß eine graphische Variante) > jia 夾 *kăp (durch versehentliche Auslassung von 竹, das häufig als sekundäres Determinativ auftritt) > jie 夾 *tsiɑp (gelesen wie etwa jie 浹 in der gleichen Serie) > jie 楫 *tsi̯ɛp (ein Wort mit ähnlicher Lautung, das den inzwischen verlorengegangenen Sinn wiederherstellen sollte). Noch mehr zum Zusammenhang zwischen "Dornen" einerseits und "Strafe" andererseits bei anderer Gelegenheit.

Ru yu you gu

You 幽 "düster" gemahnt an die Finsternis des Kerkers. Vgl. H. 29, 4 Na yue zi you sowie H. 10, 2 und 54, 2. Das Tal gemahnt an den ursprünglich in den Boden eingegrabenen Kerker selbst. Vgl. H. 29, 4 Na yue zi you. Wie in dem Dickicht an dem Erdaltar, vor dem die Strafen zu vollziehen waren (s. unter H. 29, 6 Zhi you cong ji), hausten auch in ihm Unrecht ahndende Dämonen (s. etwa Mo, 145, 6-9).

San sui bu di

Vgl. H. 29, 6 San sui bu de mit ergänzendem Material. Nach Zhouli, 1290, 4-5 erfolgte die Amnestie der Eingekerkerten, sofern dieselben sich besserten, bei schwerster Schuld erst nach drei Jahren wie hier.

H. 47, 2m (→45)

Kun yu jiu shi (GSR 921a *d̂'i̯ək), zhu fu fang lai (GSR 944a *ləg-), li yong xiang si (GSR 967d *dzi̯əg↑), zheng xiong, wu jiu.

困于酒食。朱紱方來。利用享祀。征凶。无咎

Sie werden in Not gebracht durch Wein und Speisen. Die Laterale Region der

Roten Knieschützer kommt. Nützlich ist es, sie zu verwenden als Opfer. Auf Strafexpedition zu ziehen, bringt Unglück. Kein Tadel.

Kun yu jiu shi

Vgl. Lun, 206, 2: "Nicht durch Wein (kun =) in Not gebracht werden... ." Die Leute von Zhou sahen in ihren Feinden, in den Shang unter dem Tyrannen Shou/Zhŏu, haltlose Schlemmer und Trunkenbolde. Ode 255, V, 1-4: "König Wen sagte 'Ach! Ach ihr Shang von Yin. Nicht der Himmel taucht euch in Wein, es ziemt sich nicht, ihm zu verfallen, ihn zu gebrauchen'...". Der Große Dreifuß des Yu nach Guo, Bd. 6, 34a, 1-3: "Ich (es spricht wohl König Kang, 1078-1053 v.u.Z.) habe vernommen, daß Yin sein himmlisches Mandat hat fallen lassen. Yins Vasallen aus den Lateralen Subordinationszonen der Späher und der Jagd (hierüber ausführliche Erörterungen zu einer späteren Zeit), Yins Administratoren und Hundert Regenten, sie alle hatten dem Weine gefrönt. Darum verloren sie ihre (Heer)haufen... ." Die "Proklamation betreffend den Wein" in Shu, 494, 1 ff. walzt das Thema noch weiter aus. Shou/Zhŏu, der sich Hanfei, 120, 2-9 und Lü, 301, 14 zufolge schließlich einen Garten mit Fleisch und einen See von Wein anlegen ließ - diesen Wüstling im Kreise seiner betrunkenen Zechkumpane hat man sich unter den "in Not Gebrachten" hier vorzustellen.

Zhu fu fang lai

Vgl. H. 8, 0 mit gleich konstruiertem Bu ning fang lai "Die Laterale Region der keine Ruhe Gebenden [d.h. der von ihrem Lehnsherrn abfallenden Vasallen - s. H. 56, 'Zum Hexagramm' unter A (18.)] kommt." Fang qi 其 lai "Es kommt wohl die Laterale Region?", Yu He gao 于河告 fang lai "Dem Gelben Fluß (dem von den Shang göttlich verehrten) kundtun, daß die Laterale Region kommt?" ("Kommen" auch hier in f e i n d l i c h e r Absicht!), so und ähnlich heißt es in den Orakeln bei Chen Mengjia, Yinxu buci zongshu, 270 ff. Die alten Chinesen hielten die Erde für ein Quadrat und die Residenz des Himmelssohnes für dessen Mittelpunkt, den Hort der Ordnung und den Born der Kultur, deren Strenge bzw. Glanz mit wachsender Entfernung immer weiter abnehmen mußte. Die "Barbaren" saßen demgemäß ganz an den vier (fang =) "Seiten", die faktisch ziemlich selbständigen Lehnsfürsten weiter innerhalb der vier durch die Diagonalen abgeteilten, daher genau genommen dreieckigen (fang auch =) "Regionen". Hier "naht" der Westen. Denn es erscheint der Kriegeradel von Zhou unter König Wu auf Streitwagen und mit blinkenden Streitäxten. Die roten Knieschützer aus Leder dienen ihnen zum Schutz und zur Zierde. Sie künden gleichermaßen die schreckliche Rache des Himmels, die Shou/Zhǒu, den Tyrannen, treffen wird und seine zuchtlosen Spießgesellen. Gemahnt doch das (zhu 朱 GSR 128a *t̑i̯u- =) Rot an den (zhu 株 GSR 128f *ti̯u- =) Dornenstock von H. 47, 1, mit dem die (zhu 誅 GSR 128k *ti̯u- =) Strafe vollzogen wird. Vgl. zunächst Mo, 139, 16-140, 14 nach Forke, Mê Ti, 345-346: "Der König Xuan von Zhou (gest. 781 v.u.Z.) hatte seinen Minister, den Grafen Du, töten lassen, obgleich er unschuldig war. Graf Du sagte: 'Mein Souverän tötet mich, obwohl ich unschuldig bin. Wenn die Toten kein Bewußtsein haben, dann ist alles aus. Wenn sie aber Bewußtsein haben, dann werde ich es meinen Souverän vor Ablauf von drei Jahren wissen lassen.' Nach drei Jahren jagte der König Xuan mit anderen Fürsten in seinem Jagdpark. Er hatte hundert Jagdwagen, und mehrere tausend Begleiter erfüllten die wilde Gegend. Um Mittag erschien der Graf Du auf einem weißen, von Schimmeln gezogenen Wagen in (zhu =) roter Tracht, mit (zhu =) rotem Barett, in der Hand einen (zhu =) roten Bogen, auf den er einen (zhu =) roten Pfeil legte. Er verfolgte den König Xuan und schoß auf ihn in seinem Wagen, traf ihn ins Herz und zerbrach ihm das Rückgrat, so daß er im Wagen auf sein Bogen Futteral niederstürzte und starb." Vgl. sodann Mo, 142, 3-143, 2 in Anlehnung an Forke, ib., 347-348: "In alter Zeit ließ der Herzog Jian von Yan (503-491 v.u.Z., oder 16 Jahre früher) seinen Minister Zhuang Zi Yi hinrichten, obwohl er ohne Schuld war. Zhuang Zi Yi sprach: 'Mein Fürst läßt mich töten trotz meiner Unschuld. Wenn die Toten kein Bewußtsein haben, dann ist alles vorbei. Haben sie aber Bewußtsein, dann werde ich es meinen Fürsten vor Ablauf von drei Jahren wissen lassen.' Als das Jahr gekommen war, schickte man sich in Yan an, dem (zu 祖 GSR 46b' =) den Ahnen verkörpernden Phallus (chi 馳 =) zu Pferde nachzujagen. Dieses Fest in Yan entsprach dem des Erd- und Hirsealtars (in dem eine phallische Stange stak) in Qi, dem Sanglin-Fest in Song und dem Yunmeng-Fest in Chu. Männer und Frauen nahmen als Zuschauer daran teil. Um Mittag schickte sich Herzog Jian von Yan gerade an, auf dem Wege der Prozession mit dem Ahnenphallus einherzugalloppieren, als Zhuang Zi Yi erschien, einen (zhu =) roten Knittel auf der Schulter, mit dem er den Herzog erschlug, so daß er auf seinem Wagen zusammenbrach. Zu jener Zeit sahen es alle Leute aus Yan, welche sein Gefolge bildeten, und die nicht selbst zugegen waren, hörten davon. Man schrieb den Vorfall in den Annalen von Yan nieder, und alle Fürsten verbreiteten ihn, indem sie sagten: 'Jeder, der einen Unschuldigen tötet, bringt sich selbst dadurch ins Verderben. So schnell kommt die (zhu 誅 =) Strafe der Geister und Dämonen.' " Vgl. schließlich, direkt auf unseren Fall bezogen, Mo, 152, 4 - 153, 4 (bei Forke, ib., 360f.): "König Shou/Zhǒu von Yin besaß die Würde des Himmelssohnes und verfügte über den Überfluß des Reiches. Aber über sich, da schmähte er den Himmel und beleidigte die Geister, und unter sich, da verderbte und mordete er das Volk. Er zerstreute und verwarf die verhutzelten Alten, beraubte und tötete unmündige Kinder, peinigte und quälte unschuldige Leute, schlitzte schwangere Frauen auf. ... Daraufhin entsandte der Himmel den König Wu, die klare Strafe zu vollstrecken. Der wählte 100 (nach Yizhoushu 350, nach Meng, Lü, Zhanguoce und Shu laut Fengsu tongyi 300) Wagen aus und 400 (nach Meng und Lü 3 000, nach Shu laut Fengsu tongyi 800) Mann seiner Tigergarde. ... Dann kämpfte er mit den Leuten von Yin in der Heide von Mu (Mu = "Trift"). Der König befahl, Fei Zhong und E Lai gefangen zu nehmen. Die Massen fielen von Yin ab und Hunderte entliefen. König Wu stürmte bei der Verfolgung in den Palast." Nun kommt der leider wohl verstümmelte Einschub wan nian 萬年 zi zhu. Zhu 株 "Dornenbaum" steht wie in H. 47, 1 für "Strafe". Zi 梓 GSR 965a *tsi̯əg↑ "Katalpe" erinnert gewiß an zai 災 GSR 940a *tsəg- "Verderben." Man beachte dabei das in zui 辠 und gu 辜 "Schuld" wiederkehrende Schriftelement xin 辛 "bitter, beißend, schmerzhaft", vor allem aber Yizhoushu, II, 10a, 4-7. Dort träumte der Gemahlin des Königs Wen, im Hofe der Shang wachse eine (ji 棘 GSR 911a *ki̯ək =) wilde Jujube [d.h. - vgl. H. 29, 6 Zhi yu cong ji, 47, 1 Tun kun yu zhu mu, 56, 5 She zhi und 56, 'Zum Hexagramm' = A (19.) - die dem Shou/Zhǒu bevorstehende ji 殛 GSR 910d*kịək "Hinrichtung"] heran, worauf ihr Söhnchen Fa (zu diesem Namen unten mehr), eben der spätere König Wu, eine (zi =) Katalpe (d.h., wie gesagt, das zai "Verderben") vom Zhou-Hof dorthin verpflanzt, aus der [song 松 GSR 1190a*(g)dzịung- und bo 柏 GSR 782j *păk =] Föhren und Zypressen [d.h. gong 公 GSR 1173a*k(z)ung- und bo 伯 GSR 782i *păk "Herzöge und Grafen", und zwar aus dem siegreichen Zhou-Clan Ji, der das eroberte Land unter seine Mitglieder verteilt] hervorgehen, ferner (yu 棫 GSR 929g *gịwək und zuo 柞 GSR 806p*tsâk =) Yu-Eichen und Zuo-Eichen [d.h. neue guo 國 GSR 929o*kwək "Feudalstaaten" und zu 祚, 胙, 阼 GSR 806h, i, j *dz'âg↓ "Belehnungen"; vgl. auch Ode 222, IV, 1-4: "Die Zweige der Eiche Zuo, üppig spriessen ihre Blätter. Fröhlich seien die edlen Herrn, sie (dian 殿 = tun 臀 =) sitzen mit dem Hintern auf des Himmelssohnes Lehen."]. Doch nun zurück zum Text: "Er brach dem Shou/Zhǒu das (shou 首, nach zhe 折 zu ergänzen, =) Haupt und band es an einen (chi 赤, s. H. 47, 5, =) roten Ring. Dann pflanzte er es auf eine (bo qi 白旗 =) weiße Fahne, zum Spott und Schimpf vor den Großen des Reiches." In Bezug auf die weiße Fahne stimmen Yizhoushu, IV, 2b, 8 und 12a, 2-3 und Zhanguoce, XX, 12b, 4-5 mit Mo inhaltlich überein. Dagegen aber Xun, 260, 1: "Shou/Zhǒu ward an ein (chi =) rotes (bei 旆 =) Banner gehängt" und 219, 4-5: "König Wu attackierte das Haus Shang, (zhu 誅 =) richtete Shou/Zhǒu, schlug dessen Haupt ab und hängte es an ein (chi =) rotes (bei 旆 =) Banner." Die weiße Fahne wäre ja mit Li, 1386, 10 die von Yin gewesen! Das Banner symbolisiert das Fällen der Feinde. Ode 304, I, 1-4: "Der Kriegskönig (zai 載 wie in Lisao, 134 =) führte sein Banner mit. Mordend faßte er die Axt." Bei 旆, 茷 GSR 501d, 307f*b'wâd↓ "Banner" klingt nämlich wie fa 伐 GSR 307a*b'ịwăt "fällen", fa 罰 GSR 308a*b'ịwăt "strafen", ba 拔 GSR 276h*b'wăt "mit der Wurzel ausreißen" usw. Fu 紱 GSR 276k*pịwət "Knieschützer", hier mit 韍 GSR 276l, 市 GSR 501a, sonst noch mit 黻 GSR 276m, 芾 GSR 501c als Varianten, weckt bei ähnlichem Klange Vorstellungen gleicher Art. Rote Knieschützer tragen demgemäß Heerführer wie Fang shu in Ode 178, Sieger über die Xianyun und die Man, dann die Hellebarden und Stäbe schulternden Männer von der Eskorte in Ode 151, auch die mit Wagen, Wagenlenkern, Bogenschützen, Fußvolk und den verschiedensten Bannern eine kriegsmäßig anmutende Jagdexpedition unternehmenden Fürsten in Ode 179, weiter die edlen Herren in Ode 222, mit Fahnen zum Hofe ziehend, um vom Sohn des Himmels Aufträge, wahrscheinlich militärische, entgegenzunehmen, schließlich die künftigen Erben adliger Häuser in Ode 189, aus denen gewiß einmal tüchtige Krieger werden sollen. Sie alle dienen den Herrschern von Zhou. Und diese haben (s. z.B. Li, 265, 6) Rot zu ihrer Farbe erkoren! Es gibt Legenden, die diese Wahl motivieren. Lü, 127, 4-5: "Als die Zeit für König Wen kam, da ließ der Himmel zuerst Feuer sehen. Eine (chi =) rote Krähe setzte sich mit einem (dan 丹 =) zinnoberfarbenen Schriftstück im Schnabel auf den Erdaltar von Zhou. König Wen sprach: 'Der Odem des Feuers siegt.' .... Darum bevorzugte er (chi =) Rot als Farbe ...". Die rote Krähe (zu ihr noch Shangshu dazhuan, 35 oben, 14-15) weist auf Shou/Zhǒu aus Yin vom Vogeltotem, der (s. Yizhoushu, IV, 2b, 1-2) gleich seinem mythischen Stammesgenossen Hai in H. 56, 6 in den Flammen stirbt. Im zinnoberroten Buch (zu ihm noch Da Dai Li, 97, 12) ist er wie Fei Bao bei Zuo, 1412, 4f. als zu versklavender Verbrecher eingetragen. Aus den roten Knieschützern droht ihm das Verderben, droht der (zhu 朱 wie gesagt für zhu 誅 =) die Strafe vollstreckende Fa (Fa 發 GSR 275c *pi̯wăt, der persönliche Name des späteren König Wu, klingt nämlich auch wie fu 紱 *pi̯wət).

<u>Li yong xiang si</u>

"Am Tage Jia-yin, da (yi 謁 GSR 313x = he 曷 GSR 313d wie in Ode 304, I, 4 = e 遏 GSR 313l =) vernichtete er Yin vom Hause (rong 戎 GSR 1013a = song 娀 =) Song im Gefilde von Mu (= der Triften). Der König trug im Gürtel die 'Drachenfahne der Vernichtung des Weißen durch das Rote'. Er (yue 籥 GSR 1119c für yue 禴 GSR 1119g = yue 礿 GSR 1120g =) opferte Menschen... ." So Yizhoushu, IV, 10b, 8-9. Der König heißt mit persönlichem Namen Fa, posthum dann Wu. Die (qi 旂 GSR 443p *g'i̯ər- =) Drachenfahne vertritt symbolisch wohl das (jin 斤 GSR 443a *ki̯ən- =) Beil mit seiner tödlichen Schärfe. Vgl. den leider lädierten kleinen Dreifuß des Yu bei Chen in Kaogu xuebao, 1956/2, 85 ff.:

"Yu trug mit den zahlreichen (qi =) Drachenfahnen ---- (unleserlich) der Lateralen Region der Dämonen (dazu H. 63, 3 Gui und 64, 4 Gui) im Gürtel. Er trat in das südliche Tor und meldete: ...". Was folgt, sind Zahlenangaben über die auf zwei Feldzügen gefangenen feindlichen Häuptlinge und Krieger, über die sonstige Beute an Pferden und Wagen, an Rindern und Schafen! Weiß galt (s. Li, 1386, 10) als die Farbe von Yin. (Chi 赤 =) "rot", gleichzeitig soviel wie "vernichtend" (s. H. 47, 5), deutet auf Zhou. Chi bo qi 赤白旂 hat man später dann fälschlich als "rot u n d weiße Fahne" aufgefaßt, woraus schließlich die "weiße Fahne" bei Mo, 153, 3, Yizhoushu, IV, 2b, 8; 12a, 2-3 und Zhanguoce, XX, 12b, 4-5 hervorging, an der das Haupt des Shang-Tyrannen angeblich hing. Eine (chi qi =) rote Drachenfahne erwähnt übrigens die Inschrift bei Guo, Bd. 6, 40b (und bei Yang 132) anläßlich einer Bootsfahrt am Biyong von Feng, auf der der König einen wilden Schwan erlegte. Yizhoushu, IV, 11b, 13-12a, 4 berichtet weiter: "König Wu säumte sodann das Südtor mit Gefangenen (yu 于 hier offenbar überflüssig), denen sämtlich Gürtelgehänge angelegt wurden und Kleider. Den Trophäen (eigentlich: den linken Ohren, die man den erschlagenen Feinden abgeschnitten hatte) voran schritt er hinein. König Wu wohnte dem (si 祀 =) Opfer bei. Der (tai 太 = da 大 shi 師 =) Großmeister (wie in Ode 191, III, 1 und 254, VII, 2; hier wohl nicht "Musikmeister") trug die weiße Drachenfahne mit dem aufgehängten Haupte des Shang-Königs Shou/Zhǒu und die rote Drachenfahne mit den beiden Häuptern seiner Weiber auf dem Rücken. Damit trat er ein, den Trophäen voran. Man vollzog das Brandopfer für den Himmel im Tempel von Zhou." So sollte sich die unmäßig schlemmende und prassende Tischgesellschaft tatsächlich auf den Schlachtbänken ihrer Feinde wieder zusammenfinden!

Zheng xiong, wu jiu

Diese beiden Aussagen vertragen sich miteinander schlecht. "Liu Xiang (80-9 v.u.Z.)", so berichtet Hanshu, XXX, 3a, 3-4, "kollationierte mit dem 'Kanon der Wandlungen in der Schrift vom Mittleren Altertum' (d.h. mit den im Besitz der Kaiserlichen Bibliothek befindlichen 'Wandlungen' in der Guwen-Fassung ohne die kommentierenden 'Zehn Flügel', die erst Konfuzius, dem Heiligen des

Späten Altertums, zugeschrieben wurden) die Kanons nach Shi, Meng und Liangqiu (d.h. die an der Kaiserlichen Akademie gelehrten 'Wandlungen' in drei Jinwen-Fassungen): da fehlte den letzteren dann und wann wohl ein wu jiu 無咎 'kein Tadel' oder ein hui wang 悔亡 'Reue schwindet' - nur der Kanon nach Fei (eine im Volke verbreitete Guwen-Fassung) stimmte mit der Guwen-Fassung (der in der Kaiserlichen Bibliothek aufbewahrten) überein." Ob die Differenz um etliche Worte f ü r oder g e g e n die eine oder die andere Version spricht, läßt sich jedoch nur konkret von Fall zu Fall entscheiden. Gao Heng meint sicherlich mit Recht, in den auf Guwen-Tradition zurückgehenden existenten 'Wandlungen' sei 'hui wang' in H. 60, 6 und 'wu jiu' in H. 28, 6, 52, 0, 60, 3 sowie hier an dieser Stelle überschüssig. Die (zheng 征 GSR 833o *t̂i̯ĕng- =) "Strafexpedition", die ja aufsässige Vasallen (zheng 正 GSR 833j *t̂i̯ĕng↓ =) "begradigen" soll, kann sich eigentlich weder gegen König Wu richten noch gegen den Tyrannen Shou/Zhǒu, da der erste gerade war und der zweite kein Vasall. Spielt sie dennoch auf den Feldzug der Roten Knieschützer an, dann erweist sich (xiong 凶 =) "bringt Unglück" als ein falsches Urteil, hinzugefügt von einem Wahrsager, der den Sinn und den Zweck des Spruchs nicht mehr verstanden hat.

H. 47, 3f (→28)

Kun yu shi, ju yu ji [GSR 494d *dz'i̯ət] li (GSR 519l *li̯ər-), ru yu qi gong, bu jian qi qi (GSR 592a *ts'iər-). Xiong.

困于石。據于蒺藜。入于其宮。不見其妻。凶

In Not gebracht durch die Steine, festgehalten vom Erdbürzeldorn, dringt er in seinen Harem und gewahrt nicht sein Weib. Unheil.

Erdbürzeldorn sollte (s. Ode 46, Zhouli, 1185, 2-3, Guliang, 294, 6 7; s. auch Mo, 304, 11-12: dort künstlich aus spitzen Eisen oder Hölzern hergestelltes Hindernis für Angreifer) wie die wilde Jujube (s. Shangshu dazhuan, 30 oben, 11-14, Guan, 303, 11-12) und wie anderes stacheliges Gestrüpp (s. Zhanguoce, XVIII, 2a, 10-11) die Mauer, die damit bestanden war, zu einem noch größeren Hindernis für etwaige Eindringlinge machen, vor allem die Mauer, die (so Zhanguoce, Shangshu dazhuan und Ode 46 wie oben; s. noch Meng, 502, 4) den (gong 宮

wie in H. 23, 5 =) Harem umschloß. Im Innern dieses Frauengefängnisses (die Dornen weisen auf den Kerker von H. 29, 6, die Steine der Mauer erinnern an den von H. 16, 2!) gähnte Langeweile, blühte der Klatsch. "An der Mauer wächst (hier ci 茨 =) Erdbürzeldorn, der ist nicht hinwegzufegen (bzw. 'zu entfernen' und 'zu bündeln' in den nächsten Strophen), das Wort im inneren Gemach, das läßt sich nimmer wiedergeben (bzw. 'detaillieren' und 'rezitieren'), was sich noch wiedergeben (bzw. 'detaillieren' und 'rezitieren') ließ', wär das häßlichste (bzw. 'längste' und 'schimpflichste') der Worte." So Ode 46. Die (shi 石 GSR 795a *d̑i̯ăk =) Steine und der (ji 蒺 GSR 494d *dz'i̯ət in ji li =) Erdbürzeldorn verkörpern sinnfällig m ä n n l i c h e (du 妬 GSR 795n *tâg↓ bzw. ji 嫉 GSR 494e *dz'i̯ət =) Eifersucht. Wer sie mühsam überwindet, um seine verdächtigte Frau zu überraschen, steht am Ende selber als der Überraschte da.

Einen ganz anderen, wenn auch keineswegs besseren Sinn gewinnt dieser Spruch in Zuo, 1446, 10-1449, 7: "Die Ehefrau des Herrn auf Tang in Qi war die ältere Schwester des Dong-guo Yan. Dong-guo Yan diente unter Cui Wuzi. Der Herr auf Tang starb. [Dong-guo] Yan fuhr [Cui] Wuzi zum Kondolieren. Der wurde dabei der Dame vom Clan Jiang auf Tang [eben der Witwe] ansichtig. Von ihrer Schönheit eingenommen, hieß er [Dong-guo] Yan, die Heirat zu betreiben. Doch der gab zu bedenken: "Mann und Frau sollten sich in ihren Familiennamen unterscheiden. Nun stammt Ihr von Ding [1077-1052 v. u. Z. Herzog über Qi] ab und ich von Huan [685-643 v. u. Z. Herzog über Qi]. Das geht nicht an [die Qi-Herrscher gehörten alle zum Clan Jiang]!" [Cui] Wuzi konsultierte darüber die Schafgarbe. Man stieß auf Kun 困 [= H. 47], das dann in Da guo [= H. 28] überging [d. h. man stieß auf H. 47, 3]. Die Schreiber alle stimmten darin überein, daß das Orakel günstig sei. Er zeigte es Chen Wenzi. Der aber sagte: "Der 'Mann' [das untere Trigramm Kan 坎 in Kun, das u. a. den zweiten Sohn repräsentiert, eben einen Mann] folgt [cong 從 'folgt' im Sinne von zong 縱 'gibt nach': er wird ersetzt!] dem 'Wind' [das untere Trigramm Sun 巽 in Da guo, das u. a., vgl. Zuo, 550, 6, den 'Wind' versinnbildlicht]. Der 'Wind' bringt zu Fall. Es geht nicht an, ein [oder auch: das] Weib zu nehmen. Zudem lautet der Spruch:

'In Not gebracht durch die Steine, sich festhaltend am Erdbürzeldorn, dringt er in seinen Harem und gewahrt nicht sein Weib. Unheil.' 'In Not gebracht durch die Steine': er geht hin, ohne über die Furt zu kommen. 'Sich festhaltend am Erdbürzeldorn': was ihm als Stütze dient, verletzt[17]. 'Dringt er in seinen Harem und gewahrt nicht sein Weib. Unheil': er hat nicht, wohin er heimkehren kann." Cui [Wu]zi erwiderte: "Sie ist eine Witwe. Was schadet das also? Ihr früherer Gatte hatte es [diesen Schicksalsschlag etwa] auszuhalten." Und er nahm sie zum Weibe. Später trat Herzog Zhuang [regierte Qi 552-547 v.u.Z.] mit ihr in geschlechtlichem Verkehr und frequentierte das Haus Cui. Einmal hatte er das Barett des Cui [Wu]zi verschenkt und die Vorhaltungen, die ihm seine Begleiter deswegen machten, abgetan mit den Worten: 'Sollte jener, nur weil er Cui[Wu]zi nicht ist, darum ohne Barett bleiben?' Cui[Wu]zi nahm das zum Anlaß, dem Herzog nach dem Leben zu trachten. Zudem glaubte er, Jin damit einen Gefallen zu tun, das von diesem zuerst ausspioniert, dann angegriffen worden war und das folglich auf Rache sinnen mußte. Doch erhaschte er anfangs keine günstige Gelegenheit. Da ließ der Herzog einmal seinen Aufwärter Jia Ju auspeitschen, ohne denselben darum aus seiner Nähe zu entfernen. Der nun übernahm es, für Cui [Wu]zi die Schritte des Herzogs zu überwachen. Im fünften Monat zur Sommerszeit erschien der Baron von Ju wegen der Kampagne bei Juyu am Hofe von Qi. Am Tage Jia-xu wurde er am nördlichen Außenwall bewirtet. Cui [Wu]zi gab vor, krank zu sein: er fehlte beim Zeremoniell. Am Tage Yi-hai [also Tags darauf] stattete der Herzog Cui [Wu]zi einen Krankenbesuch ab. Daraufhin ging er der Dame von Clan Jiang nach. Diese betrat ein Innengemach, um es zusammen mit Cui [Wu]zi durch eine Seitenpforte wieder zu verlassen. Der Herzog sang, indem er gegen einen Pfeiler trommelte. Sein Aufwärter Jia yu hatte all die übrigen Begleiter halten lassen. Er selbst nur war in das Haus getreten, das Tor hinter sich verrammelnd. Gepanzerte tauchten auf. Der Herzog erklomm eine Terasse. Seine Bitten wurden ihm abgeschlagen. Er bat um eine Übereinkunft - man gewährte sie ihm nicht. Er bat, sich selbst im Tempel erstechen zu dürfen - man gewährte ihm auch das nicht. Immer hieß es: 'Des Fürsten Diener [Cui] Zhu [= Cui Wuzi] ist zu krank und matt, als daß er die Befehle [nämlich die seines Herrn] entgegennehmen könnte [d.h. er ist für niemanden zu sprechen]. Unweit von hier steht der (gong 宮 =) Serail des Herzogs. Wir (pei chen 陪臣 =) Dienstmannen (pei chen wie in Lun, 375, 2 usw. "Diener zweiten Grades", "Vasallen von Vasallen", "Afterlehnsleute", hier Untergebene des Cui Wuzi, dem Untergebenen des Herrschers von Qi) haben ihn vor etwaigen Wüstlingen (gan 干 GSR 139a für han 扞 GSR 139q wie bei Zuo, 1989, 9 =) zu schützen und (zou/ju 掫 wie bei Zuo, 1989, 7 = mit Klappern und Fackeln) des Nachts zu bewachen: wir kennen keine zwiefachen Befehle." Der Herzog versuchte, über die Mauer zu kommen. Da schossen sie auf ihn. Am Schenkel getroffen, stürzte er hintenüber. Sodann ward er ermordet." Das Orakel zielte nicht auf den Herrn von Tang, wie Cui Wuzi annahm, auch nicht auf den letzteren, wie Chen Wenzi befürchtete: es zielte offenbar auf den Herzog Zhuang. D e r war nämlich der 'Mann', der dem (feng 風 erstens =) 'Wind' und somit der (feng zweitens =) 'Brunft' folgte, als er der Dame vom Clan Jiang nachging, dadurch ganz buchstäblich 'zu Falle' kommend, der, durch Steine gehemmt und am Erdbürzeldorn Halt suchend, den verzweifelten Sprung über die Mauer wagte, um in seinen dort angrenzenden Harem zu gelangen, jedoch, vom Pfeile der Verfolger ereilt, hintenüber fiel, so daß er sterbend sein Weib nicht mehr sah. Sein Schicksal schwebte vielleicht auch dem 'Meister' (angeblich Konfuzius) vor Augen, der nach dem Xicizhuan (s. Yi, 420, 9-10) also spricht: "Läßt sich jemand durch etwas, das ihn nicht in Not bringen sollte, in Not bringen, so gerät sein Name sicher in Schande. Stützt er sich auf Dinge, auf die man sich nicht stützen kann, so gerät sein Leben sicher in Gefahr. In Schande geraten und in Gefahr, geht er der Todesstunde entgegen. Kann er sein Weib da noch sehen?"

H. 47, 4m (→29)

Lai xu xu (GSR 82p *dzi̯o-), kun yu jin ju (GSR 74a*ki̯o-), lin, you zhong.

來徐徐。困于金車。吝。有終

Sie kommt, ganz gemach. Die werden in Not gebracht durch die Wagen mit Metall. Es erregt Bedauern. Man kommt zu einem guten Ende.

Lai xu xu, kun yu jin ju

Es kommt hier höchstwahrscheinlich wieder die Laterale Region von H. 47, 2. Vor lai 來 könnte ein fang 方 ausgefallen sein. Laut Shiji, IV, 7a, 8 ff. stand König Wu bereits im Jahre neun (das Jahr, in dem sein Vater Wen das Mandat vom Himmel empfing, galt den frühesten Zhou als das erste) bei Meng jin, der '(jin 津 =) Furt der (meng 盟 =) (mit den achthundert Fürsten getroffenen) Übereinkunft' (Furt über den Gelben Fluß beim heutigen Mengxian im nördlichen Henan), wo er aber nur eine Heerschau abhielt. "Die Fürsten (die achthundert, die sich an der Furt eingefunden hatten) meinten übereinstimmend: 'Nun geht es an, Shou/Zhǒu zu Fall zu bringen'. König Wu entgegnete: 'Ihr versteht des Himmels Auftrag nicht. Es darf noch nicht sein'. Und er hieß die Truppen umkehren." Erst gegen Ende des übernächsten Jahres, als die (durch H. 47, 2 Kun yu jiu shi angedeutete) Verworfenheit des Tyrannen unerhörte Ausmaße angenommen hatte, erschien er wieder an gleicher Stelle. "Darum vollstrecke ich, (fa 發 GSR 275c *pi̯wăt =) Fa, jetzt die (fa 罰 GSR 308a *b'i̯wăt =) Strafe des Himmels", versicherte er dieses Mal den versammelten Fürsten feierlich. Die entscheidende Schlacht auf dem 'Gefilde der Triften' schlug er aber doch erst im zweiten Monat des Jahres zwölf (nach Shu, 364, 1-2 sogar erst im Frühling des Jahres dreizehn). So kam er an der Spitze der "Mannen aus den westlichen Landen" wirklich "ganz gemach" (vgl. noch Lü, 174, 15 ff.). Mit seinen nach Mo, 152, 12 und nach Lü, 79, 15; 175, 5 ja auch besonders ausgewählten Streitwagen, 300 (Yizhoushu: 350, Mo: 100) an der Zahl, hat er Shou/Zhǒu und seiner Kumpanei offenbar am härtesten zugesetzt. Ju 車 *ki̯o- "Wagen" assoziiert sich insofern über das Lautbild mit der Vorstellung "ganz gemach", als diese außer an xu xu 徐徐 (wie bei Zhuang, 130, 11) auch noch an verdoppeltem ju 居 GSR 49c' *ki̯o- (wie bei Zhuang, 429, 11) (eigentlich "mit Weile") oder ju 倨 GSR 49n' *ki̯o↓ (wie bei Huai, 95, 10) und an xu 虛 GSR 78a *k'i̯o- (Lesung nach Gao You in Huai, 95, 10) im Binom xu xie 邪 /xu 徐 (wie in Ode 41, I, 5 bzw. Erya, 143, 4) haftet.

Jin ju

Führt wirklich König Wu hier seine Scharen heran, dann stünde derselbe und der Kriegeradel von Zhou auf Wagen mit (jin 金 =) M e t a l l , was als versteckter Hinweis auf seine Ausgangsbasis gewertet worden sein mag, nachdem dieses "Element" die Zuordnung zum Westen erfahren hatte. Meng, 600, 8 und Zhanguoce, XXII,4a, 5-6 sprechen hingegen ausdrücklich von Wagen mit (ge 革 =) L e d e r , das auf die (ge 革 auch =) Auswechslung des Trägers vom Himmlischen Mandat zur Weltherrschaft durch höhere Fügung anzuspielen scheint. Liegen etwa zwei unterschiedliche Ausdeutungen vor von ursprünglichem "Wagen mit (jia 甲 =) P a n z e r u n g " (solche belegt bei Zuo, 857, 2), indem die einen an Panzer aus Leder (für Streitwagen, weil bezeugt von Zuo, Guoyu, Gongyang, Li, Zhouli, Sun usw., ganz gewöhnlich) dachten, die anderen an Panzer aus Metall (für gewöhnliche Streitwagen wohl nicht üblich und somit gerade das Richtige für diesen martialischen Herrscher)?

Nachbemerkung

Der (jin ju =) Wagen mit Metall erscheint in der Literatur sonst nicht. Wohl aber begegnet er mehrfach auf frühen Zhou-Bronzen: 1. auf Br. bei Chen in Kaogu xuebao, X (1955), 84 oben (um 1020 v.u.Z.): 2. auf Br. ebenda, 106 Mitte (um 1005 v.u.Z.): 3. auf Br. ebenda, 1956/4, 99 unten (926 v.u.Z.): 4. auf Br. bei Guo, Bd. 6, 75b (921 v.u.Z.): 5. auf Br. ebenda, Bd. 7, 135a-b (zwischen 827 und 782 v.u.Z.): 6. auf Br. ebenda, 155b (Guo zufolge 779 v.u.Z., eher aber 825 v.u.Z.[18]). Er wird dort jedesmal verschenkt - vom Aristokraten (von einem Vetter des Königs in 1. bzw. von einem kleinen Lehnsfürsten, der am Hof als Interner Historiograph dient, in 2.) an den (xiao) chen (小) 臣 (Kleinen) Sklaven (ebendort: der in 1., nämlich Ze 宅 GSR 780b = Du 度 GSR 801a, tritt uns später in Shu, 663, 4 als sicherlich hochangesehener zuo ce 作册 Schreiber entgegen; vgl. dazu noch die Br. bei Chen, ib., 108) in der früheren Periode, vom Oberherrscher selbst, der damit dann Ämter oder Aufträge verbindet, in der späteren (s. 3. bis 6.). Nach 782 v.u.Z., d.h. seit You, dem letzten Herrscher der Westlichen Zhou, läßt er sich nicht mehr nachweisen. Für die Datierung des von "Lai" bis "ju" reichenden Kernspruches erhält man so einen wichtigen Anhaltspunkt.

Lin, you zhong

Lin 吝 GSR 475t *mli̯ən↓, bei Lunyu, 456, 12 belegt als "geizen mit, nicht gern etwas herausrücken (wie im Ressortdenken befangene Beamte)", mit der Variante lin 遴 GSR 387h *li̯ĕn↓ (so in H. 4, 1 - vgl. Shuowen, 635b oben mit ib., 772a unten), im Xiangzhuan zu H. 4, 4 mit qian 牽 *k'ien-, bin 賓 *pi̯ĕn-, min 民 *mi̯ən-, mi̯ĕn , zheng 正 *t̂i̯ĕng-, ming 命 *mi̯ăng↓, mi̯ĕn↓ reimend, stellt sich zu lian 憐 GSR 387 1 *lien "etwas lieben und ungern davon lassen." Hier wechseln die "standardsprachlichen" Auslauttypen *-ən und *-en (und *-eng und *-ang) unter der Einwirkung des Idioms des Südens und der Daoisten[19] mit seinem *-ɐ- an Stelle von *-ə-, seinem a-Vokal an Stelle von *-e - und seinem *-ng anstelle von *-n. Tatsächlich gebrauchte man laut Fangyan, 62 = X, § 10 bzw. 49 = VII, § 26 lin 悋 (= 吝) für "habsüchtig sein und nicht hergeben" auf den Angern in Jing und Ru, am Yangzi und am Xiang, lian 憐 für "lieben (und gern behalten wollen)" zwischen Wu und Yue. Der Wahrsager, dem die Bemerkung "es erregt Bedauern" ("mit einer Sache nicht zurückgehalten zu haben", so wäre in Gedanken zu ergänzen: eine bessere Wiedergabe erlaubt das Deutsche leider wohl nicht) entfuhr, mag jin ju 金車 für einen "goldenen Wagen" gehalten haben, der lai xu xu 來徐徐 "schwerfällig daherkommt", einen wahren Blickfang für jeden Wegelagerer, dessen Besitzer, ein jin fu 金夫 "an Gold reicher Mann" (ein gleichfalls schon früh mißverstandener Ausdruck aus H. 4, 3), prompt auch auf ihm kun 困 "in Not gerät". Er mag aus dem bloßen "gerät in Not" weiter gefolgert haben, daß die Geschichte noch leidlich glatt abgelaufen war. Zhong 終 "Ende" meint nämlich "ein gutes Ende". You 有 zhong, eigentlich "es gibt ein Ende", erscheint noch in H. 2, 3: 15, 0: 15, 3 Wu chu 无初 you zhong "Man hat keinen Anfang, man hat aber ein Ende" in H. 38, 3 und 57, 5 halte man gegen Ode 255, I, 7-8: "Keinen gibt's, der keinen Anfang hätt' - wie selten die, die ("ke 克 es vermögen, you zhong ein Ende zu haben" =) es zum guten Ende bringen."

H. 47, 5m (→40)

Yi [GSR 537a *ngi̯ɛd↓] yue/wa (GSR 306h *ngi̯wăt/ngwat), kun yu chi fu (GSR 276k *pi̯wət), nai xu you shuo (GSR 324q *śi̯wat), li yong ji si

劓刖。困于赤紱。乃徐有說。利用祭祀

Die ohne Nase und Füße - als man in Not gebracht ward durch die Roten Knieschützer, da kamen sie allesamt davon. Es nützt, aus diesem Anlaß ein Opfer darzubringen.

Yi yue/wa

Yi yue/wa 劓刖 *ngi̯ɛd↓ ngi̯wăt/ngwat (auch belegt in Shu, 485, 10-11: "Bist Du es nicht, Feng, der die Nasen und die Füße der Leute amputiert?..."; yue/wa 刖 hier zu er 刵 verderbt) mit den Varianten yi guai 劓劊 GSR 537a: 321 *ngi̯ɛd↓ kwâd↓ (nach Jing) und yi wu 臲 ⿰臬兀 GSR 285d: 487 *ngi̯ad↓ ngwət (nach Xun, Wang Su, Lu) = yi wu 臲 ⿰兀危 GSR 285d: 487e *ngi̯ad↓ ngwət in H. 47, 6 mit den Varianten yi wu ⿰臬刂 杌 GSR 285e: 487c *ngi̯ad↓ ngwət (nach Xie), yi guai ⿰臬刂 劊 GSR 285e: 321 *ngi̯ad↓ kwâd↓ (nach den Steinklassikern der Han), yi wa ⿰臬刂 ⿰臬出 GSR 285e: 496 *ngi̯ad↓ ngwɛt (nach Shuowen) und yi/ye wu 倪 ⿰亻兀 GSR 873f: 487 *ngieg-/? > altchin. ngiet ngwət (nach der Gu-wen Schule) = "(zur Strafe) die Nase und die Füße abschneiden." Die Inversion wu nie 杌隉 GSR 487c: 1256a *ngwət ? > altchin. ngiet mit der Variante wu nie 阢隉 (nach Shuowen) bei Shu, 756, 9: "Die (wu nie "Entfernung der Füße und der Nase", übertragen>) Verstümmelung des Landes geht aus von dem Einzigen Mann (von dem Oberherrscher)."

Chi

Chi 赤 GSR 793a *t̂'i̯ăk "rot" läßt an shi 螫 GSR 793e *śi̯ăk "stechen" denken. Ode 289: "Ich bin gestraft! Bin auf der Hut nun vor künftigem Unheil. Niemand hat Wespen auf mich gelassen. Ich holte mir selbst den schmerzhaften (shi =) Stich. Rührig ist der Zaunkönig, traun! Schwirrt einfach empor - ist er ein Vogel doch! Den Nöten meines Hauses bin ich nicht gewachsen. So hock' ich denn im Pfefferknöterich." Liao 蓼 GSR 1069p*gliôg↑ "Pfefferknöterich" spielt an auf lu 僇, 戮 GSR 1069u, v*gli̯ôk "Schmach, Schimpf, Schande." Tao 桃 GSR 1145u*d'og- "Pfirsich" in tao chong 蟲 ("Pfirsichinsekt">) "Zaunkönig" meint tao 逃 GSR 1145v*d'og- "das Weite suchen". Mit dem shi 螫 "Stich" kam aber die Strafe. Auf "Strafe" deutet chi 赤 "rot" direkt in der von Wen Yiduo in Gudian xinyi, 527 ff. behandelten, dem altchinesischen Strafprozeß entstammenden Wendung chi xin san ci 赤心三刺 "mit rotem Dorne dreifach stechen". Zur Symbolik von "Dorn" vgl. H. 47, 1 Tun kun yu zhu mu, sodann H. 29, 6 Zhi yu cong ji. Mit der Symbolik von chi 赤 "rot" vgl. die des synonymen zhu 朱 in H. 47, 2.

Fu

Zu fu 紱 *pi̯wət "Knieschützer" s. H. 47, 2. Das synonyme und zugleich homöophone bi 韠 GSR 407m *pi̯ĕt hat übrigens einen ähnlichen Symbolwert: es klingt wie bi 畢 GSR 407a *pi̯ĕt "ein Ende setzen" oder wie bi 彃 GSR 407i *pi̯ĕt "abschießen", vor allem aber wie bi 畢 GSR 407a *pi̯ĕt "Handnetz zum Vogelfang", auch als ein Sternbild am westlichen Himmel, dem König Wu laut Shiji, IV, 7a, 8-9 opferte[20], bevor er gegen den Shang-Herrscher Shou/Zhǒu auszog, der - ein Fasan (ein Phönix) wie seine Stammesgenossen Hai in H. 56, 5 und Ji zi in H. 36, 5 - gewissermaßen mit einem Vogelnetz zu fangen war.

Chi fu

Chi fu 赤紱 *t̂'i̯ăk pi̯wət "rote Knieschützer" erinnert an chi bo 赤犮 GSR 793a; 276a *t̂'i̯ăk b'wât "Kammerjäger, der mit Hilfe von Muschelkalk Insekten in den Ritzen von Wänden vertilgt" in Zhouli, 1325, 4, von Zheng Xuan ib., 1222, 10 gedeutet als "einer, der ci 捇 GSR 793 *ts'i̯ăk 'vernichtet' und ba 拔 GSR 276h*b'wăt 'ausrottet'." Vgl. die ähnliche Symbolik vom synonymen zhu fu 朱紱 in H. 47, 2. Vgl. dazu noch Ode 213, I, 5-6: "Die (jia/ge 韐 =) Knieschützer aus (mei 韎 =) mit Krapp gefärbtem Leder strahlen (xi/shi 奭 =) rot. So bietet er die Sechs Armeen (die des Königs) auf."

Nai xu you shuo

Shuo 說 GSR 324q *śi̯wat für tuo 脫 GSR 324m *t'wât "sich entziehen". You 有 GSR 995o *gi̯ŭg↑ ursprünglich wohl "mit der (you 右 GSR 995i *gi̯ŭg↑↓ =) Rechten ergreifen", dann auch "ergriffen halten" (wie in Ode 8, I, 4), "besitzen" (wie in Ode 303, II, 2), "verfügen über" (wie in Li, 2034, 6), hier noch "erlangen", etwa huo 獲 (wie in Zuo, 1448, 9) gleichwertig. You tuo 有脫 darum nahezu synonym mit de tuo 得脫 in Shiji, LXXXII, 1a, 10. Xu 徐 GSR 82p *dzi̯o- meint als Dialektausdruck, laut Kommentar östlich vom Hangu-Paß üblich, "alle, sämtlich" wie bei Gongyang, 546, 4. "Er beauftragte den Herzog von Shao, die (Haft=) Bande des Ji zi zu lösen, und beauftragte den Herzog von Bi, die (Haft=) Bande der Hundert Clans zu lösen." So Shiji, IV, 12a, 5-6 über die ersten Maßnahmen des neuen Herrschers Wu in der eroberten Residenz der Shang. Ji zi, der in H. 36, 5 auftritt, wo yi 夷, unter anderem auch "Verletzung", hintergründig auf seine Verstümmelung zielen mag, galt damals gemeinhin als der Prominenteste in der großen Schar der Sträflinge unter dem letzten Herrscher von Yin. Sein Epitheton xu yu 胥餘 (belegt bei Zhuang, 105, 13) meint eigentlich "(yu 餘 =) Rest der (xu 胥 GSR 90e *si̯o-, "Sklave" wie bei Zhuang, 133, 7-8 und 191, 6, ferner "Sträfling" wie bei Zhuang, 353, 14, < chu 楚 GSR 88a *tṣ'i̯o↑ =) Dornen", "das, was nach der Züchtigung durch die Dornenrute übrig blieb", "einer, der die Dornenrute an seinem Leibe erfahren hat", so wie xing yu 刑餘 (belegt bei Xun, 240, 1 und Yizhoushu, II, 4b, 11) auch ganz ähnlich "(yu =) Rest der (xing 刑 GSR 808b *g'ieng- "Strafe" < jing 荆 GSR 808i *ki̯ĕng- =) Dornen." Nachdem seine Warnungen von dem verblendeten Shou/Zhŏu in den Wind geschlagen worden waren, wurde er versklavt (Lunyu, 417, 5) und eingekerkert (vgl. auch Xun, 329, 2-3 und Li, 1666, 12 - 1667, 1).

Li yong ji si

Sträflinge ohne Nase und Füße fanden als Opfer keine Verwendung. Die (quan 牷 GSR 234c *dz'i̯wan- =) den Geistern und Dämonen geweihten Tiere mußten fett sein sowie von reiner und damit nur von einer Farbe, vor allem aber waren sie (quan 全 GSR 234a *dz'i̯wan- =) "ganz". Entsprechendes galt - vgl. etwa Zhuang, 81, 12 ff. - sicherlich auch für Menschen. Die durch die Roten Knieschützer in Not Geratenen, die schon in H. 47, 2 auf der Schlachtbank enden, kommen hier aus grammatischen Gründen als "Objekt" kaum in Betracht. Beachtenswert scheint noch ji 祭, sonst nur in H. 63, 5 wiederkehrend, an Stelle des in den "Wandlungen" üblicheren xiang 享.

H. 47, 6f (→6)

Kun yu ge (GSR 313i *kât), lei yu yi [GSR 285d *ngi̯ad↓] wu (GSR 487e *ngwət). Yue dong hui you hui, zheng ji.

困于葛。藟于臲卼。曰動。悔有悔。征。吉

Sie werden in Not gebracht durch die Faselranken, verwickelt in die Strafe des Nasen- und Fußabschneidens. Sich zu rühren schafft Reue über Reue. Eine Strafexpedition zu unternehmen verheißt Glück.

Ge

Ge 葛 *kât "Faselbohne" assoziiert sich mit der Vorstellung der Trennung, Trennung durch (qie 朅, 偈 GSR 313m, p*k'i̯at =) Davongehen wie in Ode 2 ("Ich will es der Matrone melden, melden, daß ich nach Hause geh'. ... Ich gehe heim, um Vater und Mutter Frieden zu wünschen." So spricht eine in die Fremde verheiratete Frau), 37 (eine junge Dame appelliert an ihre gefühllosen Onkel, sie doch gen Osten reisen zu lassen zu ihrem Gebliebten, den sie seit langem aus den Augen verloren hat), 71 ("Weit bin ich von den Brüdern fort, nenne einen Fremden 'Vater'" usw.), 72 ("Seh ich ihn einen Tag lang nicht, scheinen drei Monde hinzugehn"), 101 ("Die Straße nach Lu ist eben und gut, die Dame von Qi hat sie genommen; da sie sie genommen hat, warum willst du noch ihr nach?"), 124 ("Mein Schöner, der zog fort von hier. Wem schließ' ich mich an? Allein leb' ich" usw.) und 203 (einer vom "Osten", wo das Gros des unterdrückten Shang-Volkes in Armut lebt, schaut sehnsüchtig und voller Neid auf die feinen Herren, die auf der Straße zum fernen Zhou entlangschreiten),

Trennung durch sozialen Abstand wie in Ode 203 (s. oben) und 107, Trennung durch (ge 割 GSR 314d *kât =) Abschneiden schließlich wie hier.

Lei yu yi wu

Lei 藟 GSR 577g als Substantiv = "Schlingpflanze" (auch 櫐 GSR 577e) oder, davon hergeleitet, = "Schlinge, Band" (dann 縲 GSR 577s), als Verb wie hier = "umschlingen, binden" (auch 纍, 累, 壘 GSR 577f, r, d). Die (gu 辜 GSR 49p *ko- =) Schuld dachten sich die alten Chinesen mit ihrer kollektivistischen Ideologie als (gu 罟 GSR 49m *ko↑ =) Netz (daher "Netz der Schuld" in Ode 207, I, 12: daher zui 罪 und gu 罟 "Schuld" unter dem Klassenhaupt "Netz"), vom Himmel über die Menschheit ausgeworfen (s. Ode 264, VI, 1; Lao, 44, 2), als ein Ding, was höhere Mächte zusammen mit Krankheit und Pestilenz (s. Shu, 314, 4) herniedersenden, was man von der Obrigkeit "entgegennimmt" (s. Ode, 194, VI, 4 usw.). So kann man in sie "hineingeraten" wie in ein Dolichogestrüpp, was eben die entsprechende Körperstrafe nach sich zieht, so die Amputation der Nase (yi 臲 *ngi̯ad↓ erscheint in den Steinklassikern der Han an dieser Stelle als 臬刂 GSR 285e, s. Qu Wanli, Hanshijing Zhou Yi canzi jizheng, Taibei 1961, II, 9b, 9; verwandt mit dem gleichbedeutetenden yi 劓 GSR 537a *ngi̯ɛd↓) und der Füße (wu 兀危 *ngwət, sonst noch 兀 GSR 487a geschrieben, erscheint in den Steinklassikern der Han als 劊 mit phonetischem hui 會 GSR 321a *g'wâd↓).

Hui you hui

Zur Konstruktion vgl. Lao, 1, 7 xuan zhi you xuan 元之又 (= 有) 元 "Dunkelheit und nochmals Dunkelheit".

H. 56
Lü 旅

Zum Hexagramm

Lü 旅 meint das Reisen. Als der Reisende par excellence wird hier König Hai auftreten. Zu seinem Namen vgl. H. 34, 5. Die Sage, die über ihn ging, sei nun im Zusammenhange untersucht. Zunächst das sie betreffende Material außerhalb der 'Wandlungen':

A) Tianwen (angeblich von Qu Yuan, geb. um 342 v.u.Z.), 336-341: (1.) Hai hielt die Zaubermacht des Ji (Ji 季 bereits in den Orakeln der Shang, s. Chen Mengjia, Yinxu buci zongshu, 341), (2.) dieses hieß sein Vater gut. (3.) Warum kam er am Ende um in der (Hu 扈 =) Barbaren Reich? (4.) Er weidete die Rinder und die Schafe! (5.) Mit dem Schild reiht' er sich in diesen Tanz (zum kriegerischen Tanz mit dem Schild s. Zhouli, 829, 9; Li, 937 f.; 940, 2; Shanhai, VII, 2a, 9; V, 13a, 6; 31b, 11 usw.), (6) wodurch (machte er sie im Busen 'meinen'>) gewann er ihr Herz (vgl. Zuo, 427, 4 ff., wo Zi Yuan für die Gattin seines fürstlichen Bruders den Kriegstanz Wan veranstaltete, eben - s. Gongyang, 461, 7 - einen Schildtanz, um sie zu verführen)? (7.) Ebene Flanken (der vermutlich ganz andere, obszönere Sinn des Anfangs von diesem Satze ist einmal bei einer späteren Gelegenheit zu erörtern), (wan 曼 GSR 266a = wan 脕 GSR 222i, nur noch im Dazhao bzw. im Yuanyou und bei Xun vorkommend, also wohl ein Dialektausdruck aus Chu, =) glänzendzart die Haut - (8.) womit (fei 肥 GSR 582a *b'i̯wər- wohl für fei 妃 GSR 581a *p'i̯wər- =) machte er zur Buhle sie? (9.) Sie, von der (Hu 扈 =) Barbaren Reich, und er, der Hirtenknab' - (10.) wie kam's zu ihrem Stelldichein? (11.) Der Hieb trafs Bett: er war (vorher heraus =) nicht mehr drin, (12.) (qi ming he cong zu ersetzen durch die Version qi he suo cong 其何所從, s. Wen Yiduo, Gudian xinyi, 402; cong 從 gebraucht wie in Tianwen, 296; dann:) wodurch nahm er wohl seinen Weg? (13.) Heng (Heng 恆 GSR 881d *g'əng-<**g'əm = Xian 咸 GSR 671a *g'ɛm- : denn Heng hier = "König Heng" in den Orakeln der Shang = "der Schamane Heng" im Zhouli = "der sehr illustre große Geist König Xian" im Zu Chu wen, s. Chen Mengjia, Yinxu buci zongshu, 341) hielt die Zaubermacht des

Ji, (14.) wie erlangte er die Rinder im (pu 朴 GSR 1210f *p'ŭk, in einer Mundart, wo hou 侯 und zhi 之 als archaische Auslautklassen miteinander reimen, für fu 服 GSR 934d *b'i̯ŭk =) Joch? (15.) Wie ging er zum Lager, (ban 班 GSR 190a *pwan- "um sich verbreitend" vielleicht für bian 辯 GSR 219e = bian 徧 GSR 246b *pian↓ =) ringsumher (lu 祿 GSR 1208h *luk vielleicht für lu 睩 GSR 1208g *luk, sonst nur im Zhaohun, also Chu-Dialekt, =) spähend? (16.) (Bu dan 不但 für bu dan 不旦 = "nicht ein Morgen" =) bevor der Morgen um war, kam er zurück (der vermutlich ganz andere, obszöne Sinn dieses Satzes und des vorigen ist einmal bei späterer Gelegenheit zu erörtern)! (17.) Hun (Hun 昏 "der Dunkle" = Ming 冥 "der Dunkle" im Guoyu, Li und Shiben, s. Chen Mengjia, Yinxu buci zongshu, 341) und Wei (Wei 微 = Shang Jia Wei im Guoyu und in einer verstreuten Stelle aus dem Shu nach Kongcongzi = Zhu Jia Wei in den Bambusannalen = Shang Jia in den Orakeln der Shang, s. Chen Mengjia, ebenda) folgten den Fußtapfen, (18.) das Reich der (Di 狄 =) Barbaren (bu ning 不寧 =) gab keine Ruh' (zu bu ning vgl. bu ning bzw. ding 定 hou 侯 "ein unruhiger bzw. unsicherer Lehnsfürst" in Zhouli, 1514, 9 bzw. Da Dai Li, 207, 2 sowie bu ting 廷 bzw. 庭 fang 方 "eine dem Hof fernbleibende laterale Region" auf dem Dreifuß des Herzogs Mao bei Guo, Bd. 7, 134b, 3 bzw. in Ode 261, I, 11: Unruhestiftung und Nichterscheinen zur Audienz galt als Aufsässigkeit gegenüber dem obersten Lehnsherrn). (19.) Warum scharten sich (fan 繁 GSR 265b *b'i̯wăn- = fan 蕃 GSR 195m *b'i̯wăn-; gewöhnliche Bedeutung: "zahlreich, sich mehren"; fan 繁 hier aber für mei 每 GSR 947i *mwəg- und dieses wieder für mei 媒 GSR 948c *mwəg- "kuppeln"; fan 蕃 in Shanhai, III, 2b, 5 mit yao 鴹 GSR 1041t erklärt, wobei yao = xiu 休鳥 GSR 1070i "Lockvogel", vgl. Wen Yiduo, Gudian xinyi, 548-549; fan also =) brünstige Vögel im Dornenbaum (in Ode 141, II, 1-2 symbolisieren yao "Lockvögel", die sich auf der lautlich an mei 媒 "kuppeln" gemahnenden mei 梅 Pflaume scharen, den ungetreuen Ehepartner)? (20.) Auf dem Rücken tragend (zi 子 GSR 964a für zi 孳 GSR 966k =) kopulieren sie und lassen der Liebe freien Lauf!

B) Bambusannalen (enden mit 299 v. u. Z.), 71: (1.) Hai, der Königssohn aus Yin, kehrte als Gast im Reiche der (yi 易 =) Barbaren ein (2.) und ward dort ausschweifend. (3.) Der Herrscher vom Reiche der Barbaren, Mian chen (vgl. H. 64, 4 You shang), tötete ihn und schaffte ihn beiseite. (4.) Aus diesem Grund besorgte sich Zhu Jia (Zhu Jia 主甲 vom Lushi als Shang Jia 上甲 zitiert; jia 甲 als Zeichen des Zehnerzyklus dient als der "Tempelname", zhu 主 "Herr" wie das homöonyme shang 上 "der Obere" als Epitheton) Wei (zu Wei 微 vgl. Tianwen oben) aus Yin Truppen vom Grafen des He (He 河 = der Gelbe Fluß; dieser - vgl. Chen Mengjia, Yinxu buci zongshu, 343-344 - genoß laut den Orakeln bei den Shang göttliche Ehren), um das Reich der Barbaren anzugreifen; er vernichtete es und tötete darauf dessen Herrscher Mianchen.

C) Shanhai (Kap. Dahuangdong, frühestens Späte Han-Zeit = 25-220 u. Z.[21]), XIV, 4b, 9-5a, 2: (1.) Es gibt einen Menschen namens König Hai. (2.) Mit beiden Händen packt er einen Vogel - er ist gerade dabei, dessen Kopf zu verspeisen. (3.) König Hai hatte die Rinder im (pu 僕 GSR 1211b *b'uk, in einer Mundart, wo hou 侯 und zhi 之 als archaische Auslautklassen miteinander reimen, für fu 服 GSR 934d *b'i̯ŭk =) Joch des Grafen vom He (He 河 = der Gelbe Fluß, s. Bambusannalen oben) dem Reiche der (yi 易 =) Barbaren anvertraut. (4.) Das Reich der Barbaren tötete König Hai und nahm die Rinder im Joch. (5.) Der He (nämlich der Gelbe Fluß) (nian 念 = "dachte inständig an ..." > "hatte Mitleid mit ..."; wahrscheinlich aber für kan 今戈 = 戡 =) überwand das Reich der Barbaren. (6.) Das Reich der Barbaren (hier wie auch oben sein Herrscher gemeint, der es verkörpert) gelangte untertauchend hinaus und gründete einen Staat in der lateralen Region des (shou 獸 Vierfüßers, verbal, d.h. als shou 狩 aufgefaßt, =) Jagens unf Vierfüßer. (7.) Es nährte sich davon. Es hieß nun: das Volk des (yao 搖, in einer großen Wortfamilie: "verführen, verlocken", vgl. G. Schmitt, Phönixtotem und Windtabu, Acta Orient Hung., XIX (1966), 329, verwandt auch mit yao 鷂 als einem südlich des Yangzi und des Huai üblichen Ausdruck für 'Musterung in allen fünf Farben, auf hellem Grunde schillernd' und als der Bezeichnung für einen bestimmten Fasan, der als Lockvogel gedient haben dürfte, in Erya, 450, 2 bzw. 449, 12, =) Lockfangs. (oder aber nach wie vor: das Volk der yao 搖 = Yao 猺 = Barbaren, eigentlich: das Volk der yao 遙 = Fernen). (8.) Gott Shun (zu Shun 舜 als Lockvogel ein andermal mehr) zeugte Xi (Xi 戲 eigentlich: der Spielende, der Scherzende), Xi zeugte das Volk des Lockfangs (oder: der Barbaren).

D) Lü (von Lü Buwei, gest. 235 v.u.Z.), 206, 9: "König Hai (Hai 亥 hier zu Bing 冰 graphisch verderbt) machte als Erster Rinder im (fu 服 =) Joch". Ebenso Shiben nach Chuxueji, 706, 2 und nach Taiping yülan, 3990 oben, 15 (hier Hai 亥 verderbt zu Gun 鮌). Guan, 414, 10-11: "Als die Königswürde auf die Leute aus Yin kam, wurden Pferde- und Rinderställe eingerichtet, Pferde und Rinder (unterjocht >) als Zugtiere verwendet ...". Wie Hai das Rind ins Joch zwang, so fügte sein ihm ebenbürtiger Stammesgenosse Xiang Tu - vgl. Xun, 267, 15; Shiben nach Yang Liang bei Xun, 267, 16; Lü, 206, 8 (tu 土 hier fälschlich als ya 雅) - das Roß ins Viergespann.

E) Huai (von Liu An, gest. 122 v.u.Z.), 56, 8: "Er (nämlich Yu von Xia) sandte den Knaben Hai aus, vom Nordpol losschreitend den Südpol zu erreichen: es waren 200 000 plus 30 000 plus 3 000 plus 500 Meilen und 75 Schritte." Shanhai, (Kap. Haiwaidong, wohl letztes Jh. v.u.Z.[22]), IX, 2b, 1-6: "Gott trug dem Knaben Hai auf, vom Ostpol losschreitend den Westpol zu erreichen: es waren 500 000 plus 10mal 10 000 plus 9 000 plus 800 Schritte... Der Knabe Hai hält in der rechten Hand den 'Zähler' und zeigt mit der linken Hand nach dem Norden vom Grünen Hügel ...". Ähnlich, wenn auch allgemeiner, noch Wu Yue chunqiu, VI, 2b, 12-13, Xu Shen (gest. um 120 u.Z.) nach Komm. in Wu Yue chunqiu, VI, 2b, 13 und Shenjian, 16, 15-16 (hier Qiang 羌 wohl als verderbtes wang 王).

Aus dem beigebrachten Material läßt sich leicht der historische Kern der zugrunde liegenden Sage herausschälen. Hai repräsentiert den Eintritt in die Kulturstufe des Viehzüchters: D, A (4.), C (3.) - und, damit verbunden, des Nomadentums: E. Auf der Suche nach neuen Weideplätzen trieb er seine Tiere[23] auch in entlegenere Gegenden, eben zu den "Barbaren": B (1.), C (3.), A (3.). Dort entstanden aus noch näher zu untersuchendem Anlaß Streitigkeiten, bei denen er schließlich sein Leben verlor: B (3.), gleichzeitig aber auch seine Rinder: A (3.) f., vgl. dazu A (14.); C (4.). Sein Tod wurde gerächt, und zwar von seinen Stammesgenossen: A (13.) f., (17.) f., B (4.)[24]. Diese unternahmen einen Überfall auf ihre Feinde[25]: B (4.), wobei sie die Rinder zurückeroberten: A (14.). Die "Barbaren" flüchten nach dem Verlust der gezähmten Tiere in die Region der wilden Tiere: C (6.) f., sinken also wieder auf die Kulturstufe der Jäger zurück.

Nach diesen Ausführungen liegt es wohl klar zutage, daß die Vorstellung des Reisens in diesem Hexagramm letztlich aus einer entlegenen Wirklichkeit unsteten Nomadenlebens entsprungen ist.

H. 56, 0

Lü. Xiao heng. Lü zheng ji

旅。小亨。旅貞吉

Das Reisen. Opfer werden in kleinem Maße dargebracht und angenommen. Das Orakel, wegen der Reise befragt, lautet günstig.

(Hai 亥 GSR 937a *g'əg† =) Hai galt ähnlich wie König Mu von Zhou (947-928 v.u.Z.), der ebenfalls die Welt ihrer Länge und Breite nach "durchmessen" haben soll (wenn auch nicht zu Fuß, sondern im Wagen: vgl. die Bambusannalen, 28, ferner Mu, IV, 4a, 9 ff.), als der bis zu den (gai 晐 GSR 937*kəg- wie in Guoyu, XVI, 4b, 9 =) "Rändern" (nämlich der Erde) Vorstoßende. Er verkörperte wie kein anderer die Shang 商, dieses Volk von (shang 商 auch =) Wanderkaufleuten (sic!), die "emsig ihre vor den Karren gespannten Ochsen am Stricke führten, um in der Ferne Handel zu betreiben" (s. Shu, 497, 3-4 über die Bewohner von Mei 妹 vom gleichen Stamme). Als Hirte war er allerdings über sein '(ye 野 =) Gefilde der (Mu 牧 =) Triften' - ein solches erstreckte sich auch bei der letzten Shang-Residenz Zhao ge nahe dem heutigen Qixian in Nord-Henan (s. Shu, 376, 8, Zuo, 145, 13, eine Bronze bei Guo, Bd. 6, 23a, 10 usw.) - nicht allzuweit hinausgekommen. Da aber die von ihm aus in einem Tage erreichbaren (Chu 處 oder Gu 顧 =) "Fernen", mit denen er in Konflikt geriet, allmählich zu (Fang 方 =) Lateralen oder (Wei 韋 = 圍 =) Peripheren "Barbaren" wurden (s. H. 56, 4 Lü yu Chu - daß die "Reichsidee" der aufkommenden Klassengesellschaft die Gegebenheiten der primitiven Stammessiedlung sublimiert, ist an anderer Stelle zu erörtern), vergrößerte sich sein "Aktionsradius" im Laufe der Zeiten. Das Orakel der Schafgarbe erblickte in ihm schon den Reisenden katexochen.

H. 56, 1f (→30)

Lü suo suo (stdspr. nach GSR 13b *swâ↑, nach Lu *swa$_d$; südl. *swa$_g$[26]) si qi suo (stdspr. nach GSR 91a *s̩i̯o↑, nach Lu *s̩iag; südl. *s̩iag[26]): qu zai.

旅瑣瑣。斯其所。取災

Er reist, das Kleingeld klimpern lassend, und entfernt sich von seinem Ort. Er wird Unglück auf sich ziehn!

Si 斯 "abspalten" wie in Ode 141, I, 2: dann "entfernt liegen von..." < "abgespalten sein von" wie bei Lie, 13, 10. Suo 瑣 GSR 13b *swâ↑ als "winzig" (von Vogeljungen) in Ode 37, IV, 1, redupliziert als "winzig, unbedeutend" (von den hohe Ämter bekleidenden Verwandten eines einflußreichen Hofschranzen) in Ode 191, IV, 7; als "Klirren von Nephritsplittern (oder, wenn der Radikal yu 玉 Nr. 96 fehlt, von Kaurimuscheln, die auch als Geld dienen konnten)" zwar erst im Shuowen belegt, aber in Anbetracht des verwandten suo 鎖 GSR 13b *swâ↑ "Kette" < "das Klirrende", bereits seit Mo erscheinend, doch wohl erheblich älter. Beide Bedeutungen hängen durch Synästhesie zusammen. Suo steht übrigens, und zwar bei Zuo, 2237, 13, als Ortsname (vgl. dazu Chunqiu, 2237, 5), für sha 沙 GSR 16a *sa-. Und sha bedeutet ganz entsprechend "Kies" neben "schrill" (von Vogelstimmen)!

Der sonst nur bei Lie als einem Vertreter der Mundart des Südens und der Daoisten zu belegende Sinn von si 斯 und mehr noch der Reim suo 瑣 : suo 所, kennzeichnend für jene Mundart und möglich in dem ihr zumindest nahestehenden Idiom der Shang[27], lassen "lü suo suo, si qi suo" als einen abgesprengten Vers aus einem Sagengedicht über Hai erscheinen, wie es unter dessen Stammesgenossen (bei den Shang) und den südlichen Nachbarn (in Chu) im Schwange gewesen sein mag, wobei der Stoff dann durch erstere in die "Bambusannalen" von Wei 魏, durch letztere in das Tianwen des Qu Yuan gelangte. Dieser Vers stünde dann hier als "Zitat". Seine Urfassung dürfte, vgl. dazu die Ausführungen unter H. 56, 6 und 5, etwa den folgenden Sinn gehabt haben: "Er (lü =) wandert dahin, (suo suo = 2 x suo 傞 GSR 5k *sâ- wie in Ode 220, IV, 8, hier von Beschwipsten gesagt, ~ po suo 婆娑 GSR 25q; 16e *b'wâ- sâ- "im Tanze einherschweben" wie in Ode 137, I, 4 und II, 4, =) mit torkelndem Schritt..."[28].

H. 56, 1/H. 56, 2

Als aus dem Wanderer dann - vgl. H. 56, 2 und 4 De qi zi fu - ein Wanderhändler geworden war, bot sich die Umdeutung: "Er (lü =) reist, (suo suo =) das Kleingeld klimpern lassend ..." nahezu von selber an. Das aus dem Reim fallende "qu zai" klingt wie ein Ausruf, entfahren dem Autor der Wandlungen, der dazu verdammt ist, mit anzusehen, wie sein Held ahnungslos dem geschäftlichen Ruin entgegengeht.

H. 56, 2f (→50)

Lü ji ci (GSR 555a *ts'i̯ər↓), huai qi zi (GSR 555h *tsi̯ər-), de tong pu, zheng (ji)

旅卽次。懷其資。得童僕。貞(吉)

Der Reisende geht zum Quartier. Seine Geldmittel birgt er im Busen. Er erlangt einen jungen Pferdeknecht. Das Orakel, befragt, lautet günstig.

Ci 次 GSR 555a *ts'i̯ər↓ bezeichnet eigentlich eine (ci 茨 GSR 555i *dz'i̯ər- =) mit Schilf gedeckte Hütte. Daß Kostbarkeiten im Busen geborgen wurden, bezeugen Jiuzhang, 457, Lunyu, 391, 7, Lao, 42, 10 und Zuo, 1325, 8-9 zur Genüge. Zi 資 "Vermögenswerte" wie in Ode 254, V, 7; verbal etwa bei Zhuang, 17, 9-10: "Ein Mann aus Song (zi =) handelte mit Seidenhüten und ging damit zu den Yue-Barbaren...". Das hier zu ergänzende ji 吉 "günstig", dem in H. 56, 3 li 厲 "gefahrvoll" genau entspräche, hat dem Autor des Xiangzhuan, der es mit "am Ende kein Tadel" wiedergibt, noch vorgelegen. Pu 僕 "Pferdeknecht" wie in Ode 192, X, 3 oder 3, IV, 3. Hai tritt im Tianwen - vgl. A (9.) - noch höchstpersönlich als mu shu 牧豎 "der Hirtenknabe" auf. Später, nämlich in Shanhai, IX, bei Huai, bei Xu Shen und im Wu Yue chunqiu unter E, verblieb ihm bloß noch das epithetische shu 豎 "der Knabe". Dort aber, wo er zum reichen Handelsreisenden "erwachsen" war konnte er füglich kein Knabe mehr sein, geschweige denn ein Hirtenknabe. Dort löste sich nach und nach diese seine Eigenschaft von seiner Person ab und gewann am Ende ein eigenes Dasein. Der auf diese Weise "frisch gebackene" "(tong 童 ≈ shu 豎 =) junge (pu 僕 ≈ mu 牧 =) Pferdeknecht" tritt nunmehr zu Hai in ein neu gestaltetes Verhältnis: er wird der das Vieh besorgende Sklave des umherziehenden Schaf-

und Ochsenhändlers, mit dem Gelde, das dieser am Busen verwahrt, im Barbarenland gekauft! Der als "lü ji ci, huai qi zi" "zitierte" betreffende Vers der gereimten Erzählung aus Shang oder Chu, die noch im wesentlichen Sage bietet, zeigt von derartig tiefgreifender Rationalisierung kaum eine Spur. In "de tong pu", diesem wiederum aus dem Reime fallenden eigenen Beitrag des Verfassers der "Wandlungen", zu dessen Zeit Haussklaven und damit auch Pferdeknechte zum gesellschaftlichen Alltage gehörten, findet man sie bereits abgeschlossen vor.

H. 56, 3m (→ 35)

Lü fen qi ci, sang qi tong pu, zheng li.

旅焚其次。喪其童僕。貞厲

Dem Reisenden steckt man die Herberge in Brand. Er verliert seinen jungen Pferdeknecht. Das Orakel, befragt, kündet Gefahr.

Fen 焚 GSR 474 a *b'i̯wən- "verbrennen" steht bei Zuo, 1426, 7-8 für fen 僨 GSR 437h *pi̯wən↓. Dieses bedeutet "brunften". So metonymisch bei Lü, 87, 15: "Ich (nämlich der König von Yue) wünschte gar sehr, wir beide, der König von Wu und ich, berührten einander mit den Hälsen und kreuzten die Arme in (fen =) geschlechtlicher Erregung." So ferner bei Zuo, 1888, 5: "Ein Rind mag noch so mager sein - (fen =) springt es auf ein Ferkel auf, so muß man wohl bangen um dessen Leben." Es wird auch ben 奔 GSR 438 geschrieben. In den Orakeln der Shang bezeichnet ben he 禾 "das wachsende Getreide bespringen" offenbar einen Ritus, der die Fruchtbarkeit der Mutter Erde auslösen oder steigern soll[29]. Die Variante ben 奔 GSR 438a *pwən- begegnet indes am häufigsten. Vgl. Ode 73, II, 3-4: "Wie dächte ich nicht an dich! Nur fürcht' ich, daß du nicht (ben =) brünstig bist." Vgl. vor allem Ode 49, I, 1: "Die Wachteln, sie (ben ben =) brunften...". - "Worte von des Lagers Matte überschreiten die Schwelle nicht, noch weniger haben sie zu ertönen auf offenem Feld", tadelt laut Zuo, 1517, 8-9 unter 545 v.u.Z. Zhao Meng, nachdem Bo You diese Verse vorgetragen hatte! "Der Reisende tobt in der Herberge seine Geschlechtslust aus" - so mag der anscheinend wieder dem Mythos aus Shang oder Chu entlehnte Vers "lü fen qi ci" gemeint gewesen sein, bevor er gemäß der Moralisierung im Gefolge der Rationalisierung dann umgedeutet worden ist. Vgl. H. 56, 6 Niao fen qi chao. "Sang qi tong pu" steuerte der Autor der "Wandlungen" bei. Vgl. "de tong pu" unter H. 56, 2. Im sagenhaften Hintergrunde dieser Meldung über den Verlust des jungen Pferdeknechtes gerät der Hirtenknabe Hai ins Verderben. Im historisch drapierten Vordergrunde aber darf der Viehhändler Hai weiterleben. Er braucht bloß den Sklaven zu opfern, der ursprünglich einmal einen Teil seines eigenen Wesens ausgemacht hatte.

H. 56, 4m (→52)

Lü yu Chu (GSR 85a *t̂'i̯o↑↓), de qi zi fu (GSR 102h *pi̯wo↑), wo xin bu kuai.

旅于處。得其資斧。我心不快

Er reist unter den Barbaren und erlangt seine als Geld dienenden Äxte. Unser Herz ist nicht froh!

<u>Lü yu Chu.</u>

Chu 處 GSR 85a *t̂'i̯o↑↓ bezeichnet offenbar eine entlegene Region oder deren barbarische Bewohner. Ode 193, IV, 8: "Das Weib aus Yan (shan 煽, Lu-Variante shan 扇, =) fachte an die (fang 方 =) Lateralen Chu." Yan 豔 GSR 1247a altchin. i̯ăm↓ mit der Lu-Variante Yan 閻 GSR 672m *di̯ɛm- = Xian 函 GSR 643a *g'ɛm- auf den beiden Bronzen des Huang-fu von Xian bei Guo, Bd. 7, 131b - 132a. Archaische Aussprache nach Karlgrens eigenen Regeln: *di̯am oder *di̯ɛm. Phonetikum: he 盍 = 盇 GSR 642n *g'âp. Es wechselt *d- in der Serie GSR 642, wozu GSR 1247a ja zu schlagen wäre, mit *g-, g'-, k- und k'-, wie es in der Serie GSR 672 mit *g'- und k'- wechselt. Yan/Xian liegt bei Luoyang in Henan. Huang-fu von Xian auf den Bronzen ist identisch mit dem (qing shi =) Premierminister Huang-fu in der die Sonnenfinsternis vom 6. 9. 776 v. u. Z. beklagenden Ode 193, identisch auch mit dem Fürsten von Shen 申 in Shiji, IV, 27a, 3. Das Weib aus Yan, seine Tochter, die er an König You von Zhou (781 - 771 v. u. Z.) verheiratet hatte, mußte der Dame vom Clan Si aus Bao, die seit 779 v. u. Z. die Gunst des Königs errungen hatte, ihre Stellung als Hauptgemahlin und Kronprinzenmutter abtreten. Aus Rache dafür hetzte sie (laut Sima Qian: ihr Vater) als Haupt des in Ode 193, IV genannten Klüngels die Barbaren auf, die dann auch König You erschlugen, dessen Favoritin gefangen nahmen und mit all den Schätzen von Zhou davonzogen, so daß ihr Sohn Yijiu 770 v. u. Z. den Thron besteigen und die Hauptstadt nach Luoyang in der Nachbarschaft seiner eigenen Hausmacht verlegen konnte. Die aufgehetzten Barbarenstämme sind nach Shiji, IV, 27a, 3 - 4 und Guoyu, VII, 2b, 6 f. die Zeng 繒 = 鄫 vom gleichen Clan Si 姒 wie die Xia um das heutige Yixian im südlichen Shandong, die Westlichen Yi 夷 sowie die Rong 戎 vom (Quan 犬 =) Hunde beim heutigen Fengxiang im westlichen Shǎnxi. Der Ausdruck Chu, der in Ode 193, IV, 8 sie alle umgreift, erweist sich somit als überaus vage.

Ähnlich vage erscheint auch Hu 扈 GSR 53c *g'o↑, wohin Hai nach Tianwen - s. A (3.) und (9.) - gezogen sein soll, zumal weil es gleich darauf - s. A (18.) - durch Di 狄 (hierzu Ausführungen unter H. 56, 6 Yi) vertreten wird. Die Bewohner dieser Region, die bekanntlich noch Hu 戶 GSR 53a *g'o↑ (Shiji, II, 22, 2) oder Hu 鄠 GSR 97 *g'o↑ (Hanshu, Shuowen; Shiben: so seit den Qin, d. h. seit 246 v. u. Z.) genannt wird, waren laut Shu, 237, 4 ff., Zhuang, 64, 16, Lü, 28, 11 f.; 262, 15 und Zuo, 1636, 4 Erzfeinde der Xia. In ihren Kämpfen mit den Shang überwanden sie Hai, erlitten Verluste durch Heng (= Xian) und erlagen Hun (= Ming) und Wei. So Tianwen oben unter A. Später machten sie wieder dem Tang zu schaffen. Vgl. Ode 304, VI, 8. Dort "fällt" dieser "martialische König" mit seiner Streitaxt das (wei 韋, für wei 圍 wie in jiu wei "die Neun Umgebungen; die Neun Randzonen des Reiches" ebenda, III, 7, =) Periphere Gu, neben den Kun wu und dem Tyrannen Jie von Xia einer der drei üppig emporgeschossenen "wilden Triebe". Gu 顧 GSR 53g *ko↓ = Hu 扈 GSR 53c *g'o↑. Hu 雇 GSR 53d *g'o↑ = Hu 扈 = Gu 顧 als Ort lag nach Aussage der Orakel einen Tagesmarsch von der "Großen Siedlung Shang" entfernt. Vgl. Chen Mengjia, Yinxu buci zongshu, 305 - 306. Im Lichte dieser Tatsache schrumpft der Krieg der Zentralgewalt gegen einen unbotmäßigen Fürsten am Rande des Weltreiches bei Tianwen = A (17) und (18) auf eine Fehde zwischen zwei einander benachbarten Stammessitzen zusammen! Um 1600 v. u. Z. erlangte Shang unter dem Häuptling Tang die Vorherrschaft. Seinem neunten Nachfolger Tai Mou diente nach Shu, 588, 6 schon ein (chen 臣 =) versklavtes Hu. Schließlich sei noch darauf verwiesen, daß die Könige von Yue laut Mo, 95, 16 - 96, 9 aus dem Volke der Ju hervorgegangen sind, wobei Ju 遽 GSR 803c *g'i̯wag↓ (Lu *g'iag) mit Hu 扈 GSR 53c *g'o↑ (Lu *g'ag) identisch sein dürfte.

Zwischen den "Wandlungen" einerseits und den Tianwen unter A (3.); (9.) andererseits spannt sich hinsichtlich der Überlieferung der Hai-Sage eine weitere Brücke, wenn Chu dichter an Hu/Gu/Ju heranzurücken wäre. Tatsächlich ist hu 虎 GSR 57b *χo↑ (Lu *χag) nicht nur in Chu 處 GSR 85a *t̂'i̯o↑ (Lu *t̂'iag) phonetisch (vgl. Shuowen, 6364b unten), sondern auch in ju 豦 GSR 803a *g'i̯wag-↓ (Lu *g'iag) (entgegen Shuowen, 4240a oben) und damit in ju 遽 GSR 803c *g'i̯wag↓ (Lu *g'iag) (vgl. Shuowen, 801b oben). Außerdem gehört Hu 扈 (nach Shiben laut Zhengyi zu Shu, Ganshi; nach Shiji, II, 25a, 5 - 6) = Ju 遽 (als Stammland der Könige von Yue) zum Clan Si 姒, während Chu 處 die Zeng 繒 vom gleichen Clan und die "Rong des Hundes" vom verwandten Clan Jǐ 己 in sich schließt. Hu/Ju *g'o↑/g'i̯wag↓ (Lu *g'ag/g'iag) läßt sich kaum von dem bekannteren Hu 胡 GSR 49a' *g'o- (Lu *g'ag) trennen, einer Bezeichnung für die verschiedensten Barbarenstämme vorwiegend im Norden, die ihrerseits aus hu 胡 *g'o- (Lu *g'ag) oder xia 遐 GSR 33j *g'å- (Lu *g'ag) "weit entfernt" abgeleitet scheint. Vgl. dazu Yi 易 in H. 56, 6. Beachte vor allem "peripher" und "lateral" als Beiwort zu Gu bzw. zu Chu!

N. B. Daß Chu "barbarische Region" schon vom Autor der "Wandlungen" als chu 處 GSR 85a *t̂'i̯o↓ "Stelle, an der man weilt; Aufenthaltsort" mißverstanden und fälschlich mit ci 次 "Quartier; Herberge" in H. 56, 2 und 3 zusammengebracht worden sein könnte, braucht in Anbetracht seines Vorkommens in der erst 776 v. u. Z. oder später verfaßten Ode 193 nicht angenommen zu werden.

<u>De qi zi fu.</u>

Die alten Chinesen gaben ihren aus Bronze gegossenen Münzen die Form von

Werkzeugen: von (dao 刀 =) Messern (Belege bei Xun, Guan), von (qian 錢 =) Spaten (Guoyu, III, 10b, 13 berichtet von einer Prägung großer Exemplare um 524 v. u. Z.; Belege noch bei Hanfei) und eben auch von (fu 斧 =) Äxten. Vgl. H. 57, 6. In dem Maße, wie Hai von einem einfachen Wanderer mit bemerkenswerter Ausdauer (Material oben unter E) zu einem geschäftstüchtigen Kaufmann auf weiten Reisen emporstieg, der mit leichtem Kleingeld loszog (H. 56, 1) und dann ein "schweres" Vermögen an "Äxten" zusammenbrachte, mochte wohl auch der (suan 算 =) "Zähler" in seiner Linken (vgl. Shanhai, IX, 2b, 6) von einem primitiven Kerbstock zu einer Art Rechenbrett geworden sein.

<u>Wo xin bu kuai.</u>

Offenbar ruft so, wiederum aus dem Reime fallend, der Autor der Wandlungen selber. Er könnte mit dem Orakelpriester, der in H. 4, 0 die Wir-Form verwendet, identisch sein.

H. 56, 5f (→33).

She zhi (GSR 560e *d'i̯ər↑), yi shi (GSR 560a *śi̯ər↑). Wang (GSR 742a *mi̯wang-). Zhong yi yu ming (GSR 762a *mi̯ăng↓).

射雉。一矢。亡。終以譽命

Man schoß auf den Fasan, schoß einen Pfeil. Der ging verloren. Am Ende nahm er es zum Anlaß, sein Geschick zu rühmen.

<u>She zhi</u>

Die Shang verehrten als ihr Stammestotem - vgl. G. Schmitt in MIO, IX (1963), 383 - 391 und in Acta Orient. Hung., XIX (1966), 317 - 339 - den Phönix. Der wird hier ebenso wie in H. 36, 5 durch den Fasan vertreten. Hai von Shang gehörte nach Zuo, 2151, 13 - 2152, 9 zu den Vier (shu 叔 =) Junioren des Shao hao alias (Zhi 摯 für zhi 鷙 =) 'Raubvogel'. In der Schrift erhielt er auf den Orakeln (vgl. unter H. 34, 5) mitunter 隹 "Vogel" als Determinativ. Seine "Vermenschlichung" zu einem Kulturheroen verdankt er der "Entmythologisierung" durch "Rationalisierung". In ihrem Verlaufe streift er den Vogel als sein ursprüngliches Ich nach und nach von sich ab. Bei Shanhai unter C (2.) hält er denselben bereits in den Händen. Dort verzehrt er sogar dessen Kopf, der doch einmal ihm selbst angehört hatte. Warum? Weil die von Shao hao her ererbte Gier ihn dazu treibt. Sein stets mit "flatter"haftem Leichtsinn gepaarter selbstzerstörerischer Trieb wird später sexuell motiviert (mehr dazu unter H. 56, 6 Niao fen qi chao), noch später wie in den "Wandlungen" mit der Gewinnsucht des Geschäftsmannes (vgl. H. 56, 1, 2 und 4). Bei Tiawen unter A (1.) hält er die Zaubermacht des Ji, hinter der im Grunde auch ein Vogel steckt, der Phönix nämlich, der durch Flügelschlag den Wind entfacht. Seine Rachegeister, die er Hun und Wei zur Hilfe sendet, erscheinen dort unter A (19.) - (20.) als brünstige Vögel im Dornenbaum. Der (ji 棘 GSR 911a *ki̯ək =) Dornenbaum symbolisiert die (ji 殛 GSR 910d *ki̯ək =) "Bestrafung" des Feindes. Vgl. H. 29, 6 Zhi yu cong ji und 47, 1. Beachte ferner Yizhoushu, II, 10a, 4. "Am Tor des Grabes (ji =) Dornen stehn, man stutzt sie mit der Axt" in Ode 141, I, 1 - 2 meint offenbar soviel wie: "durch dieses Lied züchtige ich meinen argen Mann."

<u>Yi shi</u>

"Konfuzius (551 - 479 v. u. Z.; ein Abkömmling der Shang!)", so berichtet Guoyu, V, 11b, 3 ff., "weilte in Chen (Staat unter dem Clan Gui, dem des Shun, der ursprünglich ein Phönix gewesen, mit der Residenz am Yuan qiu beim heutigen Huaiyang im östlichen Henan). Einmal ließ sich ein (sun 隼 =) Falke in den Hof des Fürsten von Chen herab und starb. Ein Pfeil aus dem Holz des Hu-Baumes hatte ihn durchbohrt. Die steinerne Spitze maß eine Elle und einen Fuß. Herzog Hui von Chen (528 - 506 v. u. Z.) sandte jemanden mit dem Falken zur Herberge des Konfuzius, um sich bei diesem zu erkundigen. 'Der Falke ist aus weiter Ferne gekommen', lautete der Bescheid. 'Das ist ein Pfeil des Sushen (Sushen 肅慎 GSR 1028a; 375i *si̯ôk d̂i̯ĕn↓ auch bei Zuo, in Shanhai und in Da Dai Li = Xishen 息慎 GSR 925a; 375i *si̯ək d̂i̯ĕn↓ im Shiji = Jishen 稷慎 GSR 922b; 375i *tsi̯ək d̂i̯ĕn↓ im Yizhoushu = ein tungusischer? Stammesverband im Nordosten). Vor alten Zeiten bahnte König Wu, der die Shang bezwungen hatte (um 1027 v. u. Z.), Wege zu den Neun Yi (Barbaren im Osten) und Hundert Man (Barbaren im Süden). Die mußten die Schätze der jeweiligen Region als Tributgeschenke darbringen, damit sie nicht ihr pflichtgemäßes Gewerbe vergäßen. So wurde von den Sushen (hier den östlichen Yi zugerechnet!) ein Pfeil aus dem Holz des Hu-Baumes mit einer steinernen Spitze von der Länge einer Elle und eines Fußes gebracht. Der königliche Ahnherr wollte manifestieren, daß seine imposante Tugend (< Zaubermacht) in die Ferne reiche. Um es den Spätergeborenen zu zeigen, ihnen für ewig einen Spiegel vorzuhalten, schrieb er an die Kerbe: Pfeil als Tribut der Sushen. Der Pfeil ging an die Große Dame vom Clan Ji (die älteste Tochter des Königs), die dem dann mit Chen belehnten Herzog Hu von Yu (vom Stammland der Nachkommen des Shun) zur Gattin gegeben wurde. - Als Erbstücke gingen im Altertum kostbare Nephrite, um die Verwandtschaft ("aufzurollen" =) zu betonen, an die vom gleichen Clan, reguläre Tributgeschenke aus fernen Regionen dagegen, um an die Dienstpflichten zu gemahnen, an die von fremden Clans. - So erhielt Chen das Tributgeschenk der Sushen. Ließet Ihr, o Herr, den zuständigen Beamten im alten Schatzhause nachsuchen, Ihr würdet es finden.' Der Pfeil wurde auf Geheiß des Fürsten gesucht. Man fand ihn in einer metallumschlossenen Truhe. ..."

Der Falke, seiner zweiten Bezeichnung chen feng 晨風 in Ode 132, I, 1 nach zu schließen der Erreger des Windes am Morgen, scheint hier der transformierte Hai zu sein. Er gelangt von den Sushen aus nach Chen, wie unser Held mit seiner Sage (s. dazu unter H. 56, 1) von Shang nach Chu 楚. Der ganze Totemismus um den Sturmvogel wanderte auf diesem Wege. Der für die Tötung des Falken erforderliche Riesenpfeil gemahnt an die Pfeilharpune, durch die nach Huai, 117, 16 ff. der Große Wind im östlich gelegenen Marschland von Qing qiu sein Ende fand. Seine Hersteller sitzen im Osten oder im Nordosten, unweit des zunächst über Zhu 鉏 (gesucht bei Huaxian in NO-Henan), dann aber über Qiong 窮 (gesucht bei Dexian in NW-Shandong) gebietenden Meisterschützen Yi 羿 (s. Zuo, 1189, 13 ff.), der die Pfeilharpune einst entsandte. Diese Barbaren von Sushen (wie gesagt vielleicht Tungusen, in deren Märchen ein allerdings "degenerierter" Sturmvogel noch sein Wesen zu treiben scheint), die unter der Botmäßigkeit der benachbarten Shang gestanden haben dürften, schießen auf deren Totemtier (Falke < Phönix)[30), wie jene von Chu 虞 (= Hu = Gu = Ju, s. unter H. 56, 4) bzw. Yi (= Di, s. unter H. 56, 6), ebenfalls Untertanen der Shang (Vogelbeamte unter dem 'Raubvogel' von Shao hao, s. unter H. 56, 6 Yi), hier auf Hais "Vogelwesen" (Fasan < Phönix): sie "geben keine Ruhe" (fallen vom Zentralherrscher ab) wie die ihre Vasallenpflicht gegenüber Hun und Wei verletzenden (Di =) Barbaren in Tianwen unter A (18.). Daß der Falke Hai bei den noch in Chen sitzenden Nachfahren des Phönixes Shun Rettung sucht, scheint verständlich.[31)]

Wang

Wang 亡 bedeutet an und für sich auch "er kam um". Der Fasan wird aber noch einmal in H. 56, 6 auftreten. Übrigens erliegt auch der Falke im Guoyu erst nach einem Fluge über viele Länder seiner Wunde. Ob dieser verloren gegangene Pfeil sein Ziel verfehlte? Er scheint, ähnlich wie jener der Sushen, eher vom Vogel davongetragen worden zu sein.

Wang. Zhong yi yu ming

Hier liegt wiederum eine spätere Ergänzung zur anscheinend dem Sagengedicht aus Shang oder Chu entstammenden vorhergehenden Passage vor, wie der Wechsel des Reimes anzeigt. Yu ming "sein Geschick rühmen" halte man gegen hui ming 悔命 "sein Geschick bereuen" in Shu, 307, 6 nach den Steinklassikern von 175 u. Z. (die orthodoxe Version liest shen 身 statt ming). Beim Autor der "Wandlungen" verliert Hai zwar noch die Schafe (vgl. H. 34, 5) und die Rinder (vgl. H. 56, 6), den Pferdeknecht (vgl. H. 56, 3), das Obdach (vgl. H. 56, 3) und (wenn H. 57, 6 hierher gehört) sein Geld, aber nicht wie im Tianwen unter A (3.), in den Bambusannalen unter B (3.) und im Shanhai unter C (4.) sein Leben. Bei ihm hat er nämlich das "Vogelwesen" längst von sich gestreift und zu einem inzwischen recht rätselhaft gewordenen Begleiter degradiert, so daß ein Schuß auf dasselbe, anders als ein Schuß auf den Falken im Guoyu, der noch in tiefere Schichten der Sage hineinreicht, seiner Person nichts mehr anhaben kann. Als er seinerzeit den "Pferdeknecht" losward (vgl. H. 56, 3), und zwar auf eine ähnliche Weise (dazu s. unter H. 56, 2), geschah ihm selbst auch weiter nichts. Dem fehlgehenden Hieb auf das Bett bei Tianwen unter A (9.) - (12.) lag einer der gescheiterten Anschläge auf sein Leben zugrunde. Als Vogel gelangte der Held ohne Mühe zur anscheinend wohl behüteten Barbarentochter hin ("Wie kam's zu ihrem Stelldichein?"), als Vogel entkam er auch leicht wieder durch ein Fenster ("Wodurch nahm er wohl seinen Weg?"). Projiziert man den Schuß auf den Fasan auf den Hintergrund der Sage, so erlitt Hai dieses Mal dort eine sehr ernste Verletzung.

H. 56, 6m (→62)

Niao (GSR 1116a *tiôg↑) fen qi chao (GSR 1169a *dz'ŏg-), lü ren xian xiao (GSR 1150a *si̯og↓), hou hao [GSR 1041q *g'og-] tao/tiao (GSR 1145t *d'og-/t'iog↓), sang niu yu Yi, xiong.

鳥焚其巢。旅人先笑。後號咷。喪牛于易。凶

Dem Vogel steckt man das Nest in Brand. Der reisende Mann lacht zu Beginn, dann klagt er bitterlich. Er verliert die Rinder bei den Barbaren. Unheil!

<u>Niao</u>

Der Vogel hier war, wie der Fasan in H. 56, 5, ursprünglich Hai selbst. Von dessen Erscheinung liefert das Tianwen unter A (7.) einen ungefähren Begriff. Wan fu 曼膚 "glänzend zarte Haut" geht wohl auf das schillernde Gefieder des balzenden Männchens zurück. Ping xie 平脅, vorläufig mit "ebene Flanken" wiedergegeben, gemahnt stark an xie yi 脅翼 "eingelegte Flügel" wie im Changmenfu des Sima Xiangru. Es gemahnt noch stärker an xie xie 協脅 in Tianwen, 322: "(Zhuan 撰 GSR 433g *dz̦'i̯wan↑ für sun 巽 GSR 433a *swən↓, vgl. H. 57, 0, 2, 3 und 6, =) wie bei hockender Haltung die (ti 體 =) Glieder, (xie 協 =) zusammengepreßt die (xie 脅 =) Flanken." Solch eine Positur nimmt dort der dem Regenmeister "antwortende", d. h. dessen Wolken heranwehende Windlenker ein, trotz des Rehleibes oder Rehkopfes - vgl.

G. Schmitt in MIO, IX (1963), 387 - doch ein Vogelwesen! Beachtenswert scheint noch Zhuang, 174, 16 - 175, 1: "Wolkenführer wanderte ostwärts. Als er vorüberkam an den Zweigen des (Fuyao =) Wirbelwindbaumes, fügte es sich, daß er Urnebel traf. Der war gerade dabei, die Arme an die Hüften geklappt, wie ein Vogel umherzuhüpfen." Leiht Wei aus Yin wie nach den Bambusannalen unter B (4.) und indirekt nach Shanhai unter C (5.) Truppen vom Grafen des Gelben Flusses, dann ruft der Sturmphönix (s. zu H. 56, 5; eben der Windlenker des Tianwen, auch der - vgl. "Dunst" und "Wind" als koexistierende Bedeutungen von chin. qi 氣 - zum daoistischen Genius avanzierte 'Urnebel' bei Zhuang) das Regenschwein (s. H. 38, 6 Shi; eben den Regenmeister Ping Hao des Tianwen, auch den allegorisierten 'Wolkenführer' bei Zhuang) zu Hilfe, dann prasselt auf die Barbaren ein derartiges Unwetter hernieder, daß diese wirklich wie bei Shanhai unter C (6.) ihr Heil im Tauchen suchen müssen.

<u>Fen</u>

Fen 焚 GSR 474a *b'i̯wən↓ hier wieder eigentlich = fen 僨 GSR 437h *pi̯wən↓ usw. "brunften". Vgl. H. 56, 3. Eine weitere Variante: ben 本 GSR 440a *pwən↑ wie in Tianwen, 277 "Wie (ben =) brunftet es (nämlich Yang, das Lichte, das Männliche Prinzip) und zeugt? Wie (hua =) empfängt es (nämlich das Yin, das Schattige, das Weibliche Prinzip) und geht schwanger?" Später dann Umdeutung in "brennen".

<u>Chao</u>

Chao 巢 "Nest" entspricht genau ci 次 "mit Schilf gedeckte Herberge" in H. 56, 3 (vgl. H. 56, 2). Ci *ts'i̯ər↓ wiederum erscheint als "rationalisiertes" xi 棲 GSR 592 l *siər- "Nistplatz, Nest" (so bei Ode 265, IV, 3) in der ursprünglichen Fassung der Sage. Bezeichnenderweise wird Hai bei Zuo, 2152, 9 Rushou und somit Richter des Metalls im (xi 西 GSR 594a *siər- =) Westen, eigentlich dem Ort, wo die auch als Vogel gedachte Sonne (xi 栖 GSR 594f *siər- =) ihr Nest aufsucht. Ob ihm das Lüchaoming 旅巢命 gegolten hat, der

"Erlaß betreffend das Nest des Reisenden", von dem Shu, 444, 7 nichts weiter als den Titel hinterläßt?

Niao fen qi chao

Ursprünglich: "Der Vogel tobt im Neste seine Geschlechtslust aus." Laut Tianwen unter A, wo das Nest zum Bette wird, stellt Hai der Barbarentochter nach (selbst seine geflügelten Rächer kopulieren!) und den Bambusannalen unter B zufolge gibt er sich Exzessen hin. Er war einst ein Lockvogel, ein (feng 鳳 GSR 625j *b'i̯ŭm↓ =) Phönix, auf dem (feng 楓 GSR 625n *pi̯ŭm- =) Windbaum horstend, (fan 汎 GSR 625f *p'i̯wăm↓ =) unstet dahintreibend wie der von ihm selbst entfachte (feng 風 GSR 625h *pi̯ŭm- =) Wind, immer (feng 風 auch =) brunftend, werbend mit (feng 渢 GSR 625p *b'i̯ŭm- =) säuselnden, bezaubernd (feng 諷 GSR 625o *pi̯ŭm↓ =) vorgetragenen (feng 風 ferner =) Weisen [mit ihnen zusammenhängend der Schildtanz bei Tianwen unter A (5.)[32]] wie mit (peng 芃 GSR 625g *b'ŭm- =) üppigem Federschmuck [die glänzendzarte Haut bei Tianwen unter A (7.)]. Hinter dem Umschlagen seiner fen 僨 *pi̯wən↓ "Liebesbrunst" in eine fen 焚 *b'i̯wən↓ "Feuersbrunst" - beachte vorläufig wei 尾 GSR 583a *mi̯wər↑ "kopulieren" neben hui ⿰火尾 GSR 583e *χmi̯wər↑ "brennen" sowie fan 蕃 GSR 195m *b'i̯wăn- "sich durch Paarung mehren" [dazu s. A (19.) oben] neben fan 燔 GSR 195i *b'i̯wăn- "brennen" - stand mehr als bloß zufällige Ähnlichkeit im Lautbild. Wie einem ihm in vielen Stücken gleichen Lockvogel ein ähnlicher Flammentod zugedacht wird, darüber anderwärts mehr. Der Vogel kommt im Neste um, weil der mit ihm eigentlich identische Pferdeknecht in der Herberge umkommt (s. H. 56, 3). Zu einer selber den "roten Hahn" auf ihr Nest setzenden Weihe weitergebildet erscheint er im Hanshu, XXVII B (= 2. Teil), 9b, 7 ff.

Nachtrag

Hai 亥, als letztes Zeichen des Zwölferzyklus "(Chi 赤 fen ruo 若 =) Wie Rot Flammend" (so lautet der seit Erya, 227, 13 bzw. Huai, 49, 4 - 5, 53, 11 f. und 65, 8 - 9 belegte astrologische Terminus: fen 奮 GSR 473a *pi̯wən↓ steht offenbar für fen 焚 GSR 474a *b'i̯wən↓), entspricht der himmlischen (ci 次 =) "Station" Ju zi 娵訾 (Belege bei Zuo, 1599, 9 - 10, Erya, 232, 9 und Shiji, I, 9b, 10): diese bestimmt die Geschicke des von Shang-Leuten bewohnten Landes Wei 衛 , wo mitten in "Gras und Dickicht" ein Ort lag, der den Namen (Si niao 死鳥 =) Toter Vogel (s. Zuo, 1988, 12 f.) trug.

Lü ren xian xiao, hou hao tao/tiao

Der im Neste (bzw. in der Herberge) seinem Geschlechtstrieb frönende Vogel (bzw. Reisende) (H. 56, 6 Niao fen qi chao bzw. H. 56, 3 Lü fen qi ci im ursprünglichen Sinn), der tanzende, mit seiner Erscheinung prunkende und die Barbarentochter umarmende Hai (Tianwen = A) und der durch sein wüstes Treiben die gewährte Gastfreundschaft mißbrauchende Königssohn aus Yin (Bambusannalen = B) stimmen das Gelächter an, das mit dem Hieb auf die Lagerstatt (Tianwen = A), dem Schuß auf den Fasan (H. 56, 5), dem Verlust des Geldes (H. 57, 6) und der Schafe (H. 34, 5) jäh verstummt, um beim Brand des Nestes (bzw. der Herberge) (H. 56, 6 bzw. 56, 3) (der Hai eigentlich das Leben gekostet hat) und während der Todesqual des Pferdeknechtes (ursprünglich des Helden selbst) (H. 56, 3) in herzzerreißendes Gejammer umzuschlagen.

Niu

Die Rinder hier sind natürlich auch "ans Joch gewöhnte" wie die unter A (14.), C (3.) - (4.) und D. Das epithetische pu/fu tritt uns bei Lü und Shiben als fu 服 GSR 934d *b'i̯ŭk (richtiger mit Lu = *b'ɪwək) in standardsprachlicher Form entgegen (denn "jochen" bedeutet fu, das Lü, 161, 7 - 8 übrigens mit sheng 乘 "zu vieren an den Wagen spannen" konfrontiert, ganz normal), im Tianwen und Shanhai aber als pu 朴 GSR 1210f *p'ŭk bzw. pu 僕 GSR 1211b *b'uk in der einer Mundart (denn pu bedeutet "jochen" nur im Falle einer "Entlehnung"), wo die archaischen Auslautklassen hou 侯 (Typ *-ug, wozu auch Karlgrens *-u; *-uk) und zhi 之 (Typ *-əg, wozu auch Karlgrens *-i̯ŭg; *-ək) bzw. dong 東 (Typ *-ung) und zheng 蒸 (Typ *-əng) miteinander reimen, was in H. 55, 2 und 4, bei Zhuang, 457, 10 (= Kap. Lieyukou), in Li, 92, 6 (= Kap. Quli) und 1655, 4 (= Kap. Yueji) bzw. in einer verstreuten Ode nach Zuo, 390, 10, bei Li, 683, 4, 814, 8, 817, 2 - 3 (= Kap. Yueling), im Duanzhuan zu den "Wandlungen" bei Qu Wanli, Hanshijing Zhou Yi canzi jizheng, II, 13b, 10 - 14 a, 2, 14a, 8 - 9, 16a, 10 - 16b, 1 (statt guo 國 lies mit Yu Fan bang 邦 GSR 1197e *pŭng-) und 16b, 8 geschieht. Leider fehlt es ausgerechnet in den "Wandlungen" selbst. Hätte deren Autor es nicht als überflüssig fortgelassen, indem er sich wahrscheinlich sagte, daß ein Viehhändler mit halbwilden Tieren kaum etwas anfangen kann, dann bestünde die Möglichkeit, seinen Dialekt näher zu bestimmen!

Yi

Yi 易 GSR 850a *di̯ĕk steht hier wie in den Bambusannalen unter B, im Shanhai unter C und in H. 34, 5 für Di 狄 GSR 856a *d'iek "Nördliche Barbaren" (Li, 584, 9 - 10: "Die im Norden heißen Di"), ableitbar aus ti 逖 GSR 856f = 逷 GSR 850k *t'iek "fern (so bei Shu, 376, 12: "Fern seid ihr, ihr Leute westlicher Lande", und zwar in einer Anrede des Königs Wu von Zhou an seine damals noch als Barbaren geltenden Mannen); fernhalten (so in Ode 256, IV, 10: "Und haltet fern die laterale Region der Man"; so auch, direkt 狄 geschrieben, in Ode 299, VI, 3 - 4: "Kriegerisch ziehen sie auf Strafexpedition, halten den Südosten fern")" und damit - man halte nur im Tianwen A (18.) gegen A (3.) und (9.) - eigentlich völlig synonym mit Chu = Hu = Gu = Ju bei H. 56, 4. Seine mögliche Beziehung zu di 翟 GSR 1124a *d'iok "pheasant" rührt ebenso wie die denkbare Beziehung von Hu 扈 GSR 53c *g'o† zu hu 雇 GSR 53d *g'o† "a bird resembling a quail" von den Vasallenpflichten dieser Stämme gegenüber dem Herrscher der Shang [vgl. Tianwen = A (18.)]: tatsächlich dienten, so Zuo, 1948, 3 - 12, ihrem phönixhaften Raubvogel Shao hao die fünf Fasane und die Neun Wachteln.

Sang niu yu Yi

Der aus dem Reim fallende Satz klingt wie ein eigener Beitrag vom Verfasser der "Wandlungen". In ihnen hatte der "Pferdeknecht" von H. 56, 2 und 3 die gejochten Rinder des reisenden Händlers wohl mitversorgen müssen. Doch in der Urfassung der Sage, reflektiert durch Tianwen = A (4.), (9.) und Shanhai = C (3.), weidete Hai seine Tiere persönlich. Ja, er hatte sie mit Lü und Shiben = D sogar selber "gemacht": er hatte sie gezähmt, als Lockvogel mit Hilfe seiner bezaubernden Lockmusik in seinen Bann geschlagen. Darüber in anderem Zusammenhange mehr. Nach Shanhai, XVIII, 4a, 11 zeugt der Vogel Xian den (Sheng 乘 =) "ins Viergespann Fügenden" Li. Li 釐 GSR 979 l reduziert sich nach Abzug des phonetisch determinierenden li 𠩺 GSR 979a auf li 里 GSR 978a "Markung", das durch Herabrücken von tian 田 auf die linke Seite zu 田土 wird, also zu tu 土 GSR 62a "Boden", graphisch erweitert durch semantisch determinierendes "Feld". Tu 土 erscheint in den Orakeln (s. Chen Mengjia, Yinxu buci zongshu, 340 - 341, der es allerdings mißdeutet) mehrfach als Eigenname, hinter dem sich der Kulturheros der Shang verbirgt, der in Ode 304, II, 6, bei Zuo, 1233, 5 und im Shiben nach Zheng Xuan zu Zhouli, 1180, 11 (dort tu 土 zu shi 士 verballhornt) (Xiang 相 GSR 731a *si̯ang↓, wohl für xiang 襄 GSR 730a *sni̯ang- wie in Erya, 105, 4, =) "der vor den Wagen Spannende" Tu heißt, bei Xun, 267, 15 (Tu 土 hier zu du 杜 erweitert) und Lü, 206, 8 (Tu 土 hier zu ya 雅 in der gängigen und zu chi 持 in einer anderen Version verballhornt[33]) (Sheng 乘 =) "der ins Viergespann Fügende" Tu, in Zhouli, 1180, 11 (Tu 土 hier zu she 社 erweitert) schließlich der (Ma 馬 =) "Pferde"-Tu. Vgl. dazu auch Guan, 414, 10 - 11, zitiert oben unter D. Xian 咸 ist niemand anderes als Heng 恆, der die in den Händen der Barbaren wohl etwas verwilderten Rinder unter sein Joch zurückgelockt. Vgl. dazu Tianwen = A (13.) f. So hatte also ein Nachfolger von Hai als Lockvogel (Sohn des Vogels Xian) auch noch das Roß dem Menschen dienstbar gemacht (vor den Wagen gespannt: bis in China das Reiten aufkam, sollten noch mehr als tausend Jahre hingehen).

Xiong

Xiong "Unheil" hier gegenüber wu hui "ohne Reue" in H. 34, 5 zeigt an, daß der Verlust der Schafe nicht von denselben Schrecknissen begleitet ist wie der Verlust der Rinder, der, eine Sache für sich [halte im Tianwen A (14.) gegen A (4.)], Shanhai = C (4.) zufolge tatsächlich erst in Verbindung mit dem Mord am Hirten erfolgt.

H. 63
Ji ji 既濟

Zum Hexagramm

Ji ji bedeutet natürlich "Bereits über den Fluß sein" (s. Zuo, 589, 9) und Wei 未 ji - so heißt das nächste Hexagramm, das hier gleich mit behandelt wird - "Noch nicht über den Fluß sein". (She da chuan 涉大川 =) große Ströme zu durchschreiten (vgl. die Sprüche zu den Hexagrammen Nr. 5, 13, 18, 26, 42, 59 und 61 sowie H. 27, 6 und H. 64, 3 [hier eingeleitet durch li 利 "es taugt dazu ..."], ferner H. 6, 0 [hier eingeleitet durch bu 不 li "es taugt nicht dazu ..."], sodann H. 27, 5 [hier eingeleitet durch bu ke 可 "es geht nicht an ..."], schließlich H. 15, 1 [hier eingeleitet durch yong 用 "um so ..."]) galt als ein recht gefährliches Unternehmen. Ob es zu wagen war, entschied gewöhnlich das Orakel. In den "Wandlungen" beschäftigen sich mehrere Sprüche angelegentlich damit (vgl. noch H. 11, 2 und 28, 6) - insbesondere diejenigen der beiden letzten Hexagramme.

H. 64, 3 kam unter (ji 濟 =) "Flußüberquerung" wegen li she da chuan "es nützt, große Ströme zu durchschreiten" und weil Wei ji, der Name des Hexagramms, dort auftaucht, H. 63, 1 wegen ru qi wei "netzt sich den Schwanz" (vgl. H. 64, 0!), H. 64, 1 als "Teilstück" von H. 63, 1, H. 64, 2 aus dem gleichen Grunde, H. 63, 6 sowie H. 64, 6 wegen ru qi shou "netzt sich das Haupt" (vgl. H. 28, 6!), H. 63, 4 wegen xu/ru 繻 für ru 濡 "benetzt". Eine derart oberflächliche Betrachtung lehrt das schon! H. 64, 5 ist später einmal im Zusammenhang mit H. 11, 2 zu behandeln. Wenden wir uns nun den zu übersetzenden Sprüchen zu.

Überquert wird in ihnen der Gelbe Fluß - ganz sicher in H. 63, 3/64, 4 (hier von seinem eigenen Ebergott, der dadurch gewaltige Wolkenbrüche auslöst, die gegen die Dämonen im Westen eingesetzt werden) und H. 64, 0 (hier von der Füchsin des Luo, auf die das geile Regenschwein schon lange lauert) und - er war ja für die alten Chinesen der Fluß par excellence - wenigstens sehr wahrscheinlich in H. 63, 0 (man suchte einen "günstigen" Tag aus: also war der Strom gefährlich!) und H. 63, 2 (die Frau war selbst im Wagen ohne Schutz: also trifft das gleiche zu!). Eine gewisse Ausnahme bildet allein H. 63, 5. Der Nachbar im Westen (König Wen von Zhou) veranstaltete sein (yue 禴 =) Gefangenenopfer in B i (vgl. die Bambusannalen, 24). Und Bi 畢 entspricht, wenn es ein "Mondhaus" (das neunzehnte, mit ε Tauri - es prangt im 'Westpalast' des Himmels) bezeichnet, dem "Regenmeister" (s. das Duduan und das Fengsu tongyi) und damit dem Eber vom G e l b e n F l u ß (vgl. auch H. 38, 6 Shi, Beleg A): es war als das (Zhuo 濁 =) Trübe (s. Erya, 232, 11) übrigens zu (yue 禴 auch für yue 瀹 =) klären. Der Nachbar im Osten (der Tyrann Shou/Zhǒu von Shang) schlachtete zwar das R i n d für seinen freigelassenen Gegenspieler, aber auch der G e l b e F l u ß hätte es (vgl. die Orakel Zhi xu 摭續 2, Qian 前 2. 9. 3, Shang 上 25. 3 und Cui 粹 36 bei Chen Mengjia, Yinxu buci zongshu, 343 - 344 sowie Zhuang, 81, 13 und Huai, 282, 10 - 11) nicht verschmäht. Man sieht also: der Strom wird nicht überquert, wohl aber - wenigstens glaubte das der (oder ein) "Herausgeber" (oder "Bearbeiter") des Textes - durch Gaben besänftigt.

H. 63, 0

Ji ji. Heng. Xiao li zhen. Chu ji zhong luan

既濟。亨。小利貞。初吉終亂

Bereits über den Fluß sein. Opfer werden dargebracht und angenommen. Es nützt in kleinem Maße, das Orakel zu befragen. Am dritten Tag im Monat schreitet man endlich geradeswegs durch die Strömung

Luan

Luan 亂 bedeutet hier wie in Shu, 208, 3, in Erya, 287, 8 und offenbar auch in Lisao, 68 "geradeswegs durch die Strömung schreiten". Und zwar "von einem Stein zum anderen". Vgl. Ode 250, VI, 3 - 4: "Damit der Wei (she 涉 =) durchwatet werden konnte, machte er (der Herzog Liu in Bin) eine (luan 亂 hier substantivisch =) Furt, wozu er (li 厲 , in Ode 63, II, 2 = "Furt mit Steinen", in Ode 34, I, 3 = "eine solche Furt durchschreiten", und zwar bei größerer Wassertiefe, die das Durchschreiten einer einfacheren Furt mit gelüfteter Kleidung nicht mehr erlaubt, hier =) Steine zum Wetzen nahm und (duan 鍛 =) Steine zum Hämmern". "Diese Steine, dünn und flach - man trat darauf, sie senkten sich" in Ode 229, VIII, 1 - 2 bezieht sich vermutlich auch auf einen Flußübergang ähnlicher Art.

Chu ji

Chu ji 初吉 (wörtlich: "Glück am Anfang") hieß nach Chen Mengjia in Kaogu xuebao, X (1955), 112 - 115 der sonst noch fei 朏 genannte dritte Tag im Monat. Dieser Terminus begegnet auch in Ode 207, I, 5, bei Guoyu, I, 7a, 3 sowie auf Bronzen (s. z. B. Guo, Bd. 6, 55b). Als Synonyme findet man auf dem "Sakralgefäß des Ling" (s. Guo, ib., 5b) und bei Zhouli, 437, 6 yue ji 月吉 ("Mondesglück"), in Lunyu, 226, 10 (vgl. dazu Li, 1321, 2!) und Yili, 76, 10 ji yue 吉月 ("glücklicher Mond"), bei Zhouli, 433, 7 ji ri 吉日 ("glücklicher Tag") und in Zhouli, 72, 5 einfach ji 吉 ("Glück").

Chu ji ... luan

Wer wie hier den Gelben Fluß durchwaten will, steht nach Ode 195, VI, 1 - 2 und Lunyu, 156, 2 - 3 dem, der einem Tiger ohne Waffen entgegentritt, an Kühnheit kaum nach. Um nicht das Schlimmste befürchten zu müssen, wird er für sein riskantes Unterfangen wenigstens die günstigste Zeit aussuchen. Bei (sheng 眚 GSR 812i wie auf einer Bronze =) Neumond droht (sheng auch =) Kalamität. Nach (wang 望 GSR 742m *mi̯wang↓ =) Vollmond gibt es (wang

H. 63, 0/H. 63, 2

亡 GSR 742a *mi̯wang- =) Verluste (vgl. H. 61, 4). Der (hui 晦 =) letzte Tag im Monat ist zu meiden (s. Zuo, 1119, 6 - 8): er schreckt durch (hui wie in Ode 90, III, 1 =) unheilschwangere Düsternis. Am (shuo 朔 GSR 769a *sngâk? =) Monatsersten (Phonetium ist yi 屰 GSR 788a, daher das *-ng- !) läuft einem so manches (yi 逆 GSR 788c *zngi̯ăk =) zuwider (das *z- verrät sich durch GSR 769a - d!). Unter den Tagen, die einen eigenen Namen tragen, verdient der Dritte, wie man sieht, unbedingt den Vorzug. Der sichtbar wieder (geng 恆 GSR 881d *kəng↓ =) zunehmende Mond sichert fürs erste (heng 恆 GSR 881d *g'əng- =) Stabilität.

<u>Chu ji zhong luan</u>

Luan 亂 kennen die meisten nur als "Verwirrung". Ji 吉 GSR 393a *ki̯ĕt gemahnte vielleicht einmal an jia 拮 GSR 393n = 戞 GSR 504a *kɛt "den Takt zur Musik schlagen" (Shu, 174, 7); "Takt > Regel" (Shu, 489, 10). Bedeutete unser Satz hintergründig "am Anfang Takt (d. h. Ordnung), am Ende Verwirrung (d. h. Aufruhr)"?

H. 63, 2f (→5)

Fu sang qi fu. Wu zhu. Qi ri de

婦喪其茀。勿逐。七日得

Die Frau verliert ihren hinteren Wagenvorhang. Man laufe ihm nicht nach! Am siebenten Tage bekommt man ihn.

<u>Fu</u>

Ein (fu 茀 , 笰 =) "Vorhang an der Rückseite des Reisewagens" (wie das synonyme bi 蔽 < "bedecken" hervorgegangen) aus Fasanenfedern schützt auch in Ode 57, III, 5 eine adlige Dame vor neugierigen Blicken, einer aus Bambus dient hohen Herren in Ode 178, I, 11, 261, II, 8 und 105, I, 2 (hier als Begleiter der Tochter des Fürsten von Qi) zum gleichen Zweck.

Fu sang qi fu

Fu 婦 GSR 1001a *b'i̯ŭg↑ "Frau" erinnerte wohl an fu 服 GSR 934d *b'i̯ŭg↑ "Wagenkasten". Und fu 茀 GSR 500k *pi̯wət "hinterer Wagenvorhang" erinnerte an fu 茀 500k *pi̯wət "Beistand" (< "Bedeckung") (kommt vor in Ode 252, IV, 2; bisher als "Glück" gedeutet - vgl. aber das verwandte fu 拂 , 佛 GSR 500h, l *p'i̯wət bzw. *b'i̯wət, das für bi 弼 GSR 406e *b'i̯ĕt "Beistand" steht, und zwar mit yin 因 = 茵 "Matte" als Radikal). Wer diese Worte vernahm, der sah im Geiste die schutzlose Frau in ungeschütztem Wagen. Zur Assoziation des herausgehörten 'Wagenkasten' mit gleichfalls herausgehörtem 'Beistand' vgl. xiang 箱 GSR 731f *si̯ang- "Wagenkasten" neben xiang 相 GSR 731a *si̯ang↓ "Hilfe, Helfer, helfen" oder fu 輔 als "Schutzbretter zu beiden Seiten des Wagens" und "jemandem zur Seite stehen".

Wu zhu

Zhu 逐 "nachjagen" muß man einem begehrten Ding, falls dieses sich fortbewegt. Den Kaurimuscheln also nur, wenn sie wie in H. 51, 2 vom Hügel herabkullern. Und einem Wagenvorhang nur, wenn er wie hier offenbar von der Strömung entführt wird. Unsere Frau durchquerte allem Anschein nach mit dem *Wagen* eine *Furt*, so wie das verstoßene Weib in Ode 58, IV, 5 - 6 ("Die Wasser des Qi in mächtigem Schwall, sie netzen meines Wagens Schleier ...". - Als Mädchen *watete* es, den Liebhaber auf "Liebesausflügen" begleitend, durch den genannten Fluß, vgl. ib., I, 5), wie Konfuzius in Lunyu, 420, 5 - 6 (der Zi Lu, seinen Kutscher, nach der nächstgelegenen Furt fragen läßt), wie der Graf von Zheng in Zuo, 128, 9 (dessen Gefährt mitten im Ji umkippte). Vgl. dazu Ode 34, II, 3: "Voll wird die Furt, doch trocken bleibt das Achsenende ... ."

Qi ri de

In H. 51, 2 die gleichen Worte. Der Zeitraum von sieben Tagen spielt auch noch in H. 24, 0 sowie in H. 18, 0 und H. 57, 5 eine Rolle. Die Orakel der Shang kennen nur die (xun 旬 =) Dekade. In den "Wandlungen" kommt diese ein einziges Mal vor: in H. 55, 1.

H. 63, 3m (→3)

Gao Zong fa Gui fang, san nian ke zhi, xiao ren wu yong.

高宗伐鬼方。三年克之。小人勿用

Der Hohe Ahnherr der Sippe attackierte die Laterale Region der Dämonen. In drei Jahren, da bezwang er sie. Für den kleinen Mann nicht zu verwenden!

<u>Gui</u>

Den Orakeln zufolge belästigen die (Gui 鬼 GSR 569a *ki̯wər↑ mit der Variante Wei 畏 GSR 573a *·i̯wər↓ =) Dämonen die Shang unter Wu Ding (ca. 1238 - 1180 v. u. Z.). Vgl. Chen Mengjia, Yinxu buci zongshu, 274. "In seinem (des Wu Yi) fünfunddreißigsten Jahr (um 1095 v. u. Z.) griff König Ji (= Ji Li) von Zhou die Westlichen Luo (= Lu) (über diese mehr unter H. 64, 0 Hu) und die Rong (= Westbarbaren) der (Gui =) Dämonen an. Er nahm zwanzig Könige der Di 翟 (= 狄) (der 'Fernen', d. h. 'Barbaren') gefangen." So die Bambusannalen, 22. Alsdann König Wen von Zhou über die schon dem Untergang geweihten Shang in Ode 255, VI, 7 - 8: "Eure Frevel hierin im Mittleren Staat, sie erreichen der (Gui =) Dämonen (fang =) Regionen sogar." Gesagt wird das im Hinblick auf grausige Taten folgender Art: "Damals ging Zhǒu/Shou (letzter Tyrann der Shang) den Weg der Unmoral. Er ... brachte den Fürsten der (Gui =) Dämonen um und verarbeitete denselben zu Dörrfleisch" (Lü, 267, 15) (ähnlich Li, 1376, 12 - 13). "Er (eben Zhǒu/Shou) bestrafte die Tochter des Fürsten der (Gui =) Dämonen und nahm ihr den Reif" (Lü, 301, 15 - 16). "Der Fürst der (Gui =) Dämonen besaß eine Tochter. Die führte er, weil sie lieblich war, dem Zhǒu/Shou zu. Der aber fand sie häßlich. Er verarbeitete ihren Vater zu Gulasch." (Zhanguoce, XX, 9a, 6 - 7). "Der Fürst der Dämonen besaß eine liebliche Tochter, die er dem Zhǒu/Shou zuführte. Allen Ausschweifungen abhold, erregte sie des Tyrannen Zorn. Drum ward sie umgebracht und ihr Vater zu Gulasch verarbeitet." So Shiji, III, 11b, 2 - 3, und zwar mit Jiu 九 GSR 992a *ki̯ŭg↑ (richtiger Lu *kɪwəg) für Gui 鬼 *ki̯wər↑ (richtiger Lu *kɪwəd), d. h. mit der südlich-daoistischen Schreibweise[34]. Unter König Kang von Zhou (1004 - 967 v. u. Z.) heißt es schließlich auf dem lädierten kleinen Dreifuß des Yu bei Chen in Kaogu xuebao, 1956/2, 85 ff.: "Yu trug mit den zahlreichen (qi =) Drachenfahnen (zu deren Symbolik s. H. 47, 2 Li yong ji si) ---- (unleserlich) der Lateralen Region der (Gui 鬼 mit determinierendem Klassenzeichen Nr. 62 "Hellebarde" =) Dämonen im Gürtel. Er trat in das südliche Tor und meldete: ...". Es folgen Zahlenangaben über die auf zwei Feldzügen gefangenen feindlichen Häuptlinge und Krieger sowie über die sonstige Beute an Pferden und Wagen, an Rindern und Schafen.

Soweit unser Material über die Dämonen in ihrer Wirksamkeit zu geschichtlicher Zeit. Sie dürften nordwestlich von der Shang-Metropole gesiedelt haben. Shanhai, XII, 1b, 13 - 2a, 1: "Im Norden gibt es den (bis hierher ergänzt nach Lunheng, 221, 1) Staat der (Gui =) Dämonen. Der liegt nördlich vom 'Leichnam des (Er-fu 貳負 =, vgl. ib., XI, 1a, 5 f.,) mit beiden Händen auf dem Rükken Gefesselten' (?) (und dieser laut ib., XII, 1a, 12 ff. wieder östlich vom Grafen des Taihang 大行 mit einem "Lehnsstaat des Hundes" im Osten). Als Wesen tragen sie Menschenantlitz, besitzen aber nur ein Auge." Ebenda, VIII, 1b, 3 - 4: "Das Reich der Einäugigen .... Ein Auge steht in der Mitte ihres Gesichtes ..." und XVII, 6a, 12 - 13: "Es gibt Menschen, denen ein einziges Auge in der Mitte des Gesichtes wächst. Die einen meinen, sie gehörten zum Clan Wei 威 GSR 574a *·i̯wər- (= Gui 鬼 *ki̯wər↑, wie etwa Wei 畏 *·i̯wər↓ in den oben genannten Orakeln) ...". Das Yi Yin sifang ling spricht hingegen von den "(Gui =) Dämonen im Westen". In Qin deutete unter Herzog Mu (659 - 621 v. u. Z.) ein gewisser Jiu-fang Gao (so bei Lie, 95, 5) alias Jiu-fang Yin (so bei Zhuang, 370, 9 ff.) vor allem die Physiognomie von Rossen. Jiu 九 wieder identisch mit Gui 鬼. Die "(fang =) Laterale Region der (Jiu = Gui =) Dämonen" hier Familienname gewordene Ortsbezeichnung. Gao 皋, der eine individuelle Name, leitet sich her von Gao 皋, dem Volksstamm: Guoyu, VII, 10a, 9 erwähnt die "Di 狄 (= die 'Fernen', Sammelbezeichnung für Barbaren) der Luo (= Lu, s. H. 64, 0 Hu) von Gao", Zuo, 462, 4 die "Luo (= Lu) von Gao aus den Östlichen Bergen". Yin 歅 (wohl = yin 垔 , 陻 , 堙 , 湮 , 闉 GSR 483a, c, d, e, f =) "Abdämmen, Eindeichen", der andere individuelle Name, korrespondiert mit Gao in der üblichen Bedeutung "Sumpf, Marsch". Die enge Verbindung der (Gui =) Dämonen mit den Westlichen Luo (= Lu) und folglich mit den Gao bezeugten schon die Bambusannalen, 22. Die Lu (= Luo) von den Roten Di 狄 wurden laut Chunqiu, 962, 6 und Zuo, 966, 8 ff. 593 v. u. Z. durch Jin vernichtet. Die Roten Di wiederum lebten Zuo, 1031, 13 f. zufolge um 587 v. u. Z. noch in den Qiang Gao-ru fort. Ru 如 als Suffix kehrt wieder in Qiao-ru (ein Häuptling der Souman 鄋瞞 von den Langen Di 狄), Fen-ru, Rong-ru, Jian-ru (die jüngeren Brüder des Vorigen) (vgl. Zuo, 778, 7 ff.). Gao 咎 GSR 1068a *kôg- bezeichnet denselben Stamm wie Gao 皋 GSR 1040b *kôg- oben. Qiang 廧 spezifiziert wohl das Siedlungsgebiet ("die vom Sumpf"?). Die Qiang Gao-ru gehörten auf Grund von Zuo, 595, 9 - 11 zum Clan Wei 隗 (Wei von Guoyu, XVI, 1a, 10 westlich von Cheng Zhou oder Luoyang lokalisiert), ebenso die "Leute der Di 狄 " bei Zuo, 608, 8 - 609, 8und die Di 狄 bei Guoyu, II, 3b, 2 - 3; 8. Tang-shu (= Kang-hou), Gründer des später Jin genannten Staates Tang mit der Residenz beim "Ruinenfeld von Xia" (nahe dem heutigen Taiyuan im mittleren Shānxi), der in H. 35, 0 über Rosse der Yi 易 (dort fälschlich durch Klassenzeichen Nr. 167 "Metall" erweitert) = Di 狄 (s. unter H. 56, 6 Yi) verfügt, erhält nach Zuo, 2206, 3 - 4 neun Sippen des Clans Huai 懷 zugewiesen. Wang Fu (2. Jh. u. Z.) in Qianfulun, 190, 3 - 4 und Wei Zhao (3. Jh. u. Z.) in Guoyu, XVI, 1a, 10 rechnen die Roten Di zum Clan Gui 媿 . Einerseits findet eine "Dame vom Clan Gui 媿 von Bi 畢 " auf dem "Mitgift-Dreifuß von Peng zhong 倗仲 " Erwähnung, andererseits existiert eine "Glocke des Di 狄 von Bi 畢 ". Ob dieses Bi 畢 mit dem vom Clan Ji regierten beim heutigen Xianyang im mittleren Shǎnxi identisch ist, erscheint übrigens zweifelhaft. Wie aus Da Dai Li, 119, 1 und Xiben nach Suoyin in Shiji, XL, 1b, 7 hervorgeht, gehörten die Herrscher über die (fang =) Laterale Region der (Gui =) Dämonen zum Clan Hui/Kuai 嬇. Wei 隗 GSR 569 *ngwər† (Clan der Di 狄 , der "Leute der

Di" bzw. der Qiang Gao-ru als den "Resten der Roten Di"), Gui 媿 GSR 569n *kiwɛr↓ (Clan der Roten Di 狄, der Di von Bi) und Huai 懷 GSR 600c *gʷwɛr- (Clan der Yi 易 = Di 狄 in Tang = Jin) auf der einen Seite sowie Wei 威 GSR 574a *·iwər- (Clan der Einäugigen des Staates der Gui 鬼) und Hui/Kuai 嬇 GSR 540 *gʷwəd↓/*kʷwɛd↓ (Clan der Region der Gui 鬼) auf der anderen Seite erweisen sich mit Einschluß von Wei 魏 GSR 569k *ngiwər-↓ "ursprünglich ein kleiner Staat beim heutigen Ruicheng in SW-Shānxi" (der - vgl. Zuo, 453, 7 ff. und 1562, 8 - 10 - 660 v. u. Z. nach der Annexion durch Jin dem Bi 畢 Wan zufiel, der - vgl. ebenda, 1811, 6 ff. - viel früher schon unter die Herrschaft des Zhou-Clans Ji geriet, dessen eigentliche Einwohnerschaft jedoch aus Di 狄 vom Clan Wei 隗 oder Gui 媿 bestanden haben dürfte, was Namen wie Di 翟 = 狄 Huang 璜 in Lü, 167, 7 und 253, 1, Di Chu 觸 oder Di Jue 角 um 400 v. u. Z. tatsächlich bezeugen) und vielleicht Tui 隤 GSR 544a/540 *(g)dʷwər- (genannt in Zuo, 195, 2 - 7; von König Huan 711 v. u. Z. Zheng übergeben; unweit von Huai 懷; beim heutigen Xiuwu in N-Henan) als Variationen ein und desselben Stammes, wenn nicht gar als (vielleicht zum Teil mundartlich bedingte) Varianten ein und desselben Wortes: des Stammwortes Gui 鬼 *kiwər↑. Daraus folgt, daß mit "(Gui =) Dämonen" und mit "(Di 狄 / 翟 = Yi 易 =) Entfernte" der gleiche Menschenschlag bezeichnet wurde, jedoch mit Gui unter dem Aspekt seiner Deszendenz ("die vom dämonischen Geschlecht"), mit Di/Yi unter dem territorialen Aspekt ("die weit abseits der Königsstadt des Mittleren Reiches siedelnden, von der chinesischen Hochkultur noch kaum beleckten Barbaren")!

Zwar spricht die "Hellebarde des Grafen von Liang 梁" von der Niederhaltung der "Man 蠻 der (fang =) Lateralen Region der (Gui =) Dämonen", der kleine Dreifuß des Yu (s. oben) von den "Hun 昏 der (Gui =) Dämonen" (Hun GSR 457k *χmwən- für Man GSR 178p *mlwan-). Doch wohnten die Man-Barbaren keineswegs nur im Süden. Das beweist allein Ode 261, VI, 1 - 8: "Weit ziehen sich die Wälle von Han 韓, errichtet von den Heeren aus Yan 燕 (Staat im Norden des derzeitigen Reiches). Den Ahnen schon war aufgetragen, zu sitzen über die Hundert Man. Drum schenkt der König dem Fürsten von Han wohl diese Zhui 追 , wohl diese Mo 貊 (letztere bekannt als Barbaren des Nordens). Weithin empfängt der das nördliche Land. Als Herrscher sitzt er über ihm." Han 韓 , wieder beherrscht vom Zhou-Clan Ji (s. Zuo, 1562, 8 - 10), wieder annektiert von Jin (s. ebenda), lag beim heutigen Hancheng in O-Shǎnxi, an der gleichen Stelle übrigens wie Liang 梁 , das Shao 少 Liang von Xiayang 夏陽 (so Wang Guowei).

Beim heutigen Yuxian in O-Shānxi lebte ein vom Jin-Großwürdenträger Xun Yao (= Zhi Yao) (1. Hälfte des 5. Jh. v. u. Z.) besiegtes Volk namens Qiu 仇 You 猶 (Shiji, LXXI, 1b, 10), Qiu 仇 You 由 (Hanfei, 142, 14), Qiu 厹 You 由 (Zhanguoce, II, 2a, 8), Qiu 仇 Shou 首 (Kommentar zu Zhanguoce) oder Jiu 九 (im heutigen Text verderbt zu 厹; die beiden Zeichen ähnelten einander - vgl. GSR 992b - d mit dem unteren Bestandteil von GSR 99b - c und 124b; d - e - in der alten Schrift; tatsächlich notiert Gao You die Variante 仇) Yao 繇 (Lü, 164, 5) und im nördlichen Yan unter König Zhao (311 - 279 v. u. Z.) ein gewisser Jiu 九 (im heutigen Text verderbt zu 凡 , und zwar wohl über 厹) Yao 繇 als ein Abkömmling des betreffenden Volkes (vgl. das oben über Jiu-fang Gao Gesagte) (Lü, 268, 6). Es liegt nahe, Jiu 九 GSR 992a *ki̯ŭg↑ = Qiu 仇 , 厹 GSR 992p, q *g'i̯ôg- auch hier wieder mit Gui 鬼 gleichzusetzen. You 猶 GSR 1096r *zi̯ôg-, das bereits auf den Orakeln einen Stamm bezeichnet, läßt mit seiner Variante You 由 GSR 1079a *di̯ôg- oder Shou 首 GSR 1102a *śi̯ôg↑ an Shou 獸 GSR 1100a *śi̯ôg↓ und mit seiner Variante Yao 繇 GSR 1144n *di̯og- an Yao 搖 GSR 1144g *di̯og- denken, nämlich an die Region bzw. das Volk der Yi 易 = Di 狄 (die Gui "Dämonen" in H. 64, 4) nach dem Verlust der Rinder im Joch an den Gelben Fluß (den Zhen in H. 64, 4) [s. Shanhai, XIV, 4b, 13 - 5a, 2 = C (5.) - (8.) in H. 56 Zum Hexagramm]. Daß der Gelbe Fluß seinen Erfolg dem ihm eigenen Regenzauber (vgl. hierzu besonders H. 38, 6 Shi) verdankte, mag als Erklärung dafür herhalten, warum die You in den bei Chen Mengjia, Yinxu buci zongshu, 289 zitierten Orakeln[35] mit determinierendem yu 雨 "Regen" erscheinen, als "die Verregneten" etwa.

"Im Gefilde der Großen Musik, da tanzte Qi, der Fürst von Xia, die (ma

馬 , ergänzt auf Grund der Zitate des Li Shan, des Yiwen leiju und des Taiping yulan sowie der Glosse des Guo Pu, =) 'Rosse aus Dai von Jiu'." So Shanhai, VII, 1a, 8 - 9. Dai 代 (um das heutige Wei 蔚 -xian in Hebei) galt, vgl. Zhanguoce, III, 1b, 9 und XVIII, 8a, 2, gemeinhin als Heimat edler Renner. In Jiu 九 erkennt man ein weiteres Mal Gui 鬼 wieder. Daß gerade die "Dämonen" sich der Pferdezucht gewidmet hatten, war schon aus dem kleinen Dreifuß des Yu, aus H. 35, 0 und aus dem Beruf des Gui-fang Gao herauszulesen. Ihr Ruhm auf diesem Gebiet blieb unbestritten. Unbestritten blieb übrigens auch der Ruhm der Schönheit ihrer Mädchen. Vgl. Zhanguoce, XX, 9a, 6 - 7, Shiji, III, 11b, 2 - 3 und Lü, 301, 15 - 16 oben. Die "reinen Töchter des Fürsten der (Jiu 九 = Gui =) Dämonen" waren in Chu so begehrt, daß im Zhaohun = Chuci, IX, 7b, 2 - 3 mit ihrer Hilfe eine irrende Seele aus dem Reiche der Schatten wieder in den leblosen Körper zurückgelockt werden soll. Schon Lu-zhong, der erste mythische Herrscher dieses Landes, nahm (s. Xiben nach Suoyin in Shiji, XL, 1b, 7 und Da Dai Li, 118, 14 - 119, 1) die Schwester des Gebieters über die Region der Dämonen zum Weib.

Gao Zong

Mit dem postumen Titel "der vom (Gao =) Hohen (Zong =) Sippentempel" oder "der (Gao =) Hohe (Zong =) Ahnherr der Sippe" ehrte ein Volksstamm nur den Herrscher, den er als Gründer seines Herrscherhauses betrachtete. Zwei Häuser der Shang, das eine in der Schlacht auf dem "Gefilde der (Mu =) Triften" um 1027 v. u. Z. den Zhou erlegen, das andere drei bis vier Jahrzehnte später in Song neuerrichtet, lassen für dieses Volk entgegen der üblichen, bislang unwidersprochen hingenommenen Ansicht zwei Personen erwarten, die einen solchen Titel getragen haben.

"Gao Zong meint Wu Ding (ca. um 1200 v. u. Z.)", behauptet Li, 2461, 1 - 2. Das stimmt gewiß für den Gao Zong, der in Shu, 577, 11 und 584, 3 zwischen Zhong Zong alias Tai Mou (dem dreizehnten Herrscher vor ihm) und Zu Jia (dem zweiten Herrscher nach ihm) rangiert, stimmt möglicherweise auch für den, der in Shu nach Kongcongzi, I, 4a, 10 dem Shang Jia Wei (dem sechsten Herrscher vor dem Vollender Tang) das (bao 報 , vgl. Guoyu, IV, 7a, 10 - 11, =) Dankopfer bringt. Zuo, 717, 1: "Song verehrt als (zu 祖 =) Familienahnherrn Di Yi (Vater des Kai/Qi von Wei, des ersten Fürsten dieses Staates, vorletzter König der älteren Shang, ca. 1084 - 1050 v. u. Z.) (vgl. hierzu auch ebenda, 2357, 11 - 2358, 7), Zheng verehrt als Familienahnherrn König Li (Vater des You von Huan, des ersten Fürsten dieses Staates, vorletzter König der Frühen Zhou, 878 - 842 v. u. Z.); trotz alledem (trotz ihres schlimmen Charakters nämlich) gelten sie als (Shang Zu 上祖 = 'die vom Oberen Familientempel' =) Obere Ahnherren der Familie." Hieraus ergibt sich, daß Wu Ding der Gao Zong jener Shang gewesen war, die in Song siedelten. Der Ahnherr der Sippe stand natürlich über dem der Familie, jedoch in der Regel nicht allzuweit. Wu Ding als Vorfahr des Di Yi im fünften Glied kommt eher in Frage als Tai Mou, der Vorfahr im elften Glied, oder gar als Tang, der Vorfahr im fünfzehnten Glied. Verdienste eines Gründers erwarb sich der erstere ebensogut wie der letztere, insbesondere in den Augen der Leute von Song, deren Oden 303 und 305 man hierzu vergleiche. Wu Ding leitet wohl das Untere (ye 葉 =) Zeitalter ein, so wie Tang das Mittlere (s. Ode 304, VII, 1 ff.) und der Dunkle König das Obere (s. Ode 304, II, 1 ff.).

Mit Gao Zong bezeichnen die Orakel der älteren Shang Wu Ding kein einziges Mal. Wäre er der eigentliche 'Ahnherr der Sippe' gewesen, hätte der lange vor ihm herrschende Tai Mou (bzw. Zu Yi) niemals '(Zhong 中 =) der Mittlere (Zong =) Ahnherr der Sippe' heißen dürfen wie in Shu, 577, 5 - 7 und 584, 3 (bzw. in den Bambusannalen, 19). Wohl hatte auch er - vgl. die Orakel bei Chen Mengjia, Yinxu buci zongshu, 274 - die üblichen Scherereien mit der Lateralen Region der Dämonen. Doch daß er gegen deren Bewohner einen großangelegten Feldzug unternommen hätte, davon wissen die literarischen Quellen, die seine anderen Kriegstaten preisen wie Ode 305 die Kampagne gegen Jing und Chu, nichts zu melden. Es gilt also, eine andere Lösung zu finden. Den Weg zu ihr weist vielleicht Guoyu, IV, 7a, 4 - 5 (ähnlich Li, 1903, 6): "Die Leute von Shang bringen das (di 禘 =) Opfer für den Höchsten Gott dem Shun 舜 (Li: dem Ku 嚳) und verehren als (zu 祖 , hier nicht 'Ahnherr der

Familie', sondern etwa 'der erste Mann, gezeugt von einem himmlischen Wesen mit einem irdischen Weibe', =) Stammvater den Xie 契, bringen das (jiao 郊 =) Angeropfer dem Ming 冥 und verehren als (zong 宗 =) Ahnherrn der Sippe den Tang 湯 ." Dem Tang, e i n f a c h n u r 'Ahnherr der Sippe', im M i t t l e r e n Zeitalter sollte jedenfalls X , der ' H o h e Ahnherr der Sippe', im O b e r e n Zeitalter entsprechen. Um X zu identifizieren, muß man nun den Rahmen der Untersuchung erweitern.

Gao Zong fa Gui fang

H. 63, 3 behandelt zusammen mit H. 64, 4 den Rachezug der Shang gegen die Mörder ihres jungen Stammesgenossen Hai. Die anderen Nachrichten darüber kennt der Leser ja schon aus H. 56, Zum Hexagramm. Nämlich Tianwen, 341, dort = A (17.) ff.: "Hun 昏 (eigentlich 'der Dunkle', = Ming 冥 von gleicher Bedeutung) und Wei 微 (auch etwa 'der Verborgene', = Shang Jia 上甲 oder Zhu Jia 主甲 Wei) folgten den Fußtapfen, das Reich der Di 狄 (der 'Fernen', d. h. 'Barbaren') gab keine Ruh' ...". Ferner Bambusannalen, 71, dort = B (4.): "Aus diesem Grund borgte sich Zhu Jia Wei 微 aus Yin Truppen vom Grafen des He 河 (des Gelben Flusses), um das Reich der Yi 易 (auch der 'Fernen', d. h. 'Barbaren') anzugreifen; er vernichtete es ...". Schließlich Shanhai, XIV, 4b, 13 ff., dort = C (5.) ff.: "Der He 河 (der Gelbe Fluß) überwand das Reich der Yi 易 (der 'Fernen', der 'Barbaren'). Das Reich der Yi gelangte untertauchend hinaus...".

Aus den "Wandlungen" erfährt man nun, daß auf Geheiß des Gao Zong (H. 63, 3) Zhen, der Gott des Gelben Flusses (s. unter H. 64, 4) mit Hilfe von Yong, dem Gott des Flusses Luo (s. ebenda) drei Jahre lang gegen die Laterale Region der Gui oder der Dämonen kämpfte (H. 63, 3; 64, 4) und nach dem Sieg über dieselbe (H. 63, 3) reichen Lohn in der Shang-Residenz empfing (H. 64, 4). Die Di 狄 des Tianwen bzw. die Yi 易 der Bambusannalen und des Shanhai (zu deren Identität s. H. 56, 6 Yi) schließen die Gui 鬼 , wie schon dargelegt, mit ein. Dem Grafen des He 河 in den Bambusannalen und dem He 河 im Shanhai entspricht, wie noch darzulegen, der Zhen 震 in H. 64, 4. Gao Zong in H. 63, 3 hält die Position von Hun 昏 und Wei 微 im Tianwen und die von Zhu Jia Wei 微 in den Bambusannalen. Einige Besonderheiten stechen hervor. So tritt im Tianwen wie in H. 63, 3 nur der Oberherrscher auf den Plan (Hun und Wei, durch Generationen voneinander getrennt, agierten nicht gleichzeitig), im Shanhai wie in H. 64, 4 hingegen nur dessen "Feldherr". Und der letzte führt nach den Bambusannalen seine Armee nicht selber an, sondern stellt sie nur zur Verfügung. Dessen Helfer vermerkt nur H. 64, 4.

Von den beiden jetzt als Gao Zong in Betracht kommenden Oberherrschern Hun 昏 /Ming 冥 und Wei 微 scheidet der letztere gleich aus. Wei fehlen nämlich die aufgrund von H. 63, 3/64, 4 zu fordernden engeren Beziehungen zu Zhen 震 , dem Gelben Fluß. Hingegen war Ming laut Shiji, III, 1b, 10 - 2a, 1 (Zhen dort mit Klassenzeichen Nr. 64 "Hand" statt mit Klassenzeichen Nr. 173 "Regen") der Vater desselben. Zwar läßt Zuo, 2119, 8 ff. den Gelben Fluß (der sich - vgl. H. 38, 4 Yuan fu - hinter 'Graf Dick mit dem Schweineherz', dem vermenschlichten Regenschwein, verbirgt) einer Ehe des Kui 夔 , seines Zeichens eigentlich Erzeuger des Donnergrollens (dazu H. 38, 6 Gui), mit der Xuan qi entsprießen. Deutet man aber Xuan qi 妻 nicht als "(xuan 玄 =) Dunkles (qi =) Weib" (so genannt wegen der schwarzen Pracht ihres Haars), sondern als "des (Xuan 玄 = Xuan ming 冥 = Ming =) Dunklen (qi =) Weib" und sieht in Kui (vielleicht Sklave des Gao Zong, eine Kriegsbeute aus dessen großem Rachezug: wie sich Kui "Donnerer" zu Gui 鬼 "Dämon" verhält, zeigt H. 38, 6 Gui) nur den heimlichen Buhlen, den die spätere Überlieferung erst zum Ehegatten erhob, so nähern sich die verschiedenen Ansichten einander an. Der Autor der "Wandlungen" kannte doch wohl Hun (= Ming) als den König, der den Tod des Hai rächt. Der Kompilator der Bambusannalen beharrt auf Wei. Gleichsam als Vermittler zwischen beiden steht das Tianwen mit Hun und Wei.

'Der vom (Gao =) Hohen (Zong =) Sippentempel', Gebieter über den Gelben Fluß wie über den Fluß Luo, war ein Gott des Meeres. Shu, 202, 1: "Jiang (ein Hauptstrom gleich dem He) und Han (ein Nebenstrom gleich dem Luo) (chao 朝 =) gehn zur Frühaudienz (zong 宗 =) am Sippentempel der

der See." Ode 183, I, 1-2: "Das fließende Wasser geht, mächtig geschwellt, (chao =) zur Frühaudienz (zong =) am Sippentempel der See." Lao, 40, 8: "Wie wurden der Jiang und die See König über die (von kleineren Wasseradern durchzogenen) Hundert Täler? Indem sie es verstanden, niedrig zu bleiben. So wurden sie König über die Hundert Täler." Bei Zhuang, 247, 9 ff. stattet zur Zeit der Herbstfluten der 'hochgeschwollene' Graf vom Gelben Fluß dem Herrn des Ozeans einen Besuch ab. Kleine Ströme galten als Vasallen der großen, diese wieder als Vasallen des Meeres. Wenn der Gelbe Fluß aber, wie Orakel in Chen Mengjia, Yinxu buci zongshu, 355 f. und Mu, I, 1b, 10; 2a, 2 - 4; 9 - 12 bezeugen, einen (Zong =) Sippentempel besaß, so besaß der Gott des Meeres eben den (Gao =) Hohen (Zong =) Sippentempel! "M e e r" verband sich in der Vorstellung der alten Chinesen mit "F i n s t e r n i s". Daher ming 溟 GSR 841c *mieng- "Ozean" neben ming 冥 GSR 841a *mieng-↑ "düster". Daher Ming 冥 "Meeresgott" (in Chuci, X, 1b, 5 - 6; Guoyu, IV, 6b, 8: "Ming waltete fleißig seines Amtes und kam im Wasser um"), Hun 昏 "Meeresgott" (in Tianwen, 341) und Xuan ming 玄冥 "Meeresgott" (in Zuo, 1648, 7; 1958, 11; 2149, 2: "Regulator des Wassers"; Li, 822, 3: dem Gott des Nordens Zhuan xu zugeordneter Geist; Zhuang, 116, 8 - 9 und vielleicht 266, 1: allegorisch; Yuanyou, 555) (wohl drei Namen für eine Gestalt) jeweils als "der Düstere". Daher Hu 忽 GSR 503 l *χmwət "Gott des Nordmeers" (in Zhuang, 139, 2) und Wei 昧 GSR 531n *mwəd↓ "Meister des Xuan ming" (in Zuo, 1648, 7) (wohl zwei Namen für eine Gestalt) jeweils als "der dämmerhaft Undeutliche" und Shu 儵 GSR 1077o *d̂i̯ôk "Gott des Südmeers" (in Zhuang, 139, 1), dann = Xiu 脩 GSR 1077e *si̯ôg- (in Zuo, 2152, 8 - 9: ein Xuan ming = Regulator des Wassers), mit gleicher Bedeutung. Daher hai 海 GSR 947x *χməg↑ "Meer", Xi 熙 GSR 960j *χi̯əg- "Meergott" (in Zuo, 2152, 8 - 9: ein Xuan ming = Regulator des Wassers) (das Zeichen selbst meint "licht, hell"; wohl aus Tabugründen gewählt) neben hui 晦 GSR 947t *χmwəg↓ "verdüstert", hei 黑 GSR 904a *χmək "schwarz". Daher Ruo 若 GSR 777a *ńi̯ak "Herr des Nordmeers" (in Zhuang, 248, 10; Yuanyou, 552) neben ni 匿 GSR 777 l *ni̯ək "verbergen". Daher Gun 鮌 GSR 366 l *kwən↑

(auch 鮌 GSR 419a, 鯤 GSR 417i geschrieben) "Riesenfisch im Nördlichen Ozean, der die Sintflut einzudämmen versuchte" (in Guoyu, XIV, 11b, 3; Tianwen, 288; Lisao, 47; Lü, 267, 9; Bambusannalen, 6; in Shu, 60, 13; Shanhai, XV, 4b, 9; XVIII, 7a, 7: mit dem wohl tabuistischen Beinamen "Weißes Roß"; XVIII, 8b, 10 - 9a, 4; Zuo, 1774, 4; Mo, 36, 8 f.; in Zhuang, 1, 12; Lie, 54, 3) neben xuan 玄 GSR 366a *gʻiwen- "dunkel". Daher Qin/Qian lei 黔羸 "Wassergott" (in Yuanyou, 555; Shiji, CXVII, 38a, 7: hier Han lei 含雷 geschrieben) mit qin/qian 黔 "schwärzlich". Daher Xuan wu 玄武 "Wassergeist in Gestalt einer Schildkröte" (in Li, 129, 10; Yuanyou, 548) mit xuan 玄 "dunkel". Daher heißen die unermeßlich tiefen Wasser hoch im Norden "die Wasser von Dai" (in Chuci, X, 3a, 6 - 7), wobei Dai 代 GSR 918i *dʻəg↓ verwandt mit dai 黛 GSR 918r *dʻəg↓ "schwarze Schminke" (wie etwa in Chuci, X, 6b, 4). Daher lebte Gong gong, die Sintflut in Person, verbannt im Düsteren Bezirk des Nordens (in Shu, 94, 7, zu vgl. mit 60, 8 f.), und zwar wohl als der Schwarze Drache (in Huai, 95, 6). Daher hauste Zhuan xu 顓頊 (in Shanhai, XV, 2a, 6 - 7), geboren als Sohn des eberschnäuzigen und ferkelfüßigen Han liu 韓流 (wörtlich: "Fluß von Han"!) mit Schenkeln wie Kanälen (man denkt dabei an das Regenschwein von H. 38, 6) am Wasser des Ruo 若 (vielleicht des gleichnamigen Meergotts) im Reiche der Aufseher über das Schwein (siehe oben) (laut Shanhai, XVIII, 1b, 7 - 2a, 4, zu vgl. mit Bambusannalen, 5), gesäugt in der Großen Senke jenseits des Ostmeers (laut Shanhai, XIV, 1a, 8 - 12), badend im Tiefen Strudel (laut Shanhai, XVII, 1b, 2 - 3), begabt mit dem Gestirn der Überschwemmung (laut Zuo, 1952, 2), Vater des Riesenfisches Gun (laut Bambusannalen, 6), selbst wieder auferstanden als Fisch mit einer verdorrten Flanke, als der Himmel mit Stürmen aus Nord eine große Flut kommen ließ (laut Shanhai, XVI, 8a, 10 - 8b, 1: vorher eine Schlange), im Dunklen Palaste (s. Zhuang, 113, 6; Mo, 92, 8 - 9) inmitten des Eises (s. Yuanyou, 555). Stellt sich nunmehr heraus, daß auch Gao Zong Dunkelheit verbreitet, so erscheint seine Meeresgottnatur wie auch seine Identität mit Ming alias Hun als hinreichend gesichert. In der Tat berichtet Shu, 577, 12 - 13 (zitiert bei Li, 416, 12 - 13; 2074, 1; 2460, 12; Lun, 328, 2 - 4;

Lü, 219, 13; Huai, 347, 11): "Als er sich ans Werk machte und den Thron bestieg, da ward, heißt es, die (liang 亮 =) Helle (yin 陰 =) Finsternis. Drei Jahre lang sprach er nicht. Also war es, daß er nicht sprach. Und als er sprach, war (yong 雍 =) Harmonie (oder nach Li, 416, 12; 2074, 1 huan 讙 = 'Freudenlärm')." Über den Sinn dieser Aussage wurde schon vor mehr als zweitausend Jahren gegrübelt. "Warum gerade Gao Zong? Es galt für die Alten allesamt. Nach dem Hingang des Herrschers besorgten die Hundert Beamten das Ihrige, auf den Kanzler hörend drei Jahre lang." So Konfuzius (551 - 479 v. u. Z.) in Lunyu, 328, 3 - 4 (und ähnlich in Li, 416, 12 - 13; Meng, 216, 9-10), der wähnte, Gao Zong habe während der Trauer um seinen verstorbenen Vater geschwiegen. Er dachte wohl an Shu, 99, 8 - 10: "Im 28. Jahr verschied der Göttliche Herrscher (nämlich Yao). Die Hundert Clans trauerten wie um einen toten Vater oder eine tote Mutter. Drei Jahre lang hielt man zwischen den Vier Meeren die Acht Laute an und brachte sie zum Schweigen." Spätere interpretierten liang yin 亮陰 als "Trauerhütte". Mit einem deutlichen Blick auf Gao Zong fordert Li, 1769, 3 - 5: "Während der Trauer von drei Jahren, da spricht er (der Sohn des Verstorbenen) wohl, plaudert aber nicht, antwortet wohl, fragt aber nicht. In der (Schilf)hütte (zu bewohnen im ersten Trauerjahr) und in der weißgetünchten Kammer (zu bewohnen im zweiten Trauerjahr) sitzt er nicht mit anderen zusammen. Bewohnt er die weißgetünchte Kammer, tritt er niemals in das Tor seines Hauses, es sei denn, er stattet seiner Mutter einen der vorgeschriebenen Besuche ab. Wer die grobe ungebleichte Leinwand mit gesäumter Borte zu tragen hat, bewohnt die weißgetünchte Kammer, nicht die (Schilf)hütte. In dieser geht es strenger zu." Ob in China eine Trauerzeit von drei Jahren jemals eingehalten worden ist, bleibe dahingestellt. Lü Buwei (gest. 235 v. u. Z.) fährt im Anschluß an die (nur bis zu "Drei Jahre lang sprach er nicht" zitierte) Shu-Stelle fort: "Die Minister und Großwürdenträger zeigten sich ängstlich besorgt. Daraufhin sprach Gao Zong: Weil es mir, dem Einzigen, nun oblag, die Vier Lateralen Regionen (zheng 正 =) zu ordnen (nämlich durch zheng 征 'Strafexpeditionen'), befiel mich die Furcht, ein unrechtes Wort könne mir entschlüpfen. Aus diesem Grund habe ich nicht gesprochen.' - So sehr achteten die Himmelssöhne des Altertums auf ihre Worte!" (Lü, 219, 14 - 16). Und Liu An (gest. 122 v. u. Z.) fährt im Anschluß an die (ebensoweit zitierte) Shu-Stelle fort: "Zwischen den Vier Meeren herrschte öde Stille. Als dann das erste Wort erklang, bewegte es die Welt mit Macht." (Huai, 347, 11 - 12). Hier, 250 bzw. 350 Jahre nach Konfuzius, wird bei weitem noch nicht so stark "humanisiert", "rationalisiert" und "moralisiert". Hier steht man dem sagenhaften Gao Zong (dem Sippenahn der Shang von Anyang: auch diese hielten ihre Herrscher v o r Shang Jia Wei nicht mehr für eigentlich "historisch", opferten sie ihnen doch, wie man Naturgottheiten opfert; vgl. Chen Mengjia, Yinxu buci zongshu, 345 - 361), den das Wuyi (eben Shu, 577, 11 - 578, 2 und 584, 3) dadurch, daß es den "Verdunkelnden" zwischen Zhong Zong (Tai Mou) und Zu Jia regieren läßt, mit dem historischen (dem Sippenahn der Shang von Song) verschmilzt, noch ungleich näher. "Die Helle ward zur Finsternis" besagt: "Der Herr der See entfesselte seine Zauberkraft." Das Schweigen war magisch. Lao, 1, 3: "Darf man den SPRUCH (dao 道 ursprünglich = Zauberspruch) sprechen, so ist's nicht der SPRUCH von Bestand." Ode 235, VII, 5 - 6: "Wenn der Hohe Himmel handelt, dann ohne Stimme, ohne Duft." Ode 241, VII, 1 - 3: "Also sprach Gott zu König Wen: 'Ich liebe deine lichte KRAFT (de 德 ursprünglich = Zauberkraft; über die Magie dieses Herrschers mehr unter H. 29, 4 Na yue zi you). Sie erscheint nicht auf deinen Mienen mit lautem Lärm... ." Mit dem Bruch dieses Schweigens bräche zugleich der Bann, der drei Jahre lang über den Dämonen (den Donnerern) hing. Man beachte yin 瘖 GSR 653e *i̯əm- "stumm" neben yin 陰 GSR 651y *·i̯əm- "beschattet" (etwa wie yin 音 GSR 653a für yin 蔭 GSR 651b' in Zuo, 827, 7), in liang yin mit der Variante an 闇 GSR 653i *·əm↑↓ "dunkel"! Und mo 默 GSR 904d *mək "schweigsam" neben mo 墨 GSR 904c *mək "schwarz (wie Tusche)" (in Zuo, 2389, 1; Meng, 216, 10) und hei 黑 GSR 904a *χmək "schwarz"! Nichtsprechen (akustische Ebene) und Nichtleuchten (optische Ebene) hängen synästhetisch miteinander zusammen. Verdunkelte sich der Himmel, empfanden die Alten jedesmal Angst (vgl. Ode 30,

35, 41). Daher die Harmonie, ja der Freudenlärm, als das dreijährige finstere Schweigen zu Ende ging. Wie konnte aber dasselbe in der Folge als Ausdruck von Trauer gewertet werden? "Nach dem Hingang des Herrschers", zitiert Meng, 216, 9 - 10 den speziell auf Gao Zong Bezug nehmenden Konfuzius, "wird auf den Kanzler gehört (der einstweilen die Regierungsgeschäfte übernimmt). Er (der pietätvolle Sohn und Nachfolger) aber schlürft Reisbrei und ist t i e f - s c h w a r z i m G e s i c h t". Eine banale Umdeutung fürwahr! Andere mögen gedacht haben, der Meergott trauere, weil er Regenwolken zusammenballe. Regentropfen galten ja als Tränen, die sich bei Dürren dem Himmel entlocken ließen, indem man neben Schamaninnen mitleiderregende Krüppel seinen Gluten aussetzte (Li, 475, 4 - 6) oder gar unter ihm verbrannte (Zuo, 574, 3). Als Gao Zong den Thron bestieg, muß Trockenheit mit Hungersnöten gewütet haben wie beim Debut der heiligen Herrscher Tang von Shang (Zhuang, 265, 6), der im Maulbeerwald, dem Haine des Gelben Flusses (s. H. 38, 6 Shi, Beleg I) um Regen flehte (Lü, 86, 10 ff.; Xun, 331, 15 ff.) (sic!), oder Wen von Zhou (Yizhoushu, II, 6a, 8). Aufschluß bietet Zuo, 570, 6 - 8: "Zu dieser Zeit (640 v. u. Z.) herrschte große Dürre in Wei 衛 . Das Orakel der Schildkröte, befragt, ob den Bergen und Strömen Opfer zu bringen wären, entschied: 'Nicht günstig'. 'Dazumal', sagte Ning Zhuang, 'erlebte Zhou eine Hungersnot. Nachdem es aber Yin bezwungen, gab es üppige Ernten. Nun geht Xing 邢 gerade den Weg der Unmoral. Und den Fürsten fehlt der Hegemon. Ob der Himmel etwa Wei beauftragen will, Xing zur Rechenschaft zu ziehen?' - Der Rat wurde befolgt. Das Heer stand bereit - da regnete es." Der allgemeine Jubel galt also auch dem belebenden Naß, das den Leiden des Volkes ein Ende setzte.

Nachträge

Auf seiner bei Guo, Bd. 8, 202 ff. behandelten Glocke, kurz nach der Vernichtung von Li 釐 GSR 979 l *li̯əg- = Lai 萊 GSR 944j *ləg-↓ im 12. Monat des Jahres 566 v. u. Z. (s. Chunqiu, 1213, 9 - 10) gegossen, tituliert Shu Yi, Urenkel des Herzogs Mu von Song (728 - 720 v. u. Z.), den Vollender Tang mit '(Gao =) Hoher (Zu 祖 =) Ahnherr der Familie'. Er folgt hierin also nicht der in seiner Stammheimat herrschenden Gepflogenheit, diesen Titel dem Di Yi vorzubehalten (vgl. Zuo, 717, 1 oben). Er diente ja Herzog Ling von Qi (581 - 554 v. u. Z.) als Heerführer. Und außerhalb von Song galt die Ära der Shang als ein längst abgeschlossenes Kapitel der gemeinchinesischen Geschichte, der Vollender Tang folglich auch als der alleinige Begründer ihres Herrscherhauses. Der Ahnherr der Sippe stand über dem der Familie, aber nicht allzuweit. Für Ming 冥, acht Generationen vor Tang herrschend, träfe das gerade noch zu. Von ihm, dem Dunklen, ist übrigens der (Xuan 玄 =) Dunkle (wang =) König wohl zu unterscheiden, wenn Mao (3. u. 2. Jh. v. u. Z.) zu Ode 304, II, 1 und Xun (3. Jh. v. u. Z.), 308, 14 - 16 Recht behalten, die denselben (wie offenbar vorher schon der Autor des Guoyu: vgl. ib., IV, 9a, 11 - 12 mit IV, 7a, 4 - 5 und 10 - 11, ferner ib., III, 21a, 2) mit Xie 契 gleichsetzen: "der Dunkle König zeugte den (Zhao 昭 =) Strahlend (Ming 明 =) Hellen" (Xun, 308, 14 - 16) kommt einem allerdings vor wie eine Parallele zu "der Hohe Ahnherr der Sippe brach sein finsteres Schweigen."

Der Krieg des Herrn der großen Wasser gegen die Dämonen in West und Nord begegnet einem auch noch in anderen Fassungen. "Er (hier der Göttliche Yao) verbannte den Gong gong (die Sintflut in Person) in den Bezirk der Düsternis, um die Di 狄 (die Fernen, die Barbaren) des Nordens umzuwandeln" (Da Dai Li, 116, 14 - 117, 1) besagt im Grunde dasselbe wie "er schickte den Gelben Fluß aus und den Luo, um die Dämonen durch eine (zheng 征 =) Strafexpedition (zheng 正 =) zurechtzurücken." Sehr aufschlußreich die folgende Stelle bei Zuo, 2357, 3 - 11 (unter 487 v. u. Z.): "Zhao Yang von Jin fragte die Schildkröte, ob man Zheng zu Hilfe eilen solle, und traf auf 'Wasser geht zu Feuer'. Mit der Auslegung wurden die Geschichtsschreiber Zhao, Mo und Gui betraut. Gui sprach: 'Hier sehen wir Versenkung des Yang (des Lichten, also auch des Feuers). Drum scheue nicht jeden Waffengang (die Waffen fielen unter Yin, das Schattige). Es nützt, zu ziehen gegen die Jiang 姜, nicht aber gegen die Zi 子 in Shang (d. h. gegen Song, den Bedränger von Zheng). - Qi (mit den Jiang als herrschendem Clan) darfst du schon angreifen. Mit Song sich zu messen bringt kein Glück'! Mo sprach: 'Ying 盈 Voll (der Clan des Zhao Yang) sagt man zum Wasser. Zi 子 besetzt des Wassers Thron (es hat - dann allerdings nicht Clan von Shang bzw. Song, sondern der erste der zwölf zhi 支 oder Zweige der Erde - seinen Sitz im Norden und das Wasser als Element; so Huai, 81, 12 - 13 bzw. explizit bei Lunheng, 31, 6 und implizit in Zuo, 1952, 4). Geraten Name (eben Ying oder Zhao Yang von Jin) und Thron (eben Zi oder Shang = Song) in Streit, so schließt das jedes Handeln aus. Der (Yan 炎 =) Flammende (Di 帝 =) Gott wirkte als des Feuers Meister. Ihm entstammt der Clan der Jiang. - Wasser wird über Feuer siegen. Die Jiang, d i e darfst du schon bekriegen.' Zhao sprach: 'Das Strombett hat sich angefüllt. Da kann man nicht hinübergehen. Zheng stöhnt jetzt unter Sündenlast. Es wird umsonst nach Rettung spähen. - Zheng zu retten bringt kein Glück. Etwas Anderes weiß ich nicht.' ... ." Jiang 姜 GSR 711a *ki̯ang-, Clan der (hauptsächlich Schafe züchtenden) Qiang 羌 GSR 712a *k'i̯ang- im Westen (das östliche Qi erhielt er erst nach 1027 v. u. Z. zum Lehen), hervorgegangen aus dem Flammenden Gott, entspricht Gui 媿 *ki̯wɛr↓, Clan der (hauptsächlich Rosse züchtenden) Gui 鬼 *ki̯wər↑ in gleicher Region, der für eine gewaltige Dürre verantwortlichen Dämonen. Song, der Staat der Späten Shang, verdankt seinen Ruf als Hort des Wassers Gao Zong, dem Sippenahn der Frühen Shang, dem Herrscher über das dunkle Meer. In der Unversöhnlichkeit von Wasser und Feuer schwelt die alte Feindschaft zwischen dem Gelben Fluß und der Lößlandschaft an dessen Mittellauf noch lange weiter.

Über Gigantomachien von ähnlichen Ausmaßen in vor- und frühgeschichtlicher Zeit liefert die Literatur noch manchen Bericht. Verwiesen sei nur auf Shanhai, XVII, 5a, 2 ff. (vgl. dazu Hanfei, 44, 9 f.). Wen Yiduo untersucht in Shenhua yu shi, Beijing 1956, 46 ff. die Sintflut als Waffe des Donnerherrn. Tang, im Palast des (biao 飈 GSR 1170e *pi̯og- wohl für biao 猋 GSR 1155a *pi̯og- =) Wirbelwindes mit der Herrschaft auf Erden belehnt, erfuhr Gottes Beistand durch Verfinsterung, grobes Wetter und Feuersbrunst. So Mo, 93, 11 ff. Wie ihm, wie Hai (vgl. H. 56, 6 Niao usw.), wie Ji zi (vgl. H. 36, 5) und wie Shou/Zhǒu [vgl. G. Schmitt in MIO, IX (1963), 383 - 391] stand auch

H. 63, 3/H. 63, 5

Gao Zong, dem laut Shu, 342, 11 ff. ein schreiender Fasan erschien, als er das Nachopfer vollzog, die Zauberkraft des Windphönixes der Shang zu Gebote. Daß der Erzeuger der Stürme zugleich auch die See beherrscht, wird einmal in anderem Zusammenhange eingehend darzulegen sein.

Xiao ren wu yong

Gleichlautender Satz in H. 7, 6, ähnlicher in H. 14, 3. Wenn schon der mächtige Herzog Wen von Jin (635 - 628 v. u. Z.) meinte, es ginge über seine Kraft, den günstigen Spruch "der Gelbe Gott kämpft an der Quelle am Hang (er schlägt dort gegen den Roten oder Flammenden Gott unter Einsatz von dressierten Bären, Panthern und Tigern drei gewaltige Schlachten: Material in Da Dai Li, 115, 10 - 11; Shiji, I, 3a, 6 ff.; Yizhoushu, VIII, 6b, 7 - 10, zu vgl. mit VI, 26 b, 13 f.)" zu befolgen, mit dem die Schildkröte ihn dazu ermunterte, sich für die Belange des exilierten Zhou-Königs einzusetzen (s. Zuo, 622, 8 ff.) - was soll dann erst der kleine Mann sagen, stieße er auf ein Orakel wie H. 63, 3?

H. 63, 5m (→ 36)
Dong lin sha niu (GSR 998a *ngi̯ŭg-), bu ru xi lin zhi yue ji, shi shou qi fu (GSR 933d *pi̯ŭk).
東鄰殺牛。不如西鄰之禴祭。實受其福
Der Nachbar im Osten tötete ein Rind. Der Nachbar im Westen opferte Gefangene und tat besser daran. Wahrlich, der erntete in diesem Fall den Segen.

Dong lin sha niu

Mit dem östlichen Nachbarn ist hier das Reich der Shang gemeint. Shou/Zhǒu, letzter König dieses Reiches, kerkerte Huai, 201, 13 ff. zufolge seinen Rivalen Chang vom Clan Ji, der durch eifriges "Wetzen" seiner (de 德 "virtus"<) Zauberkraft binnen dreier Jahre bereits zwei Drittel des Volkes auf seine Seite gezogen hatte, im "Weiler des Lichtloches" ein (s. H. 29, 4 Na yue zi you).

Dann aber "fand er Gefallen" am "Lösegeld", das für den Gefangenen reichlich geboten wurde, an den edlen Rossen und dunklen Nephriten, den großen Kaurimuscheln und erlesenen Pelzen: "er entließ ihn aus der Haft und schlachtete für ihn ein Rind." Daß Chang, daheim angelangt, "in Erwiderung" dieser "Achtlosigkeit" ein Jadetor stiftete und eine Zauberterrasse, daß er Mädchen und Knaben (xiang 相 GSR 731a *si̯ang↓ wohl für xiang 象 GSR 728a *dzi̯ang↑ =) nachbilden ließ und Trommeln und Glocken schlug, gab ihm seine Ruhe zurück. Er konnte wieder schlimmen Lastern frönen und seinem speziellen Hobby, rechtschaffene Leute auf jede nur erdenkliche Art zu Tode zu quälen. Der Verblendete! Ahnte er denn nicht, daß der Racheplan schon heranreifte? "Shou/Zhǒu war nicht auf die Vorkehrungen von Wu (so hieß Fa, der Sohn des Chang, als König) gefaßt. Drum ward er erschlagen", urteilt Mo, 17, 1.

Niu 牛 GSR 998a *ngi̯ŭg-, besser Lu *ŋɪwəg "Rind" läßt einen auch an yi 逆 GSR 788c *ngi̯ăk, Lu *ŋɪak "kontern" denken. Kehrt doch die alte Form des ersten Zeichens (s. GSR 998b - c) in derjenigen des zweiten (s. GSR 788d) wieder! Zudem erscheint das Rind, dort vor den Wagen gespannt, in H. 38, 3 als ausgesprochen (yi auch =) "widerspenstig". So ergäbe sich als Hintersinn: "Der Nachbar im Osten brachte die Opponenten um." Tatsächlich beantwortete Shou/Zhǒu Remonstrationen prompt mit der Folter. Der Gefolterte kam noch glimpflich davon, wenn er ins Heer der verstümmelten Sträflinge (s. H. 47, 5/ 47, 6) einrückte. Häufig genug erwartete seinesgleichen ein grauenerregendes Ende (s. H. 29, 4 Zun jiu gui er yong fou).

<u>Bu ru xi lin zhi yue ji</u>

Mit dem westlichen Nachbarn ist bei Zuo, 556, 2 der Staat Qin gemeint, hier aber das auf gleichem Territorium gelegene alte Reich von Zhou. Yue 禴 GSR 1119g *di̯ok mit der Variante 礿 GSR 1120g bezeichnet in den "Wandlungen" noch ein Opfer, bei dem yue 約 GSR 1120m *·i̯ok "Gebundene", d. h. Gefangene (vgl. H. 29, 4 Na yue zi you) dargebracht wurden, später dann einfach ein Opfer im Ahnentempel für die verstorbenen Herrscher (s. Ode 166, IV, 3 - 4; Zhouli, 647, 13; Li, 572, 7), gefeiert im Sommer (so Erya, 235, 12,

Li, 1384, 1, Zhouli, 647, 13 und indirekt schon Ode 166, IV, 3 - 4) oder im Frühjahr (so nur Li, 572, 7). Unter H. 46, 2 wird dieses Wort weiter zu erörtern sein. "König Wen (so nannte sich Chang aus dem Clan Ji, als er glaubte, Gott habe ihn zur Weltherrschaft berufen) von Zhou v e r a n s t a l t e t e sein erstes (yue GSR 1119g =) G e f a n g e n e n o p f e r in Bi", vermerken die Bambusannalen, 24 unter dem sechsten Jahre des letzten Despoten in Yin. Warum gerade in Bi 畢 ? Weil er plante, mit dem (bi auch =) "Handnetz zum Vogelfang" auszuziehen, um dem "Phönix" bzw. dem "Fasan" Shou/Zhǒu (über dessen Totemtier, d. h. das der Shang, mehr unter H. 56, 5 She zhi und H. 36, 5) (bi ferner =) "ein Ende zu setzen". Was der Vater geplant, vollbrachte Fa, der Sohn. Auch dieser, als König Wu genannt, "(yue 籥 GSR 1119c für yue 禴 GSR 1119g =) opferte (ren 人 =) Menschen", Shang-Leute nämlich, die er in der Entscheidungsschlacht auf dem Gefilde der Triften fing. Vgl. Yizhoushu, IV, 10b, 8 - 9, bereits übersetzt unter H. 47, 2 Li yong xiang si.

Yue 禴 *di̯ok ruft leicht das gleichlautende yue 瀹 GSR 1119d "klären" (z. B. einen Fluß wie bei Meng, 237, 6, das Herz wie bei Zhuang, 323, 9) in der Vorstellung mit wach. Das letzte erscheint denn auch in Hanshu, XXV B, 16b, 6 - 7 als Variante. So hätte der Nachbar im Westen zugleich ein reinigendes Opfer vollzogen. Besseres konnte König Wen gar nicht einfallen. Denn der Wüstling Shou/Zhǒu erzeugte durch seine Ausschweifungen eine schier unerträgliche "Atmosphäre". "Nicht stiegen duftende Opfer empor, in Tugend verrichtet, um vom Himmel gerochen zu werden. Das Volk grollte tief. Man gab sich dem Wein in Scharen hin. Ranziger Gestank wurde in der Höhe bemerkt. Drum senkte der Himmel Verderben über Yin und entzog Yin seine Gnade. Schuld an allem trug das müßige Treiben." So Shu, 501, 5 - 6. Vgl. dazu H. 47, 2 Kun yu jiu shi.

Einen weiteren Nebensinn verdankt unser Satz der "Volksetymologie". Sie hörte aus yue 禴 *di̯ok, das mit seiner Variante 礿 ja in die phonetische Serie GSR 1120 hineinreicht, yue 葯 GSR 1120n *·i̯ok "Irisblätter" heraus. Zu dieser Zeit gehörten Menschenopfer wohl schon der Vergangenheit an. Danach hätte der westliche Nachbar Schwertlilien geopfert! Was man (peng

亨 GSR 716b *p'ăng- =) kochte, um es (xiang 亨 GSR 716b *χi̯ang↑ =) den Überirdischen anzubieten, das (xiang 亨 auch =) ließ man sich hinterher selber munden. So entstand die sonderbare Legende, König Wen habe (chang pu 菖蒲 auch =) Iris (ju 菹 =) in Salzlake für sein Leben gern gegessen. Vgl. Hanfei, 295, 12 und Lü, 154, 4 - 5. Es scheint ein abscheuliches Gericht gewesen zu sein. Konfuzius, der Nachahmer aller heiligen Herrscher, brauchte ganze drei Jahre, bis er sich daran gewöhnt hatte!

Ji

Ji 祭 GSR 337a *tsi̯ad↓ "opfern, Opfer" fällt aus dem Reim. Vermutlich stand an seiner Stelle einmal shi 士 GSR 970a *dẓ'i̯əg↑ "(Kriegers)mann". Yue 禴 shi "opferte (gefangene) Männer" entspricht yue 籥 = 禴 ren 人 "opferte (gefangene) Menschen" in Yizhoushu, IV, 10b, 9. Shi 士 *dz'i̯əg↑ wäre dann, als Opfer solcher Art außer Gebrauch kamen, durch shi 事 GSR 971a *dẓ'i̯əg↓ "(Opfer)dienst" ersetzt worden. Yue shi, substantivisch als "Opferdienst" aufgefaßt, mag das ursprünglich wohl fehlende genitivische zhi 之 in den Satz nachgezogen haben. Wie konnte ji 祭 schließlich shi 事 verdrängen? Vielleicht als Glosse, die versehentlich in den Text rutschte. Im Urtext kann allerdings auch einmal si 祀 GSR 967d *dzi̯əg↑ "opfern" zu lesen gewesen sein.

Dong lin sha niu, bu ru xi lin zhi yue ji.

Shou/Zhǒu, der König der Shang, der sonst so grausame, hätte ausgerechnet im Falle seines gefährlichsten Nebenbuhlers nicht durch Habgier (das Lösegeld!) motivierte Milde (er ließ ihn frei!), ja Großzügigkeit (er spendete ein Rind!) walten lassen dürfen. Chang, der Häuptling in Zhou, der sonst so milde, brachte es hingegen in Verfolgung hoher Ziele (ihm winkte die Weltherrschaft!) über sich, mit den in seine Hände geratenen Erzfeinden ausnahmsweise unbarmherzig (wie mit Opfertieren!) zu verfahren. Der erste verdiente seinen Untergang, der zweite verdiente seinen Sieg. So lautete die uns leicht unmoralisch anmutende archaische "Moral" der zugrunde liegenden "Geschichte". Die Zeiten wandelten sich und mit ihnen die Ideale. "Der Edle, er vernachlässigt nicht die Riten (er veranstaltet [yue 禴 "Abschlachtungen von Gefangenen" > yue 瀹 =] Reinigungen!), auch wenn er nur Kärgliches (nur yue 礿 "Opfer von feindlichen Kriegern" > [yue 葯 =] Irisblätter!) zu bieten hat, er läßt die Riten nicht untergehen (er [chen xu 沈酗 wie in Shu, 348, 2 =] "ertrinkt" etwa nicht in dem [laut Shu, 494, 9 und 496, 3 - 4] nur bei Opferfeiern zugelassenen Wein!), auch wenn er mit gar Feinem (einem fetten Rind!) aufwarten kann." So formuliert Li, 2076, 1 - 2 die neue, die konfuzianistische Moral unseres Spruches.

<u>Shi shou qi fu</u>

Fu 福 "Segen" weist auf ming 命 "Berufung durch den Himmel" hin. "Und nun dieser König Wen: er sieht sich vor bei frommer Eil', dient Gott in der Höh' mit Glanz, trachtend danach vielem (fu =) Heil, seine Tugend weicht nicht ab, so wird ihm Weltherrschaft zuteil." Vgl. Ode 236, III. Das Himmlische Mandat galt nicht, wie man vielfach meint, erst Fa (König Wu), sondern, wie etwa die Oden (s. 236, VI, 1 - 3, 244, II, 1 und 262, IV, 3) belegen, schon Chang (König Wen), dem Vater, dem auch hier gemeinten. "(Zhi 祉 auch =) Segen gab ihm Gott zum Lohn, der reicht zum Enkel, reicht zum Sohn." Damit preist Ode 241, IV, 11 - 12 diesen heiligen Herrscher auf ganz ähnliche Weise.

H. 64, 0

Wei ji. Heng. Xiao hu xi ji (GSR 593o *tsiər↓), ru qi wei (GSR 583a *mi̯wər↑). Wu you li (GSR 519a *li̯əd↓).

未濟。亨。小狐汔濟。濡其尾。无攸利

Noch nicht über den Fluß sein. Opfer werden dargebracht und angenommen. Die kleine Füchsin hat beinahe das Gegenufer gewonnen, da netzt sie sich ihren Schwanz. Es gibt nicht, wo es nützt.

Version nach Shiji, LXXVIII, 2b, 8: Hu she shui (GSR 576a *śi̯wər↑), ru qi wei (GSR 583a *mi̯wər↑). 狐涉水。濡其尾. Die Füchsin durchwatet das Wasser - sie netzt sich ihren Schwanz.

Hu

Niemand anders als die (Luo bin 雒賓 =) Kebse vom Luo überquert hier die Furt. Nach Tianwen, 312 gelangt sie in den Besitz des Schützen Yi,[36] der ihren bisherigen "Mann" erschießt, und zwar den einstmals wie ein Eber gestalteten Grafen vom Gelben Fluß. Später erregt sie Lisao, 68 und Zuo, 1191, 2ff. zufolge die Begierde des Zhuo von Han, mit dem sie sich gegen ihren nunmehrigen Gatten, den leidenschaftlichen Jäger, heimlich verbindet. "Zhuo nahm für sich die (Chun 純 = graphisch verderbtes Zi 緇 wie etwa auch in Li, 1347, 5 =) Schwarze (Hu =) Füchsin; das (Xuan 眩 GSR 366a *g'iwen- für gleichlautendes Xuan 玄 =) Dunkle (qi 妻 =) Weib hat da den Plan erdacht. Durch Leder gar schoß Yi hindurch - und ward von beiden doch verschluckt, (kui 揆, u. a. auch - vgl. Lü, 88, 16 mit Zhanguoce, VIII, 2a, 10 - synonym mit po 破 =) zerhaun?" So Tianwen, 315. Die Gleichung "Kebse vom Luo = Schwarze Füchsin = Dunkles Weib" erschiene damit gesichert. Und doch bedarf ein jedes ihrer Glieder noch eingehender Erläuterung.

Zur "Kebse vom Luo". - Als Kebse des regenerzeugenden Schweinegottes vom Gelben Fluß wäre sie mit der "Konkubine des Regenmeisters" identisch. Diese haust laut Shanhai, IX, 3b, 11 - 4a, 2 nördlich der bis auf eine vom Schützen Yi abgeschossenen Zehn Sonnen: "Als (ren 人 bezeichnet hier nicht eigentlich einen Menschen, sondern wie passim ein mit magischen Kräften begabtes) Wesen ist sie schwarz (sic!), hält in jeder Hand eine Schlange und trägt am linken Ohr eine grüne, am rechten Ohr eine rote Schlange. Die einen sagen, ... als Wesen hätte sie einen schwarzen (sic!) Leib, ein menschliches Antlitz und hielte eine Schildkröte in jeder Hand." Wie kam sie aber zu der schwarzen Farbe? Nun, der (Luo 洛 GSR 766k *glâk, Lu *glak, =) Luo, ihr Fluß, wurde von seinen ursprünglichen Anwohnern für den (Lu 玈 GSR 77f *glo-, richtiger Lu *glag = Lu 盧 GSR 69d =) Schwarzen gehalten! "Am Tage Jia-shen", berichtet Mu, II, 3b, 13 - 4a, 1, gelangte er (der König) an den (Hei shui 黑水 =) Schwarzen Fluß: den nennen die Westlichen Mu (über die Herkunft dieser Mu 膜 vom Luo weiter unten!) 'Hong Lu'." In Hong 鴻 GSR 1172g' *g'ung- erkennt man unschwer das chinesische Jiang 江 GSR

1172v *küng- "Großer Strom" wieder. Und in Lu 鷺 GSR 766v' *glâg↓, Lu *glag das bereits erwähnte chinesische Lu 玈 , 盧 *glo-, richtiger Lu *glag "Schwarz"! Die Stellung des Attributs hinter dem Substantiv mag auch im Urchinesischen, das darin etwa den heutigen Thai-Sprachen geglichen hätte, üblich gewesen sein. Durch ihr erwiesenermaßen schwarzes Aussehen rückt die "Kebse vom Luo" dichter an die "Schwarze Füchsin" und an das "Dunkle Weib" heran. Ob Mo Xi 末喜 (Bambusannalen, 15 - 16; Xun, 259, 8) oder Mei Xi 妹喜 (Guoyu, VII, 2a, 13 - 2b, 3) - so hieß die Erste Gemahlin des tyrannischen Jie von Xia, die von ihrem Mann in den Luo gestoßen wurde- als "(Mo 末 GSR 277a *mwât wie Mei 妹 GSR 531k *mwəd↓ =) Jüngere Schwester (Xi 喜 GSR 955a *χi̯əg↑, verwandt mit Hei 黑 GSR 904a *χmək, =) Schwarz" zu deuten ist, mag dabei offenbleiben.

Zur Schwarzen Füchsin. - Immer durchströmte ein von ihr beherrschter Luo 洛 *glâk oder Schwarzer Fluß das jeweilige Heimatland ihrer Leute, d. h. der zur klassischen Zeit bereits weit über Nord(ost)china hin verstreuten Mo 貉 GSR 766h *măk, besser *mlăk = 貊 GSR 781f und der zur selben Zeit in (Nord)westchina siedelnden Mu 膜 GSR 802k *mâg- (*mlâg-?) (s. oben). Mo/Mu *mlăk/mâg- stellt sich zu he 貉 , 狢 GSR 766h, j *g'lâk "ein fuchsähnliches Tier, das gerne schläft" (so Shuowen, 4259a oben: nach späteren Wörterbüchern "eine Dachsart") und zu mo 獏 GSR 802 *mâk (*mlâk?) "Fuchs" (so Kommentar in Yizhoushu, VII, 10b, 10: bo 白 "weiß" dort als sinnlos zu streichen). An einem Luo 洛 *glâk (an welchem jeweils, wird weiter unten generell zu klären sein) saßen wahrscheinlich auch einmal die Luo 落 GSR 766q' *glâk (Bambusannalen, 22; Guoyu, VII, 10a, 9; Zuo, 462, 4: über sie auch unter H. 63, 3 Gui), die aus Luo 洛 *glâk (Guoyu, XVI, 1a, 8 - 9: hiernach nördlich von Luoyang siedelnd), die aus Ge 格 GSR 766z *klăk ("Gui-Schüssel des Herrn von Ge" bei Guo, Bd. 7, 81b und Yang, 26 - 27, 225: hiernach bei Luoyang Ländereien besitzend) sowie die von Lu 路 GSR 766 l' *glâg↓ (Guoyu, XVI, 3a, 8: hiernach unterm Clan Yun 妘) oder vom Lu 潞 GSR 766u' *glâg↓ (Guoyu, XVI, 1a, 8 - 9: hiernach nördlich von Luoyang siedelnd). Sie hatten besonders starke Berührungen mit Jin, das zum Beispiel 659 v. u. Z. die Luo 落 attackierte und 593 v. u. Z. die Lu 潞 unterwarf. Und gerade in diesem chinesischen Staat findet man Hu 狐 "Fuchs" als häufigen Personennamen! Guliang, 266, 10 und Mu, V, 4b, 7 - 8 mit dem "Schreiber Fuchs" oder Zuo, 426, 3 - 4 mit der "Füchsin vom Clan Ji", die sich Herzog Xian von den Großen Rong-Barbaren (sic!) holte und aus deren Sippe "Fuchs Yan" und "Fuchs Mao" hervorgehen sollten, mögen es belegen. Die "schwarze Füchsin" scheint die "Füchsin mit den Neun Schwänzen" am Ostmeer (s. Bambusannalen, 12) zu sein, da auch vom Neunfachen Luo 洛 (s. Zhuang, 220, 3; vgl. auch die "Gußform für die Sintflut in Neun Kategorien" in Shu, 403, 3, die, wie man später meinte, aus dem Luo aufgetauchte: wie dieser Fluß "Schriften" solcher Art liefern konnte, wird unter H. 64, 4 Yong erklärt) bzw. von den Neunfachen Mo 貉 (s. Zhouli, 1186, 2) die Rede geht. Immerhin rückt sie nun der "Kebse vom Luo" näher, eben dadurch, daß sie bei Stämmen als Totem (?) Verehrung genoß, die mit großer Wahrscheinlichkeit einmal am Schwarzen Wasser gesiedelt hatten. Ob Xuan hu 玄扈 (s. Shanhai, V, 10b, 3 - 6; 12b, 12) "(Xuan 玄 =) Dunkler (hu 扈 GSR 53c *g'o↑ für hu 狐 GSR 41i *g'wo- =) Fuchs" bedeutet? In dieses Gewässer mündet nämlich der Luo. An den Luo gemahnt auch ein allerdings hoch nach Norden ins Schattenreich versetzter "Schwarzer Fluß" (s. Shanhai, XVIII, 6b, 2 ff.), an dem u. a. auch der Dunkle Fuchs mit Buschigem Schwanze haust.

Zum "Dunklen Weib". - Es galt bei Tianwen, 315 (vgl. 312), wie bereits gesagt, als ehemalige Gattin des Regenebers. Bei Zuo, 2119, 8 - 2120, 4 hört man hingegen etwas anderes: "In alter Zeit lebte eine Tochter des Herrn der Reng mit wunderschönem schwarzglänzenden Haar, worin man sich hätte spiegeln können. Die hieß (Xuan qi 玄妻 =) Das Dunkle Weib. Fürst Kui, Direktor der Musik, nahm sie und zeugte mit ihr Graf Dick. Der hatte, traun, ein Schweineherz! Gierig und ein Nimmersatt, brunftig und geilend immerzu, bekam er den Namen Dickes Schwein. Fürst Yi, Herr über Bogen, vernichtete ihn." Die Reng 仍 GSR 945e *ńi̯əng- (so in Shiji, XL, 11b, 1) hießen auch Rong 戎 GSR 1013a *ńi̯ông- (so in Hanfei, 42, 10). Und die Rong umfaßten unter anderem die Luo 落 (s. Bambusannalen, 22). Die Luo 落 stammen ja von einem Luo 洛 . Und am Luo, der bei Gongxian/Nordwest-Henan in den Gelben Fluß mündet, wohnten tatsächlich noch Rong (s. Chunqiu, 754, 8 mit Zuo, 755, 8). So rückt das "Dunkle Weib" (als solches mit dem Dunklen, dem Meergott, vermählt, wenn auch mit dessen Diener Kui, dem einbeinigen Donnerer, buhlend - s. H. 63, 3 Gao Zong fa Gui fang) dichter an die "Kebse vom Luo" heran. Wie aber wurde die Mutter des Schweins (Zuo) dessen Gattin (Tianwen)? Sie wurde es durch Inzest. "Es gibt ein Schwein mit Füßen weiß; das watet (zheng 烝 wie bei Zuo, 307, 11 usw. =) blutschänderisch durch die (bo 波 wie bei Erya, 284, 6 =) Fluten, die dem Luo entflossen", meint hintergründig Ode 232, III, 1 - 2 (s. H. 38, 6 Shi, Beleg A). Was ursprünglich Mutter und Gattin war, mußte, als man "moralischer" dachte, entweder Mutter oder Gattin sein.

Die Leute der Füchsin im Laufe der Geschichte

Das Volk, das die Schwarze Füchsin als Totem verehrte, wohnte ursprünglich im Osten (in Shandong südlich vom Wen 汶), wo es wenigstens dreimal unter die Herrschaft fremder Häuptlinge geriet. Ein kleinerer Teil (darunter der Rest der Nachkommenschaft des Kun wu [Ururenkel von Zhuan xu] auf den "Flußinseln der Rong") ist (nachweislich bis 479 v. u. Z.) in der Urheimat verblieben. Der größere Teil (darunter das Gros der Nachkommenschaft des Tao wu [Sohn des Zhuan xu] auf den "Flußinseln der Melone < Füchsin" aber wanderte (vermutlich zwischen 1600 - 1150 v. u. Z.) unter dem stetigen Druck des Nachbar-Clans Ying westwärts (wohl bis West-Shǎnxi und Ost-Gansu), wurde aber schließlich (in der zweiten Hälfte des siebenten Jahrhunderts v. u. Z.) wieder nach Osten (bis nach Henan) gedrängt. Auch lebten größere Splitter im Nordosten und kleinere im Süden. Diese Thesen stützen sich auf Argumente.

1. Die Urheimat

Sie ist zunächst auf den "Flußinseln der Füchsin" zu suchen. Zuo, 1813,

8 - 11: "Ein früherer König siedelte Tao wu an einem der Vier Säume (der Erde) an, damit er Kobolden und Dämonen wehre. So kam es, daß die Schurken vom Clan Yun auf den Flußinseln der Melone wohnten." Gua 瓜 GSR 41a *kwå- "Melone" erklärt sich als Umdeutung von Hu 狐 GSR 41i *g'wo- "Füchsin". Material über Tao wu 檮杌 (Sohn des Zhuan xu nach Zuo, 837, 8 - 9) alias Gun 鯀 (Sohn des Zhuan xu nach Da Dai Li, 118, 10 und Bambusannalen, 6) bieten Zuo, 838, 7 - 11 und Shu, 94, 7 - 12. Dieser (xiong 凶 =) Unhold empfing seine Strafe vom heiligen Herrscher Shun, und zwar auf dem Federberg am östlichen Erdensaum. Ein dunkles Meereswesen wie sein Vater (vgl. H. 63, 3 Gao Zong fa Gui fang zu Gun und Zhuan xu), ist er Ahnherr der "Schurken vom Clan Yun 允 " (so Zuo, 1813, 11) oder der "Rong vom Clan Jiang 姜 " (so ib., 1307, 7) (der erste Clan hat sich vom zweiten abgespalten) oder der (Yin 陰 =) Dunklen Rong (s. ib., 1811, 9). Somit lagen die Flußinseln der (Melone <) Füchsin fern im Osten. Am Ostmeer (s. Bambusannalen, 12) oder am Grünen Hügel (s. Yizhoushu, VII, 8b, 3 und Guo Pu in Shanhaijing tuzan, 27a, 9 - 10: Grün vertritt den Osten) haust die Füchsin mit Neun Schwänzen. Die bringt eine (shu 書 =) Schrift zum Vorschein (s. Guo Pu, ebenda), ist also mit der Kebse vom Flusse Luo, der genau das Gleiche tut (s. unter H. 64, 4 Yong), identisch. Dieses Dunklen Weibes Vater, der Herr der Reng 仍 (s. Zuo, 2119, 8 - 11), saß bei Jining in Südwest-Shandong (s. Suoyin in Shiji, Xiabenji). In Qi (= Nord-Shandong) erinnern Orte wie Lu 潞 "Schwarzwasser" (s. Zuo, 2428, 1) oder Luo gu 洛姑 "Schwarzwassermuhme" (s. Guliang, 150, 7) an die Fuchsgöttin. Die diente stellvertretend für ihr ganzes Volk nacheinander drei Häuptlingen, welche alle im Osten herrschten, nämlich dem Regeneber vom Gelben Fluß aus Ye in Qi (= Linzhang/Süd-Hebei) (vgl. H. 64, 4 Zhen fa Gui fang ... you shang yu ... 〈Shang〉), dem Schützen Yi aus (Qiong 窮 für Gong 弓 =) Bogen (= Dexian/Nordwest-Shandong?) (s. Zuo, 2120, 4 und 1190, 4, Tianwen, 317, Lisao, 96, Huai, 57, 4) und Zhuo aus Han 寒 (= Weixian/Nordost-Shandong) (s. die Bronze bei Guo, Bd. 6, 16a). "(He 貉 Dachse <) Füchse sterben, wenn sie den Wen überschreiten." So Lie, 54, 15. Grenzte der im

Kreis Laiwu auf dem Yuanshan entspringende und westwärts zum Großen Kanal strebende Wen 汶 (zu ihm vgl. Ode 105, III, 1 und Shu, 197, 8: zwei kleinere Flüsse dieses Namens in derselben Provinz Shandong kommen kaum in Betracht) einmal den Lebensraum der (Mo 貉 =) Fuchsleute nach Norden hin ab? Südwestlich von ihm saßen jedenfalls Reste der Rong 戎 (s. Chunqiu, 96, 11 und 173, 3 unter 722 bzw. 715 v. u. Z.), über die einst der Vater des Dunklen Weibes gebot (s. Zuo, 2119, 8 f.; vgl. dazu Shiji, XL, 11b, 1 mit Hanfei, 42, 10): sie saßen in der Gegend von (Chu qiu 楚丘 =) Dornenhügel (= Caoxian/ Südwest-Shandong; zu diesem Ort vgl. noch Zuo, 1264, 2) auf ihren Flußinseln. Vgl. Zuo, 2426, 4 ff. unter 479 v. u. Z.: "Der Fürst von Wei 衛 hatte im Harem des Nordens (der Region, die schwarz war wie die Kebse vom Luo!) einen Traum. Er sah, wie jemand die Warte von Kun wu bestieg (Kun wu 昆吾 GSR 417a; 58f umschreibt - vgl. Shuowen, 4587b oben - als *k[wən- ng]o- tabuiertes hu 壺 GSR 56a *g'o- "Kalebasse", das wohl auf hu 狐 GSR 41i *g'wo- "Fuchs" zurückführt) - sein Haar hing ihm herunter (das läßt auf einen Barbaren schließen! Vgl. ib., 587, 10) - und, nach Norden (sic!) hingewandt, mit lauter Stimme rief: 'Zum Trümmerfeld von Kun wu geht es jetzt empor. Der (gua 瓜 GSR 41a *kwå- =) Kürbis (eigentlich aber die hu 狐 GSR 41i *g'wo- Füchsin) streckt dort lange Ranken vor (d. h. unser Volk bewohnt den Platz seit seiner Entstehung: vgl. Ode 237, I, 1 mit dem gleichen Bild!). Ein braver Mann der Hun 渾 (die, von den Flußinseln der Melone stammend, seit 637 v. u. Z. als Hun der [Lu 陸] = Hochebene bei Songxian in West-Henan leben - vgl. Zuo, 587, 12) ich bin - und schuldlos: bis zum Himmel schrei ich's hin' .... Vordem hatte der Fürst einmal auf der Stadtmauer Ausschau gehalten, in der Ferne die Flußinseln der Rong entdeckt, sich nach denselben erkundigt und daraufhin ihr Territorium beschnitten, denn: 'Wir gehören zum Clan Jī 姬 (dem Clan der Könige von Zhou) - was haben die Rong hier zu suchen?' ...". Nun wird berichtet, daß die Handwerker in Wei rebellieren und unter Führung des Shi Bu den Fürsten attackieren. Der aber - an ihm erfüllen sich jetzt die beiden letzten Verse aus einer Prophezeihung der Schildkröte - "klomm, nachdem er hinter geschlossenen Türen vergebens um einen Vergleich gebeten, über die Mauer im Norden (sic!), stürzte und brach sich den Schenkel. Die Männer von den Flußinseln der Rong griffen ihn an. ... Der Fürst kam zu einem dieser Angehörigen des Clans Jǐ 己 ins Haus. Damals, auf der Stadtmauer, hatte er auch die Frau des Hausherren gesehen, ihr Haar prächtig gefunden (wer dächte da nicht an dasjenige des Dunklen Weibes vom gleichen Stamme, das wie ein Spiegel glänzte? Vgl. ib., 2119, 8 - 11) und es abschneiden lassen, um daraus eine Perücke für seine eigene Gemahlin - die Lü vom Clan Jiang - zu verfertigen. Nun trat er dort ein und zeigte eine jadene Lochscheibe (d. h. ein gerade von Flußgöttern besonders begehrtes Objekt! Vgl. ib., 601, 3 und 784, 2 - 3) vor: 'Laßt mich am Leben! Ihr bekommt das.' - 'Wohin kann das schon gehen, wenn ich dich umbringe?', lautete die Antwort. Dann wurde er erschlagen ...". Kun wu, auch Fan 樊 genannt (s. Da Dai Li, 119, 1 - 2), residierte also bei (Di qiu 帝丘 =) "Gottes Hügel" (= Puyang/Nordost-Henan, nahe der Grenze zu West-Shandong), der damaligen Hauptstadt von Wei, wo schon Zhuan xu gesessen hat (laut Zuo, 1952, 2; vgl. ib., 1820, 6 und Erya, 232, 8: dessen Xu 虛 oder "Ruinenfeld", das entsprechende elfte Mondhaus mit β Aquarii, steht im Nordpalast des Himmels), sein Ururgroßvater (s. Da Dai Li, 118, 13 - 119, 2). Er gehörte zum Clan Jǐ 己 (s. auch Guoyu, XVI, 3a, 2) und war Vasall der Xia (s. ib., XVI, 2b, 12).

2. Die zweite Heimat fern im Westen

Um 1600 v. u. Z. lebte Kun wu (der Ahn steht hier für sein Geschlecht) noch ganz in der Urheimat oder nicht sehr weit westlich von ihr: er mußte ja für Tang von Shang, dem er zu dieser Zeit unterlag (s. Ode 304, VI, 9; vgl. auch Zuo, 1954, 10 - 11), erreichbar sein. Erst später nährte er sich von den Drei Lehmigen Sümpfen am Drachenberg, wo Sonne und Mond untergehen (s. Shanhai, XVI, 4a, 1 - 2). Schon im fernen Westen ansässig, floh er etwa 1150 v. u. Z. vor dem Häuptling Tanfu. Darüber Ode 237, VIII, 5 - 6: "Die (Gun Yi =) Yi von Gun (Gun 混 GSR 417k *kwən- hängt zusammen mit Hun 渾 GSR 458b *g'wən- [vgl. den "braven Mann" aus diesem Stamme bei

Zuo, 2426, 7] und mit Kun 昆 GSR 417a *kwən- in Kun wu - später wie in Shiji, XXXII, 2b, 5 zu Quan 犬 GSR 479a *k'iwən↑ "Hund" umgedeutet; Yi 夷 bezeichnet eigentlich Barbaren östlicher Provenienz), die stoben davon - o, wie haben sie gekeucht." Tanfu herrschte über Zhou am Berge Qi 岐 (Qishan/ West-Shǎnxi). Sein Enkel Chang "diente den Barbaren von Gun" (Meng, 73, 2); 1080 v. u. Z. gelang es auch ihm, ihrer Herr zu werden (Shangshu dazhuan, 32 unten, 19 - 20). Dessen Nachkomme im fünften Glied, der König Mu (947 - 928 v. u. Z.), "unternahm eine große Strafexpedition gegen die Rong im Westen; diese boten eine Klinge von Kun wu (hier 錕 鋙 geschrieben) dar" (Lie, 65, 3). Kun wu, der erste Metallschmelzer (vgl. Shizi, I, 1a, 12; nach Lü, 203, 4 auch? der erste Töpfer), hatte bekanntlich aus dem roten Kupfer seines Berges (Shanhai, V, 5a, 3) Schwerter geschmiedet, die Nephrit durchschnitten (Shizi, II, 4a, 3; Lie, 65, 4 - 5; "eine Schrift von Zhou" nach Bo wu zhi, zitiert in Shanhai, V, 5a, 6 - 7). Und die Rong 戎 im Westen waren die Westlichen Mu 膜 vom Schwarzen Fluß (s. Mu, II, 3b, 13 - 4a, 1, oben zitiert). Drei Jahrhunderte vergingen noch. Dann verließen die Leute der Füchsin ihre zweite Heimat.

Wie waren sie aber, so fragt man sich, in die Reichweite von Zhou (d. h. bis West-Shǎnxi, vielleicht gar bis Ost-Gansu) gelangt? Fan Xuanzi behauptet in Zuo, 1307, 7 - 8, Qin 秦 sei es gewesen, das die Rong vom Clan Jiang 姜 gezwungen habe, die Flußinseln der Melone aufzugeben. Nun entstand dieser Lehnstaat offiziell erst zwischen 897 - 888 v. u. Z. (unter König Xiao von Zhou). Außerdem entstand er fern im Westen (seine Hauptstädte: Qin cheng = Tianshui/Südost-Gansu; Daqiu = Xingping/Mittel-Shǎnxi etwa seit 800 v. u. Z.; Xianyang/Mittel-Shǎnxi etwa seit 350 v. u. Z.). Also muß es richtig heißen: Ying 嬴 = 盈 , der Clan aus dem Osten (aus der Gegend von Ying im mittleren Shandong?), zog in vor- oder frühgeschichtlicher Zeit als Eroberer westwärts (mehr darüber unter H. 64, 4 Zhen fa Gui fang... you shang yu ... ⟨Shang⟩); dabei blieb er den Leuten der Füchsin, die er auf ihren Flußinseln "aufgestöbert", solange auf den Fersen, bis er im Wei-Tal zwischen Shǎnxi und Gansu haltmachte, um dort ein Reich zu gründen, das spätere Qin.

3. Die dritte Heimat weiter östlich

"Zu der Zeit, als König Ping seine Residenz nach Osten hin verlegte (um 770 v. u. Z.), sprach Xin You (ein Historiograph und Wahrsager in Zhou), der zum Fluß Yi 伊 (zu einem Nebenfluß des Luo, welcher bei Lushi/West-Henan auf dem Xiongershan entspringt) gegangen war und dort einen Mann mit herabhängendem Haar (also einen Barbaren - vgl. Zuo, 2426, 5) beim Opfern auf der Heide gesehen hatte, die prophetischen Worte: 'Bevor ein Jahrhundert vergeht, werden Rong sich hier breitmachen, hier, wo die rechte Sitte bereits ausgestorben ist.' - In diesem Herbst (im Herbst 637 v. u. Z., also mehr als hundert Jahre später) verpflanzte Qin zusammen mit Jin die Rong von den Hun 渾 der Hochebene (d. h. die Leute der Füchsin, die die fruchtbaren Niederungen in Südwest-Shandong aufgeben und sich ins unwirtliche Bergland zwischen Shănxi und Gansu zurückziehen mußten) an den Fluß Yi." So Zuo, 587, 9 - 12. Vgl. auch ib., 1307, 7 - 1308, 2. "Komm! Du Rong vom Clan Jiang 姜 ", herrscht Fan Xuanzi dort den Häuptling Ju zhi an. "Als dein Ahn Wu li 吾離 vor den Leuten von Qin (richtiger: vor dem Clan Ying) die Flußinseln der Melone fluchtartig verlassen mußte (der Auszug aus der zweiten Heimat wird also mit der Flucht aus der ersten verquickt - s. oben), suchte er, der in Schilf gehüllt ging und sich mühsam einen Weg durch Dornen bahnte, Zuflucht bei unserem Herrscher selig. Unser seliger Herrscher Herzog Hui (er regierte Jin von 650 - 637 v. u. Z.) verfügte über unfruchtbares Land. Von dem (sic!) teilte er euch etwas zu, damit ihr zu essen hattet." Vgl. schließlich ib., 1813, 13 und vorher. Demnach leben noch um 558 v. u. Z. herum Dunkle Rong, die ihre barbarischen Bräuche wahren und eine nichtchinesische Sprache (eben die der Westlichen Füchse, von der Mu, II, 3b, 13 - 4a, 1 ja eine Probe geliefert hat) sprechen (s. Zuo, 1309, 3 - 4), in den südlichen Grenzstrichen von Jin (s. ib., 1308, 9) am Flusse Yi. Aber nicht mehr lange. "Xun Wu von Jin vernichtete an der Spitze eines Heeres die Rong von den Hun 渾 der Hochebene", vermerkt der Chronist in Chunqiu, 1941, 4 unter dem achten Monat des Jahres 524 v. u. Z.

4. Siedlungsgebiete im Nordosten

"Das Reich der Mo 貊 (der Leute der Füchsin) lag nordöstlich vom Flusse Han 漢 (der nicht mit demjenigen, der auf dem Bozhongshan bei Ningqiang/ Südwest-Shǎnxi entspringt und bei Hanyang/Ost-Hubei in den Yangzi fließt, zu verwechseln ist!) und wurde durch das hahegelegene Yan 燕 (welches sich über Hebei, Liaoning und das nördliche Korea erstreckte) vernichtet." So Shanhai, XI, 2a, 13 - 2b, 2. Nach Guo Pu (276 - 324 u. Z.) (s. ebenda, 11a, 13) deckt es sich mit Fu yu 扶餘 (heute: Liaoning und Jilin). "Korea hieß auch Mo er 貊耳 (= Fuchsohr)". So Houhanshu, LXXXV, 8b, 4. Die Mo galten zur Han-Zeit allgemein als "Barbaren des Nordostens". Vgl. z. B. Zheng Xuan (127 - 200 u. Z.) in Zhouli, 1218, 5. Ob diejenigen von ihnen, die der König dem Fürsten von Han 韓 bei Hancheng/Ost-Shǎnxi zum Geschenk machte (s. Ode 261, VI, 5 - 6), von den Heeren aus Yan 燕 (s. ib., VI, 1 - 2) mitgeführt worden waren? Bei Qian'an im nordöstlichen Hebei lebten die "Rong der Berge" (s. Guoyu, VI, 9b, 2 - 3, Shiji, XXXII, 11b, 7, Guan, 109, 8 und 126, 8) bzw. die "Rong des Nordens" (s. Chunqiu, 527, 9 - 10), die wohl vor dem Clan Jiang 姜, der um 1000 v. u. Z. ja Qi (d. h. die Ebene nördlich des Taishan in Mittel-Shandong) besetzte, aus ihren heimischen "Flußinseln" hatten weichen müssen. Zu ihnen gehörten sowohl die Ling zhi 令支 (so Guoyu, VI, 9b, 3, Guan, 109, 7, Lü, 80, 4) = Bu 不 ling zhi (Yizhoushu, VII, 10b, 8 - 9) = Leng 泠 zhi (so Guan, 126, 8) = Ling ci 疵 (so Lü, 125, 8, Huai, 55, 12) = Li 離 zhi (so Guan, 416, 12 - 16 und 391, 11, Shiji, XXXII, 11b, 7) in der Han-zeitlichen Präfektur Liaoxi (wo es einen Kreis dieses Namens gab - s. Hanshu, XXVIIIB, 8b, 9) als auch die Gu zhu 孤竹 (so Guoyu, VI, 9b, 3, Guan, 126, 8 und 391, 11, Shiji, XXXII, 11b, 7 und LXI, 7a, 5, Yizhoushu, VII, 10b, 8 - 9) = Gu 觚 zhu (so Erya, 271, 6) im Gebiet von Lulong/Nordost-Hebei bis Zhaoyang/Südost-Rehe. Die ersten bringen (Xuan Mu 玄模 =) Dunkle Füchse als Tribut (s. Yizhoushu, VII, 10b, 8 - 9)! Und die zweiten sind die von der (Gu 孤 GSR 41c *kwo- "Waise" wie in H. 38, 4 < Hu 狐 GSR 41i *g'wo- =) Füchsin (zhu 竹 GSR 1019a *ti̯ôk "Bambus" für yu 育 GSR 1020a *di̯ôk =) Geborenen aus dem Clan Motai 墨胎 Schwarzer Foetus!

5. Siedlungsgebiete im Süden

Der Kun wu (hier ein Hügel - etwa der gleiche wie der bei Shanhai, XVIII, 3b, 8?) erhebt sich in der Südregion (s. Huai, 63, 12). Gelangt nämlich die Sonne zu ihm, dann spricht man von "Mittag" (s. ebenda, 44, 13). Seine (shi 師 =) "Meisterin" erscheint in Shanhai, XV, 4b, 2 und damit "im Süden der Großen Einöde".

Der Schwarze Fluß

Er war überall dort zu finden, wo die Leute der Schwarzen Füchsin sich niedergelassen hatten. In der Urheimat fließt noch ein Luo 洛, der bei Juxian/Südost-Shandong auf dem Tanteshan entspringt und in den Shu 沭 mündet. Vgl. dazu die Orte Lu 潞 (belegt bei Zuo, 2428, 1) und Luo 洛 gu (belegt bei Guliang, 150, 7) im alten Qi (= Nord-Shandong). Dort fließt auch der Wen (Wen 汶 GSR 475i *mi̯wən↓), der (Men 汶 GSR 475i *mwən- wie in Yufu, 572 =) Trübe oder der (Hun 昏 GSR 457j *χmwən- =) Dunkle, der dem Yuanshan bei Laiwu/Mittel-Shandong entquillt. An ihm saßen zur Xia-Zeit (d. h. vor 1600 v. u. Z.) die Herren von Min (Min 緡 GSR 457x *mi̯ən-) aus dem Volke der Reng 仍 = Rong 戎 (s. Zuo, 1703, 1 - 2 und 1827, 5, Shiji, XL, 11b, 1, Hanfei, 42, 10 sowie Zuo, 2305, 11). In die zweite Heimat fiele ein Luo 洛, der auf dem Baiyushan südöstlich von Dingbian/Nordwest-Shǎnxi entspringt und zusammen mit dem Wei im Gelben Fluß endet, ein anderer bei Yulin/Nord-Shǎnxi, ein dritter, dem Zhonglingshan nordwestlich von Luonan/Südost-Shǎnxi entquellender mit seinem Oberlauf und ein vierter (genauer Name: Luo 洛 gu shui "Luo-Tal-Fluß"), sich bei Yangxian/Südwest-Shǎnxi dem Han anschließender. Die dritte Heimat durchströmte ein Luo 洛 mit seinem Unterlauf: am Zhonglingshan entspringend (s. oben), endet er bei Gongxian/Nord-Henan im Gelben Fluß. Das Siedlungsgebiet im Nordosten schloß wahrscheinlich den Lu 潞 (so hieß er von Tongxian an - heute "Nordkanal"; weiter oberhalb hieß er der Westliche Lu - heute "Weißer Fluß" [liegt Tabu vor?]; zum Westlichen Lu stößt ein Hei he "Schwarzer Fluß"!) in Nord-Hebei mit ein, das im Süden vielleicht den Luo 洛 westlich von Dingyuan/Mittel-Anhui. Lu 潞 heißen schließlich auch zwei Flüsse bei Lucheng in Süd-ost-Shānxi (der größere von ihnen, heute der Trübe Zhang 漳, erscheint in Zhouli, 1191, 9). Nachkommen des Tao wu oder des Kun wu, die, vom großen Haufen abgesprengt, die Wanderung nach Westen nicht mehr bis zum Ende mitmachten, mochten sich dort niedergelassen haben. Am (yin 陰 =) "schattigen" Südufer des Ying 潁, südlich von Xuchang/Mittel-Henan, gab es einen "(xiang =) Distrikt des (zong 宗 =) Ahnentempels der (Hu 狐 =) Füchsin" (s. Houhanshu, CX, 2a, 8 - 9), der vorher auch Hu ren 狐人 oder "Leute der Füchsin" hieß (s. dazu Zuo, 2236, 4). Er muß zwischen 637 und 505 v. u. Z. von Dunklen Rong, die aus der dritten Heimat bei Songxian/West-Henan (alter Name der Gegend: Lu Hun 陸渾 oder "Hun der Hochebene" - s. Hanshu, XXVIII A, 14a, 1!) bis in jene Gegend vorgedrungen waren (vgl. Zuo, 1811, 9 unter 534 v. u. Z.!), gegründet worden sein. So hatte die Herrin des Schwarzen Flusses einen Ahnentempel, wenn auch einen weitaus kleineren als das Meer (s. H. 63, 3 Gao Zong fa Gui fang) oder als der He 河 (s. dazu H. 64, 4 Zhen fa Gui fang ... you shang yu ... ⟨Shang⟩).

Die Leute der Füchsin in verschiedenen Clans

Als Rong 戎 GSR 1013a *(z)ńi̯ông- oder "Zottige" (dieses Wort bezieht sich in Ode 37, III, 1 auf das Fell des Fuchses!) gehörten sie ursprünglich zum Clan Song 娀 GSR 1013 *s(n)i̯ông-, aus dem übrigens nach Ode 304, I, 7 - 8, Lü, 59, 2, Lisao, 97 und Huai, 63, 13 - 14 (vgl. dazu Shu, 481, 13 und Zuo, 891, 11 mit dem Ausdruck Rong = Song Yin 殷 !) die Stammutter der Shang entsprossen ist - ähnlich wie die Gui 鬼 *ki̯wər↑ oder "Donnerdämonen" zum Clan Gui 媿 *ki̯wɛr↓ (s. H. 63, 3 unter Gui) und die Qiang 羌 GSR 712a *k'i̯ɑng- oder "Schafsmenschen" zum Clan Jiang 姜 GSR 711a *ki̯ɑng-. Später gingen sie zum größten Teil in dem Clan auf, der in ihrem jeweiligen Siedlungsgebiet dominierte, nämlich im Clan Jiang 姜 (daher bezeichnet Fan

Xuanzi in Zuo, 1307, 7 den Ju zhi als einen "Rong vom Clan Jiang"; dieser Clan kam vom Westen her) bzw. in dessen Ablegern Yun 允 (daher die "Schurken vom Clan Yun" bei Zuo, 1813, 11, die als Yin 陰 GSR 651y *·i̯əm- oder Dunkle Rong wohl mit den Xian 玁 / 獫 GSR 616/613k *χi̯am† vom Clan Yun 狁 = 允 im Nordwesten in Beziehung zu setzen sind; daher auch der in Hanshu, XXVIIIB, 1b, 9 genannte Ort Yun 允 wu[37] bei Gaolan/Gansu) und Yun 妘 (wie die Lu 路 bei Guoyu, XVI, 3a, 8), im Clan Jī 姬 (zu ihm gehörte 1. die Hu 狐 oder "Füchsin" von den Großen Rong selbst [s. Zuo, 426, 3 - 4], 2. deren ganzes Geschlecht seit dem Begründer des Staates Tang = Jin, d. h. ca. seit 1000 v. u. Z. [s. Guoyu, X, 5b, 4 - 5], 3. das Weib aus dem Stamme der [Li 驪 wie in Ode 297, I, 5, Zhuang, 459, 11 und Lü, 174, 2 - 3] = Schwarzen Rong vom [Li =] Schwarzen Berg bei Lintong/Shănxi, auf die - vgl. Zuo, 494, 8 - der Vers "zottig ist der Füchsin Fell" [d. h. Ode 37, III, 1] gemünzt werden sollte [s. Zuo, 426, 6 - 7]; er kam ebenfalls vom Westen her: später herrschte er in Han 韓 bei Hancheng/Ost-Shănxi und in Yan 燕 im Nordosten über die Mo 貊 [vgl. Ode 261, VI, 5 - 6 neben Zuo, 1562, 8 bzw. Shanhai, XI, 2a, 13 - 2b, 2], sowie in Wei 衛 bei Caoxian/Südwest-Shandong über die Rong auf den Flußinseln [s. Zuo, 2427, 7]) und im Clan Wei 隗 (wie die Lu 路 und Luo 洛 [s. Wei Zhao in Guoyu, XVI, 1a, 10] und die Qiang Gao-ru [s. Zuo, 595, 9 - 11] als Restbestände jener Roten Di [s. ib., 1031, 13 - 1032, 1], zu denen noch die Lu 潞 zu rechnen sind [s. Chunqiu, 962, 6]; vgl. auch die "Rong der Gui 鬼 [= vom Clan Wei]" in den Bambusannalen, 22 - dieser Clan wohnte vorwiegend im Nordwesten). Zum kleineren Teil haben sie, nunmehr schon gemeinhin als "Westbarbaren" geltend (vgl. Li, 584, 9 und Da Dai Li, 147, 13), ihren alten Clan wohl fortgesetzt. Der "Inhaber" von Song 娀 wird so am Berg Buzhou gesucht (s. Huai, 63, 13 - 14), d. h. (vgl. ib., 58, 11 - 12) im Nordwesten. Zu dessen "Sippschaft" zählt auch Zhou 晝 (10. Jh. v. u. Z.), der (Mu 膜 = Mo 獏 =) Fuchsmann (s. Mu, II, 1a, 4 - 5), belehnt auf der Nordseite des Gelben Flusses (nahe beim "Sumpf von Yang" in Qin: vgl. H. 64, 4 Zhen fa Gui fang ... you shang yu ... 〈Shang〉), eigentlich aber Gebieter über den Luo (dazu H. 64, 4 Yong). Er versorgt die Ahnen der Yin vom Clan Song (s. oben mit Ode 304, I, 7 - 8 usw.) mit Opfern (fungiert, wie es wörtlich heißt, als deren "Gastgeber"): wäre er nicht ihr Blutsverwandter, dürfte er das nicht (s. Zuo, 528, 13). Zum Clan Jǐ 己, dem des Kun wu (s. noch Guoyu, XVI, 3a, 2) und somit auch dem der Rong bei "Gottes Hügel" (heute Puyang/Nordost-Henan) in Wei (s. Zuo, 2427, 10 - 12), gehörte auch Su 蘇 (s. Guoyu, ib. sowie VII, 2b, 3 - 4, bestätigt durch die Bronzen bei Guo, Bd. 8, 241b, 243a und 244a rechts), als Vasallenstaat der Yin (s. Guoyu, beide Stellen) bei Linzhang/Nord-Henan (nahe Anyang), als Vasallenstaat der Zhou (s. Zuo, 528, 1 - 2 zu Chunqiu, 527, 5; Zuo, 1077, 12 f.: hiernach - vgl. ib., 623, 8 ff. - seit etwa 636 u. Z. zunächst Eigentum der Familie Hu 狐 "Fuchs" in Jin!) bei Wenxian/Nord-Henan (nahe Luoyang) gelegen.

Die Sprache der Verehrer der Füchsin

In *phonetischer* Hinsicht glich sie wahrscheinlich dem Idiom des Südens und der Daoisten, das wohl auch von den Shang gebraucht worden war[38]. In Ling/Leng/Li zhi/ci "ein Stamm der Rong der Berge" (s. oben) steht nämlich Li 離 GSR 23f (s. Guan und Shiji), standardsprachl. = *liɑ- (so Karlgren) oder richtiger *liæ$_d$ (so Lu), südl. aber = *lia$_g$[39], gegen Ling 令 GSR 823a (s. Guoyu, Guan, Lü, Yizhoushu, Huai) bzw. Leng 泠 GSR 823j (s. Guan), standardsprachl. = *li̯ĕng-↓ bzw. *lieng- (so Karlgren) oder *lieŋ bzw. *lɛŋ (so Lu), südl. aber = *liaŋ/lieŋ[40] bzw. *lɑŋ[41], und ci 疵 GSR 358p (s. Lü, Huai), standardsprachl. = *dz'i̯ăr- (so Karlgren) oder richtiger *dz'iæ$_d$ (so Lu), südl. aber = *dz'ia$_g$[42], gegen zhi 支 GSR 864a (s. Guoyu, Guan, Lü, Yizhoushu, Shiji), standardsprachl. = *t̂i̯ĕg- (so Karlgren) oder *t̂i̯æg (so Lu), südl. aber = *t̂iag[43]. Und für Yun 允 GSR 468a *zi̯wən↑ in Ẏun wu "von den Nachkommen des Kun wu bewohnter Ort in Gansu" (s. oben) verlangt Ying Shao (gest. 195 u. Z.) die Aussprache yan 鈆 *di̯wɑn-[44]. In *syntaktischer* Hinsicht stand sie vermutlich dem Protochinesischen nahe. Beachte die Wortstellung in Hong 鴻 (∾ Jiang 江) Lu 黸 (∾ Lu 玈) "Schwarzer Fluß" (wörtlich = "Fluß Schwarzer" - vgl. das chin. Äquivalent Hei 黑 shui 水 !) (Fluß im Lande der Westlichen Mu: s. oben), in Hu 狐 Que 闕 (∼ Gui 癸) "Schwarze Füchsin" (wörtlich "Füchsin Schwarze" - vgl. das erschlossene chin. Äquivalent Gui 癸 Hu 狐 !) (Hügel der vom Herrn des He 河 umbuhlten Kebse vom Luo: s. H. 38, 4 Kui gu mit Zhuang, 319, 2) und in Yun 允 wu 吾 "(Kun)wu von (dem Clan) Yun" (wörtlich: "Yun, ... wu von" - vgl. das chin. Pendant Xian 玁 yun 狁 = 允 !) (Siedlung der Leute der Füchsin in Gansu: s. oben). In *lexikalischer* Hinsicht fällt hong 鴻 (∼ jiang 江) "Wasser(sflut)" auf, ein weit über Südostasien hin verbreitetes Wort, das auch dem Yangzi seinen Namen gab.

Xiao hu

Auf der menschlichen Ebene begegnet eine *junge* (gu 孤 GSR 41c *kwo- =) Waise (als solche gilt nach Meng, 81, 12 - 13 und Li, 631, 7 ein *Kind*, das seinen Vater verlor) dem großen Mann. S. H. 38, 4. Auf der tierischen Ebene paart sich entsprechend eine *kleine* (hu 狐 GSR 41i *g'wo- =) Füchsin mit dem Dicken Eber. S. weiter unten.

Xi

Xi 汔 GSR 517j *χi̯ət bedeutet "beinahe". Vgl. Ode 253, I, 2 (Mao glossiert das Wort mit wei 危, Zheng Xuan mit ji 幾 und Erya, 54, 10 zeigt, daß beide dasselbe meinen; also: "es [das überanstrengte Volk] könnte *fast* ein wenig ruhen"), Lü, 130, 6 ("die Männer im besten Alter und die Kräftigen sind *nahezu* alle erschöpft und gebeugt"), Erya, 54, 11 (hier 汽 geschrieben und mit qi 豈幾 = ji 幾 erklärt) und H. 48, 0. Zhanguoce, VI, 6a, 2 - 3 (vgl. auch Shiji, LXXVIII, 2b, 8): "Euer Sklave fürchtet schlimme Folgen. - In den Liedern (in Ode 255, I, 7 - 8) heißt es: 'Keinen gibt's, der keinen Anfang hätt' - wie selten die, die es zum guten Ende bringen.' Und in den Wandlungen (in H. 64, 0): 'Die Füchsin netzt sich ihren Schwanz (wohl ein summarisches Zitat der durch das Shiji bewahrten Version).' Damit wird gesagt, wie leicht sich etwas anläßt, wie schwer es aber ist, ein gutes Ende zu erreichen."

Auch hieraus erhellt, daß die Füchsin das andere Ufer n o c h n i c h t gewonnen hatte. Daher steht xi 汔 *χi̯ət kaum für gleichlautendes 迄 GSR 517k (s. Ode 268, 4 und 245, VIII, 8, Erya, 21, 7 - 8) = 忔 GSR 517d (s. Li, 2031, 6) "gelangen zu" oder für ji 訖 GSR 517h *ki̯ət "beenden" (s. Guliang, 184, 12), "(beendet >) bereits" (s. Yizhoushu, V, 9b, 7).

Ji

Ji 濟 GSR 593o *tsiər↓ "(über die) Furt (gehen)" spielt schon versteckt auf die "Begattung" an, die vom nächsten Satz "expliziert" werden soll. Es erinnert nämlich an qi 妻 GSR 592a *ts'iər- "Gemahlin". Man höre nur die junge Dame, die ihres Liebsten harrt, in Ode 34: "Heim führ' der Edelmann sein (qi =) Weib, solang' das Eis noch nicht geschmolzen" (s. III, 3 - 4); nun aber, da schon Frühling im Lande herrscht: "Die (ji =) Furt sich füllt - das Wasser wallt. Der Fasanin Lied erschallt. Voll wird die (ji =) Furt, doch trocken bleibt das Achsenende (nämlich des Wagens, der sie durchfahren soll). Fasanin singt, daß der Fasan sie fände" (s. II, 1 - 4).

Ru qi wei

Der geile Eber des in diesem und schon im vorigen Hexagramm zu überquerenden Gelben Flusses packt die von ihm begehrte schwarze Füchsin des Luo, um die wohl auch sein Streit mit ihrem Vater Yong in den Bambusannalen, 71 entbrannt war (s. H. 64, 4 Zhen Yong), am buschigen (neunfachen?) (wei 尾 =) Schwanz, noch ehe sie das Gegenufer gewonnen hat: die (wei 尾 wie in Shu, 49, 5 auch =) Paarung beginnt. "Es gibt ein Reich 'Wo Zhuan xu (der Ururgroßvater von Kun wu nach Da Dai Li, 118, 13-119, 2) den Bo Fu gezeugt'. Weiter gibt es den 'Berg des Weißen Wassers'. Aus dem quillt, den 'Weißen Strudel' bildend, das 'Weiße Wasser' (= der Gelbe Fluß - s. H. 38, 6 Ju I mit Shanhai nach Taiping yulan, 291 oben, 7 - 8 und Zuo, 601, 1!). An dieser Stelle nimmt die '(shi 師 hier weiblich =) Meisterin des Kun wu' (d. h. die Schwarze Füchsin - ihr Volk leitet sich zum Teil von Kun wu her) ihr Bad."
So Shanhai, XV, 4a, 12 - 4b, 2. Zhuang, 319, 2 bringt das 'Weiße Wasser'

(den Gelben Fluß) direkt mit der 'Füchsin (Que 闋 für Gui 癸 =) Schwarz' (so heißt dort ein Hügel) zusammen. Und die Präfektur (He dong =) 'Östlich vom Gelben Fluß' umfaßt nach Hanshu, XXVIIIA, 14b, 8 bzw. 5 neben anderen die beiden Kreise '(Hu 狐 =) Füchsin (zhe 讘 GSR 638c *t̂i̯ap aus she 涉 GSR 634a *d̂i̯ap =) watet' (heute Yonghe/West-Shānxi) und '(Zhi 彘 =) Schwein' (heute Huoxian in Süd-Shānxi - vgl. auch Guoyu, I, 6a, 11). So viel über die außerhalb der 'Wandlungen' bewahrten Reminiszensen an jenen mythischen Brautraub. Kein Wunder, daß dem Fuchs nachgesagt wird, er bange um seinen Schwanz, wenn er durchs Wasser schreite (vgl. ein Sprichwort nach Fengsu tongyi). "Auf die Eisdecke, die sich gerade erst über einer Furt des Gelben Flusses gebildet hat, wagt man sich nicht mit Roß und Wagen hinauf, es sei denn, ein Fuchs hätte sie schon betreten: dieses Wesen verschafft sich durch ein wohltrainiertes Gehör zuvor die Gewißheit, daß kein Wasser mehr darunter fließt ..." (vgl. "Über das Reisen" nach Hong Xingzu in Chuci, I, 26a, 5 - 6). Die Hochzeit des He-Ebers mit der Luo-Füchsin wurde wohl durch die Jahrtausende hin immer wieder im Ritus nachvollzogen (s. H. 38, 4 Kui gu yu yuan fu). Die Orakel der Shang antworten schon vor 1027 v. u. Z. auf die Frage, ob der Gelbe Fluß eine (qie 妾 =) Konkubine erhalten solle, die dann in demselben (chen 沈 =) zu versenken wäre, ob er etwa neben Nephrit eine (nu 奴 hier =) Sklavin wünsche (s. Wen Chongyi in Minzuxue yanjiusuo jikan, IX (1960), 145, Z. 17, 18, 16), ob man für ihn (qu 取 = qu 娶 =) eine Braut besorgen müsse (s. Chen Mengjia, Yinxu buci zongshu, 355, Z. 10). Im Jahre 417 v. u. Z. begann laut Shiji, XV, 10b der Herzog Ling von Qin, "mit einer Prinzessin den Gelben Fluß zu (qi 妻 =) beweiben." Etwas später schaffte Xi-men Bao, Amtmann von Ye (beim heutigen Linzhang in Süd-Hebei), nach Shiji, CXXVI, 13b, 7 ff. solch grausige Sitten in seinem Amtsbereich ab, indem er statt der zu opfernden Jungfrau die opfernden Schamaninnen selbst ins Wasser schickte. Ob die Füchsin dem Eber Söhne und Töchter geschenkt hat, läßt sich kaum noch feststellen. Dem Zhuo von Han gebar sie jedenfalls, damit einmal mehr ihre Natur als Flußgottheit unter Beweis stellend, den Ao und den Yi (s. Zuo, 1191,

8): Yi 豷 war der "Schweinisch Keuchende" (vgl. Shuowen, 4236b oben) und Ao 澆 GSR 1164c = 奡 *ngog↓ eine ao 鼇 GSR 1130o *ngog- "Riesenschild-kröte" (daher trug er nach Lisao, 71 am Leibe eine "starke Wehr" - zu qiang 强 yu 圉 / 禦 "hart gepanzert" vgl. Erya, 227, 9 bzw. Ode 255, II, 3 und 260, V, 8; daher bewegte er nach Lunyu, 312, 5, zu vgl. mit Tianwen, 323 f., "ein Boot über Land").

H. 64, 4m (⟶ 4)

Zhen ji. Hui wang (GSR 742a *mi̯wang-). Zhen Yong fa Gui fang (GSR 740a *pi̯wang-). San nian, you shang (GSR 725n *śi̯ang↑) yu Da Guo 〈Shang (GSR 734a *śi̯ang-)〉 .

貞吉。悔亡。震用伐鬼方。三年。有賞。于大國〈商〉

Das Orakel zu fragen, verspricht Glück. Reue vergeht. Der Erschütterer und Yong attackieren die Laterale Region der Dämonen. Nach drei Jahren gibt es Lohn in der Großen Stadt 〈Shang〉.

Zhen

Wir identifizieren (a) Zhen 震 GSR 455a *t̂i̯ən↓ "Erschütterer" (er erschüttert, nachdem er die Dämonen und damit auch den Donner in seine Gewalt gebracht hat) mit (b) Zhen 振 GSR 455p *t̂i̯ən↓ "Erschütterer" (laut Shiji, III, 1b, 10 - 2a, 1 Sohn und Nachfolger des Meergottes Ming 冥 sowie Vater und Vorgänger des Wei 微) und mit (c) Yi 夷 GSR 551a *di̯ər- "Swin" (ursprünglich ein Eber: er, der Furtüberquerende, Erzeuger des Regens, beherrscht den Gelben Fluß - vgl. H. 38, 6 Shi) und schließlich, wenn auch unter Vorbehalten, mit (d) Chen 辰 GSR 455a *d̂i̯ən- "Wasserstern" (Merkur bzw. Antares).

Erklärungen vom Lautbild her

Zu (a) = (b) = (d): Sie lassen sich miteinander vertauschen, weil sie zur gleichen phonetischen Serie gehören. - Zu (d) = (c) und damit auch (a)/(b) = (c): Chen 辰 (s. Zuo, 904, 13) steht tatsächlich für Yi 夷 (s. Guliang, 275, 6), und zwar im Ortsnamen Chen/Yi ling 陵 ; *-n wechselt überaus häufig mit *-r. -

Erklärungen von der Sache her

Zu (a) = (b): Zhen 震 muß, da H. 64, 4 offenbar vom gleichen Feldzug spricht wie H. 63, 3, dem Hohen Ahnherrn der Sippe sehr nahe gestanden haben. Dieser Forderung genügt Zhen 振 als "Sohn" des Ming alias Gao Zong (s. H. 63, 3 unter Gao Zong fa Gui fang). - Zu (a)/(b) = (c): Zhen 震 , schon als des Dunklen Meeres Sohn ein "Wasser", ist, weil er mit dem (Yong, s. weiter unten, =) Luo ins Feld zieht, selbst ein Fluß. Und zwar der Hauptfluß, denn er rangiert an erster Stelle. Er ist kein anderer als der Gelbe Fluß, mündet in diesen doch der Luo. Er gilt als "Erschütterer" (und damit, s. Yi, 459, 7 = Shuogua, als "Donnerer") - Swin wird von Zuo, 2119, 11 - 13[45] für den Sohn des (Kui 夔 , vgl. H. 38, 6 Gui, =) Einbeinigen Donnerdämons gehalten. Er dient hier dem (Gao Zong genannten) Meergott als Feldherr - Swin hilft laut Yuejueshu, IV, 2a, 1 - 2[46] dem (Xuan ming genannten) Meergott, den Norden zu ordnen, indem er übers Wasser waltet. Zu (d) = (c): Chen 辰 bezeichnet einmal wie in Shuoyuan, XVIII, 1b, 13 den Planeten Merkur, der, "des Schwarzen Gottes Sohn und gutes Omen für Wesir und Kanzler, den Platz des (ergänze shui 水 =) Wassers im Norden einnimmt" (so die "Astrologie der Himmelsbeamten" nach Taiping yulan, 33 unten, 7), der dem "Norden, Winter, Wasser, Wissen und Hören" entspricht (so Hanshu, XXVI, 9b, 9 - 10; vgl. auch ib., XXI A, 25b, 9) und der, "Essenz des Wassers" (so Shangshu kao ling yao nach Taiping yulan, 26 oben, 10), dem Wasserherrn Zhuan xu die Königswürde sichern soll (so Qianfulun, 125, 5). Chen 辰 bezeichnet sodann bei Zuo, 1951, 11 und 1646, 12 f. den wohl bloß seines rötlichen Scheines wegen (wie in Erya, 232, 6 und Gongyang, 688, 2 - 3) auch Großes Feuer genannten Antares im Skorpion, den "Stern von Shang" mit einem "Ruinenhügel" im Wasserhort Song (s. die Nachträge zu H. 63, 3 Gao Zong fa Gui fang). Auf der anderen Seite steht Swin als Herr eines großen Stromes, der bei den alten Shang göttliche Ehren genoß: das (shi =) Schwein, seine "Vorform", gehört nach Yi, 457, 13 bzw. 456, 4 - 5 und 460, 7 = Shuogua zusammen mit dem (shui =) Wasser zum Trigramm kan 坎 . - Zu (b) = (d): Chen 辰 als "Merkur" ist der Sohn des wassergewaltigen Schwarzen Gottes ("Astrologie der Himmelsbeamten" nach Taiping yulan, 33 unten, 7) und Zhen 振 der Sohn des meeresbeherrschenden (Ming =) Dunklen (Shiji, III, 1b, 10 - 2a, 1). - Zu (a)/(b)/(d) = (c): Chen 辰 *d̂i̯ən- (die alten Formen GSR 455b - g zeigen eine Austernschale zum Jäten, wie später einmal zu beweisen) und Zhen 振 , 震 *t̂i̯ən↓ nähern sich dem regenerzeugenden Swin schließlich auch dadurch, daß sie an die shen 蜃 GSR 455m *d̂i̯ən↑ Auster gemahnen, die Huai, 90, 16 und 36, 4 zufolge dem Monde, mit dessen Phasen sie "auf Gedeih und Verderb" zusammenhängt (s. ib., 36, 2 sowie Lü, 92, 8 - 9 und Da Dai Li, 226, 12), *Wasser* zu entziehen vermag.

Zhen und Hai

Zhen 震 , der regenerzeugende Eber, und Hai 亥 , der winderzeugende Phönix, wurden hin und wieder miteinander verwechselt. So weist Shiji, III, 1b, 10 - 2a, 1 den ersten, Shiben nach Sima Zhen hingegen den zweiten auf den Platz zwischen Ming 冥 (= Gao Zong) und Wei 微 in der Genealogie der Shang-Könige, worin sie eigentlich beide nichts zu suchen haben, jener nicht, weil er als Gelber Fluß nur *Vasall* des Meeres war (Gao Zu He 高祖河 bedeutet in den Orakeln wohl Gao Zu "Hoher Familienahn" *und* He "Gelber Fluß" - s. Chen Mengjia, Yinxu buci zongshu, 343 unten), und dieser nicht, weil er schon als *Prinz* (so die Bambusannalen, 71) bzw. als *Knabe* (so Tianwen, 340, Huai, 56, 8 und Shanhai, IX, 2b, 1 - 8) sein Leben verlor. Und so hält manch einer (s. Shanhai, XIV, 4b, 9f. = H. 56, Zum Hexagramm, C, zu vgl. mit den Bambusannalen, 71, Z. 11) (den Grafen vom He oder Gelben Fluß =) Zhen, die Mehrheit (s. Tianwen, Lü und Shiben = ebenda, A und D) jedoch nach wie vor Hai für den Besitzer der Rinder im Joch. Der letzte gebot - das steht wohl außer Zweifel - als Phönix oder Fasan über den Wind. Herrschte aber der erste wirklich, wie wir meinen, als Eber übers Wasser? Gewiß. Gerade die Verwechslung beweist es. Sie kam ja zustande, weil Hai 亥 *g'əg↑ erstens als letztes Zeichen des Zwölferzyklus dem Eber entsprach (s. Lunheng, 31, 19 und Shuowen, 6701a unten: die Benennung durch Tiere wird erst verhältnismäßig spät bezeugt!) und somit auch dem Wasser (s. Lunheng, 31, 19: bei Zuo, 2357, 6 entsprach noch zi 子 , das erste Zeichen im selben Zyklus, diesem "Element"!), zweitens in gleicher Eigenschaft die (ci 次 =) "Station" Juzi 娵訾 bezeichnet, die auch das (Shi Wei 豕韋 =) "Schweinerund" (vgl. die Nachträge zu H. 38, 6) als dreizehntes (sonst Ying shi 營室 genanntes) "Mondhaus" (so bei Zuo, 1826, 9) umfaßt, drittens im Lautbild an gai 豥 *kəg- "Schwein mit weißen Füßen" (bei Erya, 454, 4 belegt: wer dächte da nicht an den Regenerzeuger in Ode 232, besprochen in H. 38, 6 unter Shi A?) erinnerte und viertens in der Schrift (vgl. die alten Formen GSR 937b - f, besonders aber e: sie stellen nach Shuowen, 6701a unten und 4227a unten einen Eber dar) von shi 豕 "Schwein" (vgl. die alten Formen GSR 1238g - i, besonders aber h) kaum differierte (beachte die Anekdote bei Lü, 294, 15 - 295, 2 und Jiayu, IX, 1a, 13 -1b, 1!).

<u>Yong</u>

Yong 用 GSR 1185a *di̯ung↓ ist - s. die Bambusannalen, 71 - "Graf" des Flusses Luo. Bei Zhuang, 116, 1 - 4 heißt er Song 誦 GSR 1185o *dzi̯ung↓. Eine weitere Variante Tong 同 GSR 1176a *d'ung- läßt sich noch erschließen. Mu, II, 1a, 4 - 5: "Der (bo 柏 für bo 伯 =) Graf Yao 夭 vom (He Zong 河宗 , ergänzt auf Grund von ib., I, 2a, 12, =) Sippentempel des Gelben Flusses sagte ... (Lücke im Text) .... Er (offenbar Mu 穆 , König im 10. Jh. v.u.Z.) gab Zhou 晝, dem (Mu 膜 , verwandt mit Mo 獏, =) Fuchsmann (Genaueres unter H. 64, 0 Hu, Zur Schwarzen Füchsin!), ein Lehen auf der Nordseite des Gelben Flusses (und sanktionierte damit die neuen Wohnsitze der Stämme, die unter dem Drucke der Chinesen ihre Urheimat in Shandong verlassen hatten), damit er Gastgeber sei für die Leute aus Yin (und ihre Ahnen mit Opfern versorge)." Zhou 晝 GSR 1075a *ti̯ôg↓ steht für Tao *d'ôg- (?), d. h. für Tong 同 in seiner zweiten, durch einen Reim mit tiao 調 GSR 1083x *d'iôg- in Ode 179, V, Lisao, 113 und Hanfei, 32, 2 angezeigten Aussprache.

H. 64, 4

Wie es dem Yong späterhin erging, schildert Yizhoushu, VIII, 7a, 12 - 7b, 2: "Der Herr des Luo hielt sich mit seinen Palästen und Gemächern nicht an die feste Norm, dehnte Teiche und Wildgärten aus, vermehrte die Fronden von einem Tag zum anderen und setzte das Hintere vornean. Dem Volk ward keine Rast gegönnt, die Zeit des Ackerbaus versäumt. Hungersnöte brachen aus. (Shang 商 =) Tang 湯, der Vollender, griff ihn an. So fand der Herr des Luo sein Ende."

Die Legende will, daß der Luo ein Schriftstück hervorbringt. Vgl. Yi, 390, 8 = Xici und Guan, 127, 5. Hatte man Song 誦 als "Rezitator" aufgefaßt? Oder war Zhou 晝 mit shu 書 "Schriftstück" wegen der graphischen Ähnlichkeit verwechselt worden?

Zhen Yong

Bambusannalen, 71: "Yong, der Graf vom Luo, hatte Streit mit dem (Ping 馮 =) Furtüberquerenden Yi (= Zhen), dem Grafen vom Gelben Fluß." Rührt dieser Streit etwa daher, daß sich der letzte mit Gewalt eine Braut aus dem Hause des ersten geholt hatte? Vgl. H. 64, 0 Ru qi wei. Wenn zwei Flüsse feindlich aufeinanderprallen, dann treten sie über die Ufer. "Im zweiundzwanzigsten Jahr des Königs Ling (um 550 v. u. Z.), da stritt der Gu 穀 (im Norden der Residenz) gegen den Luo (im Süden der Residenz). Dem Königspalast drohte Vernichtung." So Guoyu, III, 5a, 3 - 4. Im Dienste des Oberherrschers ruhen der Vasallen private Fehden. Darum ziehen die beiden gemeinsam auf Befehl des Meeres in den Krieg. Und zwar der an erster Stelle genannte Gelbe Fluß, flumen nobilissimum, als der (jiang 將 =) General, der an zweiter Stelle genannte Luo, bloß tributary, als dessen (zuo 佐 =) Adjutant. Jede (shi 師 =) Armee - vgl. z. B. Zuo, 632, 3 - 633, 5 - stand unter solch einem doppelten Kommando.

Gui

Was über diese Leute noch zu finden war, bestätigt nur die unter H. 63, 3 bereits getroffenen Feststellungen. Yizhoushu, VII, 12a, 12 - 13 lokalisiert die

(Gui 鬼 qin - qin 親 GSR 382o *ts'i̯ĕn- dürfte ungefähr das gleiche bedeuten wie Gui; es steht wohl für shen [illegible] GSR 382g *ṣi̯ĕn-, belegt bei Zhuang, 287, 5 - 6 - =) Dämonen, die dort wie in Shanhai, XII, 1b, 13 f. bzw. 1a, 12 f. als Nachbarn des Reiches der Hunde[47)] auftreten, im Westen. "Wir zogen nach Westen zur Strafexpedition, bis hin zur Wildnis der (Qiu [illegible] GSR 992s *g'i̯ôg- = Jiu 九 GSR 992a *ki̯ŭg↑ = Gui =) Dämonen." So Ode 207, I, 3 - 4. Interessant auch Li, 934, 12 - 935, 1: "'Was hast du geträumt?', fragte König Wen (seinen Sohn, den späteren) König Wu. - ... 'Daß Gott uns (jiu =) neun (ling 齡 =) Lebensjahre schenkte.' - ... 'Und wie legst du das aus?' - ... 'Im Westen gibt es (jiu guo für Gui guo =) Dämonenreiche. Ob Ihr, o Herrscher und König, am Ende die Hand auf sie legen werdet?' ...". Offenbar deutete Wu (ling 齡 GSR 823x *lieng- =) "Lebensjahre" als (ling 令 GSR 823a *li̯ĕng-↓ und *li̯ĕn , inschriftlich für ming 命 GSR 762a *mi̯ăng↓ und *mi̯ĕn , =) "himmlisches Mandat" (der Wechsel *m- : *l- begegnet überaus häufig und die beiden Begriffe hängen nach altchinesischer Auffassung aufs engste zusammen) sowie (jiu 九 =) "neun" als (Gui 鬼 =) "Dämonen". Zuerst beherrschte der Clan Gui 媿 den von ca. 1000 - ca. 800 v. u. Z. am Wei 渭 (in Shănxi, nahe Zhouzhi und Wugong) nachweisbaren Staat Deng 鄧 . Vgl. die Bronzen bei Chen in Kaogu xuebao, X (1955), 119 unten. Dann beherrschte ihn, den seit 706 v. u. Z. (s. Chunqiu, 285, 9) in der Nachbarschaft von Chu (in SW-Henan, nahe Dengxian) nachweisbaren, der Clan Wan 曼 . Vgl. Shuowen, 2836b unten sowie Zuo, 295, 11; 300, 1; 336, 11. Die dämonischen Gui 鬼 *ki̯wər↑ (Gui 媿 *ki̯wɛr↓ hieß ihr Clan) gehörten mit den ursprünglich im Norden siedelnden Man 蠻 GSR 178p *mlwan↓ (Wan 曼 GSR 266a *mi̯wăn↓ hieß ihr Clan) weitgehend zusammen, wie ja schon die "Hellebarde des Grafen von Liang" und der kleine Dreifuß des Yu verrieten. Spricht nicht auch die "Schüssel des Xi Jia" (s. Guo, Bd. 7, 143b, Z. 9) von den "(Gui 宄 GSR 992g *ki̯wəg↑, vergleichbar mit [illegible] , [illegible] und [illegible] bei Guo, ebenda, 89a, Z. 1, 80b, Z. 1 und 4 bzw. 96b, Z. 6, für Jiu 九 GSR 992a *ki̯ŭg↑=) Gui 鬼 der (Luan 䜌 als Kurzform für) Man 蠻 "? Sie erwähnt vorher einen Feldzug gegen die Xianyun. Diese zählen nach einer Bronze (s. Guo, ebenda, 106a) und nach Ode 168 als Westliche Rong-Barbaren zur (fang =) Region der [Yu 馭 GSR 80a *(z)ngi̯o↓, besser Lu *zŋiαg = Shuo 朔 GSR 769a *s(ng)âk?, Lu *sŋαk? = Yu 禦 GSR 60p *(z)ngi̯o↑, besser Lu *zŋiαg wie in Yizhoushu, IV, 9b, 13 =] Rosselenker, die - man ziehe die Bambusannalen, 30 neben Guo, ebenda, 106a und 103b links f. heran - um 885 v. u. Z. tausend Rosse an die Chinesen verloren hat. Da sie sich zumindest teilweise mit den nördlichen Man decken (vgl. Guo, ebenda, 104a rechts), darf man auch die (Gui =) Dämonen mit jener Region verbinden.

<u>Zhen ... fa Gui fang</u>

Der Krieg des Regenebers gegen die Donnerdämonen, der auf Erden tobte, mußte auch für eine Sternbildaitiologie herhalten. "Der von Gao xin (d. h. Ku, oberster Gott der Shang) hatte einst zwei Söhne, einen älteren namens E-bo und einen jüngeren namens Shi-chen, die im Weiten Walde hausten. Sie konnten nicht miteinander auskommen und griffen täglich zu Schild und Hellebarde, um sich gegenseitig zu bekämpfen und zu züchtigen. Gott, der Herr, billigte dies nicht. Er versetzte E-bo auf den Hügel der Shang und ließ ihn den Chen 辰 (den Antares im Skorpion) betreuen, der zum Gestirn der Shang wurde, da diese sich auf ihn stützten. Und er versetzte Shi-chen nach dem Großen Xia und ließ ihn den Shen 參 (den Gürtel des Orion) betreuen, auf den sich die Leute von Tang stützten, um den Xia und den Shang zu dienen... ." So Zi Chan um 540 v. u. Z. in Zuo, 1646, 12 - 1647, 5. Der Shen 參 GSR 647a *śi̯əm- "Gürtel des Orion" - Shi-chen 實沈 GSR 398a; 656b *d̂ʻ[i̯ĕt dʻ] i̯əm- erweist sich als eine tabuistische Umschreibung dieses Namens in der Art der Fanqie - symbolisiert, weil er im fünften Monat, d. h. mitten im (xia 夏 auch =) Sommer erscheint (s. Da Dai Li, 19, 3 - 4, das ihn fälschlich mit dem "Angreifer" identifiziert), die Xia 夏 . Diese aber - Großes Xia 夏 heißt ihre Metropole, Tang 唐 und dann Jin 晉 der Staat, der dieselbe später beherbergt - bilden die sonst durch die Dämonen vertretene westliche Partei. Der den Zhen 震 "Donnerer" darstellende Chen 辰 "Antares", der als der (Huo 火 =)

Feurige auch nach Zuo, 1232, 12 f. und Guoyu, X, 3a, 8 - 9 von E-bo 閼伯 betreut wird, symbolisiert aus den schon bekannten Gründen die Shang 商. Diese bilden mit ihrer Metropole "Hügel von Shang" und Song 宋 als letztem Nachfolgestaat die östliche Partei. Daß die vom Osten die Aggressoren sind und die vom Westen die Unterlegenen, trifft eigentlich auch hier zu, dienen doch die letzten später den Shang und heißt doch das Gestirn der ersten bei Gongyang, 688, 4 und Zhouli, 1455, 6 der (dem Shen 參 im 21. Mondhaus im Westpalast zusetzende) (Fa 伐 =) Angreifer. E-bo ist eben "der (e 閼 GSR 270a *·ât für gleichlautendes 遏 GSR 313 l =) unterdrückende (bo 伯 =) Herr", Shi-chen hingegen einer, "der da (shi 實 =) wahrhaft (chen 沈 =) versinkt" (nämlich in den vom Regeneber ausgelösten Fluten). "Am Gelben Fluß wurde der Herzog (Wen von Jin, der aus dem Exil zurückkehrte, um seinen Thron in Besitz zu nehmen) von Dong Yin (Historiograph und somit Wahrsager in Jin) willkommen geheißen. 'Wird mir Erfolg beschieden sein?', fragte er und erhielt zur Antwort: 'Des Jahres Stern (der Jupiter) im Da liang (in der zehnten der Zwölf Stationen) steht (solches geschieht 636 v. u. Z.). Der Himmelsweg zum Ziele geht. - Im Jahr, da Ihr die Herrschaft antretet, findet er beim Gestirn des Shi-chen (in der neunten "Station") Aufnahme (dies steht fürs nächste Jahr zu erwarten). - Die Stätte, wo Shi-chen gethront (das Ruinenfeld des Großen Xia), wird jetzt vom Volke von Jin bewohnt. - Sie ist der Grund, auf dem es gedeiht. ... Ihr reussiert in jeder Hinsicht. Damals, als Ihr außer Landes gingt (654 v. u. Z.), stand der Jahresstern im Großen Feurigen, dem Sterne des E-bo, der auch der Große Chen 辰 heißt." So Guoyu, X, 11a, 11 - 11b, 7. Wer über das in alten Xia-Traditionen wurzelnde Jin gebot, konnte von dem (Chen 辰 *d̂i̯ən- =) Antares, der als (Zhen *t̂i̯ən↓ =) Erschütterer schon einmal die Leute des Westens ins Elend gestürzt hatte, wirklich nichts Gutes erwarten! "Der Martialische Yi 乙 (ca. 1129 - 1095 v. u. Z.) jagte zwischen dem Gelben Fluß und dem Wei 渭. Da wurde er von einem starken Donner erschlagen." So Shiji, III, 10a, 6 - 7. Ereilt diesen Shang-König - er hat sich weit in das Gebiet der Dämonen vorgewagt - die Rache des Erzfeindes? Schließlich sei noch auf Zuo, 2119, 8 - 2120, 4 hingewiesen. Hier gilt der (zum "Graf Dick mit dem Schweineherz" vermenschlichte) Regeneber - "der kann", so hatte man sich wohl überlegt, "ja auch (zhen 震 =) erschüttern" - als Sohn des (zum "Musikdirektor" vermenschlichten) Donnerdämons. Und er ruiniert diesen nicht etwa durch militärische Überlegenheit, sondern dadurch, daß er, "gierig und ein Nimmersatt, brunftig und geilend immerzu" und deshalb vom Schützen Yi mit Vernichtung gestraft, ihm keine Opfer mehr darbringen kann!

Zhen Yong fa Gui fang

Als von den Orakelpriestern wahrscheinlich willkommen geheißene Nebenbedeutungen ergaben sich "(yong 用 , im Sinne von yi 以 , hier nachgefügt, =) mit (zhen 震 = durch Donner verursachtes) Getöse greift er die Laterale Region der Dämonen an", zu halten neben Ode 263, III, 6 - 7: "Mit (zhen =) Getöse schreckt er (der majestätische Himmelssohn, der seine Sechs Armeen aufbietet) die Laterale Region von Xu auf, wie Donnergrollen, wie Donnerschlag ...", sowie "er (zhen 震 für zhen 振 =) stellte seine Truppen in Schlachtordnung auf, (yong 用 =) um so die Laterale Region der Dämonen anzugreifen", zu halten neben Ode 178, III, 12: "Er (Fang shu, Führer eines Heeres von dreitausend Streitwagen, der gegen die Man von Jing und die Xianyun zieht) (zhen 振 =) stellte die (lü 旅 =) Kohorten auf, es dröhnte (tian tian 闐闐 , nach Chuci, VIII, 14b, 4 - 5 = Jiubian das Geräusch, das der Meister des Donners verursacht; arch. Aussprache =) d'ien- d'ien-."

San

Die Zahl drei hat in den "Wandlungen", wo sie vergleichsweise häufig gebraucht wird (in Verbindung mit Jahren noch in H. 63, 3; 13, 3; 29, 6; 47, 1; 53, 5; 55, 6; mit Tagen in H. 18, 0; 36, 1; 57, 5; mit Menschen in H. 5, 6; 41, 3; mit Füchsen in H. 40, 2; mit Arten in H. 57, 4; mit hundert in H. 6, 2; sonst noch in H. 6, 6; 7, 2; 8, 5; 49, 3; 4, 0), mehr symbolischen denn realen Wert.

San nian

Der Gelbe Fluß führt den "dreijährigen" Krieg gegen die Donnerdämonen, um der Dürre, die aus dem Westen droht, durch anhaltende Niederschläge von Osten her zu begegnen. Zhang Shoujie in Shiji, XXVII, 10b, 7 - 10: "Kui 奎 (das fünfzehnte der Achtundzwanzig Mondhäuser mit η Andromedae) ... alias 'Himmlisches Schwein' alias 'Dickes Schwein' waltet über Gräben und Kanäle. ... Wird es von Tai bo 太白 (dem Großen Weißen als Stern des Metalls, der abends im Westen sichtbaren Venus) besetzt, entsteht Sorge wegen der Hu 胡 und Mo 貊 (Barbaren des Nordens), die man angreifen darf. Wird es vom Ying huo 熒惑 (dem Blick und Sinn Verwirrenden als Stern des Feuers, dem Mars, dessen Erscheinen - s. ib., 19a, 3 - Krieg hervorruft) besetzt, entstehen Wassersnöte, die sich drei Jahre lang hinziehen." So stößt der Regeneber mit seinem Widersacher, hier Ying 熒 (u. a. eine Bezeichnung für den Leuchtkäfer mit seinem gespenstischen Licht) huo 惑 (= GSR 929q *g'wək, offenbar verwandt mit gleichlautendem 蜮 GSR 929r "Dämon, der Menschen behext, indem er Sand auf sie bläst" in Ode 199, VIII, 1 und Chunqiu, 381, 10) genannt, im "Westpalast" des Himmels zusammen.

You shang

Kriegerische Verdienste belohnte man nach Shu, 238, 6 - 7 (vgl. dazu Mo, 149, 14 - 15 und 146, 4 - 5) und nach der "Schüssel des Ban" bei Chen in Kaogu xuebao, X (1955), 71 im Ahnentempel ... Dort fanden feierliche Opfer statt, die viele der gefangenen Gegner das Leben kosteten. S. H. 47, 2 Li yong xiang si. "Er (Wei von Shang) brachte darauf dessen (des Barbarenreiches) Herrscher Mian chen um." So schließen die Bambusannalen, 71 den lakonischen Bericht über den Sieg der Truppen des Gelben Flusses, die ausgezogen waren, ihren Stammesgenossen Hai zu rächen. Dem lag eine Überlieferung zugrunde, die wohl wie folgt gelautet hat: sui sha mian chen 遂殺緜臣. " (sui =) dann (sha =) tötete er die (chen 臣 GSR 377a *d̑i̯ĕn- "Sklaven", eigentlich aber - darüber später einmal mehr - die chen 紖, 紾 GSR 371d, 372a *d'i̯ĕn↑

"wie Vieh am Strick Geführten" =) Gefangenen (mian wie in Ode 290, V, 2 =) in lang hingezogener Reihe." Später kamen Menschenopfer außer Gebrauch. Mian chen konnte nun leicht als Eigenname mißdeutet werden.

Der Gott des Meeres belohnt den Gelben Fluß im (Gao 高 =) Hohen (Zong 宗 =) Sippentempel. Er schenkt ihm aus der Beute einen Wagen mit vier (?) Donnersklaven und einem fabelhaften Gespann. Vgl. H. 38, 6 Zai Gui yi ju und vorher. Der Gelbe Fluß - einige meinen, er hätte nur Heere zur Verfügung gestellt (s. die Bambusannalen, 71) oder Regenboten nach Westen entsandt (s. das Shenyijing nach Taiping yulan, 54 unten, 17 - 19) - belohnt seine Mannen im eigenen Sippentempel.

Yu Da Guo <Shang>

Auf Da Guo 大國 folgte, mit wang 亡 *mi̯wang-, fang 方 *pi̯wang- und shǎng 賞 *śi̯ang↑ reimend, in den "Ur-Wandlungen" noch ein Shāng 商 *śi̯ang-. Da Guo Shāng "Große Stadt Shang" entspräche Da Yi 邑 Shāng "Große Siedlung Shang" in Orakeln (s. Chen Mengjia, Yinxu buci zongshu, 256 ff.), Da Guo Yin 殷 "Große Stadt Yin" in Shu, 528, 10, Da Bang 邦 Yin "Großes Lehen Yin" in Shu, 529, 4 und 693, 5, Tian 天 Yi Shāng "Himmlische Siedlung Shang" in Orakeln (s. Chen Mengjia, ib., 256) und Shu, 572, 12 sowie Da Yi Zhou 周 "Große Siedlung Zhou" in Shu, 386, 7 und Meng, 269, 8, Xiao 小 Bang Zhou "Kleines Lehen Zhou" in Shu, 461, 5. Nun stand Shāng 商 GSR 734a *śi̯ang- in älteren Texten, seien es epigraphische (wie die Bronze Nr. 10 = Yin = vor 1027 v. u. Z. oder Nr. 62 = Zhou I = 1027 - ca. 900 v. u. Z.), seien es literarische (wie Shu, 750, 2), häufig genug für shǎng ⿱商貝 GSR 734f = 賞 GSR 725n = 尙 GSR 725a (s. H. 11, 2; 29, 0; 55, 1; 60, 5) = *śi̯ang↑ = "durch Geschenke belohnen". Gerade so dürften es jene aufgefaßt haben, die es vielleicht noch im ersten Drittel des letzten Jahrtausends v. u. Z. aus H. 64, 4 streichen sollten. Sie meinten, in "... (you =) gibt es (shǎng 賞 nach wie vor =) Lohn, (yu da guo =) in der Großen Stadt (shang 商 nunmehr ebenfalls =)Lohn" sei das letzte Wort ganz und gar überflüssig. Entfalle es, so leide die Klarheit der Aussage noch lange nicht. Tatsächlich garantierte der Ausdruck (Da Guo =) "Große Stadt", daß das Wissen um den Ort, wo die Beute zur Verteilung kam, weiter erhalten blieb. Er konnte unter Wu Ding (ca. 1238 - 1180 v. u. Z.) - mit ihm hatte man den durch H. 63, 3 bekannten "Oberbefehlshaber" Gao Zong damals schon gemeinhin gleichgesetzt - nur auf Shāng hindeuten. Dasselbe gilt für (Da Bang =) "Großes Lehen" unter dem siebenten Nachfolger Di Yi (s. Ode 236, IV, 8 und V, 1, zu vgl. mit H. 11, 5 und 54, 5). Dann beginnt allerdings Chang, der selbst als König Wen auftritt, solche Bezeichnungen für sein Zhou in Anspruch zu nehmen (s. Ode 241, IV, 7 und V, 6). Eine aus dem Reim fallende Passage "yu Da Guo" störte niemanden. Man hielt sie wie z. B. "de tong pu" in H. 56, 2 für einen Zusatz des Orakelpriesters.

Shāng 商 *ṡi̯ang- kommt noch in H. 2, 3, 44, 5 und 55, 5 als Zhang 章 GSR 723a *ˆti̯ang- vor und Yin 殷 GSR 448a *·i̯ən- in H. 42, 4 als Yi 依 GSR 550f *·i̯ər-.

<u>Zhen fa Gui fang ... you shang yu ... <Shang></u>

Der "(Yu 紆 GSR 97y *·i̯wo- für wu 汙 GSR 97b' *·wo- "stehendes Wasser" >) Sumpf von Yang 陽 " liegt im westlichen Qin 秦 (s. Lü, 125, 10, Erya, 265, 6 und Huai, 55, 14). Dort, mitten unter den bezwungenen Dämonen, residiert jetzt der Gelbe Fluß (s. Mu, I, 2a, 7 - 9, zu vgl. mit IV, 3a, 10). Dem neu gebackenen "(hou 侯 =) Fürsten von Yang 陽 " (s. Jiuge, 420, Zhanguoce, XXVII, 3a, 9, Huai, 89, 10 und Shuoyuan, XVII, 4a, 13) sind natürlich auch die Ahnen nachgezogen. So steht nach Mu, I, 2a, 10 - 12 und IV, 4a, 12 (s. auch I, 2a, 2 - 4; 3a, 2) ein (He Zong 河宗 =) Sippentempel des Gelben Flusses am genannten Sumpfe, betreut durch Graf Yao 夭 (s. noch I, 2b, 10 - 13; 3b, 10) und durch dessen Nachkömmling Graf Xu 絜 von (Peng 𨞺 GSR 886 *p'əng[48] =) Furtdurchquerend (s. I, 1b, 8 f.; IV, 3b, 1 - 3). Und so steht nach Shiji, XLIII, 14a, 4 - 5 ein anderer (?) im Barbarenland. Über Qin herrschte bekanntlich der Clan Ying 嬴 GSR 816a = 盈 GSR 815a, der, wie die Shang den Windphönix als Totem verehrend (er leitet sich von Shao hao, dem Raubvogel, her - s. Shuowen, 5523a unten; die Ahnherrin wurde vom Dunklen Vogel befruchtet: deren Enkel half dem Lockvogel

Shun bei der Zähmung dessen, was da kreucht und fleucht und zeugte den mit den "Vogelsitten" - s. Shiji, V, 1a, 4 f.; unter den späteren Nachkommen waren Meng Xi und Zhong Yan wie Vögel gestaltet, wenn auch mit menschlicher Rede begabt und Fei lian Erzeuger des Windes - s. ib., V, 2a, 1 f.; vgl. dazu G. Schmitt in MIO, IX, Jg. 1963, 383 - 391), zuerst im Osten saß (vgl. Yizhoushu, V, 7a, 6 - 13; Ying GSR 816a heißt - s. Chunqiu, 245, 3, Zuo, 2365, 11 und 2403, 12, Li, 460, 6 - ein Ort im mittleren Shandong). Er (zu ihm vgl. noch Guoyu, XVI, 3b, 5, Chunqiu, 895, 11 - 12 und die Bronzen bei Chen in Kaogu xuebao, 1956/1, 91 - 93) dürfte den Kult des mit ihm "verbündeten" Regenebers westwärts geführt haben. Bewahrt unser Spruch nicht auch daran noch eine schwache Erinnerung? Vielleicht begann der Gelbe Fluß die große Expedition bei Ye in Qi (heute Linzhang in Süd-Hebei). Dort opferte ihm - s. Shiji, CXXVI, 13b, 7 ff. - das Volk der Umgebung. Vielleicht gewann er die Entscheidungsschlacht und damit ein eigenes Reich bei Linjin in Qin (heute Dali in Ost-Shǎnxi). Dort opferte ihm - s. Shiji, XXVIII, 13b, 8 - 9 - der Staat. Wie dem auch sei - sein neuer Sippentempel (der in den literarischen Quellen zu belegende: s. oben) stand unweit des zweiten Ortes im gleichen Lande, der alte (der in den Orakeln genannte: s. Chen Mengjia in Yinxu buci zongshu, 355, Z. 30, zu ergänzen durch Xu 續 1.38.3 und Qi 粟 760) hingegen - für die Shang war Qin ja noch kaum erreichbar - muß nahe beim ersten Ort in der Domäne von Yin gesucht werden.

WIE GEWANN DER SPRUCH IN DEN "WANDLUNGEN" SEINE GESTALT UND SEINEN GEHALT?

(Erste Studie)

Die Aufgabe, die vor dem Verfasser steht, besteht vornehmlich darin, die chinesische Tradition für das weitgehend verloren gegangene Verständnis der "Wandlungen" nutzbar zu machen, genauer gesagt: die Tradition neben diesem Werke, nicht etwa diejenige zu ihm, also nicht die Kommentare, mögen sie auch mit den ehrwürdigen "Zehn Schwingen" tief in die Kämpfenden Staaten (480 - 222 v. u. Z.) hinaufreichen, dafür aber alle anderen Dokumente des Altertums, literarische ebenso wie epigraphische. In den 450 Passagen des kanonischen Teils, die nicht etwa nach Wahrsagermanier von den Hexagrammen, Trigrammen und Einzellinien her gedeutet werden sollen, sondern auf Philologenart an Hand ihres Wortlauts, machen sich gewisse Schichtungen bemerkbar. Nach Abzug von Fachausdrücken des Orakelwesens, die wie ji 吉 "Glück", xiong 凶 "Unglück", hui wang 悔亡 "Reue schwindet" oder li 厲 "Gefahr" ständig wiederkehren, bleibt der (hin und wieder auch schon mit Zusätzen wie qu zai in H. 56,1, de tong pu in H. 56, 2, wo xin bu kuai in H. 56, 4 und sang niu yu Yi in H. 56, 6 versehene) Spruch im engeren Sinn zurück. Welche Stellung nimmt dieser in der chinesischen Literaturgeschichte ein? Mit der Beantwortung der Frage träten die "Wandlungen" aus ihrer scheinbaren Isoliertheit heraus.

Die alten Chinesen bezeichneten den Orakelspruch mit yao 繇, im einzelnen beim Orakel der Schafgarbe den Spruch zum Hexagramm (guaci 卦辭) wie in Guoyu, X, 10a, 3 f. (hier den zu den Hexagrammen Nr. 3 und Nr. 16 = H. 3, 0 bzw. H. 16, 0) und den Spruch zur Linie (yaoci 爻辭) wie in Zuo, 1447, 6 und 1784, 6 (hier den zur dritten Linie von Hexagramm Nr. 47 = H. 47, 3 bzw. den zur ersten Linie von Hexagramm

Nr. 3 = H. 3, 1), beim Orakel der Schildkröte den Spruch zum symptomatischen Riß (zhaoci 兆辭) wie in Zuo, 488, 4; 1266, 11; 2426, 10. Sie bezeichneten aber mit dem gleichen Wort, das dann meist yao 謠 geschrieben wird, auch eine Art von Volkslied wie in Hanshu, LXXV, 21b, 5 - 6. Daß dies nicht zufällig geschah, legt eine Parallele nahe: song 頌 bedeutet neben "Gesang, Ode" noch "Orakelspruch", und zwar sowohl "Spruch der Schildkröte" wie in Zhouli, 875, 10 - 876, 8 als auch "Spruch der Schafgarbe" wie in Zhouli, 888, 10! Die Orakelsprüche wären demnach aus dem Volkslied entsprungen. Einen direkten Beleg dafür liefert Guoyu, XII, 1a, 10 - 13. "Ich habe ein altes Wort vernommen", sagt Fan Wenzi (Fan Xie) zu Zhao Wenzi (Zhao Wu). "Ihm zufolge schenkt der berufene Herrscher, der die Tugend seines Regiments vollendet hat, überdies dem Volke Gehör. Er läßt dann den Musikmeister während der Audienz die Mahnungen (song 訟 =) singend vortragen (vgl. hierzu Zuo, 1317, 12); die eine Stellung am Hofe innehaben, reichen (shi 詩 =) Gedichte ein, um dem Truge zu wehren; (feng 風 =) wie Kritiken lauscht er am Markte den dort verbreiteten Reden; er unterscheidet schlimme und gute Omina durch (yao 謠 =) Volkslieder." Der (sheng 聖 GSR 835z *śi̯ěng↓ =) 'Heilige' ragt im Grunde dadurch hervor, daß er (sheng 聲 GSR 822a *śi̯ěng- =) 'Stimmen' (ting 聽 GSR 835d'*t'ieng- =) 'hört'. Er hört Stimmen der Götter und Geister, die am liebsten und besonders vernehmlich aus denen sprechen, die noch nicht von Menschenlist und Menschenwitz verdorben sind, aus dem Munde argloser Einfaltspinsel und Kinder. Im Kapitel Taishi des Shu heißt es nach Meng, 404, 4 - 5 (vgl. Shu, 371, 5): "Des Himmels Sehen geht durch unsres Volkes Sehen. Des Himmels Hören geht durch unsres Volkes Hören." Ähnlich Shu, 150, 8 - 9. So fungiert das schlichte Gemüt (vgl. den Ausdruck tian zhen 天真 in der modernen Sprache!) gleichsam als Medium zwischen Irdischen und Überirdischen. Seine spontanen Äußerungen galten als Eingebungen höherer Mächte, die eben die Entscheidungen über zukünftiges Geschehen zu fällen hatten. "Beratschlagt mit denen, die da Heu und Reisig sammeln", fordert nach Ode 254, III, 7 - 8 ein Sprichwort der Alten. "Im Altertum gab es keine leeren (yan 諺 =)

Sprichwörter". So Hanfei, 76, 4. Im gewöhnlich reimenden (yan =) Sprichwort, einem gesprochenen (yao =) Volkslied sozusagen, darf eine weitere, der schon genannten wesensverwandte Quelle für die Sprüche der "Wandlungen" gesehen werden.

Li, 534, 4 ff. zufolge (vgl. auch Hanshu, XXX, 4b, 10 - 5a, 1) ließ sich der König, um des Volkes (feng 風 =) Art zu erforschen, auf seinen turnusmäßigen Inspektionstouren durch das Reich vom Musikmeister Gedichte vorlegen, was auf dem alten, in Shu, 108, 1 - 2, Zuo, 1518, 6, Xun, 84, 16, Li, 1633, 13 und 2057, 13 sowie Zuo, 1517, 3 - 4 und 1927, 2 - 3 bezeugten Glauben beruht, das (shi 詩 GSR 961d *śi̯əg- =) Gedicht verrate des Menschen (zhi 志 GSR 962e *t̂i̯əg↓ =) Gesinnung. Er schickte nach dem bei Zuo, 1318, 12 ff. zitierten Buch von Xia (vgl. Shu, 246, 13 in einem der nicht authentischen Kapitel) zu Jahresbeginn "solche, die da (qiu 遒 GSR 1096o *dz'i̯ôg- wörtlich =) sammeln"[41] auf den Weg, Männer mit einer hölzernen Glocke als Kennzeichen des Herolds (dazu Lun, 78, 3; Li, 456, 8; Zhouli, 105, 9), damit sie, wie angenommen werden darf, ihm die umlaufenden Volkslieder hinterbrächten, enthielt doch das (yao 謠 GSR 1144j *di̯og- =) Volkslied möglicherweise einen (you 猶 , 猷 GSR 1096r, t *zi̯ôg- =) göttlichen Rat (diese Grundbedeutung lebt noch fort in Ode 195, III, 1 - 2: "Unsere Schildkröte hat es gründlich satt, sie [gao 告 =] kündet uns nicht mehr ihren Rat", in Ode 256, II, 5 - 6: "Mit großen Plänen festigt er das Himmlische Mandat; der weitreichende Rat [gao 告 =] ward kund zur rechten Zeit", in den Orakelinschriften mit der Wendung "es gibt keinen Rat" [you hier 卣犬 GSR 1081 geschrieben], in der Formel you gao 告 / 誥 "als [höheren] Ratschluß verkünden" in Shu, 455, 10 [zu you bringt Ma Rong hier direkt die Variante yao 繇 "Orakelspruch"!]; 572, 7; 612, 5; 620, 3).

Die (zhi =) Gesinnung des Poeten und erst recht der ja nur dem Adepten verständliche (you =) Rat der Gottheit lagen nun keineswegs offen zutage. Was beides zum Ausdruck brachte, war der Lautrebus, für den sich die chinesische Sprache mit ihren zahlreichen Homonymen und Homöonymen bereits zur archaischen Zeit so trefflich eignet. Beim (shi =) Gedicht assoziiert der Rebus den (xing 興 =) "Auftakt" mit der Explikation. In der Ode 109 etwa, nach Karlgren "the song of a misunderstood official", beginnt die erste Strophe mit "Im Garten steht ein Pfirsichbaum". "Pfirsichbaum", tao 桃 GSR 1145u *d'og-, gemahnt an tao 逃 GSR 1145v *d'og- "die Flucht ergreifen". "Seine Früchte meine Speise sind" besagt somit, daß ich, vom Hofe zurückgezogen, ein frugales Leben führe. Weiter heißt es dann: "Wie das Herz bekümmert ist! Ich (ge 歌 =) lasse eine Melodie ertönen und (yao =) singe ein Volkslied. Wer mich nicht kennt, schilt mich einen hochfahrenden Edelmann...". Die zweite Strophe beginnt mit: "Im Garten steht ein Dornenbaum". "Dornenbaum", ji 棘 GSR 911a *ki̯ək, gemahnt an ji 極 GSR 910d *ki̯ək "Strafe". "Seine Früchte meine Nahrung sind" besagt somit, daß ich es bitter büßen muß, den Zorn des Herrschers auf mich geladen zu haben. Weiter heißt es dann: "Wie das Herz bekümmert ist! Und so schweif' ich denn im Land umher. Wer mich nicht kennt, schilt mich einen unbesonnenen Edelmann ...". Beim (yao =) Volkslied und Orakelspruch schafft der Rebus zur vordergründigen Aussage einen hintergründigen Sinn. In Yan hu ji fu (GSR 934d *b'i̯ŭk) 檿弧箕服, shi wang Zhou guo (GSR 929o *kwək) 實亡周國 "Der (hu =) Bogen aus der (yan, schon in Ode 241, II, 8 belegt; von Mao erklärt mit shan sang 山桑, wörtlich =) Bergmaulbeere mit dem (offenbar geflochtenen) (fu =) Köcher aus (ji 箕; Hanshu, XXVII 下之上, 18b, 6 bringt die Variante ji 其 =) Ried das Reich von Zhou tief ins Verderben zieht", einem bei Guoyu, XVI, 5a, 10 mitgeteilten Lied der Knaben unter König Xuan (827 - 782 v. u. Z.), deutet yan 檿 GSR 616f *·i̯ɑm↑ "Bergmaulbeere" auf Han 函 GSR 643b *g'əm- "ein auch Shen 申 genannter Lehnstaat bei Luoyang in Henan unter dem Clan Yun 妘 / 女員, der sich vom Clan Jiang 姜 abgezweigt hat" (so auf Bronzen) mit den Varianten Yan 黶 GSR 1247a altchin. *i̯ăm↓ (so in Ode 193, IV, 8) und Yan 閻 GSR 672m *di̯ɛm- (so ebendort in der Lu-Fassung), hu 弧 GSR 41h *g'wo- "Bogen" auf gu 孤 GSR 41c *kwo- "der Solitäre, ein hoher Staatsminister" (s. Zhouli, 217, 5), ji 箕 GSR 952f *ki̯əg- "Ried" auf Ji 姬 GSR 960f *ki̯əg- "ein Clan, zu dem die Herrscher von Zhou gehörten" und fu 服 GSR 934d *b'i̯ŭk "Köcher" auf Fu 服 GSR 934d *b'i̯ŭk "ein Personenname", yan hu "der Bogen aus der Bergmaulbeere" somit auf den Minister aus Han/Yan und ji fu "der Köcher aus Ried" auf Fu vom Clan Ji. Die Begebenheiten, die diesem Lied zugrunde liegen, sind durch die Inschriften der beiden Bronzen bei Guo, Bd. 7, 131b - 132a, durch Ode 193, durch Guoyu, XVI, 5a, 9ff., durch Shiji, IV, 25a, 10 ff. und durch Tianwen, 352 hinreichend bekannt (vgl. dazu die Ausführungen unter H. 56, 4 Lü yu Chu und Ping Xin in Lishi yanjiu, 1963/1, 158 - 160). König You von Zhou (781 - 771 v. u. Z.) hatte seit 779 v. u. Z. seine Gunst der legitimen Gemahlin (dem "Weib aus Yan" in Ode 193, der "Königin aus Shen" in Shiji) entzogen und auf eine Konkubine (die Dame vom Clan Si aus Bao) übertragen. Daraufhin bildeten sich zwei um die politische Macht rivalisierende Cliquen. Die eine um die rechtmäßige Königin und deren Vater, unseren "Minister aus Han/Yan" (den Huang-fu von Han auf den Bronzen, den Minister Huang-fu in Ode 193, den Fürsten von Shen in Shiji) siegte 771 v. u. Z. über die andere um die Favoritin und deren Sohn, unseren "Fu vom Clan Ji" (den Erstling Fu in Guoyu), und zwar mit Hilfe barbarischer Stämme. König You fand dabei den Tod, und seine Hauptstadt sank in Trümmer. Das Haus von Zhou führte, nach Luoyang verlegt, bis 247 v. u. Z. nur noch ein Dasein im Schatten. In H. 47, 6 Kun yu ge (*kât) 困于葛 "Sie werden durch die Faselranken in Not gebracht" deutet ge 葛 GSR 313i *kât "Faselbohne" auf ge 割 GSR 314d *kât "abschneiden": daher Lei yu yi wu (*ngwət) 藟于臬危兀危. "Und verwickeln sich in die Strafe der Amputation von Nase und Fuß".

Der Logik der literarischen Entfaltung entsprächen nun die folgenden Stadien:

(1.) Das primitive (yao =) Volkslied, das den hintergründigen Sinn, den es impliziert, zunächst noch gar nicht und später wie in den Beispielen bei Zuo, 498, 6 - 8 (v. alibi) und bei Guoyu, XVI, 5a, 10 (s. oben) immer noch sehr knapp in Worte kleidet. Unter den Händen der Wahrsager wird es mitunter zum (yao =) Orakelspruch, seine versteckte Anspielung damit zum (you =) göttlichen Rat.

(2.) a) Einerseits das sich zusehends säkularisierende (shi =) Gedicht mit einer bereits stark entwickelten, zu weiterer Ausdehnung neigenden gereimten Explikation als Verbalisierung der geheimen Bedeutung: diese steckt in seinem ersten Teil, einem wohl zunächst übernommenen, sodann imitierten (yao =) Volkslied, das nunmehr zum bloßen (xing =) Auftakt herabsinkt.

b) Daneben der ausschließlich dem Wahrsagen dienende (yao =) Spruch, die entsprechende Gattung in der religiösen Sphäre, mit einer zum gleichfalls wohl erst übernommenen, später imitierten (yao =) Volkslied hinzugetretenen Explikation in Prosa.

(3.) a) Das (shi =) Gedicht verzichtet nach dem Veralten und darauffolgenden Verschwinden des Lautrebus auf den (xing =) Auftakt, dessen innere Beziehung zur Explikation, dem nunmehrigen Hauptbestandteil, verblaßte und dann ganz verloren ging. Dieser Verzicht fällt einer Gattung, die, der Unterhaltung dienend, letzten Endes doch nur dem Publikumsgeschmack zu huldigen hat, nicht gar so schwer.

b) Der (yao =) Orakelspruch bewahrt trotz der Obsoleszenz des Lautrebus das von jeher seinen Kern bildende (yao =) Volkslied, welches, einmal in religiöse Dienste getreten, als sakrosankt gegolten haben muß. Nach der Einbuße seines hintergründigen Sinns hängten sich Erläuterungen an wie ji 吉 "Glück" oder xiong 凶 "Unglück", ziemlich abstrakte "Urteile" aus dem von den Shang-Inschriften (vor 1027 v. u. Z.) her wohl bekannten Vokabular des Schildkrötenorakels. Diese waren dort zur Wertung der (zhao =) symptomatischen Risse, jener Zufallsprodukte des Feuers ohne sprachliche Aussage, einfach unabdingbar, im Schafgarbenorakel hingegen, wo die Konfigurationen von ganzen und gebrochenen Linien durchaus nicht zum ältesten Inventar gehören, bislang entbehrlich, weil ja im Spruch mit einbegriffen.

Der (yao =) Spruch im "Buch der Wandlungen" geht durch den Lautrebus nicht nur mit dem (shi =) Gedicht im "Buch der Lieder" zusammen. Auch das sogenannte (tu chan 圖讖 =) Prognostikon gewinnt nach gleichem Prinzip einen Hintersinn. Laut Shiji, XLIII, 7b, 4 ff. hatte der Herzog Mu von Qin (659 - 621 v. u. Z.) während einer siebentägigen Ohnmacht Gott im Himmel aufgesucht, der ihm offenbarte, Jin werde nacheinander chaotische Zustände erleben (nämlich die Wirren seit 656 v. u. Z. unter Herzog Xian, erregt durch die Ambitionen seiner Gattin Li vom Clan Ji), einen allerdings kurzlebigen Hegemon hervorbringen (nämlich Herzog Wen, 636 - 628 v. u. Z.), unter dessen Sohn Qins Schicksal bestimmen (nämlich kraft des Sieges bei Xiao 627 v. u. Z.) und endlich ein Schauspiel wüstester Ausschweifungen bieten (nämlich der Exzesse des Herzogs Xiang nach der Heimkehr von Xiao): "Gongsun Zhi schrieb das nieder und verwahrte es. So entstanden die (chan =tu chan=) Prognostika von Qin". Zu einer Prophezeiung ähnlicher Art vgl. eine andere Legende ebenda, LXI, 3a, 5 ff. Im genauen Wortlaut erhielt sich leider nur die Weissagung bei Shiji, VI, 21b, 1 - 4 unter 215 v. u. Z.: "Der Erste Kaiser (von Qin) inspizierte die Grenzen im Norden. ... Meister Lu aus Yan, übers Meer gesandt, war mit Nachrichten von Geistern und Dämonen heimgekehrt. Also brachte er dieses (lu tu shu 錄圖書 wohl = tu chan =) Prognostikon zu allerhöchster Kenntnis: "Durch Hu geht Qin noch einmal unter ..." Hu 胡 zielt auf Hu (Hu Hai 亥), des Herrschers eigenen Sohn. Der Erste Kaiser aber schickte, durch den Doppelsinn getäuscht, seinen Heerführer Meng Tian mit einem Aufgebot von 300 000 Mann gegen die Hu, die Barbarenstämme im Norden, so wie König Xuan von Zhou, auf die vordergründige Bedeutung jenes Liedes der Knaben bei Guoyu (s. oben) hereinfallend, ein Ehepaar, das Bogen aus der Bergmaulbeere mit Köchern aus Ried vertreibt, in Bande schlagen läßt. Wer dächte hier nicht an die (mi 迷 GSR 598e *miər- =) in die Irre führenden (mi 謎 GSR 598 *miər- =) Rätsel, denen das unseren Quellen nach vor allem in Qin verbreitet gewesene (tu chan =) Prognostikon in mancher Hinsicht nahesteht? Zwar verwenden sie, wie das bei Zuo, 942, 11 ff. erhaltene älteste Beispiel zeigt, nicht unbedingt den Lautrebus, dienten dafür aber (so bei einem buddhistischen Mönch nach Youyang zazu, Kap. Guai shu im 8. Jh. u. Z.) häufig der Prophetie, insonderheit (vgl. mao jin dao 卯金刀 für Liu 劉 bei He Xiu zu Gongyang, 841, 5 oder qian li cao 千里草 für Dong 董 in einem [yao =] Lied der Knaben bei Houhanshu, CIII, 23a, 10 ff.) als Zeichenrätsel. Auch die (yin 隱 GSR 449a *·i̯ən↑ =) verbergende (yin 讔 GSR 449 *·i̯ən↑ =) Andeutung, die Dongfang Shuo (geb. 160 v. u. Z.) so geliebt hat, wäre an dieser Stelle zu erwähnen. In einem alten Beispiel bei Lü, 220, 5 ff. kommt sie, das '(sou 廋 GSR 1097e *ṣi̯ôg- = sou 搜 GSR 1097d *ṣi̯ôg- =) zu suchende (ci 辭 =) Wort' (ein Terminus bei Guoyu, XI, 4a, 1 ff. !), durch ein (bi 比 , von xing "Auftakt" wohl zu unterscheiden, =) Gleichnis zum Ausdruck. Mit dem Lautrebus arbeitet hingegen der Traumdeuter, der (zhong 衆 GSR 1010a *ti̯ông- =) Heuschrecken, weil an (zhong 衆 GSR 1010a *ti̯ông- =) 'zahlreich' anklingend, wie Fische wertet, nämlich als Omen für üppige Ernten (zum Fisch als Symbol der Sexualität, welche etwa durch das unter H. 56, 3 erwähnte Bespringen des wachsenden Getreides auch die Bodenfruchtbarkeit beeinflussen kann, mehr bei anderer Gelegenheit) und (zhao 旐 GSR 1145c *d'i̯og↑ =) Banner mit Schildkröten und Schlangen, weil gleich (zhao 兆 GSR 1145a *d'i̯og↑ =) 'große Menge' gesprochen, wie Falkenflaggen (die yu 旟 GSR 89 l *zi̯o- 'Falkenflagge', vgl. dazu die alten Schriftformen GSR 77b-d, wehte wohl einem yu 輿 GSR 89j *zi̯o- 'Haufen von Dienstmannen' voran), nämlich als Omen für ein ansehnliches Hauswesen (s. Ode 190, IV, 1 - 8)[50]. Mit ihm arbeitet ferner der Physiognom Shu-fu, Interner Historiograph von Zhou, wenn er Gong-sun Ao, der seine beiden Söhne vorführt, verheißt: "Gu 穀 wird Euch (si 食 =) füttern (denn Gu bedeutet unter anderem 'ernähren'), Nuo 難 Euch (shou 收 =) begraben (denn Nuo *nâr- gemahnt an gleichgeschriebenes nan *nân↓ 'Kalamität')" (s. Zuo, 705, 2 - 4). Mit ihm arbeitet schließlich der (ri zhe 日者 =) Horoskopsteller, der Meister Mo davor warnt, mit seinem schwarzen Gesicht (Mo 墨 selbst bedeutet 'tintenschwarz') gerade am Tage (an einem Tag mit 'ren' 壬 oder 'gui' 癸), da Gott den Schwarzen Drachen (denjenigen bei Huai, 95, 6, identisch mit Gonggong, der Dunklen Sintflut in Person, s. unter H. 63, 3 Gao Zong fa Gui fang) im Norden tötet, nordwärts nach Qi zu reisen, und der bereits im Voraus weiß, daß der Fluß Zi (Zi 淄 GSR 969 *tṣi̯əg-), der (zi 緇 GSR 969f = 纟 GSR 966a = 紂 GSR 943s *tṣi̯əg- =) Schwarze, wie man glaubte, der Reise ein Ende setzen wird (s. Mo, 270, 9 ff.).

Die ausgesprochene Vorliebe für den Lautrebus wurzelt in einer bestimmten, am Anfang magischen Geisteshaltung. In der Vorstellung der Alten galt der (ming 名 =) Name, sei es das nomen proprium (Bezeichnung für Personen wie Gu, Nuo und Mo, für Örter wie Zi in den letzten beiden Beispielen), sei es das nomen appellativum (Bezeichnung für Lebewesen wie Heuschrecken, für tote Gegenstände wie Banner im drittletzten Beispiel), nicht etwa als Schall und Rauch, als "Gast der Wirklichkeit" (Ausdruck bei Zhuang, 13, 1 - 2); er galt vielmehr als integranter Teil seines Trägers. Indem er das Wesen des Benannten enthüllt, verleiht er Macht über das durch ihn "erfaßte" Ding. Selbst solche rationalistischen Gelehrten wie Konfuzius (551 - 479 v. u. Z.) bestehen noch auf seinem Primat: "Ist der Name nicht korrekt, kämpft die Rede gegen den Strom; kämpft die Rede gegen den Strom, mißlingen die Werke; mißlingen die Werke, gedeiht weder Ritus noch Musik; gedeiht weder Ritus noch Musik, treffen die Strafen daneben; treffen die Strafen daneben, hat das Volk nicht, wohin es Hand setzt und Fuß" (s. Lunyu, 292, 2 - 4). Den Namen[51)] in ganz besonderem Maße zu achten und somit zu beachten hatte sich der (shi 史 GSR 975a *sli̯əg↑ =) Priester, der Vorläufer des (shi 士 GSR 970a *dẓ' i̯əg↑ =) Gelehrten, schon von Amts wegen sein Leben lang beflissen. Kein Wunder also, daß er auf den ihm vom Wahrsagen mit (yao =) Volksliedern, von der Traumdeutung, von der Physiognomie usw. her geläufigen Lautrebus zurückgriff, als ihm, dem ersten (shi 史 auch =) Schreiber überhaupt, die große Aufgabe zugefallen war, die chinesische Schrift zu entwickeln. Ohne die (xie sheng 諧聲 =) "phonetische Zusammensetzung", wesensgleich mit der (xie yu 諧語 =) "Anspielung auf ein Wort durch ein anderes homonymes oder homöonymes" (xie 諧 eigentlich = "harmonieren" bzw. "harmonisieren"; als "Anspielung" wohl schon bei Zhuang, 3, 1: "Die 'Anspielungen' aus Qi, sie vermerken sonderbare Dinge ..."), und ohne die (jia jie 假借 =) "phonetische Entlehnung" wäre diese Schrift auf der Stufe primitiver Piktographie stehengeblieben.

Die auf Lautgleichheit oder -ähnlichkeit beruhende Symbolik verlöre an Mehrdeutigkeit, wenn die Assoziationen nur in ganz bestimmte Richtungen liefen. Tatsächlich steht sang 桑 GSR 704a *sâng- "Maulbeere" regelmäßig für sang 喪 GSR 705a *sâng- "Verlust, insbesondere der eines Menschen durch den Tod" (als "phonetische Entlehnung" schon seit den Inschriften der Shang, s. Wen Yiduo, Gudian xinyi, 569 - 570; ferner im [xing] = 'Auftakt' von Ode 131, II; schließlich bei Gongyang, 388, 7 und Yili, 1004, 10, wo die Seelentafel bzw. die Haarspange des Verstorbenen aus Maulbeerholz bestehen) und ji 棘 GSR 911a *ki̯ək "Dorn" regelmäßig für ji 殛 GSR 910d *ki̯ək "Strafe; Hinrichtung" (in den [xing =] 'Auftakten' von Ode 109, II und 131, I; bei Mo, 94, 7 f., wo unter dem Tyrannen Shou/Zhǒu an des Reiches Straßen Dornen wuchern; bei Lao, 17, 8: "An den Lagern der Heere, da wächst der Dorn" [ji 'Dorn' weist hier auf ji als 'Hinrichtung', weil jing 荆 GSR 808i *ki̯ĕng- 'Dorn' schon auf xing 刑 GSR 808b *g'ieng- 'Strafe'] ; bei Zuo, 1698, 3 mit Dornenpfeilen als Waffe gegen Plagegeister; mehr Material unter H. 29, 6 Zhi yu cong ji, H. 56, 5 She zhi, H. 47, 1 Tun kun yu zhu mu mit dem Traum der Königin); es steht tao 桃 GSR 1145u *d'og- "Pfirsich" regelmäßig für tao 逃 GSR 1145v *d'og-, wenn auch teils für tao als "die Flucht ergreifen" (im [xing =] Auftakt von Ode 109, I, s. oben; in Ode 289, s. unter H. 47, 5 Chi), teils für tao als "in die Flucht schlagen" (bei Zuo, 1558, 3 - 4 und 1698, 3, bei Li, 404, 11, Zhouli, 1159, 7 - 10 und Shanhai nach Lunheng, 221, 2 - 5 [dazu vgl. Lunheng, 157, 11 - 14], wo der Exorzist Dämonen durch den Pfirsich vertreibt; s. ferner Zhouli, 1460, 9, wo die Klingen, vor denen der Feind nicht standhält, vom 'Pfirsichmann' verfertigt werden; Li, 1352, 13, wo der Pfirsich die Speisen, und Zhuang nach Yiwen leiju, 1468, 6 - 7, wo er das Haus von bösen Einflüssen freihält), sowie ge 葛 GSR 313i *kât "Faselbohne" regelmäßig für "Trennung", wenn auch teils als Trennung durch (ge 割 GSR 314d *kât =) Amputation aus Strafe (s. H. 47, 6 Ge, H. 47 Zum Hexagramm mit Yizhoushu, III, 7b, 12 - 8a, 1; s. ferner Shu nach Meng, 102, 10: "Tang begann, als er zur Strafexpedition rüstete, bei Faselbohne [hier Ortsname]), teils als Trennung durch (qie 揭 , 偈 GSR 313m, p *k'i̯at =) Davongehen (s. unter H. 47, 6 Ge mit verschiedenen Oden). Ein Lautrebus, der übrigens zum Sachrebus wird, wenn etwa ein übersandter (huan 環 GSR 256n *g'wan- =) Ring einen Verbannten zur (huan 還 GSR 256k *g'wan- =) Rückkehr auffordert, fußt entweder (wie *ki̯ək

"Dorn": *kįək "Strafe") auf etymologischer Verwandtschaft oder ergibt sich (wie *sâng- "Maulbeere": *sâng- "Todesfall") durch bloße Konvention. Er kann mitunter in eine Periphrase gehüllt sein wie in Ode 252, I, wo hinter "von Süden kommt der Wirbelwind" kai 凱 GSR 548b *k'ər↑ "Notos" (so in Ode 32, I und II) stehen muß, da ja kai 豈 GSR 548a *k'ər↑ "frohgelaunt" evoziert wird: "der edle Herr, so frohgelaunt, er kommt, zu wandeln, kommt, zu singen ..." (vgl. auch den Bescheid des Physiognomen bei Zuo, 705, 2 - 4, s. oben). Leider steht eine systematische Erfassung des Lautrebus, dieses wichtigen Schlüssels zur Symbolik in der Poesie, aber auch in der bildenden Kunst der Chinesen, immer noch aus.

Schon die Herkunft aus dem (yao =) Lied des Volkes, dessen Stimme als die Gottes galt, verleiht dem (yao =) Orakelspruch einen ausgeprägt rationalen Zug. An seiner Wiege stand die (yu lun 輿論 =) 'öffentliche Meinung', widergespiegelt etwa vom '(song 誦 =) Sang der (yu ren 輿人 =) Gefolgsleute', der wie bei Zuo, 642, 10 f. und Guoyu, IX, 1a, 3f. zum politischen Geschehen Stellung nimmt. "Steht dem Reich eine Blüte bevor, lauscht man dem Volke; droht ihm Untergang, wird auf Geister gehört", heißt es bei Zuo, 436, 4f. Und "die Geister ... richten sich in ihrem Verhalten nach dem Menschen". Die (shi 史 =) Priester selbst, denen ja die Kaste der (shi 士 =) Gelehrten entspringen sollte, förderten den in den 'Wandlungen' vorgegebenen Rationalismus auf ihre Weise. Am Hofe als (shi 史 auch =) Geschichtsschreiber dienend, lenkten sie ihren Blick schon gewohnheitshalber auf das Vergangene. Dieses schien dazu geeignet, Beispiele zu liefern, die den Herrschern der eigenen Zeit vorgehalten werden konnten, abschreckende wie den Fall von Yin (s. Ode 235, VI, 5 - 8; 255, VIII, 7 - 8; 256, XII, 5 - 8; s. Shu, 533, 6), aufmunternde wie den Aufstieg der Zhou (s. Ode 235, 236 usw.). Im Grunde nahm die ganze chinesische Gesellschaft, die Gesellschaft der durch Stagnation und Deformation gezeichneten 'patriarchalischen Sklaverei', eine ausgesprochen retrospektive Haltung ein. Das findet schon in der Sprache seinen Ausdruck. Gu 故 GSR 49i "ergo; causa" geht - "es war ja alles schon mal dagewesen" - auf "alt; Präzedenzfall" zurück und kao 考 GSR 1041d "forschen", da man immer erst zu fragen hatte, wie es die Ahnen machten, auf "alt; verstorbener Vater". Den Vorfahren (lei 類 GSR 529a =) nachzuarten gilt als (lei auch =) gut (s. dazu Ode 291, VIII, 1 - 4; 196, III, 5 - 6), ihnen (bu xiao 不肖 =) nicht gleichzukommen als (bu xiao auch =) degeneriert. Der Edle, der den alten Statuten folgt, eignet sich zum Herrscher (Ode 249, II, 3 - 6) (s. noch Ode 260, II, 5), der Herrscher, der das nicht tut, verliert sein Mandat (Ode 255, VII, 1 - 8). Also "richtet Euch danach, was einstens war, und zitiert lobend die früheren Könige" (Li, 78, 11). Denn "gesellt er sich zu jenen, die, stolz auf ihre Energie, eine Neuerung nach der anderen einführen, so nimmt sein Haus täglich Schaden, schwebt sein Leben täglich in Gefahr, bedeckt sich sein Name täglich mit Schmach, indes er im Amte das Prinzip verfehlt" (Mo, 10, 16 - 11, 1). Wie elegisch die (huai gu 懷古 =) Rückschau aufs Altertum den sonst stocknüchternen Chinesen jedesmal stimmt! Wie es ihn tröstet, wenn er der Menschen gedenkt, die damals lebten (s. Ode 27, III, 3 - 4 und IV, 3 - 4; 28, III, 5 - 6; 196, I, 3 - 4; 265, VII, 6 - 7)! Der han-zeitliche Streit darum, ob Konfuzius (shu er bu zuo 述而不作 =) nur tradierte (so die Guwen-Schule) oder ob er (gai zhi 改制 =) reformierte (so die Jinwen-Schule) - er ruht in dem einzigen Wunsche, der den Meister beseelte: nämlich seine aus den Fugen geratene Welt nach dem dank ihm bewahrten Bilde des Goldenen Zeitalters 'rückzubilden'. Nicht durch Revolution, sondern durch Restauration wird einer entarteten Dynastie (ge ming 革命 =) das Himmlische Mandat entzogen. "Truppen bot er auf, um (xun gu 循故 =) dem Präzedens zu folgen", heißt es in Yizhoushu, III, 12a, 4 über Fa vom Clan Ji, der mit dem wohl 600 Jahre zurückliegenden Beispiel des Vollenders Tang vor Augen (vgl. ib., IV, 12a, 9 - 11) sich zum Sturz eines demoralisierten Herrschers entschlossen zeigt. Eine Gesellschaft, die ihre Mitglieder in die (li 履 GSR 562a *li̯ər↑ =) ausgetretenen Bahnen des (li 禮 GSR 597d *liər↑ =) Brauchtums zwingt, erwartet von der Zukunft nichts von Grund auf Neues. "Von (hua 化 =) Wandel spricht man, wenn die Form sich ändert, der Kern aber nicht", definiert Xun, 279, 9. "Drum ... schaut der Heilige auf das, was war, um zu wissen, was wird" (Lie, 89, 8 - 9) (ähnlich Lun, 21,

13 - 22, 1, Huai, 153, 16 - 154, 1 und vor allem Yi, 454, 11 = Shuogua und 426, 4 = Xici xiazhuan). Mythos und Geschichte lehren, welche Verhaltensweise einer bestimmten Situation, die ja immer wiederkehren kann, gerecht wird und welche nicht. Die Rettung für den um 640 v. u. Z. von einer großen Dürre heimgesuchten Staat Wei liegt im Angriff auf das unmoralische Xing, da etwa 400 Jahre zuvor Zhou, das unter einer ähnlichen Plage lange litt, üppige Ernten einbringen konnte, nachdem es Yin, den Hort aller Laster, bezwungen hatte: "Das Heer stand bereit - da regnete es" (Zuo, 570, 6 - 8; vgl. H. 63, 3 unter Gao Zong fa Gui fang). Die Schildkröte verwies[52)] auf die Gigantomachie an der (Fanquan 阪泉 =) 'Quelle am Hang', wo der Gelbe Herrscher unter Einsatz von Bären und Tigern den anmaßenden Gott der Roten Flammen schlug (Material dazu bei Shiji, I, 3a, 6 - 3b, 8, Da Dai Li, 115, 10 - 11, Lie, 27, 4 - 6, Yizhoushu, VI, 26b, 13f. und VIII, 6b, 7 - 10), als Herzog Wen von Jin sie 634 v.u.Z. fragte, ob er den von einem Prinzen und einigen Würdenträgern aus Zhou vertriebenen Schattenkönig Xiang wieder auf den Thron setzen dürfe, und lieferte somit trotz des Unterschieds in den Größenverhältnissen einen günstigen Bescheid. Vgl. Zuo, 622, 8 ff. Der Autor der 'Wandlungen' schrieb sicher für ein Publikum, das Allusionen auf die verschiedensten damals noch lebendigen Überlieferungen wohl zu würdigen wußte. So konnte er, ohne das Verständnis zu gefährden, die zeitlose Gültigkeit der herangezogenen Präzedenzfälle dadurch hervorheben, daß er die Namen handelnder Personen und die der Schauplätze der Geschichten nach Möglichkeit unterdrückte. Dank dieser Art der Mimesis sind in seinen Sprüchen die Motive aus Historie und Mythos bis in die jüngste Zeit hinein weitgehend verborgen geblieben.

LITERATURVERZEICHNIS

1. Die benutzten Primärquellen

Arten der Stellenangaben:

Arabische Zahl = Seite bei den Bambusannalen, bei Chen und Yang (s. unter Bronzeinschriften), bei Fangyan, bei Jiang. - Beispiel: Tianwen (zitiert nach Jiang), 359.

Arabische Zahl = Seite + arabische Zahl = Zeile bei Chuxueji, Congshu jicheng, Shisan, Zhuzi. - Beispiel: Shu (zitiert nach Shisan), 702, 8.

Arabische Zahl = Seite + oben/unten = obere/untere Spalte + arabische Zahl = Zeile bei Sbck, Taiping yulan. - Beispiel: Shangshu dazhuan (zitiert nach Sbck), 33 oben, 7.

Arabische Zahl = Blatt + a/b = Vorderseite/Rückseite bei Guo (s. unter Bronzeinschriften) und bei Shuowen (wo noch durch "oben" bzw. "unten" die Spalte markiert wird). - Beispiel: Shuowen, 5175a (oben).

Römische Zahl = Juan 卷 (eigentlich "Rolle") + arabische Zahl = Blatt + a/b = Vorderseite/Rückseite + arabische Zahl = Zeile bei Sbby (das Shanhaijing tuzan zerfällt nicht in "Rollen") und bei Sy bona (wo die "Rollen" manchmal weiter unterteilt werden, was dann aus Zusätzen wie A, B usw. hervorgeht). - Beispiel: Chuci (zitiert nach Sbby), VIII, 14b, 4 - 5.

Arabische Zahl = Ode + römische Zahl = Strophe + arabische Zahl = Vers bei den Oden = Shi. - Beispiel: Ode 197, II, 1 - 2. Beachte: Ode 268, 4 (keine Strophen).

Arabische Zahl = Hexagramm + arabische Zahl = (von unten her zu zählende) Linie im kanonischen Teil des Yi oder der "Wandlungen". - Beispiel: H. 38, 6. Beachte: H. 64, 0 (null bezeichnet den Spruch zum gesamten Hexagramm).

Bambusannalen zitiert nach Fan Xiangyong 范祥雍 , Guben zhushu

jinian jijiao dingbu 古本竹書紀年輯校訂補, Shanghai 1957.

Bohutong zitiert nach Congshu jicheng, Bd. 238 - 239.

Bronzeinschriften zitiert nach Chen Mengjia 陳夢家, Xi Zhou tongqi duandai, in Kaogu xuebao 考古學報 (Beijing), IX (1955), 137 - 175, X (1955), 69 - 142, 1956/1, 65 - 114, 1956/2, 85 - 94, 1956/3, 105 - 127, 1956/4, 85 - 122, nach Guo Moruo 郭沫若, Liang Zhou jinwenci daxi tulu kaoshi 兩周金文辭大系圖錄考釋, Beijing 1957, nach Yang Shuda 楊樹達, Jiweiju jinwenshuo 積微居金文說 (verbessert und erweitert), Beijing 1959.

Chen = Chen Mengjia - s. unter Bronzeinschriften.

Chuci zitiert nach Sbby (benutzt für die nicht bzw. nicht einhellig dem Qu Yuan zugeschriebenen Stücke aus der Zeit vor den Han: VIII = Jiubian, IX = Zhaohun, X = Dazhao; die angeblich von Qu Yuan verfaßten Teile erscheinen unter ihrem jeweiligen Titel - s. Lisao, Jiuge, Tianwen, Jiuzhang, Yuanyou, Yufu).

Chunqiu zitiert nach Chunqiu Zuozhuan zhengyi in Shisan, Bd. 27 - 32.

Chuxueji zitiert nach Chuxueji 初學記, Beijing 1962 (eine im 8. Jh. u. Z. entstandene Kompilation von Passagen aus älteren Schriften).

Congshu jicheng 叢書集成 (Chubian 初編).

Da Dai Li zitiert nach Da Dai Liji in Congshu jicheng, Bd. 1027 - 1028.

Erya zitiert nach Erya zhushu in Shisan, Bd. 38.

Fangyan zitiert nach Zhou Zumo 周祖謨 und Wu Xiaoling 吳曉鈴, Fangyan jiaojian ji tongjian 方言校箋及通檢, Beijing 1956.

Gongyang zitiert nach Chunqiu Gongyangzhuan zhushu in Shisan, Bd. 33 - 34.

Guan zitiert nach Guanzi jiaozheng in Zhuzi, Bd. 5.

Guliang zitiert nach Chunqiu Guliangzhuan zhushu in Shisan, Bd. 35.

Guo = Guo Moruo - s. unter Bronzeinschriften.

Guoyu zitiert nach Sbby.

Hanfei zitiert nach Hanfeizi jijie in Zhuzi, Bd. 5.

Hanshu zitiert nach Sy bona.

Houhanshu zitiert nach Sy bona.

Huai zitiert nach Huainanzi in Zhuzi, Bd. 7.

Jiang = Jiang Liangfu 姜亮夫 , Qu Yuan fu jiaozhu 屈原賦校註, Beijing 1957.

Jiayu zitiert nach Kongzi jiayu in Sbby.

Jinshu zitiert nach Sy bona.

Jiuge zitiert nach Jiang, 194 - 269.

Jiuzhang zitiert nach Jiang, 375 - 518.

Kongcongzi zitiert nach Sbby.

Lao zitiert nach Laozi zhu in Zhuzi, Bd. 3.

Li zitiert nach Liji zhengyi in Shisan, Bd. 19 - 26.

Lie zitiert nach Liezi zhu in Zhuzi, Bd. 3.

Lisao zitiert nach Jiang, 4 - 139.

Lun zitiert nach Lunyu zhushu in Shisan, Bd. 36.

Lunheng zitiert nach Zhuzi, Bd. 7.

Lü zitiert nach Lüshi chunqiu in Zhuzi, Bd. 6.

Meng zitiert nach Mengzi zhushu in Shisan, Bd. 39 - 40.

Mo zitiert nach Mozi jiangu in Zhuzi, Bd. 4.

Mu zitiert nach Mu tianzi zhuan in Sbby.

Oden zitiert nach Karlgren, Bernhard, The Book of Odes, Stockholm 1950 (s. auch Shi).

Qianfulun zitiert nach Zhuzi, Bd. 8.

Sbby = Sibu beiyao 四部備要.

Sbck = Sibu congkan 四部叢刊 (Chubian 初編) (verkl. foto-lithogr. Neudruck in 110 europ. Bänden, Shanghai, 1936).

Shangshu dazhuan zitiert nach Sbck, Bd. 4.

Shanhai zitiert nach Shanhaijing jianshu in Sbby.

Shanhaijing tuzan zitiert nach Sbby (erscheint dort im Anhang zu Shanhaijing jianshu).

Shenjian zitiert nach Zhuzi, Bd. 8.

Shi (= Shijing, Mao Shi) zitiert nach der Ausgabe von B. Karlgren - s. Oden.

Shiji zitiert nach Sy bona.

Shiming zitiert nach Sbck, Bd. 5.

Shisan = Shisan jing zhushu 十三經注疏, Beijing 1957 (photomechanischer Nachdruck von 13 Klassikern aus Sbby).

Shizi zitiert nach Sbby.

Shu zitiert nach Shangshu zhengyi in Shisan, Bd. 3 - 4.

Shuowen zitiert nach Shuowen jiezi gulin 說文解字詁林, Shanghai 1928.

Shuoyuan zitiert nach Sbby.

Sy bona = Suoyin bonaben ershisi shi 縮印百衲本二十四史, Beijing 1958.

Taiping yulan zitiert nach Taiping yulan 太平御覽, Beijing 1960 (eine 977 u. Z. abgeschlossene Kompilation von Passagen aus älteren Schriften).

Tianwen zitiert nach Jiang, 274 - 370.

Wu Yue chunqiu zitiert nach Sbby.

Xun zitiert nach Xunzi jijie in Zhuzi, Bd. 2.

Yan zitiert nach Yanzi chunqiu in Zhuzi, Bd. 4.

Yang - s. unter Bronzeinschriften.

Yi zitiert nach Zhou Yi zhengyi in Shisan, Bd. 1 - 2 (benutzt für die sogenannten Flügelkommentare aus der Zeit vor den Han: Duanzhuan, Shuoguazhuan, Wenyan, Xiangzhuan, Xicizhuan, Xuguazhuan, Zaguazhuan; die kanonischen Sprüche werden durch die Nummer von Hexagramm und Linie geortet: H. 56, 4 usw.).

Yili zitiert nach Yili zhushu in Shisan, Bd. 15 - 18.

Yilin zitiert nach Sbby.

Yizhoushu zitiert nach Sbby.

Yiwen leiju zitiert nach Yiwen leiju 藝文類聚, Beijing 1965 (eine 622 u. Z. abgeschlossene Kompilation).

Yuanyou zitiert nach Jiang, 523 - 558.

Yuejueshu zitiert nach Sbby.

Yufu zitiert nach Jiang, 569 - 574.

Zhanguoce zitiert nach Sbby.

Zhouli zitiert nach Zhouli zhushu in Shisan, Bd. 11 - 14.

Zhuang zitiert nach Zhuangzi jishi in Zhuzi, Bd. 3.

Zhuzi = Zhuzi jicheng 諸子集成, Beijing 1954.

Zuo zitiert nach Chunqiu Zuozhuan zhengyi in Shisan, Bd. 27 - 32.

2. Literatur über die "Wandlungen"

(Das vorliegende Verzeichnis ergänzt dasjenige bei Ščutskii, Ju. K., Kitaiskaja klassičeskaja "Kniga Peremen", Moskau 1960, 407 - 410.)

Bernard, H. - A l'occasion d'études récentes sur l'Iking. Comment Leibnitz découvert le Livre des Mutations. Bulletin de l'Université l'Aurore, 3. sér., V (1944), 432 - 445.

Blofield, J. (Herausg.). - The Book of Change. London 1965.

Bodde, Derk. - Bespr. von Baynes, Cary F., The I Ching or Book of Changes, New York 1950 (= Übersetzung von R. Wilhelms I Ging ins Englische). In Journal of the American Oriental Society, LXX (1950), 326 - 329.

Cang Xie 蒼頡 (mythisch) und Zheng Kangcheng 鄭康成 (127-200 u. Z.). - Yi wei ba zhong 易緯八種 . Taibei 1963.

Cao Sheng 曹昇 . - Zhou Yi xin jie 周易新解 . Taibei 1956.

Cassien - Bernard, F. - Le pa-koua et l'origine des nombres. France-Asie, VI (1950), 848 - 856.

Chai, Ch'u mit Chai, Winberg (Herausg. sowie Verf. einer "Einführung" und einer "Anleitung zum Studium"). - I Ching. Book of Changes. Translated by James Legge. New York 1964.

Dai Junren 戴君仁 . - Tan Yi 談易 . Taibei 1961.

Demiéville, P. - Bespr. von Ščutskii, Ju. K., Kitaiskaja klassičeskaja "Kniga Peremen", Moskau 1960. In T'oung Pao, L (1963), 266 - 278.

Du Erwei 杜而未 . - Yi jing yuan yi de fa ming - wen hua yuan yu zong jiao lun 易經原義的發明 - 文化源於宗教論, Taibei 1961.

Dubs, H. H. - Did Confucius study the "Book of Changes"? T'oung Pao, XXV (1928), 82 - 90.

Franke, W. - Über Liu Houzi, Yi xue xiang shu bie lun chu yan (s.d.). In Zhong De xue zhi, V, 1/2, Beiheft: Sinologische Arbeiten.

Gao Heng 高亨 . - Zhou Yi gu jing jin zhu 周易古經今注. Beijing 1957.

Gu shi bian 古史辨 , Bd. 3. - 2. Aufl. 1932, 1 - 308.

Guo Moruo 郭沫若 . - Qing tong shi dai 青銅時代 . Beijing 1954. Darin 66 - 94: Zhou Yi zhi zhi zuo shi dai 周易之制作時代.

Derselbe. - Zhong guo gu dai she hui yan jiu 中國古代社會研究. Beijing 1954. Darin 23 - 94: Zhou Yi shi dai de she hui sheng huo 周易時代的社會生活

Haupt, J(ohann) Th(omas). - Neue und vollständige Auslegung des von dem Stifter und ersten Kaiser des chinesischen Reiches Fohi hinterlassenen Buches Ye-kim. Rostock (und Wismar) 1753.

He Dunweng 何遁翁 . - Yi yi qian shu 易義淺述 . Hongkong-Kowloon 1959.

Honda Nariyuki 本田成之 . - Zuo Yi nian dai kao 作易年代考. In Xian Qin jing ji kao 先秦經籍考 , Shanghai 1929, Bd. 1, 39 - 66.

Hu Puan 胡樸安 . - Zhou Yi gu shi guan 周易古史觀 . In Pu xue zhai cong shu 樸學齋叢書 , 2. Sammlung. 1942.

Huang Xiao'e 黃小娥 (übersetzt von Dong Feng 東風). - Yi zhan ru men - zen yang kai duo zi ji de ming yun 易占入門 - 怎樣開拓自己的命運. Taibei, 5. Aufl. 1963.

Huang Zonghan 黃宗漢 . - Zhou Yi jie xi 周易解析 . Taibei 1963 -.

Hughes, E. R. - Bespr. von Baynes, Cary F., The I Ching or Book of Changes, New York 1950 (= Übers. von R. Wilhelms I Ging ins Englische). In Philos. East & West, I, 2 (Juli 1951), 73 - 76.

Jiang Gongzheng 江公正 . - Zhou Yi xin yan jiu 周易新研究 . Taibei 1956.

Jiang Zhou Yi shu lun jia yi ji 講周易疏論家義記 . - Aufbewahrt im Kyôfukuji 興福寺 , Präfektur Nara.

Kiang, Kang-hu. - The Yi Ching or "The Book of Changes". Chinese Journal (of Science and Art), III (1925), 259 - 264.

Kobayashi Shimmei 小林信明. - Dai en no sû o ronjite ku, roku ni oyobu 大衍の数を論じて九六に及ぶ. Tôyô no bunka to shakkai, VII, 1 - 18.

Kôda Rentarô 公田連太郎. - Ekikyô kôwa 易經講話. 5 Bände. Tôkyô, Neuaufl. 1965.

Kojima Yûma 小島祐馬. - Zuo zhuan yin Yi zhi kao zheng 左傳引易之考證. In Xian Qin jing ji kao 先秦經籍考, Shanghai 1929, Bd. 1, 273 - 277.

Legge, J. - S. Chai.

Li Jingchi 李鏡池. - Zhou Yi jiao shi 周易校釋. Lingnan xuebao, IX, 2.

Li Shizhen 李士珍. - Zhou Yi fen lei yan jiu 周易分類研究. Taibei 1959.

Liu Baimin 劉百閔. - Yi shi li xue xu lun 易事理學序論. Xin Ya xuebao, I, 1 (1957), 99 - 133.

Liu Houzi 劉厚玆. - Yi xue xiang shu bie lun chu yan 易學象數別論初衍. Zhong De xuezhi, V, 1/2.

Liu Jie 劉節. - Gu shi kao cun 古史考存. Beijing 1958. Darin 66 - 85: Ḥan Xi ping shi jing Zhou Yi can zi ba 漢熹平石經周易殘字跋.

Liu Xianmei 劉先枚. - Shi Zhen gua 釋震卦. Wen shi 文史, Bd. 2, Beijing 1963, 287 - 290.

Luo Genze 羅根澤. - Zhong guo gu dian wen xue lun ji 中國古典文學論集. Beijing 1955. Darin 1 - 27: Gu nu li she hui de nu li yao yan 古奴隸社會的奴隸謠諺.

Mohl, J(ulius). - S. Regis.

Ping Xin 平心. - Zhou Yi shi shi suo yin 周易史事索隱. Lishi yanjiu, 1963/1, 141 - 160.

Derselbe. - Lue shuo Zhou Yi yu Shi jing de guan xi 略說周易與詩經的關係. Ort und Jahr nicht festzustellen.

Pokora, T. - Bespr. von Chai, Ch'u und Chai, Winberg, I Ching. Book of Changes, New York 1964 (s.d.). In Archiv Orientální, XXXIV (1966), 286 - 287.

Qian Jibo 錢基博 . - Zhou Yi jie ti ji qi du fa 周易解題及其讀法 . Shanghai 1935.

Qian Mu 錢穆 . - Wang Bi Guo Xiang zhu Yi Lao Zhuang yong li zi tiao lu 王弼郭象注易老莊用理字條錄 . Xin Ya xuebao, I, 1 (1957), 135 - 156.

Qu Wanli 屈萬里 . - Han shi jing Zhou Yi can zi ji zheng 漢石經周易殘字集證 . Bulletin of the Institute of History and Philology (Academia Sinica), Sonderheft Nr. 46, Taibei 1961.

Derselbe. - Shuo Yi san gao 說易散稿 . Wen shi zhe xuebao, VII (1956), 23 - 40.

Derselbe. - Yi gua yuan yu gui bu kao 易卦源於龜卜考 . Bulletin of the Institute of History and Philology (Academia Sinica), XXVII (1956), 117 - 133.

Regis (Pater). - Y-King. Antiquissimus Sinarum liber quem ex Latina interpretatione P. Regis aliorumque ex Soc. Jesu P. P. edid. Julius Mohl. Vol. 1.2. Stuttgart und Tübingen 1834 - 39.

Reitsma, J. - De I-Ging. China (Amsterdam), II (1926 - 27), 156 - 170.

Ren Mingshan 任銘善 . - Jing zhuan xiao bian 經傳小辨 . Zhong hua wen shi lun cong 中華文史論叢 , 1. Sammlung, Shanghai 1962, 71 - 80.. Darin 71 - 74: Yi jing shi er pian 易經十二篇 ; 74 - 77: Zhong gu wen 中古文 .

Satô Seita 左藤清太 . - San Eki no yurai 三易の由來 . Shinagaku kenkyû, XVII (1957), 1 - 10.

Schubert, J(ohannes). - Das I-ching und seine Probleme. Wissenschaftliche Zeitschrift der Karl-Marx-Universität - gesellschafts- und sprachwiss. Reihe, IX, 3 (1959 - 60), 453 - 460.

Derselbe. - Tibetische Äquivalente der I-ching-Hexagramme. Mitteilungen des Instituts für Orientforschung, IV (1956), 411 - 420.

Shao Shitan 邵詩譚 . - Zhou Yi xin jie 周易新解 . Tainan 1952.

Shen Zhongtao 沈仲濤 . - S. Sung, Z.D.

Sung, Z.D. - The text of Yi King (and its appendixes). Chinese original with English translation. Shanghai 1935.

Derselbe. - The symbols of Yi King .... Shanghai 1934.

Suzuki Yoshijirô 鈴木由次郎. - Ka kô ji kenkyû 卦爻辭研究. Chuô Daigaku Bungakubu kiyô, V (1956), 1 - 25.

Derselbe. - Shû Eki 周易 (Athene shinsho, Nr. 75). Tôkyô, 3. Aufl. 1958.

Takada Shinji 高田真治 (Übersetzer und Kommentator). - Ekikyô 易經 (Iwanami-Bücherei Nr. 1492-1494a). Tôkyô, 2. Aufl. 1964.

Toda Toyosaburô 戸田豐三郎. - Sa Koku no Ekizei kiji kanken 左國の易筮記事管見. Shinagaku kenkyû, XVI (1957), 1 - 11.

Derselbe. - Shû Eki keijiden kô 周易繫辭傳考 - Shinagaku kenkyû, XVIII (1957), 1 - 9.

Türkische Turfan-Texte (Abk. TT) I, Berlin 1929, 3 - 30 und VII, Berlin 1937, 41 - 42 mit Bruchstücken eines Wahrsagebuches.

Wang Fuzhi 王夫之 (1619 - 1692 u. Z.). - Zhou Yi wai zhuan 周易外傳. Beijing 1962.

Wang Qiongshan 王瓊珊. - Yi xue tong lun 易學通論. Taibei 1962.

Wen Yiduo 聞一多 (1899 - 1946 u. Z.). - Gu dian xin yi 古典新義. Beijing 1956. Darin 3 - 65: Zhou Yi yi zheng lei zuan 周易義證類纂; 581 - 592: Pu tang za shi 璞堂雜識 über die "Wandlungen".

Wilhelm, H(ellmut). - Der Zeitbegriff im Buch der Wandlungen. Eranos-Jahrbuch, XX (1952), 321 - 348.

Wilhelm, R(ichard). - Dauer im Wechsel. Drei Vorträge über Zeichen aus dem Buch der Wandlungen. Chinesisch Deutscher Almanach, (1927 - 28), 23 - 54.

Wu Kang 吳康. - Shao zi Yi xue 邵子易學. Taibei 1959.

Derselbe. - Zhou Yi da gang 周易大綱. Taibei 1953.

Xie Dahuang 謝大荒. - Yi jing yu jie 易經語解. Taibei 1958.

Xu Shida 徐世大. - Zhou Yi chan wei 周易闡微. Taizhong 1952.

Yamashita Shizuo 山下靜雄. - Bungenden no shin kenkyû 文言傳の新研究. Nihon Chûgoku gakkai hô, VIII (1957), 20 - 35.

Yang Shuda 楊樹達. - Ji wei ju xiao xue jin shi lun cong 積微居小學金石論叢. Beijing 1955. Darin 261 - 262: Zhou Yi gu yi zi xu 周易古義自序

Yang Xiangkui 楊向奎. - Shi tong niu zhi gu, fen shi zhi ya 釋童牛之牿。豶豕之牙. Wen shi 文史, Bd. 2, Beijing 1963, 283 - 285.

Yu Xingwu 于省吾. - Yi jing xin zheng 易經新證. Taibei 1958.

Zheng Kangcheng. S. Cang Xie.

Zhou Dingheng 周鼎珩. - Yi jing jiang hua 易經講話. Taibei 1963.

Zhou Zhifu 周志輔. - Yi gua shi er jiang 易卦十二講. Yi jie ou ji 易解偶記. Hongkong 1958.

Derselbe. - Xu Yi gua shi er jiang 續易卦十二講. Yi yi za lu 易義雜錄. Hongkong 1959.

ANMERKUNGEN

1) Zu ihr vgl. Li, 1131, 7 und Zuo, 1638, 4 - 5.

2) Bo Li Xi, der "(Xi 奚 =) Gebundene (d. h. Sklave) von den (Bo 伯 wie bei Hanfei, 15, 9 = Bo 百 wie bei Lü, 151, 7 f. =) Hundert (li 里 =) Weilern", trägt einen ganz ähnlich konstruierten Namen!

3) Dies gilt nur für den Wein, der beim Opfer zu Ehren der Götter in Maßen genossen wird. Der auf wilden Gelagen in Strömen fließende führt - vgl. H. 47, 2 - ins jähe Verderben!

4) Auch "schwarzer Strick"! Hanfu, Schüler des Konfuzius laut Shiji, LXVII, 23a, 1, hieß mit dem ming oder amtlichen Vornamen (Hei =) "Schwarz", mit dem gewöhnlich dazu synonymen oder homöonymen zi oder Vornamen für die Anrede aber "Meister (suo 索 =) Tau".

5) Beachte hierbei Zhouli, 352, 9 - 10: "Er (der Aufseher über die Menge) errichtet den Wall des (she =) Erdaltars und des (ji =) Hirsealtars und pflanzt darauf das (zhu =) phallische Ahnentäfelchen des (tian =) Ackers, pflanzt jeweils den Baum, der auf dem Gefilde gedeiht, und benennt nach ihm den Erdaltar wie das Gefilde."

6) Oder aber "das Dunkle Eheweib", d. i. die Schwarze Füchsin vom Luo unter H. 64, 0, sonst Gattin des Ebergottes vom Gelben Fluß, hier nun auch dessen leibliche Mutter. In diesem Lichte gesehen bedeutet Ode 232, III, 1 - 2: "Es gibt ein Schwein mit Füßen weiß, das watet blutschänderisch durch die Wellen." Vgl. dazu H. 38, 6 Shi A.

7) Das betreffende Material wird bei G. Schmitt, Zu einigen Problemen der Phonologie des archaischen Chinesisch, phil. Diss., Berlin 1962, in Anm. 3) auf S. 107 aufgeführt.

8) 'Swin' soll seine mundartliche Eigenheit betonen. Im Süden und bei den Daoisten lautete Yi/Chi = Typ (32) *diɐg/d'iɐg und shi = Typ (23) ganz ähnlich *śia$_g$! Vgl. G. Schmitt, Zu einigen Problemen der Phonologie des archaiischen Chinesisch, 46 - 47 = Tab. Nr. 12 und vorher.

9) Wegen "stdspr. *-ə- ∾ südl. * -ɐ-". S. G. Schmitt, Zu einigen Problemen der Phonologie des archaischen Chinesisch, 41 ff.

10) S. G. Schmitt, ebenda, 46 und vorher = Tab. Nr. 12, Auslautkomplex (19).

11) Tuo tritt wie in H. 30, 5 im Gegensatz zu pang auch selbständig auf; Yi gebührt der Vorrang vor Ping, weil für das letztere Wu "Tanzend" eingesetzt werden kann wie bei Mu unter M.

12) Vgl. G. Schmitt, Zu einigen Problemen der Phonologie des archaischen Chinesisch, 71 - 72.

13) Über sie Näheres unter H. 64, 4 Zhen und Hai.

13') Dieses Schallwort, tian 田 GSR 362a *d'ien- geschrieben (in Ode 280 dann zum Namen für eine Trommel geworden!), steckt vielleicht dreimal in lei 靁, dem Zeichen für "Donner".

14) In die schwierige Stelle "ping yao li jue" bringt ein Vergleich mit "ping gong jia shi" bei Tianwen, 356 doch einiges Licht. Es entsprechen sich yao 珧 "Austernbogen" und gong 弓 "Bogen im allgemeinen" sowie jue 決 "Fingerhut des Bogenschützen" und shi 矢 "Pfeil" (durchweg Nomina), ferner jia 挾 "zwischen etwas einklemmen" (Pfeile "klemmt" man auch in Ode 180, IV, 2 sowie in Yili, 282, 9 und 481, 12, und zwar zwischen die Finger) und li 利 "profitieren von" ("schärfen" ergäbe hier keinen Sinn) und eben ping 馮 GSR 899d *b'i̯əng- "sich stützen auf > bauen auf" (dann = ping 凭), vielleicht auch "spannen" (dann = bing 掤 GSR 886n *pi̯əng- wie in Ode 78, III, 9 - 10 "Nun löst er die Spannung der Sehne, nun steckt er den Bogen in die Hülle"?) (durchweg Verba, und zwar nach Ausweis von jia).

15) Zwischen das indirekte Objekt (zhi) und das direkte (hu bzw. hui) ließe sich yi 以 "nehmen > mit" einschieben.

16) Ursprünglich aber doch wohl kun 困 'Nöte'. Daß auch umgekehrt yin

因 zu kun 困 graphisch verballhornt werden konnte, lehrt ein Vergleich von Wu Yue chunqiu, V, 2b, 5 mit der entsprechenden Stelle im Yuejue-shu.

17) Diese Glosse 'suo shi, shang ye 所恃。傷也 ' zeigt, daß Chen Wenzi 'ju yu ji li' nicht als passivische Konstruktion auffaßte.

18) Shu 疋 GSR 90a *ṣi̯o-, phonetisch auch in chu 楚 GSR 88a *tṣ'i̯o↑, mit Chen in Kaogu xuebao, 1956/4, 96 - 97 = xu 胥 GSR 90e *si̯o- áid (Guan). Der "(Shi =) Meister (fu =) Vater He 龢 ", den Dui 兌 zunächst zu "unterstützen" und nun als Marschall zu ersetzen hat, identisch mit "(Bo =) Senior Vater He" (Br. ib., 114a), "Vater He" (Br. ib., 150a), "(Si ma =) Marschall Gong 共 " (Br. ib., 115a, 116b, 117a) und "He 和 , (bo =) Graf von Gong" (Bambusannalen, 30; Lü, 275, 5), stirbt 817 v. u. Z. (11. Jahr von Xuan). Das "3. Jahr" hier war nicht das von You = 779 v. u. Z. (He lag da schon lange unter der Erde) noch das von Gong He = 839 v. u. Z. (He diente damals nicht als "Marschall", sondern herrschte als Regent), sondern das von Li = 855 v. u. Z. oder noch wahrscheinlicher das von Xuan = 825 v. u. Z. (unter dem He - vgl. Zhuang, 423, 8 und Lulianzi, zit. ib., Z. 12 - tatsächlich den Hofdienst quittierte und sich nach Gong zurückzog).

19) In einigen wichtigen Zügen rekonstruiert von G. Schmitt in "Zu einigen Problemen der Phonologie des archaischen Chinesisch", phil. Diss., Berlin 1962.

20) Vgl. dagegen die Bambusannalen, 24 (zitiert unter H. 63, 5 Bu ru xi lin zhi yue ji): hier, wo statt (shang ji =) "opferte nach obenhin" (chu yue =) "veranstaltete erstmalig das Gefangenenopfer" steht, weist bi wohl in erster Linie auf den gleichnamigen Ort.

21) Erst nach Liu Xin (gest. 23 u. Z.), vielleicht nicht einmal vor Guo Pu (276 - 324 u. Z.) in das Werk aufgenommen. Vgl. Zhang Xincheng, Weishu tongkao, 690 f.

22) Von Liu Xin (gest. 23 u. Z.) schon aufgenommen, aber jünger als die den Kern des Werkes bildenden Kap. Wucangshan, vgl. Zhang Xincheng, Weishu tongkao, 700 f.

23) Nach C (3.) und vielleicht, wenngleich nicht ausdrücklich, bei B (4.) die des Gelben Flusses. Als aus dem - vgl. B (1.): "Königssohn" - jugendlichen Hirten ein "Hütejunge" geworden war, stellte man sich ihn in fremden Diensten vor.

24) Nach B (4.), zu stellen neben C (5.), auch von dem Gelben Fluß, wobei in späterer Zeit dessen vermeintliches Eigentümerrecht an den Rindern das Motiv hergab.

25) Eine förmliche "Strafexpedition" gegen einen nicht pflichtgemäß mit "Tributgeschenken" am "Hofe" des "Himmelssohnes" zur "Audienz erscheinenden" "Lehnsfürsten" aus den "Randgebieten" des "Reiches" durch Umdeutung auf der Grundlage der späteren zentralistisch-universalistisch-kulturalistischen Weltanschauung laut A (17.) f.

26) = Auslaut (20) bzw. (14) bei G. Schmitt, Zu einigen Problemen der Phonologie des archaischen Chinesisch, phil. Diss. Berlin 1962, 46 und vorher. Eine Spur des *-g liegt noch vor im hier phonetischen xiao 小 GSR 1149a *si̯og↑!

27) Vgl. G. Schmitt, Zu einigen Problemen der Phonologie des archąischen Chinesisch, 66 f., 71 f. Neu hinzugekommenes Material wird bei anderer Gelegenheit vorzulegen sein.

28) Hai (Hai 亥 *g'əg↑) stand - vgl. H. 47, 2 Kun yu jiu shi - wie die meisten Shang unter Alkohol. Die nach ihm genannte, leider verlorene Ode Gai (Gai 陔 GSR 937r = 祴 GSR 990f *kəg-) ertönte, wenn die mehr oder weniger angetrunkenen Teilnehmer an einem Festgelage sich auf den Heimweg machten (s. Zhouli, 866, 2 sowie Yili, 252, 12 - 13, 347, 13 - 348, 1, 425, 13 - 426, 1 und auch 413, 4).

29) Zu solchen Kulten vgl. F. Cornelius, Geistesgeschichte der Frühzeit I, 74, 182.

30) Sie liefern auch das Geschoß an deren Erbfeind, den König Wu von Zhou. Erst die spätere Überlieferung hat wohl aus dem einen Pfeil dann zwei gemacht.

31) Diese Ausführungen setzen eine ganze Reihe von geplanten Studien über Vogeltotem und Windtabu voraus, die mit dem Artikel in Acta Orient. Hung.

XIX (1966), 317 - 339 eingeleitet werden soll.

32) Jetzt begreift man erst Shanhai, XI, 4b, 8 - 9: "Die Phönixe - Männchen, Weibchen und auch Nestlinge - tragen alle einen Schild auf dem Kopf"!

33) In die Schreibweise der Zhou übertragen zeigt chi 持 zwei Hände mit 㞢 (= zhi 止, s. GSR 961d), das ⊥ (= tu 土, s. GSR 62i) nahekommt, ya 雅 aber einen von der Phönixnatur des Helden rührenden Vogel neben [illegible] (= ya 牙, s. GSR 37b), das [illegible] (= tu 土 mit einem Fuß, s. GSR 62f) recht ähnlich sieht.

34) Im betreffenden Dialekt lautete standardsprachliches *kɪwəd wegen "std. *-ə- > südl. *-ɐ-" sowie "std. *-d > südl. *-g" *kɪwɐg (kɪwag) und standardsprachliches *kɪwəg, da std. *-g unverändert blieb, *kɪwɐg. Daraus erklärt sich Jiu 九 für Gui 鬼 gerade in Zhaohun = Chuci, IX, 7b, 2 - 3 (von dort aus wohl ins Shiji geraten), bei Zhuang, 370, 9 ff. und bei Lie, 95, 5 (s. weiter unten). Vgl. Gerhard Schmitt, Zu einigen Problemen der Phonologie des archaischen Chinesisch, phil. Diss., Berlin 1962, 47 und vorher, Auslautkomplex (33).

35) Denen zufolge sie in der südlichen Nachbarschaft von Shangqiu in O-Henan siedelten, wohin sie etwa von S-Shānxi her geflüchtet wären.

36) Sie verbringt dann - vgl. Lisao, 96 - als Mi fei die Nächte am (shi =) Felsen von Qiong (= "Bogen"), wo nach Zuo, 1190, 4 usw. der Schütze residierte.

37) Wu 吾 wie in Kun wu (= Ahn der Rong bei Wei in Südwest-Shandong, s. Zuo, 2426, 4 f.), Wu li (= Ahn der "Rong vom Clan Jiang" - s. Zuo, 1307, 7) und Yi wu (1. = Sohn, den eine Nebenfrau von den Kleinen Rong dem Herzog Xian von Jin [677 - 652 v. u. Z.] gebar [s. Zuo, 426, 5]; 2. = persönl. Name des Staatsmannes Guan Zhong aus Yingshang in Qi [gest. 645 v. u. Z.] - Yi 夷 bedeutet "Barbar östlicher Provenienz").

38) Vgl. G. Schmitt, Zu einigen Problemen der Phonologie des archaischen Chinesisch, phil. Diss., Berlin 1962, 72, wozu noch viele bisher unveröffentlichte Beweise kämen.

39) S. ib., 47 = Tab. Nr. 12, Auslautkomplex (23), und vorher.

40) S. ib., 46 = Tab. Nr. 12, Auslautkomplexe (3) und (9), deren *-g und *-k durch *-ŋ zu ersetzen sind.

41) Zu diesem Wort s. ib., 80 = Bin. Nr. 34.

42) S. ib., 47 = Tab. Nr. 12, Auslautkomplex Nr. (27), und vorher.

43) S. ib., 47 = Tab. Nr. 12, Auslautkomplex Nr. (3), und vorher.

44) Standardsprachl. *-ə- lautete im Süden *-ɐ-! S. ib., 41 - 45. Wu 吾 liest er übrigens ya 牙 .

45) Dort tritt er als "Graf Dick" mit dem Schweineherz alias "Dickes Schwein" auf.

46) Dort erscheint er als der (Bo 白 =) Weiße (Bian 辯 GSR 219e *b'i̯an↑ = Ban 釆 GSR 195a *b'ăn↓ = verballhorntes Ping 平 GSR 825a *b'i̯ĕng- = Ping 萍 GSR 824 *b'ieng- = Ping 馮 GSR 899d *b'i̯əng- nach den Nachträgen zu H. 38, 6 Shi =) Furtüberquerende. Weiß hat er zu seiner Farbe erkoren (s. die Erklärung zu Jiuge, 256 unter H. 38, 6 Ju I). Die Furt überquert er, um Wolkenbrüche auszulösen.

47) Dieses liegt beim Sumpf des D o n n e r s ! S. Huai, 64, 5.

48) Verwandt mit ping 馮 GSR 899d = 淜 GSR 886 (Variante nach Shuowen, 5018b unten) *b'i̯əng- < **b'i̯əm- "durch die Furt watend", dem Epitheton ornans für den "Swin" vom Gelben Fluß (s. H. 38, 6 Shi, Belege unter M). Liegt im Kreise Hu vom Rechten Fu feng in der heutigen Provinz Shănxi (s. Shuowen, 2805b unten): Fu feng 扶風 GSR 101f; 625h *b'[i̯wo- p] i̯ŭm-, eigentlich "Unterstützer des Windes" (der "Erschütterer" rächt ja den Windvogel Hai!), umschreibt das tabuisierte **b'i̯əm nach Art der Fan-qie und Hu 鄠 GSR 97 *g'o↑ stellt sich zu yu 雩 GSR 97q *gi̯wo- "durch Opfer Regen erbitten".

49) Woraus dann durch Volksetymologie Gesandte im (you 輶 GSR 1096y *zi̯ôg- =) leichten Wagen wurden, die Dialektausdrücke zu sammeln hatten.

50) Man beachte Ode 5, wo den (zhong =) Heuschrecken im (xing =) Auftakt eine blühende Nachkommenschaft in der Explikation entspricht. Der Traum der Gemahlin von König Wen in Yizhoushu, II, 10a, 4-7 (s. unter H. 47, 2 Zhu fu fang lai) erklärt sich auf die gleiche Weise.

51) Der sich, nebenbei bemerkt, durch sogenannte (yin xun 音訓 =) 'phonetische Glossen' wieder (zheng 正 =) richtigstellen ließ, durch etymologische Spekulationen auf Grund gleicher oder ähnlicher Lautungen.

52) Und zwar mit einem Spruch, der wegen der vorklassischen Präposition yu 于 aus einer älteren Sammlung zu stammen scheint.

Kolibri 360 GmbH
Ferdinand-Jühlke-Straße 7
99095 Erfurt, Deutschland
produktsicherheit@kolibri360.de